石油高职教育“工学结合”规划教材

石油化工安全技术

（富媒体）

廖有贵　李　莉　蒋定建　主编
付梅莉　主审

石 油 工 业 出 版 社

内 容 提 要

本书与现行的职业安全健康法律、法规、标准对接，与石油化工安全生产要求对接，系统介绍了石油化工生产与安全管理、职业健康与劳动防护、危险化学品的安全管理、防火防爆、电气安全与防护、压力容器安全管理、石油化工装置安全检修、应急救援与事故处置等八个项目，并附有劳动保护相关知识、化工企业安全生产禁令、安全生产法律、法规等。本书注重安全意识和安全操作技能的培养，通过项目引领、任务驱动，突出了技能训练。同时，本书在传统出版的基础上，以二维码为纽带，加入了富媒体教学资源，使师生更容易理解和学习相关内容。

本书可作为高职高专石油化工技术类及相关专业的公共课教材，也可供从事石油化工生产及相关领域的技术人员和管理人员参考。

图书在版编目(CIP)数据

石油化工安全技术：富媒体 / 廖有贵，李莉，蒋定建主编. — 北京 ：石油工业出版社，2018.2

石油高职教育“工学结合”规划教材

ISBN 978 - 7 - 5183 - 2387 - 6

Ⅰ. ①石… Ⅱ. ①廖… ②李… ③蒋… Ⅲ. ①石油化工—安全技术—高等职业教育—教材 Ⅳ. ①TE687

中国版本图书馆 CIP 数据核字(2017)第 311664 号

出版发行：石油工业出版社

（北京市朝阳区安外安华里 2 区 1 号楼　100011）

网　址：www. petropub. com

编辑部：(010)64256990　图书营销中心：(010)64523633

经　销：全国新华书店

排　版：北京市密东股份有限公司

印　刷：北京中石油彩色印刷有限责任公司

2018 年 2 月第 1 版　2018 年 2 月第 1 次印刷

787 毫米 × 1092 毫米　开本：1/16　印张：19.5

字数：496 千字

定价：49.90 元

（如出现印装质量问题，我社图书营销中心负责调换）

《石油化工安全技术(富媒体)》
编审人员

主　编:廖有贵　　湖南石油化工职业技术学院

李　莉　　大庆职业学院

蒋定建　　克拉玛依职业技术学院

副主编:康明艳　　天津渤海职业技术学院

谭冬寒　　濮阳职业技术学院

冯　智　　天津石油职业技术学院

主　审:付梅莉　　克拉玛依职业技术学院

参　编:(按姓氏笔画排序)

马建梅　　克拉玛依职业技术学院

华　强　　濮阳职业技术学院

刘亚楠　　濮阳职业技术学院

李徐东　　天津石油职业技术学院

武洪涛　　濮阳职业技术学院

赵元鑫　　濮阳职业技术学院

钟　伟　　天津工程职业技术学院

隗小山　　湖南石油化工职业技术学院

雷小佳　　湖南石油化工职业技术学院

薛金召　　湖南石油化工职业技术学院

前　言

石油化工生产的各个环节不安全因素较多，具有事故后果严重、危险性和危害性大的特点，因此对安全生产的要求更加严格。客观上要求从事石油化工生产的管理人员、技术人员及操作人员必须掌握或了解基本的安全知识，适应现代化生产的客观要求，实现安全生产。目前我国石油化工安全生产形势依然严峻，为了进一步搞好石油化工安全生产工作，应认真贯彻落实国家的法律法规和政策，加强安全教育，达到真正的安全生产。2016年11月22日，国家安监总局、教育部联合要求“在全国相关高校和专科学校将化工安全生产课程设为必修课”。结合各石油石化高职院校调研情况，为了更好地服务“石油化工安全”课程的教学，2016年12月，大庆职业学院、湖南石油化工职业技术学院、克拉玛依职业技术学院、天津石油职业技术学院、天津工程职业技术学院、濮阳职业技术学院、天津渤海职业技术学院等7所高职院校的专家和教师聚集一堂，就本书的编写进行了深入研讨，确定了编写大纲和要求。经过一年的精心打造，现呈现给读者。

本书对石油化工生产中涉及的有关安全生产知识点及技能点做了较系统的介绍。所有项目编写了典型事故案例，采用项目引领任务驱动，突出技能训练，配套了相应课件和视频材料，每个项目配备的练习题题型与职业技能鉴定题型相对应，以便于教和学。

本书由廖有贵、李莉、蒋定建担任主编，康明艳、谭冬寒、冯智担任副主编，付梅莉担任主审。具体编写分工如下：廖有贵、隗小山、雷小佳、薛金召编写项目一、项目八，康明艳、蒋定建、马建梅编写项目二，李莉编写项目三，蒋定建、谭冬寒、华强、刘亚楠、武洪涛、赵元鑫编写项目四，钟伟、廖有贵编写项目五，冯智、李徐东编写项目六，蒋定建编写项目七。全书由廖有贵统稿。

本书编写过程中，得到了各高职院校的大力支持，独山子石化公司的邹玉军、宿伟义等安全技术管理人员提供了无私的帮助和有益的建议，在此一并表示衷心感谢。

由于编者水平有限，书中的错误与不妥之处在所难免，敬请广大读者批评指正。

编　者

2017年10月

目　录

富媒体资源目录

本教材的富媒体资源由廖有贵、蒋定建提供，若教学需要，可向责任编辑索取，邮箱为 upcweijie@163.com。

项目一　石油化工生产与安全管理

【应知】

(1)熟悉石油化工生产的主要特点；

(2)熟悉各项安全生产管理制度；

(3)了解 HSE 管理体系内涵；

(4)了解石油化工生产的危险源；

(5)了解石油化工生产过程危险和有害因素分类；

(6)了解石油化工生产常见的风险评价方法。

【应会】

(1)能够掌握石油化工安全生产管理的基础知识；

(2)能说明石化企业 HSE 管理体系要素；

(3)能够正确识别生产过程中的危险有害因素；

(4)能够运用风险分析方法初步进行风险评价；

(5)能进行重大危险源 R 值计算与分级。

【项目描述】

石油化工行业生产过程具有高温高压、易燃易爆、有毒有害等特点，生产工艺复杂多变，并伴有有毒气体、有害气体、烟尘、工业粉尘、噪声等职业健康危害因素，生产原料、中间产品、最终产品、副产品大多为危险化学品。石油化工生产，易发生安全事故，造成人身伤害、中毒、污染等次生灾害，增加了企业安全生产管理的难度。随着我国化工生产装置大型化发展和城市化建设进程的加快，石油化工企业的安全生产和环保压力越来越大，责任也越来越重。因此，充分认知石油化工生产的特点，掌握生产过程中的危险源并能初步进行风险评价，对于石油化工行业安全生产至关重要。

本项目内容主要包括石油化工安全管理及 HSE 管理体系认知，石油化工危害因素辨识与风险评价两个任务。通过本项目的学习，了解石油化工生产的主要特点，掌握石油化工生产过程危险和有害因素分类，结合危险有害因素辨识理论及 HSE 管理体系，构建危险有害因素辨识体系。

任务一　石油化工生产安全管理及 HSE 管理体系认知

【案例导入】

某化工有限公司储备库爆燃事故

一、事故经过

2009 年 11 月 23 日 8 时左右，某化工有限公司刘某给安全员郭某打电话说找到了运输粗苯的车辆，10 时 30 分左右刘某、郭某、穆某三人在某石油公司油库集合后，由穆某驾驶运输粗苯的槽罐车一起去该化工有限公司储备库，11 时 30 分左右到达。他们到达 1 个多小时以后，运输车辆司机就把车停到了存储罐前，连接好泵开始从储存罐往罐车里充装粗苯，装了 15min 的时候，穆某上到罐车上查看前面的罐口是否装满（罐的前后各有一个开启口）。然后又走到后面的罐口查看了一下，又走回前面的罐口附近对刘某说装得太慢了，也就是在他们说话的同时，大概 13 时 17 分左右发生了爆燃。然后罐车冒出浓烟。刘某从开始装车一直在罐车上（后罐口附近），郭某在控制电泵的闸刀前看闸刀。郭某见此情况，就立即拉下闸刀，然后跑到储罐前关掉储罐的阀门。之后郭某立即拨打 119、120 急救电话，消防队来后把火扑灭。此次事故造成穆某死亡，刘某受伤。

二、事故原因

（一）直接原因

据调查分析，驾驶员穆某违反危险化学品运输车辆的相关规定，单独开车运输危险化学品并且未佩戴必需的劳保用品及服装，而是穿戴不防静电的普通服装，在罐车上来回走动，衣服上的静电点燃了挥发的苯混合气体，是造成事故的直接原因。

（二）间接原因

公司的安全员在装车现场自己没有按规定穿着劳保服装，发现穆某和刘某未穿戴劳保服装未加制止；主要负责人没有担负起企业安全生产管理主要负责人的责任，在发生爆燃事故后没有及时采取有效措施组织抢救，并上报安全事故，且逃匿；现场工作人员普遍安全意识差，违章操作，安全生产管理较乱；东明县二运公司对所挂靠车辆的从业人员培训教育不够，监管不力。

三、事故教训

（1）完善预案。根据本单位所涉及危险物品的性质和危险特性，对每一项危险物品都要制定专项应急救援预案。同时，根据有关法律、法规、标准的变动情况和应急预案演练情况，以及企业作业条件、设备状况、人员、技术、外部环境等不断变化的实际情况，及时补充修订完善预案。

(2)加强教育培训。加强对作业人员和救援人员安全生产和应急知识的培训,使其了解作业场所危险源分布情况和可能造成人身伤亡的危险因素,提高自救互救能力。

(3)组织应急演练。企业应结合自身特点,开展应急演练,使作业和施救人员掌握逃生、自救、互救方法,熟悉相关应急预案内容,提高企业和应急救援队伍的应急处置能力,做到有序、有力、有效、科学、安全施救。

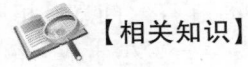

【相关知识】

知识点1:石油化工生产的特点

石油化工总产值约占整个世界石油和化学工业总产值的2/3,是石油和化学工业中最重要的部分。石油化工的上、中、下游产业如图1-1所示。

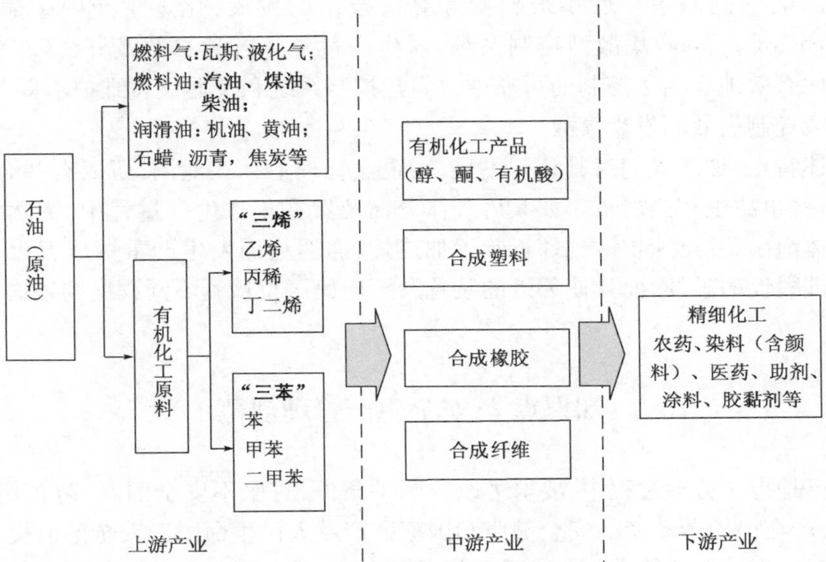

图1-1 石油化工的上、中、下游产业结构图

石油化工生产从安全的角度分析,不同于机械制造、纺织和交通运输等部门,有其突出的特点。具体表现在以下四个方面:

(1)绝大多数物料具有潜在危险性。石油化工生产,从原料到产品,包括半成品、中间体、添加剂、催化剂、各种溶剂和试剂等,绝大多数属于易燃易爆、有毒有害和强腐蚀性的物质,且多以气体、液体状态存在,在高温、高压、深冷、真空条件下极易泄漏或挥发,甚至达到物质的自燃点。如果操作失误、违反操作规程或设备管理不善,年久失修,发生燃烧爆炸事故的可能性、破坏性极大。加上相当多的物料介质还具有腐蚀性或毒性,就更加剧了事故发生的危险性和危害性严重程度。物质的这些潜在危险决定了在石油化工物料的生产、储存、运输、经营、使用、废弃等过程中稍有不慎就可能酿成事故。

(2)生产工艺过程复杂、工艺条件苛刻。石油化工生产过程工艺流程复杂,条件苛刻,常伴有高温、高压、高真空度、大流量、高转速等各种情况，而且生产工艺参数的变化通常较大。例如，以石脑油为原料裂解生产乙烯的过程中，最高操作温度接近1000℃，最低则为-170℃，最高操作压力为12. 28MPa，最低则仅有0.07～0. 08MPa。这样的工艺条件，再加上设计可能存在的固有缺陷，或由于严重腐蚀而没有得到及时检修或更换、操作失误、超负荷运行等，都有可能引起压力容器爆炸事故。

(3)生产装置大型化、生产过程连续性强。随着对石油化工产品品种和数量的需求量剧增，石油化工企业朝着大型化、自动化、连续性方向发展，厂际之间、车间之间、工序之间息息相关，相互制约，某一环节发生故障常常会影响到整个生产的正常运行。设备一旦发生事故，停产所造成的损失也越大。装置的大型化有效地提高了生产效率，但规模越大，工艺流程越长，使用的设备种类和储存的危险物料数量也越多，潜在的危险能量就越大，事故造成的后果也越严重。

(4)生产过程自动化程度高。由于石油化工生产装置大型化、连续化、工艺过程复杂化和工艺参数要求苛刻，因而现代化工生产过程仅用人工操作已基本不能适应其需要，必须采用自动化程度较高的控制系统。近年来随着计算机技术的发展，化工生产中普遍采用了DCS (distributed control system)集散型控制系统，对生产过程的各种参数及开、停车实行监视、控制、管理，从而有效地提高了控制的可靠性。但是控制系统和仪器仪表维护不良，性能下降，也可能因检测或控制失效而发生事故。

基于上述特点，加之人们对其认识不足，在企业管理上存在漏洞，所以有些企业曾发生过不少事故，有些事故也相当严重。如某厂气体分馏装置在正常生产过程中，突然因管线断裂，大量丙烷气体泄出，并迅速扩散到邻近装置加热炉，遇明火而发生严重爆炸着火事故，不但使本装置造成摧毁性的破坏，而且使邻近的装置乃至居民区也遭到不同程度的损失，事故中造成85人伤亡。

知识点2:安全生产管理规范

安全生产是指在劳动过程中，要努力改善劳动条件，克服不安全因素，防止伤亡事故的发生，使劳动生产在保护劳动者的安全健康和国家财产及人民生命财产安全的前提下进行。

安全生产管理是企业管理的一个重要组成部分，它是以安全为目的，进行有关安全工作的方针、决策、计划、组织、指挥、协调、控制等职能，合理有效地使用人力、财力、物力、时间和信息，为达到预定的安全防范而进行的各种活动的总和。

安全生产管理包括安全生产法制管理、行政管理、监督检查、工艺技术管理、设备设施管理、作业环境和条件管理等。

一、安全生产的作用和意义

搞好安全生产工作对于巩固社会的安定，为国家的经济建设提供重要的稳定政治环境具有现实的意义；对于保护劳动生产力，均衡发展各部门、各行业的经济劳动力资源具有重要的作用；对于保护社会财富、减少经济损失具有实在的经济意义；关系到生产员工个人的生命安全与健康，家庭的幸福和生活的质量。

二、安全生产管理的主要任务

(1)贯彻落实国家安全生产法规,落实“安全第一,预防为主,综合治理”的安全生产方针。

(2)制定安全生产的各种规程、规定和制度,并认真贯彻实施。

(3)制定并落实各级安全生产责任制。

(4)积极采取各项安全生产技术,保证职工有一个安全可靠的作业条件,减少和杜绝各类事故。

(5)采取各种劳动卫生措施,不断改善劳动条件和环境,防止和消除职业病和职业危害,做好女工和未成年工的特殊保护,保障劳动者的身心健康。

(6)定期对企业的各级领导、特种作业人员和一般职工进行安全教育,强化安全意识。

(7)及时完成各类事故的调查、处理和上报。

(8)推动安全生产目标管理,推广和应用现代化安全管理技术与方法,深化企业安全生产管理。

三、安全生产管理制度

安全生产管理主要是控制风险,安全生产管理制度也可以依据风险制定。一个企业的安全生产管理制度主要有:安全生产责任制、安全生产培训教育制度、安全生产检查制度、事故管理制度(项目八中讲述)、消防安全管理制度等。

(一)安全生产责任制

安全生产责任制是根据我国的安全生产方针“安全第一,预防为主,综合治理”和安全生产法规建立的各级领导、职能部门、工程技术人员、岗位操作人员在劳动生产过程中对安全生产层层负责的制度。安全生产责任制是企业岗位责任制的一个组成部分,是企业中最基本的一项安全制度,也是企业安全生产、劳动保护管理制度的核心。

各级主要管理人员安全生产责任如下:

1. 主要负责人(总经理)安全生产责任

(1)建立、健全并督促落实安全生产责任制;

(2)组织制定并督促落实安全生产规章制度和操作规程;

(3)保证安全生产投入的有效实施;

(4)每月研究安全生产问题;

(5)督促、检查安全生产工作,及时消除生产安全事故隐患;

(6)组织制定并实施生产安全事故应急救援预案;

(7)及时、如实报告生产安全事故。

2. 车间主任(分厂厂长)安全生产责任

(1)车间主任是车间安全生产第一负责人,对车间的安全生产负全责;

(2)保证企业安全生产责任制、安全规章制度、安全操作规程在车间的贯彻执行;

(3)召开车间安全生产会,在计划、布置、检查、总结、评比生产的同时,计划、布置、检查、总结、评比安全工作;

(4)安全合理组织生产,做到安全生产,杜绝违章指挥和违章作业;

(5)落实安全技术措施计划和安全技术交底;

(6)建立车间安全生产管理网,配备车间和班组两级安全管理人员;

(7)组织对车间员工,包括实习和代培人员车间和班组两级安全卫生教育,组织职工在岗安全教育活动;

(8)每月组织安全生产大检查,对查出的事故隐患及时排除,或报请上级进行解决;

(9)一旦发生事故,采取措施防止事故扩大,及时向上级或有关部门报告,并注意保护现场和做好记录。

3. 组长(工段长)安全生产责任

(1)组长是班组安全生产第一负责人;

(2)负责把企业的各项安全生产制度和规定落实到班组;

(3)严格要求职工遵守安全技术操作规程,禁止违章指挥,制止违章作业;

(4)负责对班组员工、包括实习和代培人员进行班组或岗位安全卫生教育,组织班组安全教育活动;

(5)坚持班前讲安全,班中查安全,班后总结安全;

(6)每周组织班组安全检查或班组安全活动日,对发现的事故隐患及时向上级报告,并督促有关人员解决;

(7)组织现场处置方案的演练,并做好记录;

(8)发生事故立即报告,启动现场处置方案,组织人员抢救,采取措施防止事故扩大,保护好现场,并做好记录;

4. 车间安全员安全生产责任

(1)负责车间安全管理工作,对车间安全工作负有监督管理责任;

(2)督促和检查车间落实安全生产管理制度和遵守安全技术操作规程;

(3)负责编制车间安全技术措施项目,并督促和检查落实情况;

(4)负责职工安全教育培训工作;

(5)组织车间安全检查,并督促和检查各项事故隐患整改工作;

(6)每日深入现场安全巡查,及时杜绝违章作业,发现隐患及时上报,组织人员进行整改;

5. 班组长安全生产职责

(1)认真贯彻执行安全生产的方针、政策和公司各项安全生产管理制度,对本班组的安全生产负全面责任;

(2)对新进员工进行班组级安全教育和职业卫生教育,了解本班组生产情况、危害因素及可能产生的健康危害,正确使用防护设施和个人防护用品的方法,学习遇险时自救和互救知识;

(3)组织本班组员工,对本班组的各种机电设备进行安全检查,发现问题及时报告,并协同车间及时排除;

(4)督促、检查本班组员工执行安全生产管理制度和设备安全操作规程,制止违章和冒险作业;

(5)认真检查、监督本班组员工正确使用劳动保护用品,保护员工的身体健康,预防和杜绝职业病的发生;

(6)发生工伤事故,立即报告车间领导及有关人员,参加车间事故分析会分析事故原因,提出预防措施,防止类似事故重复发生。

6. 公司员工安全生产职责

(1)积极学习安全技术和劳动保护知识,严格遵守公司各项安全生产规章制度和操作规程,同一切违章作业的现象做斗争;

(2)操作前必须穿好工作服,佩带好劳动保护用品,检查好本岗位的设备和安全设施,不准穿高跟鞋、裙子、短裤、背心和拖鞋从事工作,劳动保护用品的使用必须符合要求和规定;

(3)接受安全生产教育和培训,掌握本职工作所需的安全生产知识,提高安全生产技能,增强事故预防和应急处理能力;

(4)发现设备有异常情况,应立即查找原因,进行排除,自己解决不了的应立即报告,决不可不负责任,轻举妄动启动设备,造成事故;

(5)遵守劳动纪律,精心维护设备,搞好文明生产,对本岗位的安全生产负直接责任;

(6)积极参加安全生产的各种活动,主动提出改进安全生产工作的合理化建议,有权拒绝违章指挥和强令冒险作业;

(7)发生事故和危险时,要对伤员及时抢救,并立即报告领导,保持事故现场,积极参加事故的调查分析,对任何大小事故和未遂事故,均不得隐瞒不报。

(二)安全生产培训教育制度

1. 目的

安全培训的目的是为加强和规范生产经营单位安全培训工作,提高从业人员安全素质,防范伤亡事故,减轻职业危害。安全教育是使广大职工熟悉有关安全生产规章制度和安全操作规程,具备必要的安全生产知识,掌握本岗位的安全操作技能,增强预防事故、控制职业危害和应急处理的能力。

2. 形式

安全生产培训教育形式主要有新入厂员工的(包括新工人、合同工、临时工、外包工和培训、实习、外单位调入本厂人员等)三级安全培训教育、日常教育、特殊教育等形式。

1)三级安全培训教育

三级安全培训教育是指厂级(入厂教育)、车间级、班组(岗前)教育。三级安全培训教育内容见表1-1。

表1-1　三级安全培训教育内容

分级	一级(厂级)	二级(车间)	三级(班组)
教育培训内容	安全生产法律法规	车间生产概况	岗位安全操作规程
	公司概况	车间危险因素及防范措施	本岗位涉及的生产设备、安全设施和使用的劳保用品等
	安全要点	车间各岗位可能存在的危害和预防措施	岗位间协同作业须知和注意点
	安全生产技术情况	各岗位安全职责	岗位典型案例和应急处理方法
	安全生产管理情况	岗位安全操作规程、操作标准等	各级主管的应急联络方式等
	公司各项安全管理制度	岗位劳防用品的使用	
	劳动纪律、工作纪律等	典型异常及其应急处理措施	
	案例和教训		

2）日常教育

各级领导和各部门要对职工进行经常性的安全思想、安全技术和遵章守纪教育，增强职工的安全意识和法制观念，定期研究职工安全教育中的有关问题；应举办安全技术和工业卫生学习班，充分利用安全教育室，采用展览、宣传画、安全专栏、报章杂志等多种形式，以及先进的电化教育手段，开展对职工的安全和工业卫生教育。各单位应定期开展安全活动，班组安全活动每周一次（即完全活动日）。班组教育的内容：

（1）学习和政府的有关安全生产法律法规；

（2）学习有关安全生产文件、安全通报、安全生产规章制度、安全操作规程及安全技术知识；

（3）讨论分析典型事故案例，总结和吸取事故教训；

（4）开展防火、防爆、防中毒及自我保护能力训练，以及异常情况紧急处理和应急预案演练；

（5）开展岗位安全技术练兵、比武活动；

（6）开展查隐患、反习惯性违章活动；

（7）开展安全技术座谈，观看安全教育电影和录像；

（8）熟悉作业场所和工作岗位存在的风险、防范措施、

（9）其他安全活动。

3）特殊教育

特种作业人员必须按《特种作业人员安全技术培训考核管理规定》的要求进行安全技术培训考核，取得特种作业证后，方可从事特种作业。

对特种作业人员，按各业务主管部门有关规定的期限组织复审；在新工艺、新技术、新设备、新材料、新产品投产前要按新的安全操作规程，对岗位作业人员和有关人员进行专门教育，考试合格后，方能进行独立作业；发生重大事故和恶性未遂事故后，企业主管部门要组织有关人员进行现场教育，吸取事故的教训，防止类似事故重复发生。

3. 方法

安全生产培训教育的方法多种多样，形式千变万化。现实中，应根据人的性格、气质、身体素质、年龄、文化素养的不同而使用不同的教育方式和方法。如：宣传画、影片和幻灯片，报告、讲课和座谈，安全竞赛及安全活动，展览及安全出版物等。

（三）安全生产检查制度

安全生产检查是治理整顿、建立良好的安全环境和生产秩序、做好安全工作的重要手段之一。要坚持领导和群众相结合、普遍检查与专业检查相结合、检查与整改相结合的原则，做到制度化、经常化。

安全生产检查的内容：一是查思想、查领导、查制度、查管理、查隐患；二是检查人的不安全行为和物的不安全状态。

安全生产检查的方式与方法如下。

1. 检查方式

安全生产检查分为日常检查、季节性检查、节假日检查、专业性检查以及综合检查等方式进行。

（1）日常检查。生产岗位的班组长和工人，应严格履行岗位安全生产责任制，进行交接班检查和班中巡回检查；非生产岗位的班组长和工人，应根据本工种、岗位的特点，在工作前和工作中进行检查；公司领导检查各自管辖部门每月至少两次；其他部门负责人和安全管理人员，在各自的职责范围内，经常深入管辖区域、生产岗位和施工现场进行安全检查，发现隐患，应及时督促解决。

（2）季节性检查。春季安全大检查：防外力破坏、防雷、防雨、防小动物以及查处违章、“两票三制”、消防动火管理等检查；夏季安全大检查：以防暑降温、防雷、防风、防汛为重点；秋季安全大检查：按照上级要求进行对安全生产管理、劳动安全与作业环境、设备及季节性事故预防、防火防爆、防洪防汛等几方面的重点检查；冬季安全大检查：以防火、防冻、防寒、防小动物为重点。

（3）节假日检查。由各车间、处室自行组织元旦、春节、五一、国庆节前检查。

（4）专业性检查。检查防火、防爆、防毒、用火管理及消防设施等；检查安全设施，人身安全防护、劳动保护设施、器具，如通风、除尘、防噪声设施，检查各类安全警示标志等；检查电气仪表、设备绝缘、防爆、防触电、防雷、防污闪、防静电接地；检查锅炉、压力容器、高温管道、机械动力设备、厂房建筑、运输车辆、安全装置、化学危险品、电动工具、起重搬运工具、特殊工具及用具等。

2. 检查方法

（1）常规检查：常规检查是常见的一种检查方法，通常是安全管理人员作为检查工作的主体，到作业场所的现场，通过感观或辅助一定的简单工具、仪表等，对作业人员的行为、作业场所的环境条件、生产设备设施等进行的定期检查。

（2）安全检查表法：为使检查工作更加规范，将个人的行为对检查结果的影响减少到最小，常采用安全检查表法。安全检查表，是事先把系统加以剖析，列出各层次的不安全因素，确定检查项目，并把检查项目按系统的组成顺序编制成表，以便进行检查或评审。

（四）安全生产法律、法规、标准、安全生产禁令

（1）法律：全国人大颁布的安全生产法律，如《中华人民共和国刑法》《安全生产法》《环境保护法》《职业病防治法》《劳动法》《劳动合同法》《突发事件应对法》等。

（2）法规：国务院和省级人大颁布的有关安全生产的法规。

（3）规章：国务院各部委、局和省级人民政府颁布的安全生产规章制度。

（4）标准：国家、地方和行业颁布的安全标准。

（5）国际公约：我国已签署的关于劳动保护的公约。

（6）其他要求：各级政府有关安全生产方面的规范性文件，上级主管部门的要求，地方和相关行业有关的安全生产要求、非法规性文件和通知、技术标准规范等。

知识点3：石化企业 HSE 管理体系

一、HSE 管理体系内涵

健康、安全与环境管理体系简称为 HSE 管理体系，或用 HSEMS（health safety and enviroment management system）表示 。HSE 管理体系是集各国同行管理经验之大成，体现当今石油天然气企业在大城市环境下的规范运作，突出了预防为主、领导承诺、全员参与、持续改进

的科学管理思想。健康、安全与环境管理体系的形成和发展是石油勘探开发多年管理工作经验积累的成果,它体现了完整的一体化管理思想。

(一) HSE 管理体系的理念

(1)注重领导承诺的理念。组织对社会的承诺、对员工的承诺,领导对资源保证和法律责任的承诺,是 HSE 管理体系顺利实施的前提。

(2)体现以人为本的理念。组织在开展各项工作和管理活动过程中,始终贯穿着以人为本的思想,从保护人的生命的角度和前提下,使组织的各项工作得以顺利进行。

(3)体现预防为主、事故是可以预防的理念。我国安全生产的方针是"安全第一、预防为主、综合治理"。一些组织在贯彻这一方针的过程中并没有规范化和落实到实处,而 HSE 管理体系始终贯穿了对各项工作事前预防的理念,贯穿了所有事故都是可以预防的理念。HSE 管理体系系统地建立起预防的机制,如果能切实推行,就能建立起长效机制。

(4)贯穿持续改进和可持续发展的理念。HSE 管理体系贯穿了持续改进和可持续发展的理念,也就是人们常说的,没有最好,只有更好。

(5)体现全员参与的理念。安全工作是全员的工作,是全社会的工作。HSE 管理体系就充分体现了全员参与的理念。通过广泛的参与,形成组织的 HSE 文化,使 HSE 理念深入到每一个员工的思想深处,并转化为每一个员工的日常行为。

(二)HSE 管理体系建设的基础结构

目前,HSE 管理体系没有共同标准,各大企业集团实施的 HSE 管理体系的基本结构和关键要素具有相同的地方。HSE 管理体系基本上是按:规划(plan)—实施(do)—验证(check)—改进(action)运行模式来建立的,即 PDCA(戴明)模式。

(1)规划:包括方针和目标的确定,以及活动规划的制定。

(2)实施:根据已知的信息,设计具体的方法、方案和计划布局;再根据设计和布局,进行具体运作,实现规划中的内容。

(3)验证:总结执行计划的结果,分清哪些对了,哪些错了,明确效果,找出问题。

(4)改进:对总结验证的结果进行处理,对成功的经验加以肯定,并予以标准化;对于失败的教训也要总结,引起重视;对于没有解决的问题,应提交给下一个 PDCA 循环中去解决。

二、石化企业 HSE 管理体系的要素

HSE 管理体系主要依托三个技术标准完成,即 GB/T 24001—2004《环境管理体系　要求及使用指南》、GB/T 28001—2011《职业健康安全管理体系　要求》和 AQ/T 9006—2010《企业安全生产标准化基本规范》。目前,中国石油天然气集团有限公司和中国石油化工集团公司均建有自己的 HSE 管理体系,二者是目前我国 HSE 管理体系建立的主体。

目前中国石油天然气集团有限公司执行的是《健康、安全与环境管理体系　第 1 部分:规范》(Q/SY 1002.1—2013),其中包含七大要素:

(1)领导和承诺。领导和承诺是指企业自上而下的各级管理层的领导和承诺,是 HSE 管理体系的核心。

(2)方针和战略目标。方针和战略目标由最高管理者制定和发布,是单位开展 HSE 管理工作的行为准则。以中国石油天然气集团有限公司(简称中石油)的方针和战略目标为例,主要包括以下内容:①中石油 HSE 方针:以人为本,预防为主、全员参与、持续改进。②中石油

HSE 战略目标:追求零事故、零伤害、零污染,努力向国际健康、安全与环境管理的先进水平迈进。

(3)组织机构、资源和文件。

(4)评价和风险管理。

(5)规划。

(6)实施和监测。

(7)审核和评审。

【相关技能】

技能点:填写化工装置班组安全检查表

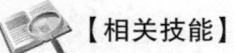

安全检查的最有效工具是安全检查表,它是为检查某些系统的安全状况而事先制定的问题清单。根据安全检查的需要、目的、被检查的对象,可编制多种类型的相对通用的安全检查表,如企业综合安全管理状况的检查表,企业主要危险设备、设施的安全检查表,不同专业类型的检查表,面向车间、工段、岗位不同层次的安全检查表等。

一、安全检查表的内容与分类

(一)内容

安全检查表必须包括系统的全部主要检查部位,不能忽略主要的、潜在不安全因素,应从检查部位中引申和发掘与之有关的其他潜在危险因素。通常情况下检查项目内容及检查要点要用提问方式列出。检查情况用"是""否"或者用"√""×"表示。

(二)分类

安全检查表大致可分为以下几类:设计审查用安全检查表、企业安全检查表、各专业性安全检查表。检查要突出重点部位的危险因素源点及影响大的不安全状态和不安全行为,并按一定格式要求列成表格。

二、安全检查表的格式

安全检查表的格式没有统一的规定,可以依据不同的要求,设计不同需要的安全检查表。原则上应条目清晰、内容全面,要求详细、具体。另外,可以根据不同的职责范围、岗位、工作性质,制定不同类型的安全检查表,设计不同的表格。班组级安全检查表的格式与内容见表 1-2。

表 1-2 班组级安全检查表

检查部门:　　　　检查人:　　　　检查时间:　　　　编号:

目的	对生产过程及安全管理中可能存在的隐患、有害危险因素、缺陷等进行查证,查找不安全因素和不安全行为,以确保隐患或有害、危险因素或缺陷存在状态,以及它们转化为事故的条件,以制定整改措施,消除或控制隐患和有害与危险因素,确保生产安全,使班组符合《危险化学品从业单位安全标准化通用规范》的要求
要求	按照《危险化学品从业单位安全标准化通用规范》的要求认真检查,不放过任何可疑点。对查出问题及时处理,暂时无法处理的应采取有效的预防措施,并立即向车间报告

续表

内容	见检查项目					
计划	每周检查一次					
序号	检查项目	检查标准	检查方法(或依据)	检查结果	存在问题	整改措施
1	劳动纪律	有无违章指挥、违章作业、违反劳动纪律的现象	检查现场			
2	工艺	检查本班组(工段)各工艺指标的执行和工艺条件的变化情况	检查现场和记录			
		检查工艺管线有无震动、松动、跑、冒、滴、漏、腐蚀、堵塞等情况;检查工艺阀门开关是否灵活,是否有开关不到位、过紧、过松响动、内漏外流、腐蚀、堵塞等情况	检查现场和记录			
3	设备	检查运转设备的基础牢固、运转及润滑情况,润滑油的油质变化情况	检查现场			
		检查各运转设备运转部件是否有异常响声,裸漏的运转部件防护罩是否齐全可靠,辅机及管线是否有振动	检查现场			
		检查设备的运转状态,检查温度、压力、流量等是否在范围之内	检查现场			
		设备维护保养落实到位,现场无跑、冒、滴、漏现象,卫生状态良好	检查现场			
		各设备的压力表、温度计、安全阀等安全附件完好并定期检测在有效期内	检查现场			
4	电气仪表	检查电器设备的工作状态、电动机声音、振动是否异常,保护接地是否牢靠,电动机及电器元件是否有火花及异常声音、气味,电流、电压等是否在指标范围内	检查现场			
		检查仪表的工作状态,检查仪表的指示是否准确,反应是否灵敏,一次表和二次表及阀门动作是否统一	检查现场			
		检查仪表有无锈蚀、松动、泄漏等潜在危险	检查现场			
5	现场管理	检查工作现场是否清洁、有序	检查现场			
		检查各种通道是否畅通无阻,应急灯具是否齐全可靠	检查现场			
		检查消防设施是否按承包牌进行管理和日常维护,是否完好无损坏	检查现场			
		检查其他各种安全设施是否处于正常状态	检查现场			

续表

序号	检查项目	检查标准	检查方法(或依据)	检查结果	存在问题	整改措施
6	安全教育	检查开展班组安全活动情况,班组安全活动应有内容、有记录	检查现场和记录			
		检查新员工的三级安全教育落实情况,要有完整的记录	检查现场和记录			
7	关键装置及重点部位	检查本班组时段内关键装置及重点部位的运行情况,安全监控设施的运行情况,安全隐患的发现情况,相关记录的填写情况	检查现场和记录			
8	监督管理	检查本班组时段内是否有外来施工单位及其他外来人员进入所辖区域,他们是否影响到生产操作	检查现场			
		监督施工方是否有违章行为,外来人员是否存在不安全行为	检查现场			
检查与责任制挂钩记录						

任务二 石油化工危害因素辨识与风险评价

【案例导入】

安全管理存在缺陷,试车引发爆炸事故

一、事故经过

某化工集团有限公司一分厂 $16\times10^4t/a$ 氨醇、$25\times10^4t/a$ 尿素生产线,于 2007 年 7 月 10 日完成 2 号压缩机单机调试、空气试压 、二氧化碳置换。7 月 11 日 15 时 30 分,开始正式投料试车,23 时 50 分,2 号压缩机七段出口管线突然发生爆炸,气体泄漏引发大火,造成 8 人当场死亡,1 人因大面积烧伤抢救无效于 14 日凌晨 0 时 10 分死亡,1 人轻伤。事故还造成部分厂房顶棚坍塌和仪表盘烧毁。

经调查,事故发生时先后发生两次爆炸。经对事故现场进行勘查和分析,一处爆炸点是在 2 号压缩机七段出口油水分离器之后、第一角阀前 1m 处的管线,另一处爆炸点是在 2 号压缩机七段出口两个角阀之间的管线(第一角阀处于关闭状态,第二角阀处于开启状态)。

二、事故原因

（一）直接原因

事故发生后，经初步分析判断，排除了化学爆炸和压缩机出口超压的可能，爆炸为物理爆炸。事故发生的直接原因是2号压缩机七段出口管线存在强度不够、焊接质量差、管线使用前没有试压等严重问题。

（二）间接原因（管理上存在的主要问题）

（1）建设项目未设立安全审查。该公司将16×10^4t/a氨醇、25×10^4t/a尿素改扩建两个项目，分别于2006年4月26日和5月30日向市经济委员会备案后即开工建设，未向当地安全监管部门申请建设项目设立安全审查，属违规建设项目。

（2）建设项目工程管理混乱。该项目无统一设计，仅根据可行性研究报告就组织项目建设，有的单元采取设计、制造、安装整体招标，有的单元采取企业自行设计、市场采购、委托施工方式，有的直接按旧图纸组织施工。与事故有关的2号压缩机由某气体压缩机制造有限公司制造，并负责压缩机出口阀前的辅助管线设计。项目没有按照《建设工程质量管理条例》有关规定选择具有资质的施工、安装单位进行施工和安装。试车前没有制定周密的试车方案，高压管线投用前没有经过水压试验。

（3）拒不执行安全监管部门停止施工和停止试车的监管指令。2007年1月，市安全监管部门发现该公司未经建设项目安全设立许可后，责令其停止项目建设，该公司才开始补办危险化学品建设项目安全许可手续，但没有停止项目建设。7月7日，由市安全监管局组织专家组对该项目进行了安全设立许可审查，明确提出该项目的平面布置和部分装置之间距离不符合要求，责令企业抓紧整改，但企业在未进行整改、未经允许的情况下，擅自进行试车，试车过程中发生了爆炸。

三、事故教训

（1）要建立和健全工程管理、物资供应、材料出入库、特种设备管理、工艺管理等各项管理制度。

（2）基础建设要按程序进行，接受国家监督，杜绝无证设计、无证施工。

（3）对本次事故所在的改扩建项目中的压力管道，要由有资质的设计单位对其重新进行复核；对所有焊口进行射线探伤检查，对不合格焊口由具备相应资质的施工单位进行返修；对所有使用旧管线的部位拆除更换；要查清管线、弯头的来源，对来源不清的管线、弯头应更换；对所有钢管、弯头进行硬度检验，发现硬度异常的管件应更换；分段进行水压试验以校验其强度。

（4）新建、改建、扩建危险化学品生产、储存装置和设施等建设项目，其安全设施应严格执行“三同时”的规定，依法向发改、经贸、环保、建设、消防、安监、质监等部门申报有关情况，办理有关手续，手续不全或环评、安评中提出的隐患、问题没整改的，不得开工建设。

（5）新的生产装置建成后，要制定周密细致的开车试生产方案，开车试生产方案要报安监部门备案。同时，制定应急救援预案，采取有效救援措施，尽量减少现场无关作业人员，一旦发生意外，最大限度降低各种损失。

【相关知识】

知识点1:石油化工生产的危险源

一、危险有害因素分类

危险因素,是指能对人造成伤亡或对物造成突发性损害的因素;有害因素,是指能影响人的身体健康、导致疾病或物造成慢性损害的因素。通常情况下,二者并不加以区分而统称为危险有害因素。

对危险有害因素进行分类是进行危险因素、有害因素分析和辨识的基础。危险有害因素的分类方法有许多种,主要有以下两种方法。

(一)按导致事故和职业危害的直接原因进行分类

根据《生产过程危险和有害因素分类与代码》(GB/T 13861—2009)的规定,生产过程危险和有害因素共分为四类,分别是人的因素、物的因素、环境因素、管理因素。

代码为层次码,用6位数字表示,共分四层,第一、二层分别用一位数字表示大类、中类;第三、四层分别用两位数字表示小类、细类。代码结构如图1-2所示。

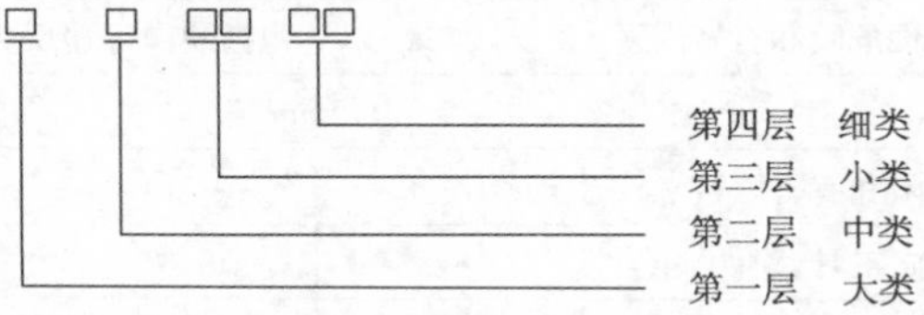

图1-2　代码结构

生产过程危险和有害因素的分类与代码见表1-3。

表1-3　生产过程危险和有害因素分类与代码

代　码	危险和有害因素	说　　明
1	**人的因素**	
11	心理、生理性危险和有害因素	
1101	负荷超限	
110101	体力负荷超限	指易引起疲劳、劳损、伤害等的负荷超限
110102	听力负荷超限	
110103	视力负荷超限	
110199	其他负荷超限	
1102	健康状况异常	指伤、病期等
1103	从事禁忌作业	
1104	心理异常	
110401	情绪异常	
110402	冒险心理	
110403	过度紧张	

续表

代　码	危险和有害因素	说　　明
110499	其他心理异常	
1105	辨识功能缺陷	
110501	感知延迟	
110512	辨识错误	
110599	其他辨识功能缺陷	
1199	其他心理、生理性危险和有害因素	
12	行为性危险和有害因素	
1201	指挥错误	
120101	指挥失误	包括与生产环节有关的各级管理人员的指挥
120102	违章指挥	
120199	其他指挥错误	
1202	操作错误	
120201	误操作	
120202	违章作业	
120299	其他操作错误	
1203	监护失误	
1299	其他行为性危险和有害因素	包括脱岗等违反劳动纪律行为
2	**物的因素**	
21	物理性危险和有害因素	
2101	设备、设施、工具、附件缺陷	
210101	强度不够	
210102	刚度不够	
210103	稳定性差	抗倾覆、抗位移能力不够。包括重心过高、底座不稳定、支承不正确等
210104	密封不良	指密封件、密封介质、设备辅件、加工精度、装配工艺等缺陷以及磨损、变形、气蚀等造成的密封不良
210105	耐腐蚀性差	
210106	应力集中	
210107	外形缺陷	指设备、设施表面的尖角利棱和不应有的凹凸部分等
210108	外露运动件	指人员易触及的运动件
210109	操纵器缺陷	指结构、尺寸、形状、位置、操纵力不合理及操纵器失灵、损坏等
210110	制动器缺陷	
210211	控制器缺陷	
210199	设备、设施、工具、附件其他缺陷	
2102	防护缺陷	

续表

代 码	危险和有害因素	说 明
210201	无防护	
210202	防护装置、设施缺陷	指防护装置、设施本身安全性、可靠性差，包括防护装置、设施、防护用品损坏、失效、失灵等
210203	防护不当	指防护装置、设施和防护用品不符合要求、使用不当。不包括防护距离不够
210204	支撑不当	包括矿井、建筑施工支护不符合要求
210205	防护距离不够	指设备布置、机械、电气、防火、防爆等安全距离不够和卫生防护距离不够等
210299	其他防护缺陷	
2103	电伤害	
210301	带电部位裸露	指人员易触及的裸露带电部位
210302	漏电	
210303	静电和杂散电流	
210304	电火花	
210399	其他电伤害	
2104	噪声	
210401	机械性噪声	
210402	电磁性噪声	
210403	流体动力性噪声	
210499	其他噪声	
2105	振动危害	
210501	机械性振动	
210502	电磁性振动	
210503	流体动力性振动	
210599	其他振动危害	
2106	电离辐射	包括X射线、γ射线、α粒子、β粒子、中子、质子、高能电子束等
2107	非电离辐射	
210701	紫外辐射	
210702	激光辐射	
210703	微波辐射	
210704	超高频辐射	
210705	高频电磁场	
210706	工频电场	
2108	运动物伤害	
210801	抛射物	
210802	飞溅物	

续表

代　码	危险和有害因素	说　明
210803	坠落物	
210804	反弹物	
210805	土、岩滑动	
210806	料堆(垛)滑动	
210807	气流卷动	
210899	其他运动物伤害	
2109	明火	
2110	高温物质	
211001	高温气体	
211002	高温液体	
211003	高温固体	
211099	其他高温物质	
2111	低温物质	
211101	低温气体	
211102	低温液体	
211103	低温固体	
211199	其他低温物质	
2112	信号缺陷	
211201	无信号设施	指应设信号设施处无信号,如无紧急撤离信号等
211202	信号选用不当	
211203	信号位置不当	
211204	信号不清	指信号量不足,如响度、亮度、对比度、信号维持时间不够等
211205	信号显示不准	包括信号显示错误、显示滞后或超前等
211299	其他信号缺陷	
2113	标志缺陷	
211301	无标志	
211302	标志不清晰	
211303	标志不规范	
211304	标志选用不当	
211305	标志位置缺陷	
211399	其他标志缺陷	
2114	有害光照	包括直射光、反射光、眩光、频闪效应等
2199	其他物理性危险和有害因素	
22	化学性危险和有害因素	
2201	爆炸品	
2202	压缩气体和液化气体	

续表

代　码	危险和有害因素	说　明
2203	易燃液体	
2204	易燃固体、自燃物品和遇湿易燃物品	
2205	氧化剂和有机过氧化物	
2206	有毒品	
2007	放射性物品	
2208	腐蚀品	
2209	粉尘与气溶胶	
2299	其他化学性危险和有害因素	
23	生物性危险和有害因素	
2301	致病微生物	
230101	细菌	
230102	病毒	
230103	真菌	
230199	其他致病微生物	
2302	传染病媒介物	
2303	致害动物	
2304	致害植物	
2399	其他生物性危险和有害因素	
3	**环境因素**	包括室内、室外、地上、地下(如隧道、矿井)、水上、水下等作业(施工)环境
31	室内作业场所环境不良	
3101	室内地面滑	指室内地面、通道、楼梯被任何液体、熔融物质润湿,结冰或有其他易滑物等
3102	室内作业场所狭窄	
3103	室内作业场所杂乱	
3104	室内地面不平	
3105	室内梯架缺陷	包括楼梯、阶梯、电动梯和活动梯架,以及这些设施的扶手、扶栏和护栏、护网等
3106	地面、墙和天花板上的开口缺陷	包括电梯井、修车坑、门窗开口、检修孔、排水沟等
3107	房屋基础下沉	
3108	室内安全通道缺陷	包括无安全通道,安全通道狭窄、不畅等
3109	房屋安全出口缺陷	包括无安全出口、设置不合理等
3110	采光照明不良	指照度不足或过强、烟尘弥漫影响照明等
3111	作业场所空气不良	指自然通风差、无强制通风、风量不足或气流过大、缺氧或有害气体超限等
3112	室内温度、湿度、气压不适	
3113	室内给、排水不良	

续表

代　码	危险和有害因素	说　　明
3114	室内涌水	
3199	其他室内作业场所环境不良	
32	室外作业场地环境不良	
3201	恶劣气候与环境	包括风、极端的温度、雷电、大雾、冰雹、暴雨雪、洪水、浪涌、泥石流、地震、海啸等
3202	作业场地和交通设施湿滑	包括铺设好的地面区域、阶梯、通道、道路、小路等被任何液体、熔融物质润湿，冰雪覆盖或有其他易滑物等
3203	作业场地狭窄	
3204	作业场地杂乱	
3205	作业场地不平	包括不平坦的地面和路面，有铺设的、未铺设的、草地、小鹅卵石或碎石地面和路面
3206	航道狭窄、有暗礁或险滩	
3207	脚手架、阶梯和活动梯架缺陷	包括这些设施的扶手、扶栏和护栏、护网等
3208	地面开口缺陷	包括升降梯井、修车坑、水沟、水渠等
3209	建筑物和其他结构缺陷	包括建筑中或拆毁中的墙壁、桥梁、建筑物；筒仓、固定式粮仓、固定的槽罐和容器；屋顶、塔楼等
3210	门和围栏缺陷	包括大门、栅栏、畜栏和铁丝网等
3211	作业场地基础下沉	
3212	作业场地安全通道缺陷	包括无安全通道，安全通道狭窄、不畅等
3213	作业场地安全出口缺陷	包括无安全出口、设置不合理等
3214	作业场地光照不良	指光照不足或过强、烟尘弥漫影响光照等
3215	作业场地空气不良	指自然通风差或气流过大、作业场地缺氧或有害气体超限等
3216	作业场地温度、湿度、气压不适	
3217	作业场地涌水	
3299	其他室外作业场地环境不良	
33	地下（含水下）作业环境不良	不包括以上室内室外作业环境已列出的有害因素
3301	隧道/矿井顶面缺陷	
3302	隧道/矿井正面或侧壁缺陷	
3303	隧道/矿井地面缺陷	
3304	地下作业面空气不良	包括通风差或气流过大、缺氧或有害气体超限等
3305	地下火	
3306	冲击地压	指井巷（采场）周围的岩体（如煤体）在外载作用下产生的变形能，当力学平衡状态受到破坏时，瞬间释放，将岩体急剧、猛烈抛出造成严重破坏的一种井下动力现象

续表

代码	危险和有害因素	说明
3307	地下水	
3308	水下作业供氧不当	
3399	其他地下作业环境不良	
39	其他作业环境不良	
3901	强迫体位	指生产设备、设施的设计或作业位置不符合人类工效学要求而易引起作业人员疲劳、劳损或事故的一种作业姿势
3902	综合性作业环境不良	显示有两种以上致害因素且不能分清主次的情况
3999	以上未包括的其他作业环境不良	
4	**管理因素**	
41	职业安全卫生组织机构不健全	包括安全组织机构的设置和人员的配置
42	职业安全卫生责任制未落实	
43	职业安全卫生管理规章制度不完善	
4301	建设项目“三同时”制度未落实	
4302	操作规程不规范	
4303	事故应急预案及响应缺陷	
4304	培训制度不完善	
4399	其他职业安全卫生管理规章制度不健全	包括隐患管理、事故调查处理等制度不健全
44	职业安全卫生投入不足	
45	职业健康管理不完善	包括职业健康体检及其档案管理等不完善
49	其他管理因素缺陷	

（二）参照事故类别分类

参照《企业职工伤亡事故分类》(GB 6441—1986)，综合考虑起因物、引起事故的诱导性原因、致害物、伤害方式等，可将危险有害因素分为如下20类：物体打击、车辆伤害、机械伤害、起重伤害、触电、火灾、灼烫、淹溺、高处坠落、坍塌、冒顶片帮、透水、放炮、火药爆炸、瓦斯爆炸、锅炉爆炸、容器爆炸、其他爆炸、中毒和窒息、其他伤害。

二、危险有害因素辨识方法

目前，危险有害因素识别和评价的方法较多，不同的方法应用的范围和目的各有差异。应根据所分析项目选取适合的方法。下面介绍几种常见的评价方法。

（一）安全检查表

安全检查表(safety checklist analysis，缩写SCA)是依据相关的标准、规范，对工程、系统中已知的危险类别、设计缺陷以及与一般工艺设备、操作、管理有关的潜在危险性和有害性进行判别检查。为了避免检查项目遗漏，事先把检查对象分割成若干系统，以提问或打分的形式，将检查项目列表，这种表就称为安全检查表。它是系统安全工程的一种最基础、最简便、广泛应用的系统危险性评价方法。

（二）危险指数方法

危险指数方法（risk rank，缩写 RR）是通过评价人员对几种工艺现状及运行的固有属性（是以作业现场危险度、事故概率和事故严重度为基础，对不同作业现场的危险性进行鉴别）进行比较计算，确定工艺危险特性重要性大小及是否需要进一步研究的安全评价方法。可以运用在工程项目的各个阶段（可行性研究、设计、运行等），可以在详细的设计方案完成之前运用，也可以在现有装置危险分析计划制定之前运用。当然它也可用于在役装置，作为确定工艺操作危险性的依据。

目前已有许多种危险指数方法得到广泛的应用，如危险度评价法，道化学公司的火灾、爆炸危险指数法，帝国化学工业公司（ICI）的蒙德法，化工厂危险等级指数法等。

（三）预先危险性分析方法

预先危险分析方法（preliminary hazard analysis，缩写 PHA）是一项实现系统安全危害分析的初步或初始工作，在设计、施工和生产前，首先对系统中存在的危险性类别、出现条件、导致事故的后果进行分析，目的是识别系统中的潜在危险，确定危险等级，防止危险发展成事故。

选用哪种辨识评价方法，要根据分析对象的性质、特点、寿命的不同阶段和分析人员的知识、经验和习惯来定，表 1－4 为其他常用的危险性因素辨识评价方法。

表 1－4　其他常用的危险性因素辨识评价方法

辨识评价方法	评价目标	定性／定量	方法特点	适用范围	应用条件	优缺点
故障类型和影响分析（FMEA）	故障（事故）原因影响程度等级	定性	列表、分析系统（单元、元件）故障类型、故障原因、故障影响评定影响程序等级	机械电气系统、局部工艺过程、事故分析	有故障类型分级表、评点参考表、严重度的等级与内容等表格，分析评价人员有丰富的知识和实践经验	较复杂、详尽，受分析评价人员主观因素影响
故障类型和影响危险性分析（FMECA）	故障原因故障等级危险指数	定性定量	同上。在 FMEA 基础上，由元素故障概率、系统重大故障概率计算系统危险性指数	机械电气系统、局部工艺过程、事故分析	同 FMEA 有元素故障率、系统重大故障（事故）概率数据	较 FMEA 复杂、精确
事件树（ETA）	事故原因触发条件事故概率	定性定量	归纳法，由初始事件判断系统事故原因及条件内各事件概率计算系统事故概率	各类局部工艺过程、生产设备、装置事故分析	熟悉系统、元素间的因果关系，有各事件发生概率数据	简便、易行，受分析评价人员主观因素影响

续表

辨识评价方法	评价目标	定性／定量	方法特点	适用范围	应用条件	优缺点
事故树(FTA)	事故原因事故概率	定性定量	演绎法,由事故和基本事件逻辑推断事故原因,由基本事件概率计算事故概率	宇航、核电、工艺、设备等复杂系统事故分析	熟练掌握方法和事故、基本事件间的联系,有基本事件概率数据	复杂、工作量大、精确。事故树编制有误易失真
道化学公司法(DOW)	火灾、爆炸、危险性等级、事故损失	定量	根据物质、工艺危险性计算火灾爆炸指数,判定采取措施前后的系统整体危险性,由影响范围、单元破坏系数计算系统整体经济、停产损失	生产、储存、处理燃爆、化学活泼性、有毒物质的工艺过程及其他有关工艺系统	熟练掌握方法、熟悉系统、有丰富知识和良好的判断能力,须有各类企业装置经济损失目标值	大量使用图表、简捷明了、参数取位宽、因人而异,只能对系统整体宏观评价
帝国化学公司蒙德法(MOND)	火灾、爆炸、毒性及系统整体危险性等级	定量	由物质、工艺、毒性、布置危险计算采取措施前后的火灾、爆炸、毒性和整体危险性指数,评定各类危险性等级	生产、储存、处理燃爆、化学活泼性、有毒物质的工艺过程及其他有关工艺系统	熟练掌握方法、熟悉系统、有丰富知识和良好的判断能力	大量使用图表、简捷明了、参数取位宽、因人而异,只能对系统整体宏观评价
单元危险性快速排序法	危险性等级	定量	由物质、毒性系数、工艺危险性系数计算火灾爆炸指数和毒性指标,评定单元危险性等级	同DOW法的适用范围	熟悉系统、掌握有关方法、具有相关知识和经验	是DOW法的简化方法。简捷方便、易于推广
模糊综合评价	安全等级	半定量	利用模糊矩阵运算的科学方法,对于多个子系统和多因素进行综合评价	各类生产作业条件	赋分人员熟悉系统,对安全生产有丰富知识和实践经验	简便、实用,受分析评价人员主观因素影响

三、危险有害因素辨识的主要内容

(一)厂址

从工程地质、地形地貌、水文、自然灾害、周边环境、气象条件、交通运输条件、消防支持等方面进行厂址分析。

(二)厂区平面布局

(1)总图:功能(生产、管理、辅助生产、生活区)分区布置;高温、有害物质、噪声、辐射、易燃易爆危险品设施布置;工艺流程布置;建筑物、构筑物布置;朝向、风向、防火间距、安全距离、卫生防护距离等。

(2)运输线路及码头:厂区道路、厂区铁路、危险品装卸区、厂区码头。

(三)建(构)筑物

耐火等级、结构、防火、防爆、安全疏散、朝向、采光、运输通道等。

(四)生产工艺过程

物料(毒性、腐蚀性、燃爆性物料)、温度、压力、速度、作业及控制条件、事故及失控状态等。

(五)生产设备、装置

(1)化工设备、装置:高温、低温、腐蚀、高压、振动、关键设备、控制、操作、检修和故障、失误时的紧急异常情况。

(2)机械设备:运动零部件和工件、操作条件、检修作业、误运转和误操作。

(3)电气设备:断电、触电、火灾、爆炸、误运转和误操作、静电、雷电。

(4)危险性较大设备、高处作业设备。

(5)特殊单体设备、装置:锅炉房、乙炔站、氧气站、石油库、危险品库等。

(6)粉尘、毒物、噪声、振动、辐射、高温、低温等有害作业部位。

(7)管理设施、事故应急抢救设施和辅助生产、生活卫生设施。

四、重大危险源及其辨识

(一)重大危险源及分类

重大危险源是指长期地或临时地生产、加工、搬运或储存危险物质,且危险物质的数量等于或超过临界量的单元。单元是指一个(套)生产装置、设施或场所,或同属一个生产经营单位且边缘距离小于500m 的几个(套)生产装置、设施或场所。临界量是指对于某种或某类危险物质规定的数量,若单元中的物质数量等于或超过该数量,则该单元定为重大危险源。

重大危险源分为 7 大类:

(1)易燃、易爆、有毒物质的储罐区(储罐);

(2)易燃、易爆、有毒物质的库区(库);

(3)具有火灾、爆炸、中毒危险的生产场所;

(4)企业危险建(构)筑物;

(5)压力管道,包括工业管道、公用管道、长输管道;

(6)锅炉,包括蒸汽锅炉和热水锅炉;

(7)压力容器。

（二）重大危险源的辨识

我国于2009年3月31日发布了《危险化学品重大危险源辨识》(GB 18218—2009)，并于2009年12月1日起实施。重大危险源的辨识依据是物质的危险特性及其数量。重大危险源分为生产场所重大危险源和储存区重大危险源。

根据物质的不同特性，生产场所重大危险源按四类危险物质的品名及其临界量来加以确定。四类危险物质为：爆炸性物质、易燃物质、活性化学物质、有毒物质。确定方法与生产场所重大危险源基本相同，只是因为工艺条件较为稳定，临界量数值较大。

（三）重大危险源的分级

1. 分级指标

采用单元内各种危险化学品实际存在量与其在《危险化学品重大危险源辨识》中规定的临界量比值，经校正系数校正后的比值之和 R 作为分级指标。

2. R 的计算方法

$$R=\alpha\left(\beta_1\frac{q_1}{Q_1}+\beta_2\frac{q_2}{Q_2}+\cdots+\beta_n\frac{q_n}{Q_n}\right)$$

式中 α——该危险化学品重大危险源厂区外暴露人员的校正系数；

$\beta_1,\beta_2,\cdots,\beta_n$——与各危险化学品相对应的校正系数；

$q_1,q_2,\cdots,q_n$——每种危险化学品实际存在（在线）量，t；

$Q_1,Q_2,\cdots,Q_n$——与各危险化学品相对应的临界量，t。

3. 校正系数 β 的取值

根据单元内危险化学品的类别不同，设定校正系数 β 值，见表1－5和表1－6。

表1－5　校正系数 β 取值表

危险化学品类别	毒性气体	爆炸品	易燃气体	其他类危险化学品
β	见表1－6	2	1.5	1

注：危险化学品类别依据《危险货物品名表》中分类标准确定。

表1－6　常见毒性气体校正系数 β 值取值表

毒性气体名称	一氧化碳	二氧化硫	氨	环氧乙烷	氯化氢	溴甲烷	氯气
β	2	2	2	2	3	3	4
毒性气体名称	硫化氢	氟化氢	二氧化氮	氰化氢	碳酰氯	磷化氢	异氰酸甲酯
β	5	5	10	10	20	20	20

注：未在表1－6中列出的有毒气体可按 $\beta=2$ 取值，剧毒气体可按 $\beta=4$ 取值。

4. 校正系数 α 的取值

根据重大危险源的厂区边界向外扩展500m范围内常住人口数量，设定厂外暴露人员校正系数 α 值。厂外可能暴露人员数量在100人以上，α 取2.0；50～99人，α 取1.5；30～49人，α 取1.2；1～29人，α 取1.0；0人，α 取0.5。

5. 分级标准

根据计算出来的 R 值，确定危险化学品重大危险源的级别。$R \geq 100$ 时为一级；$100 > R \geq 50$ 时为二级；$50 > R \geq 10$ 时为三级；$R < 10$ 时为四级。

知识点 2：石油化工生产装置风险评价

一、石油化工生产装置风险评价概述

风险评价（risk assessment），也称安全评价（safety assessment），是以实现系统安全为目的，运用安全系统工程原理和方法，对系统中存在的风险因素进行辨识与分析，判断系统发生事故和职业危害的可能性及其严重程度，从而为制定防范措施和管理决策提供科学依据。风险评价通常以指数或概率值作定量的表示，以便从数量上说明被评价对象的安全可靠程度。

目前我国风险评价共分 4 大类：安全预评价、安全验收评价、安全现状评价、专项安全评价。

对于我国石油化工工程项目来说，政府要求在项目的可行性研究阶段需要进行安全预评价，以确保项目的“三同时”（同时设计、同时施工、同时投入生产和使用）工作。安全预评价工作主要是给初步设计提出指导性意见或建设性意见，预测项目可能的危险有害因素，评估风险的大小，提出安全对策、措施以将风险水平控制在安全等级。所以安全预评价工作重在预测性。

安全验收评价主要针对石油化工生产装置的特点和运行情况，通过对石油化工建设项目的设施、设备、装置实际运行状况及管理状况的安全评价，查找该建设项目投产后存在的危险有害因素，确定其程度，提出合理可行的安全对策、措施及建议，重点在于复核其适应性。

目前国内安全现状评价主要是结合危险化学品安全生产许可证制度要求进行的，主要是从人—机、物、料、环境等方面综合考虑企业的情况，给予安全生产的运行状态以综合性的结论，大部分企业目的在于取得安全生产许可证。

二、石油化工生产装置风险评价的重点

根据石油化工生产的特点，在进行石油化工装置风险评价时应重点关注以下三个方面。

（一）石油化工生产装置的资料准备和分析

石油化工生产装置有其特殊性，需要充分收集相关资料，所需基本资料见表 1－7。

表 1－7　风险评价所需基本资料

序号	资料名称	评价分析中所起作用
1	物料的 MSDS 技术说明书	对于生产工艺中物料成分、组成信息、危险性概况、急救措施、消防措施、泄漏应急处理、操作处置与储存等 16 项内容提供安全信息
2	工艺说明书	在评价中借助于工艺说明书，可以分析出该套生产装置的工艺特点和主要的参数和控制手段
3	工艺原则流程图、PID（带控制点）工艺流程图	项目不同阶段，所提供的工艺图是不一样的，在初步设计中可提供较为详细的工艺流程图，而在可行性研究报告中提供的只能是工艺流程框图，所以在确定评价的范围和深度时，提供的资料不同，所分析问题的深度不同，HAZOP 分析则需要较为详细的 PID 图

续表

序号	资料名称	评价分析中所起作用
4	公用工程系统图	子系统分割和单元划分,在公用工程中及石油化工生产中也非常重要,所以评价中需要水、电、气、风等资料
5	管道、仪表流程图	子系统分割和单元设备划分
6	装置平面布置图	子系统分割和单元设备划分,对于划分单元来说,要考虑平立面的布置,同时便于分析安全设施的不同位差的布置
7	装置操作规程	子系统分割和单元设备划分,对于划分单元来说,要考虑平立面的布置,同时便于分析安全设施的不同位差的布置
8	物料平衡一览表	确定子系统的安全分析
9	历次设备检修及变更记录	确定故障及故障类型和故障频率分析依据
10	历年事故报告及设备故障记录	故障树和事件树分析,计算预想故障损失和分析设备故障,分析故障原因和故障的预防措施
11	企业人员文化、技术素质和培训记录	评价企业中不同人员所接受的教育程度和具体操作人员技术水平和能力
12	事故应急预案的制订和演练	企业的事故预防、应急处理和抢险能力的体现和不断完善

(二)选择评价方法和评价软件

在石油化工风险评价中,可以根据不同的评价对象、不同生产装置的寿命期和不同的评价目的,选择风险评价方法。如对装置中单个设备的故障分析,采用故障类型及影响分析可以取得较好的效果 对于石油化工生产装置和工艺过程的安全分析,选择危险与可操作性分析法(hazard and operability analysis,HAZOP)较为合适,可以把流程分析得透彻。

(三)评价的重点内容和突出环节

石油化工生产的特点是易燃、易爆,所以在石油化工风险评价中,安全对策的基本思路也是防止、减少火灾的发生,控制和扑灭火灾而采取各种对策。具体评价重点包括:

(1)总图布置评价。

(2)工艺装置评价。对生产工艺装置进行安全评价应包括对石油化工生产过程中危险源的识别、危险物料的识别、危险化学反应的识别和危险单元的识别。工艺装置的危险性主要包括:①泄漏和静电;②超温、超压;③火灾。可能发生火灾的情况和装置主要有:①气体泄漏;②加热炉;③塔和反应器;④烃类压缩机;⑤设备内爆及管道破裂。

(3)储运设施的评价。对储运设施要重点考虑,特别是油品的罐区和装卸站等。

(4)公用工程系统的评价。对公用工程中的水、电、气、风均要进行安全分析和评价。

(5)消防系统评价。

(6)电气的安全评价。

【相关技能】

技能点：正确填写危险化学品重大危险源基本特征表

就近选择你学校所在县市辖区的一家石油化工企业，深入了解企业基本概况及其所涉及重大危险源，正确填写危险化学品重大危险源基本特征表（表 1－8）。本表格不能满足需要时，可自行设置续表，格式和内容要求应与本表一致。

表 1－8　危险化学品重大危险源基本特征表

<table>
<tr><td colspan="3">填报单位名称</td><td colspan="9"></td></tr>
<tr><td colspan="3">重大危险源名称</td><td colspan="9"></td></tr>
<tr><td colspan="3">重大危险源所在地址</td><td colspan="3"></td><td colspan="3">重大危险源投用时间</td><td colspan="3"></td></tr>
<tr><td colspan="3">重大危险源级别</td><td colspan="3"></td><td colspan="3">R 值</td><td colspan="3"></td></tr>
<tr><td colspan="3">单元内主要装置、设施及生产（储存）规模</td><td colspan="9"></td></tr>
<tr><td colspan="3">是否位于化工（工业）园区</td><td colspan="9">□是　园区名称________　　□否</td></tr>
<tr><td colspan="3">重大危险源与周边重点防护目标最近距离情况，m</td><td colspan="9"></td></tr>
<tr><td colspan="3">厂区边界外 500m 范围内人数估算值</td><td colspan="9"></td></tr>
<tr><td colspan="3">近三年内危险化学品事故情况</td><td colspan="9"></td></tr>
<tr><td rowspan="2">序号</td><td rowspan="2">危险化学品名称</td><td rowspan="2">危险性类别</td><td rowspan="2">UN 编号</td><td rowspan="2">生产用途</td><td rowspan="2">生产工艺</td><td colspan="4">单个最大容器</td><td rowspan="2">单元内危险化学品存量 t</td><td rowspan="2">临界量 t</td></tr>
<tr><td>物理状态</td><td>操作温度 ℃</td><td>操作压力 MPa</td><td>存量 t</td></tr>
<tr><td>1</td><td></td><td></td><td></td><td></td><td></td><td></td><td></td><td></td><td></td><td></td><td></td></tr>
<tr><td>2</td><td></td><td></td><td></td><td></td><td></td><td></td><td></td><td></td><td></td><td></td><td></td></tr>
<tr><td>3</td><td></td><td></td><td></td><td></td><td></td><td></td><td></td><td></td><td></td><td></td><td></td></tr>
<tr><td>4</td><td></td><td></td><td></td><td></td><td></td><td></td><td></td><td></td><td></td><td></td><td></td></tr>
<tr><td>5</td><td></td><td></td><td></td><td></td><td></td><td></td><td></td><td></td><td></td><td></td><td></td></tr>
<tr><td>6</td><td></td><td></td><td></td><td></td><td></td><td></td><td></td><td></td><td></td><td></td><td></td></tr>
</table>

填表人：　　　　　　　　联系电话：　　　　　　　　填表日期：

（盖章）

填表说明：

（1）为保证重大危险源辨识的统一性，危险化学品单位厂区内存在多个（套）危险化学品的生产装置、设施或场所并且相互之间的边缘距离小于 500m 时，都应按一个单元来进行重大危险源辨识。当危险化学品单位存在两个以上重大危险源时，应分别填写危险化学品重大危险源基本特征表。

(2)填报单位为重大危险源生产运行所在的产业活动单位或法人单位。

(3)重大危险源名称以重大危险源主要生产装置名称或项目立项名称命名。当企业整个厂区构成一个重大危险源时,可以以企业名称(厂区)方式命名。

(4)重大危险源投用时间为重大危险源的装置、设施或场所正式投入生产使用的日期。当重大危险源所涉及的各装置、设施或场所投入生产使用的日期不同时,按投用最早的日期填写。

(5)化工(工业)园区为重大危险源所在的化工园区、工业园区或主导产业包含化工(包括危险化学品储存)的开发区,不属于以上所列情形的则应填“否”。

(6)重大危险源与周边重点防护目标最近距离情况,应填写重大危险源四周最近的重点防护目标(标明方位)及最近距离。重大危险源与周边重点防护目标最近距离为重大危险源的设备、装置、设施的边缘到周边重点防护目标边缘的最近距离。周边重点防护目标为《危险化学品重大危险源监督管理暂行规定》(国家安全生产监督管理总局令第40号)附件2表1中所列出的危险化学品单位周边重要目标和敏感场所。

(7)厂区边界外500m范围内人数估算值,根据对厂区周边500m范围内建筑、设施或单位内存在的人员数量进行估算。

(8)近三年内危险化学品事故情况为填报之日起之前三年内发生的危险化学品事故情况,应包括事故人员伤亡和经济损失情况、事故涉及的危险化学品和事故原因等内容。

(9)危险化学品名称应按《危险化学品目录》中的名称填写,当该危险化学品为混合物时,应标注各成分所占质量分数。危险性类别按《危险化学品目录》中的类别填写。UN编号为联合国《关于危险货物运输的建议书》中给出的编号。生产用途是指该危险化学品主要为原料(包括辅料),中间产物,产品,其他。单个最大容器是指储存该危险化学品数量最多的单个储罐、设备、容器或仓储间,其操作温度、压力应填写最高操作温度和压力。分级指标R值的计算值保留到小数点后一位。

危险化学品存量按数量最大的原则确定。对于存放危险化学品的储罐,危险化学品存量是该危险化学品储罐最大容积所对应的危险化学品数量;对于其他容器、设备或仓储间,危险化学品存量是容器、设备或仓储区存放危险化学品的实际最大存量与设计最大存量中的较大者。

练习题

一、单选题

1. 安全生产管理的目标是减少、控制危害和事故,尽量避免生产过程中由于(　　)所造成的人身伤害、财产损失及其他损失。

A. 事故　　B. 危险　　C. 管理不善　　D. 隐患

2. (　　)是为了使生产过程在符合物质条件和工作秩序下进行,防止发生人身伤亡和财产损失等生产事故,消除或控制危险有害因素,保障人身安全与健康、设备和设施免受损坏,环境免遭破坏的总称。

A. 职业安全　　B. 劳动保护　　C. 劳动安全　　D. 安全生产

3. 造成人员死亡、伤害、职业病、财产损失或其他损失的意外事件称为(　　)。

A. 事故　　B. 不安全　　C. 危险源　　D. 事故隐患

4. 对本单位的安全生产工作全面负责的人是生产经营单位的(　　)。

A. 分管安全生产的负责人

B. 安全生产管理机构负责人

C. 主要负责人

5. 我国安全生产工作的基本方针是(　　)。

A. 安全第一,预防为主,综合治理

B. 防消结合,预防为主

C. 及时发现,及时治理

D. 以人为本,持续改进

6. 安全生产管理是针对生产过程中的安全问题,进行有关(　)等活动。

A. 决策、计划、组织和控制　　B. 计划、组织、控制和反馈

C. 决策、计划、实施和改进

7. 我国安全生产监督管理的基本原则(　　)。

A. 坚持“安全第一,预防为主”的原则

B. 坚持“有法必依、执法必严、违法必究”的原则

C. 坚持行为监察与文件监察相结合的原则

8. 生产经营单位对(　　)应当登记建档,定期检测、评估、监控,并制定应急预案,告知从业人员和相关人员应当采取的紧急措施。

A. 事故频发场所　　B. 重大事故隐患

C. 重大危险源

9.《危险化学品重大危险源辨识》(GB 18218—2009)中对重大危险源进行了分类,分为(　)。

A. 生产场所重大危险源和加工场所重大危险源

B. 生产场所重大危险源、储存场所重大危险源和加工场所重大危险源

C. 生产场所重大危险源和储存场所重大危险源

D. 储存场所重大危险源和加工场所重大危险源

10. 根据《生产过程危险和有害因素分类与代码》(GB/T 13861—2009)的规定,将生产过程中的危险有害因素分为(　　)大类。

A. 5　　B. 6　　C. 7　　D. 8

11. 参照《企业职工伤亡事故分类》(GB 6441—1986),综合考虑起因物、引起事故的诱导性原因、致害物、伤害方式等,可将危险有害因素分为(　)大类。

A. 6　　B. 8　　C. 10　　D. 20

12.《危险化学品安全管理条例》所称重大危险源,是指生产、运输、使用、储存危险化学品或处置废弃危险化学品,且危险化学品数量等于或超过(　)的单元。

A. 安全量　　B. 储存量　　C. 临界量　　D. 危险量

13. “三同时”是指生产性基本建设项目中的劳动安全卫生设施必须与主体工程(　　)。

A. 同时立项、同时审查、同时验收

B. 同时设计、同时施工、同时投入生产和使用

C. 同时立项、同时设计、同时验收

D. 同时设计、同时施工、同时验收

二、多选题

1. 石油化工生产的特点有(　　)。

A. 物料绝大多数具有潜在危险性

B. 生产工艺过程复杂、工艺条件苛刻

C. 生产装置大型化、生产过程连续性强

D. 生产过程自动化程度越来越高

2.《国务院关于进一步加强安全生产的决定》明确安全教育的主要内容有(　　)。

A. 国家有关法律、法规、标准、规范

B. 企业有关管理制度和安全职责

C. 岗位安全技术、工艺操作规程、规定

D. 典型事故案例及事故应急处理措施

3.《中华人民共和国安全生产法》规定,生产经营单位在(　　)情况下,必须对从业人员进行专门的安全生产教育和培训。

A. 采用新工艺

B. 采用新技术

C. 节假日

D. 采用新材料或使用新设备

4. 安全生产管理是进行有关(　　)等活动,达到减少和控制危害和事故的目标。安全生产管理内容有行政管理、监督检查、设备设施管理和作业环境管理。

A. 决策　　B. 计划

C. 组织　　D. 控制

5. 职业健康安全与环境管理体系要素中,计划包括的体系要素有(　　)。

A. 职业健康安全与环境因素　　B. 法律与其他要求

C. 目标和指标　　D. 管理方案

E. 职业健康安全与环境管理体系文件

6. 石油化工企业三级安全培训教育是(　　)安全教育。

A. 厂级　　B. 车间级

C. 班组级　　D. 领导级

7. 下列生产过程中的危险有害因素属于物理性危险有害因素的是(　　)。

A. 设备、设施缺陷　　B. 易燃易爆性物质

C. 噪声　　D. 致病微生物

8. 石油化工生产过程中危险有害因素辨识评价方法有(　　)。

A. 安全检查表　　B. 危险指数方法

C. 预先危险性分析　　D. 故障类型和影响分析

9. 石油化工生产过程中危险有害因素辨识的主要内容有(　　)。

A. 厂址　　B. 生产工艺过程

C. 生产设备、装置　　D. 建(构)筑物

10. 目前我国安全评价主要有(　　)。

A. 安全预评价　　B 安全验收评价

C. 安全现状评价　　D. 专项安全评价

三、判断题

1. 任何生产经营单位的从业人员，未经安全生产培训合格，均不得上岗作业。（　　）

2. 所有生产经营单位都必须将本单位的重大危险源报当地人民政府负责安全生产监督管理的部门备案。（　　）

3. 生产经营单位采用新工艺、新技术、新材料或者使用新设备时，应对从业人员进行专门的安全生产教育和培训。（　　）

4. 职业安全健康管理体系是指为建立职业安全健康方针和目标以及实现这些目标所制定的一系列相互联系补充作用的要素。企业为了实施职业安全管理所需的企业机构、程序、过程和资源。（　　）

5. 职业安全健康管理体系中管理方案目的是制定和实施职业安全健康计划，确保职业安全健康目标的实现。（　　）

6. 隐患是人机环境系统安全品质的缺陷。（　　）

7. 职业安全健康管理体系中检查与纠正措施是要求生产经营单位定期或及时地发现体系运行过程或体系自身所存在的问题，并确定问题产生的根源或存在持续改进的地方。（　　）

8. 安全生产检查是安全管理工作的重要内容，是消除隐患、防止事故发生、改善劳动条件的重要手段。（　　）

9. 职业安全健康管理体系中初始评审过程不包括法律、法规及其他要求内容。（　　）

10. 职业安全健康管理体系的建立与保持，可以全面提高企业的安全管理水平，表现为全员参与，领导重视与不重视并不重要。（　　）

11. 企业三级安全培训教育是指厂级（入厂教育）、车间级、班组（岗前）教育。（　　）

12. 石油化工生产，从原料到产品，包括半成品、中间体、添加剂、催化剂、各种溶剂和试剂等，绝大多数属于易燃易爆、有毒有害和强腐蚀性的物质。（　　）

13. 危险因素，是指能对人造成伤亡或对物造成突发性损害的因素。（　　）

14. 有害因素，是指能影响人的身体健康、导致疾病或物造成慢性损害的因素。（　　）

15. 石油化工生产事故中，顶部坍塌叫冒顶，侧壁垮塌叫片帮，两者同时发生叫冒顶片帮。（　　）

16. 重大危险源是指长期地或临时地生产、加工、搬运或储存危险物质，且危险物质的数量等于或超过临界量的单元。（　　）

17. 单元是指一个（套）生产装置、设施或场所，或同属一个生产经营单位且边缘距离小于1000m的几个（套）生产装置、设施或场所。（　　）

四、简答题

1. 石油化工生产有什么特点？

2. 员工的安全职责有哪些？

3. HSE 主要包括哪些要素？

4. 石油化工生产中存在哪些不安全因素？

5. 重大危险源分为哪 7 大类？

项目二　职业健康与劳动防护

【应知】

(1)了解化工生产危害性因素分析的范围和内容;

(2)掌握安全色、安全标志的含义;

(3)掌握综合防毒的内容;

(4)掌握个人防护用品的选用原则和维护方法。

【应会】

(1)能对化工作业危害性因素进行识别与评价;

(2)能根据安全标志采取必要的安全防护措施;

(3)能熟练进行急性中毒救护;

(4)能根据作业环境选择并正确使用适合的劳动保护用品。

【项目描述】

石油化工生产中涉及的物料多具有易燃、易爆、有毒、有腐蚀的特性,且生产条件又具有高温、高压、深冷等特点,发生泄漏、火灾、爆炸、中毒等重大事故的可能性和严重性比其他行业要大。了解石油化工生产本身的特点,掌握石油化工生产的危险因素,正确使用劳动保护用品,能够有效地避免事故的发生,减少人员和财产的损失。因此,作为石油化工行业的从业人员,掌握对所处的生产现场进行危害性分析及自我防护的相关知识和技能是十分必要的。

本项目内容主要包括石油化工生产安全色与安全标志、职业卫生基础知识、工业毒物与职业中毒、个人防护技术等知识点。通过本项目的学习,了解石油化工生产危害因素分析的范围、内容和方法,掌握职业卫生的相关知识,能在现场准确、迅速地识别各种职业危害,同时针对不同的危险等级和类别正确选用劳动保护用品。

任务一　职业危害因素分析与标志识别

【案例导入】

未使用防护用具窒息亡人事故

一、事故经过

2016 年 6 月 5 日,某农化厂生产车间发生一起中毒窒息事故,造成 3 人死亡。6 月 5 日 14 时左右,操作工荣某打开上料泵,准备向 1#搅拌釜内进料,发现氨基酸原液不能从原料罐中抽出，于是爬到罐顶打开人孔盖察看罐内情况，并让处在地面的包装女工李某找来一根竹竿递给他测量罐内液位（液位约40cm）。由于竹竿长度仅有2m左右，荣某没能从人孔处探到罐底，交李某将竹竿放回原处。李某到车间外南院水管处冲洗竹竿下部（一小段沾有原液）后放下竹竿，洗完手后回到车间时发现荣某不在，于是爬到罐顶察看，发现人孔处有一绳子顺入罐内、荣某半倚在罐壁上，喊他抓住绳子时已无清醒回应，李某随即大声呼救。

在车间外部北院进行装卸作业的季某、赵某听到呼救后，迅速跑进车间爬到罐顶，在未佩戴任何防护装备的情况下，直接从人孔相继入罐施救。随后赶到的职工华某看到了两人入罐，爬上罐顶从人孔发现人已倒在罐底，随即下到地面，卸开罐北端近底部的排空管法兰盖排液。期间，华某及于某、王某也从北院办公室赶到事故现场，于某拨打了报警电话119和120。消防和急救人员赶到现场，消防人员将3人自罐内救出，荣某已无生命迹象，季某、赵某被送往医院，经抢救无效于当日20时40分左右死亡。

二、事故原因

（一）直接原因

原料罐内缺氧，存在一氧化碳气体，罐内存有高约0.4m黏稠状液体物料，罐体发滑；荣某未进行氧浓度及有毒气体浓度检测，未佩戴个体防护用品，贸然进入原料罐，因缺氧晕倒，滑落入氨基酸原液中吸入过量液体窒息死亡；季某、赵某未佩戴个体防护用品，盲目进入罐内施救，因缺氧晕倒，滑落入氨基酸原液中吸入过量液体窒息死亡，导致事故后果扩大。

（二）间接原因

(1)现场作业安全管理缺失。该公司未按照《密闭空间作业职业危害防护规范》（GBZ/T 205—2007）、《缺氧危险作业安全规程》（GB 8958—2007）等标准要求，进行风险辨识，制定密闭空间和缺氧作业方面的管理制度和操作规程；作业现场没有符合要求的通风、检测、防护、照明等安全生产防护设施和个人防护用品；作业人员未经通风和检测进入原料罐；企业无密闭空间和缺氧作业方面的应急救援预案，导致事故发生后，现场作业人员盲目施救。

(2)企业安全教育培训不到位。该公司未开展有效的安全教育培训，无安全生产教育和培训计划。员工安全意识差，缺乏必要的自我保护意识；安全知识缺乏，对生产过程和生产工艺有害因素认识不足；安全技能、应急救援能力差，遇到紧急情况，盲目施救，导致事故伤亡扩大。

三、事故教训

(1)切实加强密闭空间作业安全管理。加大对密闭空间作业人员教育培训力度，有针对性地组织开展包括岗位职责、安全操作规程、安全技能、应急措施、作业场所危险因素、员工安全意识等在内的安全培训，使作业人员掌握安全知识，强化安全意识，提高自救互救能力。

(2)作业前认真进行作业风险识别并落实相关安全措施，对可能存在的危险介质容器必须进行取样分析，在配备正确的个人防护用品的情况下，严格按照作业票的要求进行作业。

(3)必须杜绝盲目作业、盲目施救情况的发生。

【相关知识】

知识点1:安全色与安全标志

石油化工生产涉及高温、高压、易燃、易爆、腐蚀、剧毒、窒息等危险环境和状态。《中华人民共和国安全生产法》第三十二条规定,生产经营单位应当在有较大危险因素的生产经营场所和有关设施、设备上,设置明显的安全警示标志。安全警示标志的设置用于提醒人员注意环境中的危险因素,加强自身安全保护,避免事故的发生。

一、安全色

安全色是指传递安全信息含义的颜色。应用安全色可以使人们对周围存在不安全因素的环境、设备引起注意,提高人们对不安全因素的警惕,使人们在紧急情况下,借助所熟悉的安全色含义,识别危险部位,尽快采取措施,提高自控能力,有助于防止事故的发生。

根据《安全色》(GB 2893—2008)使用导则,安全色包括红、蓝、黄、绿四种颜色,分别表达禁止、警告、指令、指示。其具体含义和用途分别如下:

(1)红色传递禁止、停止、危险和提示消防设施、设备的信息(图2－1)。禁止、停止和有危险的器件设备或环境涂以红色的标记。如禁止标志、交通禁令标志、消防设备、停止按钮和停车、刹车装置的操纵把手、仪表刻度盘上的极限位置刻度、机器转动部件的裸露部分、液化石油气槽车的条带及文字、危险信号旗等。

(2)黄色传递注意、警告的信息。需警告人们注意的器件、设备或环境,涂以黄色标记(图2－2)。如警告标志、交通警告标志、道路交通路面标志、皮带轮及其防护罩的内壁、砂轮机罩的内壁、楼梯的第一级和最后一级的踏步前沿、防护栏杆及警告信号旗等。

图2－1　红色表示禁止、停止和危险

图2－2　黄色表示注意、警告

(3)蓝色传递必须遵守指令、警告的信息(图2－3)。如指令标志、交通指示标志等。

(4)绿色传递安全的提示性信息(图2－4)。可以通行或安全情况涂以绿色标记,如表示通行、机器启动按钮、安全信号旗等。

图2－3　蓝色表示必须遵守指令、警告

图2－4　绿色表示安全的提示性信息

二、对比色

对比色是使安全色更加醒目的反衬色，包括黑、白两种颜色。黑色用于安全标志的文字、图形符号和警告标志的几何边框；白色作为安全标志红、蓝、绿的背景色，也可用于安全标志的文字和图形符号。安全色与对比色同时使用时，应按表 2－1 规定搭配使用。

表 2－1　安全色和对比色

安全色	对比色
红色	白色
蓝色	白色
黄色	黑色
绿色	白色

注：黑色与白色互为对比色。

安全色与对比色的相间条纹所表示的含义见表 2－2。

表 2－2　安全色与对比色的相间条纹含义

安全色与对比色的相间条纹	表示含义	实例
红色与白色相间条纹	表示禁止或提示消防设备、设施位置的安全标记	
黄色与黑色相间条纹	表示危险位置的安全标记	
蓝色与白色相间条纹	表示指令的安全标记，传递必须遵守规定的信息	
绿色与白色相间条纹	表示安全环境的安全标记	

三、常见安全标志

标志对提醒人们注意不安全因素、防止事故发生起着积极的作用。安全标志是用以表达特定安全信息的标志，由图形符号、安全色、几何形状（边框）或文字构成。根据 GB 2894—2008《安全标志及使用导则》规定，安全标志分为禁止标志、警告标志、指令标志和提示标志四大类型。

（1）禁止标志。禁止标志是禁止人们不安全行为的图形标志，共 40 种，如图 2－5 所示。禁止标志的基本型式是红色带斜杠的圆边框，背景色为白色，如图 2－6 所示。

图 2－5　禁止标志

图 2－6　禁止标志的基本型式

（2）警告标志。警告标志是提醒人们注意周围环境，避免可能发生的危险的图形标志，共 39 种，如图 2－7 所示。警告标志的基本型式是黑色正三角形边框黄色底色，如图 2－8 所示。

图 2 - 7　警告标志

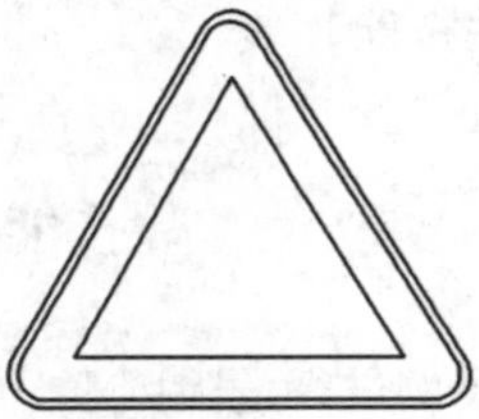

图 2 - 8　警告标志的基本型式

(3)指令标志。指令标志是强制人们必须做出某种动作或采用某种防范措施的图形标志,共 16 种,如图 2 - 9 所示。指令标志的基本型式是圆形边框,白色图形,蓝色底色,如图 2 - 10 所示。

图 2 - 9　指令标志

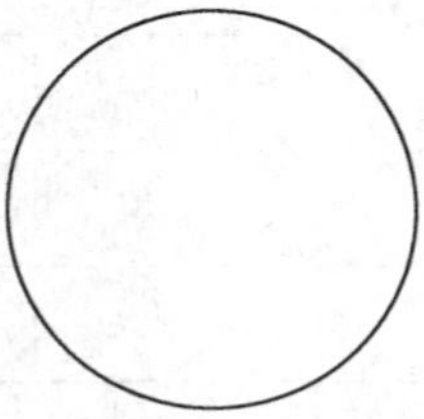

图 2 - 10　指令标志的基本型式

(4)提示标志。提示标志是向人们提供某种信息(如标明安全设施或场所等)的图形标志,共 8 种,如图 2 - 11 所示。提示标志的基本型式是正方形边框,白色图形,绿色底色,如图 2 - 12 所示。

图 2 - 11　提示标志

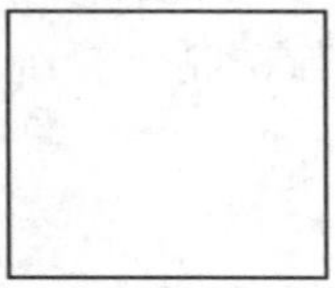

图 2 - 12　提示标志的基本型式

(5)文字辅助标志。文志辅助标志的基本型式是矩形边框,有横写和竖写两种型式。禁止标志、指令标志为白色字;警告标志为黑色字。禁止标志、指令标志衬底色为标志的颜色,警告标志衬底色为白色,如图 2 - 13 所示。

图 2 - 13　文字辅助标志

【相关技能】

技能点:生产车间安全标志的设置

对以下案例进行危险因素分析,根据表 2-3 中所列项目填写分析结果。讨论生产车间应设置哪些安全标志?

表 2-3　甲乙酮生产工艺危险因素分析表

危险因素	安全标志	设置部位

以正丁烯为原料合成甲乙酮的生产工艺如下:(1)丁烯提浓。混合碳四原料经丁烯精馏塔与萃取剂接触,最终得到质量分数为96%正丁烯,萃取剂循环使用,反应部位最高操作温度为200℃,最大操作压力为1.5MPa。(2)仲丁醇合成。正丁烯与工艺水在酸性催化剂的作用下,合成仲丁醇,操作温度为160℃,操作压力为6.0MPa。(3)仲丁醇精制。仲丁醇中的杂质仲丁醚、叔丁醇、水形成三元共沸物,在操作温度为200℃,操作压力为9.0MPa 下进行分离。(4)甲乙酮合成与精制。高纯度仲丁醇在铜系催化剂的作用下脱氢生成甲乙酮,副产物有氢气、重质物、丁烯、水。

任务二　劳动防护用品使用与维护

【案例导入】

一、事故经过

2017 年 1 月 24 日,江西省某化工有限公司在新进原料发烟硫酸卸入储罐过程中发生中毒事故,造成 2 人死亡、49 人入院治疗(其中重症 8 人),直接经济损失约 740 万元。该公司主要从事含氟化学品的开发、生产和销售,具有 5×10^4t/a 无水氢氟酸(AHF)和 3×10^4t/a 环保型氟制冷剂生产能力。其硫酸罐区共有 6 个储罐,储存能力均为 800t。发生事故的 2#储罐容积为 572m^3,事发前实际存储 105%(质量分数)发烟硫酸约 560t。

该公司从某化工有限公司(原供应商因停工检修无法供货,选定了新供应商)采购了 3 车 105%发烟硫酸,但其中一车实际硫酸浓度仅为 77%,且其中含有四氯化碳、三氯甲烷等卤代烃。卸车过程中,高低浓度硫酸混合放热导致物料温度升高,发烟硫酸在一定温度条件下,与四氯化碳、三氯甲烷发生反应产生光气,致使在现场参与应急处置的人员中毒,其中 2 人经抢救无效死亡。

二、事故原因

（一）直接原因

浓度不同、含有杂质的硫酸在卸车过程中混合放热，温度升高导致化学反应生成有毒物质。

（二）间接原因

原料卸车前没有进行化验分析；卸车过程中操作人员没有相应的防护用具；有毒有害作业场所安全防护措施严重缺失。有毒有害作业场所未安装有毒有害气体检测报警仪；参加应急处置的人员在没有进行有毒有害气体检测，未佩戴专业防护用具的情况下进出有毒有害气体场所。

三、事故教训

（1）切实加强变更管理和原材料质量管控。本次事故涉及的供应商是事故企业于事发前更换。有关化工和危险化学品企业要认真贯彻落实《国家安全监管总局关于加强化工过程安全管理的指导意见》（安监总管三〔2013〕88 号），建立和完善变更管理制度，进一步强化对工艺技术、设备设施、供应商、承包商、人员等的变更过程管理，深入辨识变更可能带来的安全风险，并采取有效措施加以防控。要强化对原材料采购和入厂环节的质量管控，严格对供应商资质、业绩、信誉、管理水平的评估，深刻吸取事故教训，制定完善入厂质量检验程序，从源头上强化风险控制。

（2）要牢固树立底线思维和风险意识，在情况不明时要按照最高防护等级对应急人员进行防护，尽量减少事故现场应急救援人数，最大限度避免和减少应急处置中的人员伤亡；要提高对发烟硫酸和卤代烃等物质危险特性的认识，不断完善危险化学品事故应急预案，提高应急预案的针对性和可操作性。

（3）加强员工个人安全防范意识，提高正确选择、使用个人防护用品的技能。

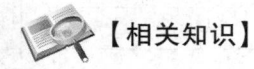

【相关知识】

知识点 1：职业卫生基础知识

在化工生产中，存在一些威胁职工健康、使劳动者发生慢性病或职业中毒的因素，因此必须加强职业危害的防护。

一、职业病及其分类

（一）职业卫生

职业卫生又称劳动卫生，它是研究生产过程、劳动过程和作业环境过程中的劳动条件对劳动者健康影响的规律或危害程度，从而提出如何改善劳动条件及作业环境，预防职业病的发生，保护劳动者健康的学科。

（二）职业病

职业病是指在企业、事业单位和个体经济组织的劳动者在职业活动中，因接触粉尘、放射性物质和其他有毒、有害物质等因素而引起的疾病。

（三）职业病分类

《职业病危害因素分类目录》将主要的职业病危害分 10 类 132 种：粉尘类，放射性物质类（电离辐射），化学物质类，物理因素，生物因素，导致职业性皮肤病的危害因素，导致职业性眼病的危害因素，导致职业性耳鼻喉口腔疾病的危害因素，职业性肿瘤的职业病危害因素，其他职业病。

二、职业性有害因素分类

生产工艺过程、劳动过程和工作环境中产生和（或）存在的，对职业人群的健康、安全和作业能力可能造成不良影响的一切条件或要素，统称为职业性有害因素。职业性有害因素是导致职业性损害的致病源，其对健康的影响主要取决于有害因素的性质和接触强度（剂量）。按其来源可分为三类，见表 2－4。

表 2－4　职业性有害因素按其来源分类

分　类	内　容
生产工艺过程中产生的有害因素	化学性有害因素如硫化氢
	物理性有害因素如高温、噪声
	生物性有害因素如炭疽杆菌、布氏杆菌
劳动过程中的有害因素	不合理的劳动组织和作息制度
	神经性职业紧张
	个别器官或系统过度紧张如视力紧张
	长时间处于不良体位、姿势或使用不合理的工具
	劳动强度过大或生产定额不当等
工作环境中的有害因素	自然环境因素
	厂房建筑或布局不符合职业卫生标准
	作业环境空气污染

三、职业病有害因素对人体健康的影响

（一）粉尘对人体健康的影响

长期接触高浓度生产性粉尘可引起工人身体发生多方面不良改变及职业病，引起以肺组织广泛纤维化为主要病变的职业病——尘肺病。

尘肺病是无法治愈的职业病。高浓度生产性粉尘还可引起肺组织异物反应及轻微纤维化病变的肺粉尘沉着病；引起非特异性慢性阻塞性肺病。对呼吸道黏膜、眼结膜、手面部皮肤的直接刺激和损害作用，引起慢性鼻炎、咽炎、眼结膜炎、皮脂腺囊肿、痤疮、皮肤干燥角化等。

（二）毒物对人体健康的影响

例如硫化氢急性中毒导致流泪、眼痛、咳嗽、胸闷、意识模糊等。当吸入极高浓度时可在数秒钟内突然昏迷，呼吸和心跳骤停，发生闪电型死亡。

（三）物理因素对人体健康的影响

例如长期工作在高噪声环境下而又没有采取任何有效的防护措施，必将导致永久性的听力损失，甚至导致严重的职业性耳聋。

知识点2：工业毒物与职业中毒

化工生产中所使用的原材料、中间产品、产品、副产品以及含于其中的杂质，生产中的“三废”排放物中的有毒物质均属于工业毒物。中毒的可能性伴随整个生产过程，因此，做好毒物的管理，中毒的防护和急救，具有十分重要的意义。

一、工业毒物及毒性

（一）工业毒物概念及来源

（1）工业毒物概念。广义的毒物指的是凡作用于人体并产生有害作用的物质。狭义的毒物指的是少量进入人体即可导致中毒的物质。通常所说的毒物主要是指狭义的毒物。当某种物质进入机体，能使体液和细胞结构发生化学或生物物理变化，扰乱或破坏机体的正常生理功能，引起机体暂时性或永久性的病理状态，这种病变称之为中毒。工业毒物是指在工业生产过程中所使用的或产生的毒物。

（2）工业毒物的来源：生产过程中的原料、中间产品、产品、副产品；物质中的杂质及工业“三废”；作为辅料的催化剂、载热体、增塑剂、消泡剂等。

（二）工业毒物的分类

化工生产中，工业毒物是广泛存在的。由于毒物的化学性质各不相同，因此分类方法很多，以下介绍几种常用的分类。

1. 按物理形态分类

（1）气体。常温常压下呈气态的物质，如常见的氮气、氨气、一氧化碳等。

（2）蒸气。液体蒸发或挥发形成的蒸气，如苯、汽油蒸气等。

（3）雾。悬浮于空气中的液体微滴，如喷漆作业时产生的漆雾等。

（4）烟尘。悬浮在空气中的固体微粒，其直径一般小于1μm，如有机物加热或燃烧时产生的烟。

（5）粉尘。悬浮在空气中的固体微粒，其直径一般大于1μm，如水泥生产过程中产生的粉尘。

2. 按化学类属分类

（1）无机毒物。主要包括金属、酸、碱、盐及其他无机化合物。

（2）有机物。主要包括脂肪族碳氢化合物、芳香族碳氢化合物及其他有机物。

3. 按毒作用性质分类

（1）刺激性毒物。如氨、二氧化硫、酸的蒸气等。

（2）窒息性毒物。如硫化氢、氮气等。

（3）麻醉性毒物。如一些脂溶性物质，如醇类、酯类、氯烃、芳香烃等，对神经细胞产生麻醉作用。

（4）全身性毒物。一般以金属居多，如汞、铅等。

（三）工业毒物的毒性

1. 毒性及其评价指标

毒物的剂量和反应之间的关系，用毒性一词来表示。毒性反映了化学物质对人体产生有害作用的能力。毒性的计算单位一般以化学物质引起实验动物某种毒性反应所需的剂量表示。对于吸入中毒，则用空气中该物质的浓度表示。某种毒物的剂量（浓度）越小，表示该物质毒性越大，通常以实验动物的死亡数来反映物质的毒性。常用于评价毒物的急性、慢性毒性的指标有以下几种：

（1）半数致死量或浓度（LD_{50}或 LC_{50}）：引起染毒动物半数（50%）死亡的剂量或浓度。

（2）绝对致死量或浓度（LD_{100}或 LC_{100}）：引起全组染毒动物全部（100%）死亡的最小剂量或浓度。

（3）最小致死量或浓度（MLD 或 MLC）：在全组染毒动物中引起个别动物死亡的剂量或浓度。

（4）最大耐受量或浓度（LD_0或 LC_0）：在全组染毒动物中全部存活，一个不死的最大剂量或浓度。

以上各种剂量通常是用毒物的毫克数与动物的每千克体重之比（即 mg/kg）来表示。浓度常用每立方米（或升）空气中所含毒物的毫克或克数（即 mg/m^3、g/m^3、mg/L）来表示。

2. 毒物的急性毒性分级

毒物的急性毒性常按 LD_{50}（吸入 2h 的结果）进行分级。通常将毒物分为剧毒、高毒、中等毒、低毒、微毒五级，见表 2－5。

表 2－5　毒物的急性毒性分级

毒物分级	大鼠一次经口 LD_{50} mg/kg	6 只大鼠吸入 4h 死亡 2～4 只的浓度 μg/g	兔涂皮时 LD_{50} mg/kg	对人可能致死剂量	
				单位体重剂量 g/kg	总量 g/60kg
剧毒	<1	<10	<5	<0.05	0.1
高毒	1～50	10～100	5～44	0.05～0.5	3
中等毒	50～500	100～1000	44～340	0.5～5	30
低毒	500～5000	1000～10000	340～2810	5～15	250
微毒	5000～15000	10000～100000	2810～22590	>15	>1000

二、工业毒物的危害

（一）毒物进入人体的途径

毒物侵入人体可通过呼吸道、皮肤和消化道等途径。生产条件下的化学物质，主要是通过呼吸道和皮肤侵入人体；而生活性中毒则以消化道进入为主。工业中毒时经消化道进入则是次要的，它往往是用被毒物污染的手取食或吸烟，或黏附于咽部的毒物经消化道进入肠胃的。生产中发生意外事故时，毒物有可能直接冲入口腔。

1. 经呼吸道侵入

毒物经呼吸道进入人体是最主要、最危险、最常见的途径。凡是呈气态、蒸气态或气溶胶状态的毒物均可随着呼吸过程进入人体。人的呼吸系统从气管到肺泡都具有十分强大的吸收能力。人体肺泡的表面积约 90 ~ 160m^2，每天吸入空气达 12m^3，重量约 12kg。空气在肺泡内的慢流速(接触时间长)、肺泡内的丰富血流和薄的肺泡壁都有利于吸收，所以呼吸道是生产性毒物进入人体的最重要途径。在生产环境中，即使空气中有害物质含量较低，每天也将有一定量的毒物通过呼吸道侵入人体。全部职业中毒者中，大约有 95% 是经呼吸道吸入引起的。毒物经呼吸道进入人体的过程如图 2 – 14 所示。

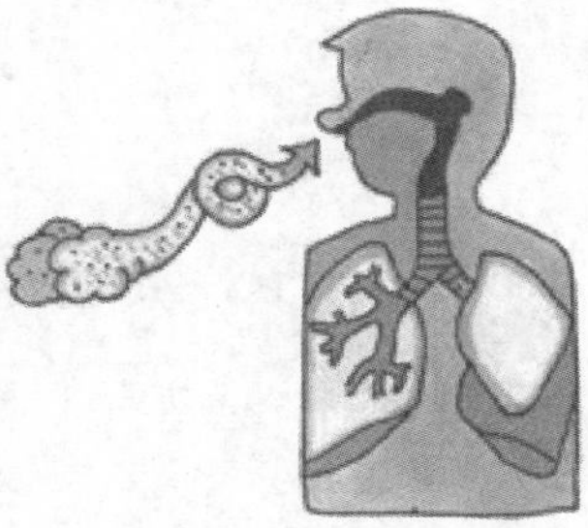

图 2 – 14　毒物经呼吸道进入人体

2. 经皮肤侵入

有些毒物可通过无损皮肤和毛囊的皮脂被吸收。经表皮进入体内的毒物需要经过三种屏障。第一是皮肤的角质层，一般分子量大于 300 的物质，不易透过无损皮肤。第二是位于表皮角质层下面的连接角质层，其表皮细胞富有固醇磷脂，它能阻碍水溶性物质的通过，但不能阻碍脂溶性物质透过。毒物通过该屏障后即扩散，经乳头毛细血管进入血液。第三是表皮与真皮连接处的基膜。脂溶性毒物经表皮吸收后，还需有水溶性，才能进一步扩散和吸收。所以水、脂都溶的物质(如苯胺)易被皮肤吸收。脂溶而水溶极微的苯，经皮肤吸收量较少。与脂溶性物质共同存在的溶剂，对毒物的吸收影响不大。

毒物经皮肤进入毛囊后，可绕过表皮的屏障直接透过皮脂腺细胞和毛囊壁而进入真皮，再从下面向表皮扩散。但这个途径不如经表皮吸收重要。电解质和某些重金属，特别是汞在紧密接触后可经过此途径被吸收。操作中如被溶剂沾染皮肤，可促使毒物贴附于表皮和经毛囊而被吸收，如图 2 – 15 所示。

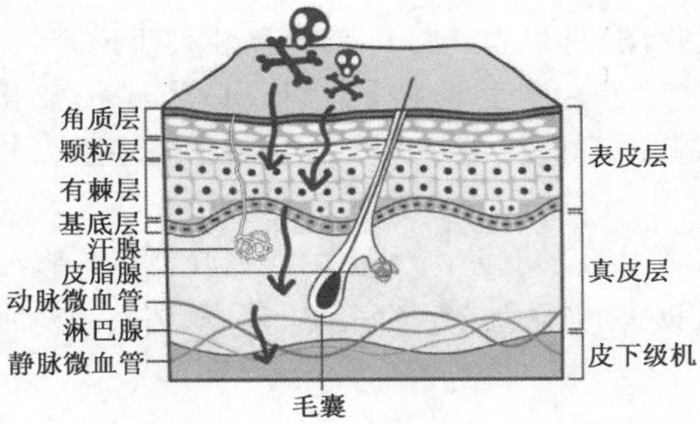

图 2 – 15　毒物经皮肤侵入

某些气态毒物如浓度较高时，即使在室温条件下，也可同时通过以上两种途径吸收。

毒物通过汗腺吸收并不重要。手掌和足跖的表皮虽有很多汗腺，但没有毛囊，毒物只能通过表皮屏障而被吸收。由于这些部分表皮的角质层，故不易吸收。

如果表皮屏障的完整性被破坏，如外伤、灼伤等，可促进毒物的吸收。潮湿也可促进皮肤吸收，特别是对于气态物质更为重要。有机溶剂经常沾染皮肤，使皮肤表面的类脂质溶解，在一定程度上也可促进毒物的吸收。

黏膜吸收毒物的能力远较皮肤强，部分粉尘也可以通过黏膜吸收。

3. 经消化道侵入

毒物可通过口腔进入消化道而被吸收，如图 2 – 16 所示。肠胃道的酸碱度是影响毒物吸收的重要因素。胃内容物能促进或阻止毒物通过胃壁的吸收。胃液是酸性，对弱碱性物质可增加其电离，从而减少其吸收；而对弱酸性物质，则具有阻止电离的作用，因而增加其吸收。脂溶性和非电离的物质能渗透通过胃的上皮细胞，但是胃内的食物，蛋白质和黏液蛋白类等则可减少毒物的吸收。

（二）毒物的危害

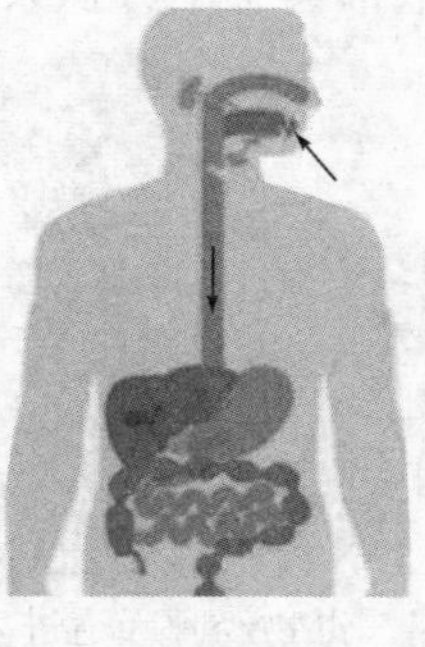

图 2－16　毒物经消化道入侵

毒物被吸收后，通过血液循环分布到全身各组织或器官。由于毒物本身的理化特性及各组织的生化、生理特点，进而破坏人的正常生理机能，导致中毒性危害。中毒可分为急性中毒、慢性中毒两种情况。在职业中毒中以慢性中毒为多见。急性中毒仅见于事故场合，一般较为少见，但危害甚大。

1. 急性中毒对人体的危害

急性中毒指大量毒物迅速作用于人体后所发生的病变，由于毒物不同，对人体各系统造成的危害也不同。

（1）对呼吸系统的危害。刺激性气体、有害蒸气和粉尘等毒物，对呼吸系统损害表现为引起窒息状态、呼吸道炎症和肺水肿等病症。

（2）对神经系统的危害。四乙基铅、有机汞、有机锡、磷化氢、铊、汽油、苯、二硫化碳、溴甲烷、环氧乙烷、三氯乙烯、甲醇及有机磷农药等所谓“亲神经性毒物”，作用于人体会引起中毒性脑病、中毒性周围神经炎和神经衰弱症候群。中毒性脑病常表现有神经系统症状，如有头晕、头痛、乏力、恶心、呕吐、嗜睡、视力模糊、幻视（红视、黄视）、视觉障碍、复视，以及不同程度的意识障碍、昏迷、抽搐等。有的患者有癔病样发作或类神经分裂症、躁狂症、忧郁症。有的以植物神经系统失调为主要表现，如脉搏减慢、血压和体温降低、多汗等。

（3）对血液系统的危害。急性中毒可导致白细胞增加或减少。高铁血红蛋白的形成及溶血性贫血等。

（4）对泌尿系统的危害。在急性中毒时，有许多毒物可引起肾脏损伤，尤其以升汞和四氯化碳等引起的急性肾小管坏死性肾病最为严重。

（5）对循环系统的危害。毒物锑、砷、磷、四氯化碳、有机农药等可引起急性心肌损害；在三氯乙烯、汽油、苯等有机溶剂的急性中毒中，毒物刺激卢肾上腺素受体而致心室颤动；氯化钡、氯化乙基汞均可引起心律失常，刺激性气体引起肺水肿时，由于大量血浆及肺循环阻力的增加，可能出现肺源性心脏病。

（6）对消化系统的危害。经口的急性汞、砷、铅等中毒，可发生严重恶心、呕吐、腹痛、腹泻等酷似急性肠胃炎的症状；一些毒物主要引起肝脏损害，如硝基苯、三硝基甲苯、氯仿及一些肼类化合物等，会引起中毒性肝炎。

2. 慢性中毒对人体的危害

慢性中毒的毒物作用于人体速度缓慢，在较长时间内才发生病变，或长期接触少量毒物，毒物在人体内积累到一定程度才引起病变。慢性中毒的潜伏期一般较长，发病缓慢，病理变化缓慢，不易在短期内治好。其危害与急性中毒相类似，也是依不同的毒物的毒性表现于人体的各系统。如中毒性脑、脊髓损害，中毒性周围神经炎，神经衰弱症候群，精神障碍，溶血性贫血，慢性中毒性肝炎，慢性中毒引起肾脏损害，支气管炎以及心肌和血管病变等。

3. 工业毒物对皮肤的危害

皮肤是机体抵御外界刺激的第一道防线，从事化工生产时，皮肤接触外在刺激物的机会最多，许多毒物的刺激会造成皮肤的危害。如造成皮炎、湿疹、痤疮、毛囊炎、溃疡、脓疱疹、皮肤干燥、皲裂、新生物、色素变化、药物性皮炎、皮肤瘙痒、皮肤附属器官及口腔黏膜的病变等。

4. 工业毒物对眼部的危害

化学物质对眼的危害,可发生于某种化学物质与组织直接接触造成伤害;也可发生于化学物质进入体内,引起视觉病变或其他眼部病变。

化学物质的气体、烟尘或粉尘接触眼部,或化学物质的碎屑、液体飞溅到眼部,可发生色素沉着、过敏反应、刺激炎症或腐蚀灼伤。例如对苯二酚等可使角膜、结膜染色。刺激性较强的化学物质短时间接触,可引起急性角膜结膜炎,角膜表层水肿、上皮脱落,结膜充血等。腐蚀性化学物质可使接触处角膜、结膜立即坏死糜烂,继续向深处渗入,可损坏眼球内部,发生虹膜睫状体炎、青光眼、白内障。灼伤溃疡可致眼球穿孔,愈后遗留角膜白斑、新生血管、眼球粘连、倒睫、睑内翻或兔眼等症,可致视力严重减退、失明或眼球萎缩。

5. 工业毒物与致癌

长期接触一定的化学物质可能引起细胞的无节制生长,形成癌性肿瘤。这些肿瘤可能在第一次接触这些物质以后许多年才表现出来,这一时期被称为潜伏期,一般为 4 ~ 40 年。造成职业肿瘤的部位是变化多样的,未必局限于接触区域,如砷、石棉、铬、镍等物质可能导致肺癌;鼻腔和鼻窦癌是由铬、镍、木材、皮革粉尘等引起的;膀胱癌与接触联苯胺、萘胺、皮革粉尘等有关;皮肤癌与接触砷、煤焦油和石油产品等有关;接触氯乙烯单体可引起肝癌;接触苯可引起再生障碍性贫血。

6. 工业毒物与致畸

接触化学物质可能对未出生的胎儿造成危害,干扰胎儿正常发育,在怀孕的前三个月,脑、心脏、胳膊和腿等重要器官正在发育,一些研究表明化学物质(如麻醉气体、水银和有机溶剂)可能干扰正常的细胞分裂过程,从而导致胎儿畸形。

7. 工业毒物与致突变

某些化学品对人类遗传基因的影响可能导致后代发生异常,实验结果表明,80% ~ 85% 的致癌化学物质对后代有影响。

三、急性中毒现场救护

(一)救护者的个人防护

救护者在进入危险区抢救之前,首先要做好呼吸系统和皮肤的个人防护,佩戴好供氧式防毒面具或氧气呼吸器,穿好防护服。进入设备内抢救时要系上安全带,然后再进行抢救。否则,不但中毒者不能获救,救护者也会中毒,致使中毒事故扩大。

(二)切断毒物来源

救护人员进入现场后,在对中毒者进行抢救的同时,迅速查找毒源,并采取果断措施切断来源,如关闭阀门、添加盲板、停止进料、封堵泄漏设备等,以防止毒物继续外溢。对于已经泄漏的毒物,立即进行稀释,以降低毒物的浓度,为抢救工作创造有利条件。

(三)采取有效措施防止毒物继续侵入人体

(1)转移中毒者至新鲜空气处,解开中毒者的颈、胸部纽扣及腰带,保持呼吸畅通。同时注意保暖和保持安静,严密注意中毒者的神志和呼吸。抢救搬运过程要注意受伤部位的保护,防止造成病情加重。

(2)清除毒物。

①迅速脱去被污染的衣服、鞋袜、手套等。

②立即彻底清洗被污染的皮肤,清除皮肤表面的化学刺激性毒物,冲洗时间要达到15~30min。

③如毒物系水溶性,可用大量水冲洗或中和剂冲洗。非水溶性刺激物的冲洗剂,须用无毒或低毒物质,或抹去污染物,再用水冲洗。

视频2-1 洗眼器的使用过程

④对于黏稠的物质,用大量肥皂水冲洗,要注意皮肤皱褶、毛发和指甲内的污染物。

⑤较大面积的冲洗,要注意防止着凉、感冒。

⑥毒物进入眼睛时,应尽快用大量流水缓慢冲洗眼睛15min以上,冲洗时把眼睑撑开,让伤员的眼睛向各个方向缓慢移动。洗眼器的使用过程见视频2-1。

(四)促进生命器官功能恢复

中毒者若停止呼吸,应立即进行人工呼吸。人工呼吸的方法有压背式、振臂式、口对口(鼻)式三种。最好采用口对口式人工呼吸法。同时针刺人中、涌泉、太冲等穴位,必要时注射呼吸中枢兴奋剂(如"可拉明"或"洛贝林")。

(五)及时解毒和促进毒物排出

发生急性中毒后应及时采取各种解毒及排毒措施,降低或消除毒物对机体的作用。如排尿、催吐或洗胃、防止吸收、缓解剂、吸氧等。

四、综合防毒措施

(一)防毒技术措施

1. 以无毒代替有毒

以无毒、低毒的物料或工艺代替有毒、高毒的物料或工艺,尤其是以无毒代替有毒,是从根本上解决防毒问题的最好办法。例如:对于那些毒性大,卫生标准要求高,而采取防毒措施又很困难的生产工艺尽可能以无毒代替有毒;在选择生产工艺或确定工艺路线时,要考虑寻找新的无毒或低毒的生产工艺,把有毒无毒作为权衡选择的重要条件,以无毒代替有毒的具体例子后面专作介绍。

2. 生产设备的密闭化、管道化和机械化

使用密闭的生产设备,或者把敞口设备改为密闭的设备,是防止有毒气体和粉尘外逸的有效措施。例如:投料出料时为了配合密闭的生产设备,改变为使用高位槽、管道和机械投料出料,实行管道化和机械化;为提高密闭的效果,在生产条件允许时尽可能使密闭设备内保持负压状态,并且加强管理,最大限度地清除跑、冒、滴、漏现象。

3. 通风排毒

密闭的生产设备仍有有毒气体或粉尘逸出时,就要采取通风排毒措施来防毒。通风排毒的方法主要有局部排风、局部送风和全面通风换气三种。其中以局部排风的效果最好、最为常用。

(1)局部排风,就是把有毒气体罩起来,排出去,也就是把有毒气体直接从它的发生源抽走，所以能够做到消耗风量小，排毒效果好，还便于有毒气体的净化和回收。

局部排风系统一般由排风罩（吸气罩）、风道和风机组成，除了风道安装和风机选择要正确合理外，吸气罩很重要，即要把有毒气体发生源有效地罩起来，又要适应生产操作情况，做到不妨碍操作。通风吸气罩的吸风口越靠近有毒气体发生源越好。操作口开得越小越好。为了适应不同的操作情况，吸气罩有多种形式，常见的有矩形、伞形、旁侧、槽边、下部及移动式等。

（2）局部送风，则是把新鲜空气直接送到工作地点，使操作者与周围的污染空气相隔离。

（3）全面通风换气，是用大量新鲜空气将整个车间空气中有毒气体或粉尘冲淡到国家卫生标准规定的最高允许浓度。

4. 隔离操作和仪表控制（自动化）

（1）因生产设备条件限制而使有毒气体浓度无法降低到国家卫生标准时，也可以采取隔离操作的措施，即把生产设备和人员操作地点隔离开来。这有两种做法：其一把生产设备放在隔离室内，而用送风使隔离室保持负压状态；其二把人员操作地点放在隔离室内，而用送风使隔离室处于正压状态。

（2）远距离控制则是用仪表控制生产，而使人员操作地点远离生产设备，这种仪表控制，因为容易忽视生产设备的排毒，所以在人员要进入车间修理设备或处理事故时，要特别注意采取防毒的临时措施。

（二）防毒卫生保健措施

防毒卫生保健是从医学卫生方面直接保护从事有害作业工人的健康，主要措施有：

1. 个人卫生

如饭前洗脸洗手，车间内禁止吃饭、饮水和吸烟 ，班后沐浴，工作衣帽与便服隔开存放和定期清洗等。

2. 发放保健食品

（1）按照国家规定供给从事有毒作业人员保健食品，以增加营养，增强体质。

（2）保健食品的发放范围应当是有显著职业性毒害并对营养有特殊需要的工种。

3. 定期健康检查

由卫生部门对从事有毒作业人员进行定期健康检查，以便对职业中毒能够早期发现，早期治疗。同时，实行就业前健康检查，发现患有禁忌病的，不要分配相应的有毒作业，在定期检查中发现患有禁忌证❶时，也应及时调离相应的有毒作业。

4. 中毒急救

对于有急性中毒危险的作业，工厂医务室要随时准备有关急救的医药器材，以便必要时抢救中毒事故。

5. 其他

对一些新的有毒作业和新的化学物质，应当请职业病防治院、卫生防疫站或卫生科研部门协助进行卫生调查，做动物试验。弄清致毒物质、毒害程度、毒害机理等情况，研究防毒对策，以便采取有关的防毒措施。

---

❶ 禁忌证：指不适于采种某种治疗措施的疫病或情况，或采用反而有害。

知识点3:个人防护用品

个人防护用品又称劳动防护用品,是指在劳动生产过程中为防止劳动者在生产作业过程中免遭或减轻事故和职业危害因素的伤害而提供的个人保护用品,直接对人体起到保护作用;与之相对的是工业防护用品,非直接对人体起到保护作用。

个人防护用品的作用,是使用一定的屏蔽体或系带、浮体,采取隔离、封闭、吸收、分散、悬浮等手段,保护机体或全身免受外来的侵害。

一、个人防护用品的分类

个人防护用品可按用途和防护部位分类。

(一)按照用途分类

个人防护用品按照用途可以分为两类。

(1)以防止工伤事故为目的的安全防护用品,包括防冲击用品,如安全帽、防冲击护目镜等,如图2-17(a)、图2-17(b)所示;防坠落用品,如高空安全带、坠落制动器等;防触电用品,如绝缘服、绝缘鞋等,如图2-17(c)所示。

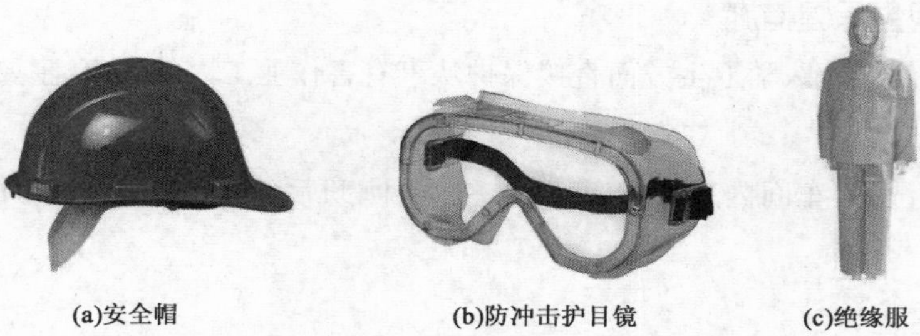

(a)安全帽　(b)防冲击护目镜　(c)绝缘服

图2-17　防止工伤事故的安全防护用品

(2)以预防职业病为目的的安全防护用品,包括防毒用品,如防毒面具、防毒服等,如图2-18(a)所示;防噪声用品,如耳塞、耳罩等,如图2-18(b)所示;防辐射用品,如石棉制品、防辐射隔热面罩等如图2-18(c)所示。

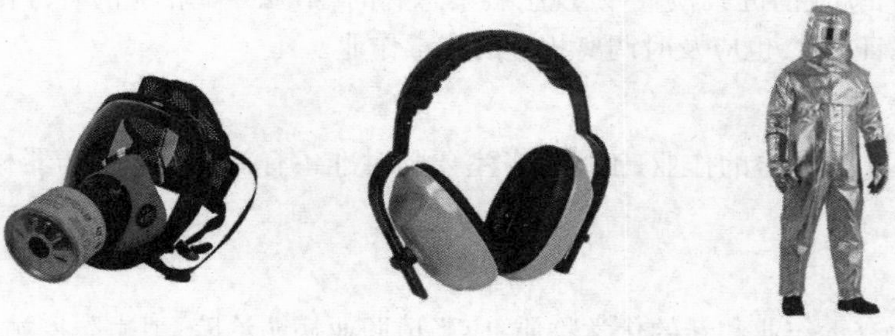

(a)防毒面具　(b)耳罩　(c)防辐射用品

图2-18　预防职业病的安全防护用品

(二)按照防护部位分类

根据人体劳动卫生学,可分为头部、眼部、耳部、面部、呼吸器官、手部、躯干、足部使用的防护用品。也有一些防护用品有双重作用，如挂耳罩安全帽，如图 2－19 所示。

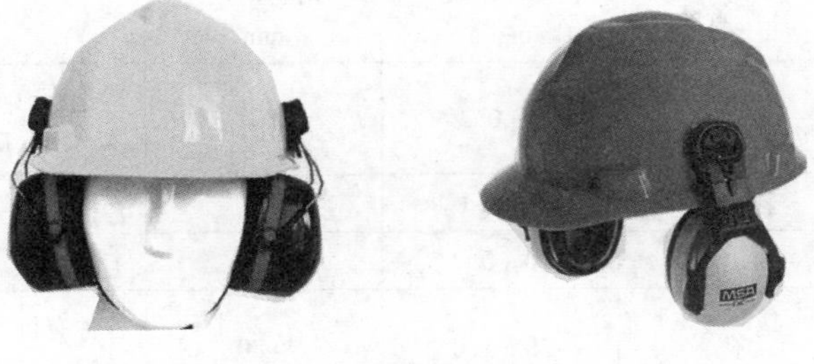

图 2－19　挂耳罩安全帽

二、个体防护用品的使用与维护

根据毒物进入人体的三条途径——呼吸道、皮肤、消化道，采取相应的防护措施以保护劳动者个体。

（一）呼吸道的防护

呼吸道的防护主要分为过滤式和隔绝式两大类。

1. 过滤式呼吸防护用品

过滤式呼吸防护用品是依据过滤吸收的原理，利用过滤材料滤除空气中的有毒、有害物质，将受污染空气转变为清洁空气供人员呼吸的一类呼吸防护用品。过滤式防毒面具是过滤式呼吸防护用品最为常见的一种，如防尘口罩、防毒口罩和过滤式防毒面罩，如图 2－20、图 2－21所示。过滤式防毒面罩主要由面罩主体和滤毒件两部分组成。面罩起到密封并隔绝外部空气和保护口鼻面部的作用。滤毒件内部填充以活性炭、化学吸收剂、催化剂等为主要成分的吸附剂。它们的净化过程是先将吸入空气中的有害粉尘等阻止在滤网外，过滤后的有毒气体在经滤毒罐时进行化学或物理吸附，使毒气丧失毒性的作用。过滤式防毒面罩的使用见视频 2－2。

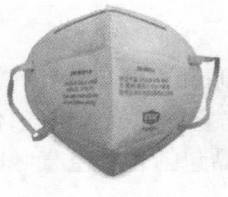

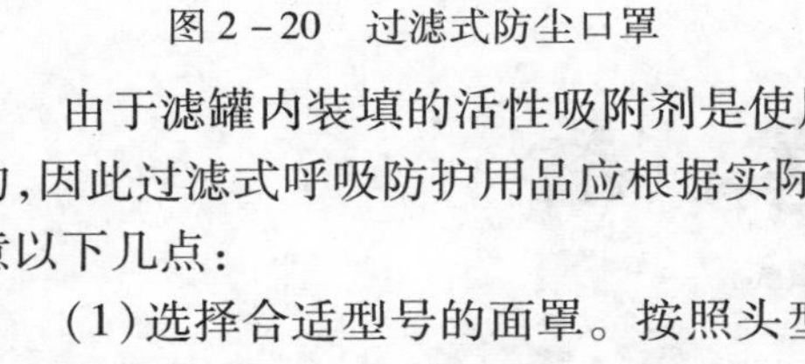

图 2－20　过滤式防尘口罩

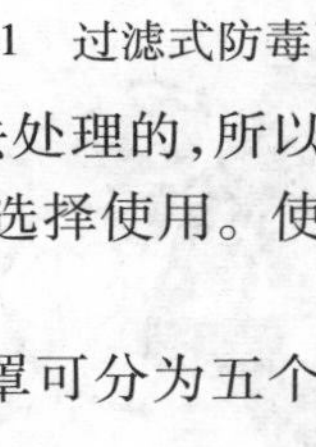

图 2－21　过滤式防毒面罩

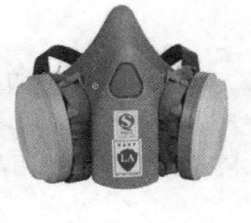

视频2-2　过滤式防毒面罩的使用

由于滤罐内装填的活性吸附剂是使用不同方法处理的，所以不同滤罐的防护范围是不同的，因此过滤式呼吸防护用品应根据实际作业环境选择使用。使用过滤式呼吸防护用品应注意以下几点：

（1）选择合适型号的面罩。按照头型大小，面罩可分为五个型号。使用时需检查面罩的气密性和完整性。

（2）选择合适的滤毒罐。正确选择符合作业环境的滤毒罐，检查滤毒罐的有效性。滤毒罐的有效期一般为两年。国产不同类型滤毒罐的防护范围见表 2－6。

表 2-6　国产不同类型滤毒罐的防护范围

型号	滤毒罐颜色	气体名称	气体浓度 mg/L	防护时间 min	防护对象举例
1	黄绿白带	氢氰酸	3±0.3	50	氰化物、砷与锑的化合物、苯、酸性气体、氯气、硫化氢、二氧化硫、光气
2	草绿	氢氰酸	3±0.1	80	各种有机蒸气、磷化氢、路易斯气、芥子气
		砷化氢	10±0.2	110	
3	棕褐	苯	25±1.0	>80	各种有机气体与蒸气，如苯、四氯化碳、醇类、氯气、卤素有机物
4	灰色	氨	2.3±0.1	>90	氨、硫化氢
5	白色	一氧化碳	6.2±1.0	>100	一氧化碳
6	黑色	砷化氢	10±0.2	>100	砷化氢、磷化氢、汞等
7	黄色	二氧化硫	8.6±0.3	>90	各种酸性气体，如卤化氢、光气、二氧化硫、三氧化硫
		硫化氢	4.6±0.3		
8	红色	一氧化碳	6.2±0.3	>90	除惰性气体外的全部有毒物质的蒸气、烟尘
		苯	10±0.1		
		氨	2.3±0.1		

(3)有毒气体含量超过0.5%或者空气中含氧量低于18%时，不能使用过滤式呼吸防护用品。

(4)使用环境未知，未弄清环境中的毒物性质、浓度和空气中氧含量时，禁止使用过滤式防毒面具。

过滤式呼吸防护用品的使用要受环境的限制，当环境中存在着过滤材料不能滤除的有害物质不能使用，这种环境下应用隔绝式呼吸防护用品。

过滤式呼吸防护用品应存放于干燥、通风、清洁、温度适中的地点；超过存放期，要封样送专业部门检验，合格后方可延期使用。使用过的呼吸器要认真检查和清洗，及时更换损坏部件，晾干保存。

2. 隔绝式呼吸防护用品

隔绝式呼吸防护用品是依据隔绝的原理，使作业人员的呼吸器官、眼睛和面部与外界受污染空气隔绝，依靠自身携带的气源或靠导气管引入受污染环境以外的洁净空气为气源供气，保障人员正常呼吸的呼吸防护用品。如图2-22所示，隔绝式呼吸防护用品包括各种空气呼吸器、氧气呼吸器和各种蛇管式防毒面具。

图2-22　隔绝式呼吸防护用品

在化工生产领域，隔绝式呼吸防护用品目前主要是使用空气呼吸器和氧气呼吸器，各种蛇管式防毒面具由于安全性较差已较少使用。

(1)空气呼吸器，又称储气式防毒面具，主要用于在处理火灾、有害物质泄漏、烟雾、缺氧等恶劣作业现场进行灭火、救灾、抢险和支援，也可用于化工生产、运输、环境保护、军事等领域。它以压缩空气钢瓶为气源，可分为正压式和负压式两种。正压式在使用过程中面罩内始终保持正压，可避免外界受污染或缺氧空气的漏入，安全性能更好，应用较为广泛。

正压式空气呼吸器主要部件有面罩、空气钢瓶、减压器、压力表、导气管、报警哨等15个部件组成，基本结构如图2-23所示。

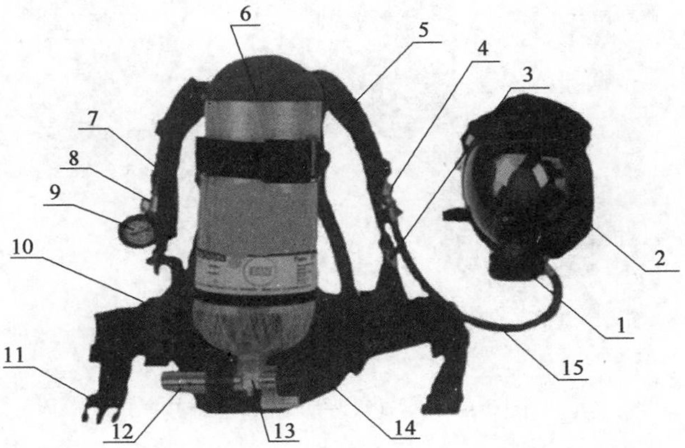

图2-23　正压式空气呼吸器结构

1—供气阀；2—全面罩；3—调节带；4—快速接头；5—肩带；6—气瓶固定带；7—高压管路；8—警报哨；9—压力表；10—腰带卡；11—腰带；12—减压器；13—气瓶和瓶阀；14—背板；15—中压管路

在佩戴不同规格型号的空气呼吸器时，佩戴者在使用过程中应随时观察压力表的指示数据。当压力下降至4～6MPa时，应及时撤离现场，这时报警哨会发出警报音。空气呼吸器的防护时间一般比氧气呼吸器稍短。具体使用步骤见技能点2。使用后，应对面罩进行清洗、消毒，检查气瓶剩余压力，使之时刻处于备用状态。

(2)氧气呼吸器，又称储氧式防毒面具，如图2-24所示，是人员在严重污染、存在窒息性气体、毒气类型不明确或缺氧等恶劣环境下工作时常用的隔绝式呼吸防护设备。氧气呼吸器以钢瓶内充入压缩氧气为气源，一般采用密闭循环式，基本机构如图2-25所示。

佩戴人员从肺部呼出的气体，由面罩、三通、呼气软管和呼气阀进入清净罐，经清净罐内的吸收剂吸收了呼出气体中的二氧化碳成分后，其余气体进入气囊；另外，氧气瓶中储存的氧气经高压导管、减压器进入气囊，气体汇合组成含氧气体，当佩戴人员吸气时，含氧气体从气囊经吸气阀、吸气软管、面具进入人体肺部，从而完成一个呼吸循环。在这一循环中，由于呼气阀和吸气阀是单向阀，因此气流始终是向一个方面流动。

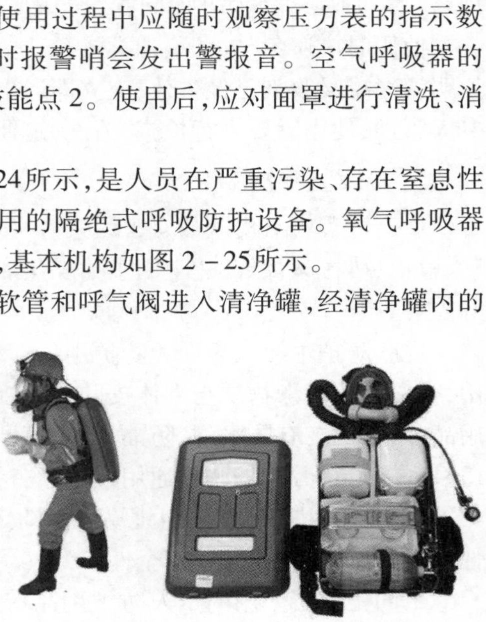

图2-24　氧气呼吸器

使用氧气呼吸器之前要先打开氧气瓶阀门，检查氧气压力，高于规定压力时才可使用，以防止压

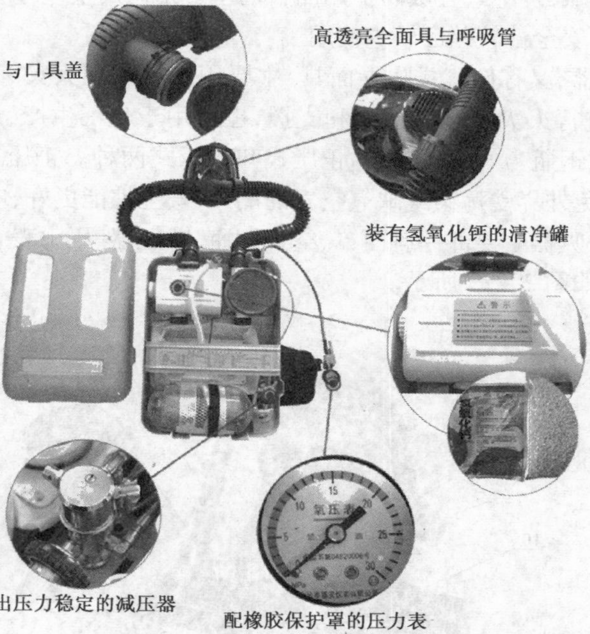

图 2－25　氧气呼吸器基本结构

力过低,供氧时间不长,影响使用。佩戴时应托起面罩,拇指在外,其余四指在内,将内罩由下颏往上戴,罩住面部,然后进行几次深呼吸,以体验呼吸器各个机件是否良好。确认没有问题时,才可进入作业现场。使用中应随时观察氧气压力的变化,当发现压力降到 2.9MPa 时,作业人员应迅速撤离现场。如发生减压阀定量供氧故障,应一边按手动补给按钮,一遍快速撤离现场。氧气呼吸器的防护时间有一定限值,根据呼吸器型号的区别,工作时间一般为 60～240min。

使用时应避免与火源、油类接触,防止撞击,以免引起呼吸器燃烧、爆炸。如闻到有酸味,说明清净罐吸收剂已经失效,应立即退出毒区。使用后若压力不足,应补充氧气。呼吸器应有专人管理,使用后要进行检查、清洗,定期检验保养,妥善保存,使之时刻处于备用状态。

(二)皮肤防护

生产过程中对皮肤的有害因素有物理因素、化学因素和生物因素。物理因素如放射性辐射、电火、机械摩擦等;化学因素如煤焦油、石油分馏产品,铬、铍、砷、石棉等;生物因素如昆虫叮咬等。

皮肤防护主要依靠个人防护用品,如工作服、工作帽、工作鞋、手套等,这些防护用品的使用,可以避免有毒物质与人体皮肤的直接接触。对于外露的皮肤,则需要涂上护肤用品。护肤用品分为五类:有防水型、防油型、皮膜型、遮光型和其他用途型等五类。各类产品应符合 GB 13641—2006《劳动护肤剂通用技术条件》的规定。护肤用品是直接用于皮肤的物质,其材料必须不对人体皮肤黏膜产生原发性刺激和致敏作用,以及化学物质经皮肤吸收而引起全身毒性作用,保证远期效应的安全性。

不同工种所使用的个人防护用品有差别,操作者应根据现场环境选择相应的防护用品。对于裸露的皮肤,应视其所接触的危险物质,采用相应的护肤用品。

皮肤被有毒物质污染后,应立即选择合适的清洗剂进行清洗。

（三）消化道防护

防止有毒物质从消化道进入人体，最主要的是搞好个人卫生，不在危险场所进食。

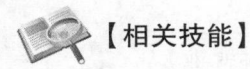

【相关技能】

技能点1：安全帽的佩戴

一、检查

佩戴安全帽前，应检查各配件有无损坏，装配是否牢固，帽衬调节部分是否卡紧，绳带是否系紧等，确认各部件完好后方可使用。

视频2-3　安全帽的佩戴

二、佩戴

（1）安全帽内衬圆周大小调节到对头部稍有约束感，用双手试着转动安全帽，以基本不能转动，但不难受的程度，以不系下颏带低头时安全帽不会脱落为宜；

（2）要优先保护前额，因为大多数的失控和碰撞都是往前摔的，头盔前沿要压至眉头之上，不要露出额头；

（3）佩戴安全帽必须系好下颏带，下颏带必须紧贴下颏，松紧以下颏有约束感但不难受为宜。

三、安全帽的使用注意事项

（1）要有下颏带和后帽箍，并拴系牢固，防止安全帽滑落或碰掉。

（2）热塑性安全帽可用清水冲洗，不得用热水浸泡，不能放在暖气或火炉上烘烤，防止安全帽变形；安全帽使用超过规定限值，或受过较重冲击时，应及时更换。

（3）安全帽的使用期从产品制造完成之日计算。植物枝条编织帽不超过两年；塑料帽、纸胶帽不超过两年半；玻璃钢（维纶钢）橡胶帽不超过三年半；

（4）要保证帽芯与帽壳间留有一定缝隙，防止坠物打击帽子后帽芯不能将帽壳与头隔开，帽壳直接压在头上造成伤害。因此，帽芯内部要留有够的缓冲距离。

技能点2：正压式空气呼吸器的使用

一、使用前快速检查

（1）检查面罩有无裂纹。

（2）检查气瓶内压缩空气压力。完全打开气瓶阀，压力必须显示26～30MPa之间。

（3）检查气密性 。关闭气瓶阀，观察压力表读数，在1min之内压力下降不得大于2MPa。

视频2-4　正压式空气呼吸器的使用

(4)检查报警哨。轻按供给阀黄色按钮,观察压力表数值变化,当气瓶压力降至 5.5MPa ±0.5MPa 时,警报发出声响。

二、佩戴

(1)调节背带。

①把整套装置背在身上,往下拉装在两边肩带上的环形垫圈,使之贴近背部。

②拉紧腰带,使其完全贴合腰部。

(2)佩戴面罩

①将面罩的目镜部分朝下,套上颈部束带。

②将下颏套入,并用束带束住头部。

③由上至下调节束带,使其束紧。注意:不要太紧。

④用掌心堵住面罩接口,吸气,然后屏住呼吸,使用者应感觉到面罩紧贴脸部,直到恢复呼吸为止。

(3)将供给阀连接在面罩接口处。

三、使用

(1)把气瓶阀完全打开,检查气瓶压力到位,整套呼吸器已可以使用。

(2)注意经常查看压力表,在报警开始时,应尽快撤离危险区域。

四、使用后

(1)同时按供气阀的 2 个按钮,卸下供气阀。

(2)用拇指扳开头带扳扣,使束带放松,将拇指插入面罩和下颏之间,小心将面罩朝上脱下拿下面罩。

(3)关上气瓶阀。

(4)按供气阀的控制按钮,排空整个系统。

(5)松开腰带。

(6)松开肩带,小心卸下整套呼吸装置。

(7)面罩消毒。

五、评分表

巴固 C-900 正压式空气呼吸器评分表见表 2-7。

表 2-7　巴固 C-900 正压式空气呼吸器评分表

序号	考核项目	考核内容及要求	配分	评分标准	扣分	备注
1	工作准备	劳保用品穿戴齐全	3	安全帽穿戴不合格	1	
				工鞋穿戴不合格	1	
				工衣(裤)不合格	1	
2	呼吸器检查	选手示意准备完毕。裁判下令开始竞赛。裁判开始 2min 的计时。 (1)面罩密封检查; (2)面罩裂纹或划伤检查;	17	面罩密封:未检查	3	
				面罩:未检查外观或未试连接	2	
				气瓶外观及固定:未检查	1	

续表

序号	考核项目	考核内容及要求	配分	评分标准		扣分	备注
2	呼吸器检查	(3)气瓶外观检查、气瓶固定检查； (4)面罩与气瓶试连接； (5)背带检查； (6)压力表工作是否正常； (7)压力是否达到标准； (8)管线及阀件密封是否正常； (9)放气阀工作是否正常； (10)报警装置是否正常	17	背带:未检查		1	
				压力表:未检查		1	
				压力:未检查		2	
				管线及阀件密封:未检查		2	
				放气阀:未检查		2	
				报警装置:未听到哨声		3	
3	操作程序	检查程序结束后，举手示意，由选手自己按下计时器，开始30s计时。 (1)打开气瓶阀，将空气呼吸器主体背起，调节好肩带、腰带并系紧； (2)戴上全面罩，收紧系带，调节好松紧度，用手堵住供气口测试面罩气密性，确保全面罩软质侧缘和人体面部的充分结合； (3)连接好快速插头，然后做2~3次深呼吸，感觉供气舒畅无憋闷，戴好安全帽，检查压力表，示意佩戴完成； (4)拔开快速插头，从上往下放松面罩系带卡子，摘下全面罩，卸下呼吸器，关闭气瓶阀，按住供气阀按钮，排除供气管路中的残气； (5)呼吸器摆放整齐，示意竞赛结束，裁判结束计时	80	未按顺序收紧肩带、腰带		5	
				未收紧肩带或肩带打扭		5	
				未收紧腰带		5	
				未按从下到上的顺序收紧面罩系带		4	
				未测试面罩气密性		9	
				未先打开气瓶阀再连接快速插头，顺序错误		9	
				未一次完成快速插头与面罩的连接		6	
				未做2~3次深呼吸		4	
				未戴好安全帽		4	
				未检查压力表		4	
				未示意佩戴完成		4	
				未先拔掉快速插头		4	
				未按顺序放松面罩带子		2	
				未按顺序松开腰带、肩带		3	
				未关闭气瓶阀		3	
				未排除残气		5	
				未摆放整齐		2	
				未示意全部结束		2	
4	备注	(1)全部操作程序在3min内完成，进行到3min，停止竞赛，未完成程序不得分； (2)背戴呼吸器在30s内完成。超时将从总分中扣除相当分数。(扣分项)	40	背戴30s，超时情况	超时在5s内	5	
					超时6~10s	10	
					超时11~15s	15	
					超时16~20s	20	
					超时21s及以上	40	
	合计		100				

【技能演练】

心 肺 复 苏

一、高级心肺复苏模拟人的使用

(1)心肺复苏模拟人安装过程:先将模拟人从皮箱内取出,把模拟人平躺仰卧在操作台上,另将电脑显示器连接电源,外接电源线从皮箱内取出,再与人体进行连接,将电脑显示器与220V 电源接好,即完成连线过程。

视频2-5 模拟心肺复苏

(2)操作前功能设定及使用方法:完成连线过程后,即打开电脑显示器后面总电源开关,随之有语音提示“欢迎使用本公司产品,请选择工作方式”。有三中工作方式可选择:①训练;②单人;③双人。选择好工作方式后,又有语音提示“请选择工作频率”,工作频率有一种选择,为 100 次/min。选择好频率后,自动设置操作时间,开机时间为 250s 顺计时。单人、双人考核时间设定,按国际最新标准,专业人员一般为 180s 或 220s,时间自动设定后又有语音提示“请按启动按钮”,接着又有语音提示“先打开气道吹气”。这时操作时间内的顺计时开始计时即可进行操作。

注意事项:

(1)复位键功能:即选定工作方式,按程序操作,操作不成功或其他原因需重新操作;请按一下复位键重新按当前工作程序操作,如需更改工作方式操作,请先关掉显示器后面总电源开关,重新打开电源,即可重新设定工作方式及其他操作步骤,开始操作。

(2)打印键功能:训练、单人、双人考核结束,可进行成绩打印。按压、吹气正确、错误计数,所需操作时间等功能打印,以供考试成绩评定及存档。在操作前,先检查打印出口,打印纸是否露出口,如没有,可按打印键,可将打印纸露出打印口,以便操作结束后顺利进行成绩打印。更换打印纸,可打开后盖板,取出打印机,更换打印纸。

(3)操作过程中,必须要掌握规范动作及注意事项:

①气道放开——将模拟人平躺仰卧,操作时,操作人一只手两指捏鼻,另一只手伸入后颈或下巴将头托起往后仰 70°~90°角度,形成气道放开,便于人工呼吸,气道通气。此时灯亮,就可以吹气。

②正确、错误人工呼吸功能提示——首先进行人工口对口吹气。正确口对口吹气吹入潮气量 400~600mL,人体吹气条形正确区域绿灯发光管显示,吹气正确数码计数 1 次。错误口对口吹气,吹入潮气量不足 400mL 或大于 600mL,人体吹气条形指示灯不足(黄灯)、过大(红灯)区域有黄灯、红灯发光管显示,吹气错误数码计数 1 次,并有语言提示“吹气不足或过大”灯,需纠正错误后,再操作。当吹气过猛过快时,吹气进胃灯亮,此时,应放慢吹气;吹气进胃错误计数。

③正确、错误按压的功能提示——按压位置:首先找准胸部正确位置即胸骨下切迹上两指胸骨正中部(胸口剑突向上两指处)为正确按压区。错误按压区,按时由上、下、左、右方向组成,此时灯亮,这时应找对位置再按压,吹气按压位置计数。双手交叉叠在一起,手臂在一起,手臂垂直于模拟人胸部按压区,进行胸外按压。如按压区按压位置正确、按压强度正确(正确

胸外按压深度为 4 ~ 5cm），人体按压条形指示灯正确区域绿灯发光管显示，正确按压数码计数 1 次，如按压位置错误，并有语言提示“按压位置错误”。按压的深度小于 4cm 或大于 5cm，按压不足、过大，人体按压强度条形指示灯不足（黄灯）、过大（红灯）区域有黄灯、红灯发光管显示，按压错误数码计数 1 次，并有语言提示“按压不足或过大”等。需纠正错误后，再操作。

二、心肺复苏的操作

（一）检查

（1）观察周围环境安全。

（2）判断伤员意识：拍肩膀，对耳呼叫、呼叫声响亮。

（3）呼叫：快来人抢救，快打“120”。

（4）检查自主循环：用食指和中指并排放于患者甲状软骨上，向左（右）旁推开胸锁乳头肌再往下按摸颈动脉。

（5）判断有无呼吸：开放气道后，立即将一侧耳部贴近患者的口鼻部，通过一看、二听、三感觉来判断患者有无呼吸。判断时间不得超过 10s，并应以看为主。一看即用眼睛观察患者胸部有无起伏运动。二听即用耳朵听患者是否有呼吸音。三感觉即用面颊感觉患者是否有气流呼出。

（二）操作

（1）置患者仰卧于平、硬的木板或地上。

（2）开放气道，清理口腔方法正确：将患者头偏一边，用手指清理口腔异物，解开衣领和腰带，压额抬颏（压额托颈使头后仰）。

（3）胸外心脏按压。操作时根据患者身体位置的高低，站立或跪在患者身体的任何一侧均可。必要时，应将脚下垫高，以保证按压时两臂伸直、下压力量垂直。按压部位原则上是胸骨下半部，常用以下定位方法：

①用触摸颈动脉的食指、中指并拢，中指指尖沿患者靠近自己一侧的肋弓下缘，向上滑动至两侧肋弓交汇处定位，即胸骨体与剑突连接处。

②另一手掌根部放在胸骨中线上，并触到定位的食指。

③然后再将定位手的掌根部放在另一手的手背上，使两手掌根重叠。

④手掌与手指离开胸壁，手指交叉相扣。

按压姿势：两肩正对患者胸骨上方，两臂伸直，肘关节不得弯曲，肩、肘、腕关节成一垂直轴面；以髋关节为轴，利用上半身的体重及肩、臂部的力量垂直向下按压胸骨。

按压深度：一般要求按压深度达到 4 ~ 5cm，约为胸廓厚度的 1/3，可根据患者体型大小等情况灵活掌握，按压时可触到颈动脉搏动效果最为理想。

按压频率：100 次/min，不要小于 100 次/min。

口对口吹气与胸外心脏按压的比例为 2 : 30，即每做 2 次口对口吹气后，立即做 30 次胸外心脏按压。单人操作为 2 : 30，双人操作为 1 : 15。

（4）口对口人工呼吸。

①确定患者无呼吸后，立即深吸气后用自己的嘴严密包绕患者的嘴，同时用食指、中指紧捏患者双侧鼻翼，缓慢向患者肺内吹气两次。

②每次吹气量 700 ~ 1000mL（或 10mL/kg），每次吹气持续 2s，吹气时见到患者胸部出现起伏即可。

③应始终观察患者胸部有无起伏运动。吹气时如无胸部起伏或感觉阻力增加，应考虑到气道未开放或气道内存在异物阻塞。

（三）注意事项

1. 胸外心脏按压的注意事项

（1）确保正确的按压部位，这既是保证按压效果的重要条件，又可避免和减少肋骨骨折的发生以及心、肺、肝脏等重要脏器的损伤。

（2）双手重叠，应与胸骨垂直。如果双手交叉放置，则使按压力量不能集中在胸骨上，容易造成肋骨骨折。

（3）按压应稳定地、有规律地进行。不要忽快忽慢、忽轻忽重，不要间断，以免影响心排血量。

（4）不要冲击式地猛压猛放，以免造成胸骨、肋骨骨折或重要脏的损伤。

（5）放松时要完全，使胸部充分回弹扩张，否则会使回心血量减少。但手掌根部不要离开胸壁，以保证按压位置的准确。

（6）下压与放松的时间要相等，以使心脏能够充分排血和充分充盈。

（7）下压用力要垂直向下，身体不要前后晃动。正确的身体姿势既是保证按压效果的条件之一，又可节省体力。

（8）最初做口对口吹气与胸外心脏按压 4 ~ 5 个循环后，检查一次生命体征；以后每隔 4 ~ 5min 检查一次生命体征，每次检查时间不得超过 10s。

2. 口对口人工呼吸的注意事项

（1）吹气时应用自己的嘴严密包绕患者的嘴，同时用食指、中指紧捏患者双侧鼻翼。

（2）抢救者在换气时，应避开被抢救者呼出的废气，防止其中含有有毒气体。

三、评价表

心肺复苏考核评分表见表 2 - 8。

心肺复苏考核评分表

项目	操作要求	分值	得分	备注
（1）评估环境	动作：环视四周　口述：观察周围环境安全	3		
（2）判断伤员意识	动作：拍肩膀，对耳呼叫、呼叫声响亮　呼叫：张磊	2		
（3）呼叫	呼叫：快来人抢救，快打“120”	2		
（4）检查自主循环	动作：用食指和中指并排放于患者甲状软骨上，向左（右）旁推开胸锁乳头肌再往下按摸颈动脉 口述：自主循环消失	2		
	判断时间 5 ~ 10s	1		
（5）摆放体位	口述：置患者仰卧于平、硬的木板或地上	3		
（6）开放气道	清理口腔方法正确：将患者头偏一边，用手指清理口腔异物，解开衣领和腰带	4		
	正确方法：压额抬颏（压额托颈使头后仰）	6		
（7）胸外心脏按压	胸外心脏按压方法正确：部位、频率正确，手掌不离开胸壁，力度适中，按压时观察病人面色	5		
	有效按压（以绿灯亮为准，每周期按压 30 次）	10		

续表

项目	操作要求	分值	得分	备注
(8)人工呼吸	判断自主呼吸动作规范:操作者脸部贴近患者鼻孔,双目观察患者胸廓起伏	5		
	判断时间 5 ~ 10s	1		
	呼吸方法正确:缓慢吹气,吹气时用手指捏住鼻子,吹气完成后放松手指,吹气时用余光观察病人胸廓起伏情况	6		
	有效人工呼吸(每周期人工呼吸 2 次):第一周期人工呼吸、第二周期人工呼吸	10		
(9)口述	如此循环 5 个周期	5		
(10)评估复苏效果	判断瞳孔、呼吸、皮肤黏膜、循环(血压)有无变化	10		
(11)复苏体位	右侧卧,体位正确	5		
(12)总时间	3min 内,超时不计成绩	5		
(13)综合评价	动作规范、内容全面	5		
	顺序正确	5		
	操作熟练、流畅	5		
合计		100		
计分标准	(1)计时从第一次拍打病人开始,以复检完成后报告为结束			
	(2)人工呼吸一次无效扣 3 分(包括吹气不足、吹气过大);胸外心脏按压无效一次扣 1 分(包括按压不足、按压过大),按压位置错误一次扣 5 分;操作时仅绿灯亮为有效,其余为无效;每组多做或少做均记无效			
	(3)总时间:170 ~ 180s 记 3 分;160 ~ 169s 记 4 分;150 ~ 159s 记 5 分;少于 90s 或超过 190s 不得分			
	(4)不跨项目扣分			

练习题

一、单选题

1. 在短时间内有较大量毒物进入人体所产生的中毒现象称为(　　)。

A. 职业中毒　　B. 急性中毒　　C. 慢性中毒　　D. 亚急性中毒

2. 目前企业中存在的职业性危害因素主要是粉尘、毒物、物理因素,均来源于(　　)。

A. 工作环境　　B. 燃料　　C. 原料　　D. 生产过程

3. 具有腐败臭鸡蛋味的气体是(　　)。

A. 硫化氢　　B. 氰化氢　　C. 一氧化碳　　D. 苯胺

4. 在生产过程、劳动过程、(　　)中存在的危害劳动者健康的因素,称为职业性危害因素。

A. 作业环境　　B. 辐射环境　　C. 低温环境　　D. 电离环境

5. 高温、高气压、低气压属于职业性危害因素中的(　　)。

A. 放射性因素　　B. 化学物质因素

C. 物理因素　　D. 生物因素

6. 粒径小于(　　)μm 的粉尘对人的健康危害更大。

A. 20　　B. 5　　C. 10　　D. 50

7. 在工业生产过程中,毒物最主要是通过(　　)途径进入人体的。

A. 呼吸道　　B. 消化道　　C. 皮肤　　D. 指甲

8. 非电离辐射可分为(　　)。

A. 高频电磁场、红外辐射、紫外辐射、激光

B. 微波、红外辐射、紫外辐射

C. 射频辐射、红外线辐射、紫外线辐射、激光

D. 微波、红外辐射、紫外辐射、激光

9. 吸收法是采用适当的(　　)作为吸收剂,根据废气中各组分在其中的(　　)不同,而使气体得到净化的方法。

A. 液体,分散度　　B. 固体,分散度

C. 液体,溶解度　　D. 固体,溶解度

10. 在职业卫生行业中,经常所说的"三苯"是指(　　)。

A. 苯、苯酚、甲苯　　B. 甲苯、苯胺、苯酚

C. 苯、甲苯、二甲苯　　D. 苯酚、苯胺、苯并芘

11. 苯慢性中毒主要损害人体的(　　)。

A. 消化系统　　B. 神经系统

C. 血液系统　　D. 运动系统

12. 根据《工业企业设计卫生标准》,工业企业的生产车间和作业场所的工作地点的噪声标准为(　　)。

A. 80dB(A)　　B. 85dB(A)　　C. 90dB(A)　　D. 95dB(A)

13. 生产环境气象条件不包括(　　)。

A. 气压　　B. 气湿　　C. 热辐射　　D. 气温

14. 由职业性危害因素引起的疾病称为职业病,由国家主管部门公布的职业病目录所列的职业病称为(　　)职业病。

A. 劳动　　B. 环境　　C. 重度　　D. 法定

15. 职业健康工作应该遵循预防医学的(　　)级原则。

A. 2　　B. 4　　C. 3　　D. 5

16. 慢性汞中毒是长期接触一定浓度的汞蒸气所引起,主要临床特征有易兴奋症、(　　)、口腔—牙龈炎。

A. 头晕、头痛　　B. 震颤　　C. 乏力　　D. 贫血

17. 以下职业性危害因素中,高温、辐射、噪声属于(　　)。

A. 物理因素　　B. 化学因素

C. 生物因素　　D. 劳动心理因素

18. 下列生产过程中的危害因素,属于化学因素的是(　　)。

A. 病毒　　B. 真菌　　C. 工业毒物　　D. 辐射

19. 下列哪种粒径的粉尘致肺纤维化作用最强(　　)。

A. 直径 >15μm　　B. 直径 10 ~ 15μm

C. 直径 5 ~ 10μm　　D. 直径 <5μm

20. 职业病危害因素分类目录由国务院卫生行政部门会同哪个部门制定、调整并公布(　　)。

A. 国家标准制定委员会

B. 国务院人力资源保障部门

C. 全国总工会

D. 国务院安全生产监督管理部门

21. 按《职业性接触毒物危害程度分级》(GB Z230—2010)毒物分级标准,以下分级正确的是(　　)。

A. 极度危害、高度危害、中毒危害、轻度危害、轻微危害

B. 极度危害、高度物质、中毒危害

C. 高度物质、中毒危害、轻度危害

D. 高毒物质、中毒物质、轻度物质

22. 对气态毒物进入呼吸道深度影响最大的因素是(　　)。

A. 毒物的分子量　　B. 毒物的水溶性

C. 毒物的血/气分配系数　　D. 毒物的脂溶性

23. 根据我国有关职业病防治主管部门的文件规定,我国法定的职业病分为(　　)。

A. 10 类 132 种　　B. 10 类 99 种　　C. 10 类 105 种　　D. 9 类 99 种

24. 工业上噪声的个人防护采用的措施为(　　)。

A. 佩戴个人防护用品　　B. 隔声装置

C. 消声装置　　D. 吸声装置

25. 职业病危害因素作用于人体时,所产生的危害与接触剂量(强度)有关,也就是说存在(　　)关系。

A. 剂量　　B. 效应　　C. 对应　　D. 剂量—效应

26. 对放射工作场所和放射性同位素的运输、储存,用人单位必须配置防护设备和(　　),保证接触放射线的工作人员佩戴个人剂量计。

A. 警示牌　　B. 逃生装置　　C. 报警装置　　D. 消除装置

27. 采用湿式作业来降低粉尘浓度,该措施属于(　　)。

A. 工程技术措施　　B. 个体防护措施

C. 管理措施　　D. 运用法律措施

28. 有毒作业宜采用低毒原料代替高毒原料。因工艺要求必须使用高毒原料时,应强化(　　)措施。

A. 降温　　B. 通风排毒　　C. 密闭化、自动化　　D. 隔离

29. 下列适用于净化回收的通风排毒方式有(　　)。

A. 自然通风　　B. 全面通风

C. 局部送风　　D. 局部排风

30. (　　)不属于有毒作业场所的防护用品。

A. 防护服装　　B. 防护工具

C. 防毒口罩　　D. 防毒面具

31. 在有害环境性质未知、是否缺氧未知及缺氧环境下，选择的辅助逃生型呼吸防护用品应为(　　)，不允许使用(　　)；在不缺氧，但空气污染物浓度超过 IDLH 浓度的环境下，选择的辅助逃生型呼吸防护用品可以是(　　)，也可以是(　　)，但应适合该空气(　　)。

A. 过滤式，携气式，过滤式，携气式，污染物的种类和浓度水平

B. 携气式，过滤式，携气式，过滤式，污染物的种类和浓度水平

C. 全面罩，半面罩，全面罩，开放式面罩，污染物浓度水平

D. 全面罩，半面罩，半面罩，开放式面罩，性质

32. 在生产中可能突然逸出大量有害物质或易造成急性中毒或易燃易爆的化学物质的室内作业场所，应设置(　　)。

A. 轴流风机　　B. 局部机械通风设施

C. 事故通风装置　　D. 密闭设施

33. 不属于噪声控制技术措施的是(　　)。

A. 控制噪声源　　B. 控制传播途径

C. 采取个人防护措施　　D. 职业性健康检查

34. 作业场所毒物浓度很高时最好选用(　　)。

A. 过滤式防毒面具

B. 隔离式防毒面具

C. 防毒服

D. 简易防毒口罩

35. 我国总结出的防尘“八字”方针是(　　)。

A. 革、水、防、风、护、治、教、查

B. 革、水、密、风、护、管、封、查

C. 革、水、密、保、护、管、教、查

D. 革、水、密、风、护、管、教、查

36. 接触职业性有害因素人员使用个体防护用品的主要目的是(　　)。

A. 消除职业性有害因素　　B. 减少接触职业性有害因素的机会

C. 降低接触职业性有害因素的强度　　D. 以上都不是

37. 自吸过滤式防尘口罩按其阻尘率大小分为(　　)。

A. 二类　　B. 三类　　C. 四类　　D. 五类

38. 防毒面具和口罩仅适用于空气中氧含量大于(　　)的场所。

A. 21%　　B. 20%　　C. 19%　　D. 18%

39. 国家建立职业病危害项目(　　)制度。

A. 评审　　B. 登记　　C. 申报　　D. 备案

40. 李某在某厂工作，最近觉得乏力、腹部隐痛，想知道是不是工作岗位上接触了铅而导致慢性铅中毒，他可以在(　　)依法承担职业病诊断的医疗卫生机构申请职业病诊断。

A. 李某暂住地

B. 工厂所在地或李某户籍所在地

C. 李某出生地

D. 任意地点

二、多选题

1. 我国职业病防治的方针是(　　)。

A. 预防为主　　B. 防治结合　　C. 控制职业危害　　D. 综合治理

2. 在生产过程中,生产性毒物存在于(　　)。

A. 原料、辅助材料　　B. 中间产品、半成品、成品

C. 废气、废液及废渣　　D. 设备

3. 生产性毒物侵入人体途径有(　　)。

A. 吸入　　B. 皮肤吸收　　C. 食入　　D. 感染

4. 诊断慢性重度铅中毒时,在血铅、尿铅增高的基础上,还需具有下列哪项表现之一(　　)。

A. 腹绞痛　　B. 铅麻痹

C. 轻度中毒性周围神经病　　D. 中毒性脑病

5. 粉尘对呼吸系统的危害有(　　)等。

A. 粉尘沉着病　　B. 尘肺

C. 呼吸系统肿瘤　　D. 肺部病变

6. 职业中毒可分为(　　)。

A. 急性中毒　　B. 慢性中毒

C. 亚慢性中毒　　D. 亚急性中毒

7. 界定法定职业病的基本条件是(　　)。

A. 在职业活动中产生　　B. 接触职业危害因素

C. 列入国家职业病目录　　D. 与劳动用工行为相联系

8. 与作业环境有关的职业性危害因素包括(　　)。

A. 厂房狭小　　B. 不良气象条件

C. 劳动制度不合理　　D. 车间位置不合理

9. 从物质来源分,毒物可分为(　　)两大类。

A. 生物毒物　　B. 天然物质

C. 化学毒物　　D. 人工合成物质

10. 对个人防护用品的评价时,评价的内容应包括(　　)。

A. 个人防护用品是否有"LA"标志

B. 个人防护用品的发放制度和发放标准

C. 个人防护用品的佩戴情况

D. 个人防护用品是否有安全卫生许可证号

三、判断题

1. 凡确诊为患有职业病的职工,应享受国家规定的工伤保险待遇和职业病待遇。(　　)

2. 噪声聋属于物理因素所致职业病。(　　)

3. 人耳能感受到的声音频率在 20 ~ 20000Hz。(　　)

4. 根据噪声随时间的分布情况,生产性噪声可分为稳态噪声和脉冲噪声。(　　)

5. 电焊工人除应注意眼睛防护外,还应防止焊尘、焊烟对人体的危害。(　　)

6. 炎热季节的高温辐射,寒冷季节因窗门紧闭而带来通风不良均属于生产环境中的有害因素。(　　)

7. 粉尘分散度越高,在空气中存留时间长,被机体吸收的机会就越多。(　　)

8. 经皮肤吸收是毒物进入人体最主要途径。 (　　)

9. 呈气体、蒸汽、气溶胶(粉尘、烟、雾)状态的毒物均可经呼吸道进入人体。 (　　)

10. 虽然一些职业病治疗较为困难、甚至无法治疗,但职业病都是可以预防的。 (　　)

11. 急性二甲基甲酰胺中毒可导致中毒性肝病和出血性膀胱炎。 (　　)

12. 石棉肺的基本病理改变有矽结节和肺间质弥漫性纤维化。 (　　)

13. 爆震性耳聋与噪声聋一样具有双耳对称的特点。 (　　)

14. 职业性中暑是因为散热障碍,体温调节紊乱所致。 (　　)

15. 石棉纤维可以导致肺癌和胸膜间皮瘤,两者都属于法定职业性肿瘤。 (　　)

16. 晚发型矽肺是患者脱离矽尘作业若干年后发现的矽肺,故不能认定为工伤。 (　　)

17. 日常把游离二氧化硅含量超过5%粉尘作业称之为矽尘作业。 (　　)

18. 职业健康检查机构资质,必须由市级卫生行政部门批准。 (　　)

19. 劳动者有权利拒绝没有职业危害防护的作业。 (　　)

20. 易引起电光性眼炎的职业病是紫外线。 (　　)

21. 职业健康体检具有法律强制性。 (　　)

22. 职业健康检查和相关医学观察的费用应由劳动者自己承担。 (　　)

23. 生产性噪声对人体的健康没有危害,因此,生产过程中不必防范噪声。 (　　)

24. 新建、扩建、改建建设项目和技术改造、技术引进项目可能产生职业病危害的,其职业病防护设施应当与主体工程同时设计、同时施工。 (　　)

25. 对产生严重职业病危害的作业岗位,应当在其醒目位置,设置警示标识和中文警示说明。 (　　)

26. 职业健康检查应当由省级以上人民政府卫生行政部门批准的医疗卫生机构承担。 (　　)

27. 劳动者与用人单位签订劳动合同(含聘用合同)时,有权了解工作过程中产生的职业病危害及其后果、职业病防护措施和待遇等,并要求在劳动合同中写明。 (　　)

28. 未成年人、女职工、有职业禁忌的劳动者,在职业病防治法中享有特殊的职业卫生保护的权利。 (　　)

29. 对可能发生急性职业损伤的有毒、有害工作场所,用人单位应该设置报警装置,配置现场急救用品、冲洗设备、应急撤离通道和必要的泻险区。 (　　)

30. 疑似职业病病人诊断或者医学观察期间,经领导同意,用人单位可以解除或终止于其订立的劳动合同。 (　　)

31. 突发公共卫生事件,是指突然发生,造成或者可能造成社会公众健康严重损害的重大传染病疫情、群体性不明原因疾病、重大食物和职业中毒以及其他严重影响公众健康的事件。 (　　)

32. 职业病危害事故现场黄色警示线设在危害区域的周边,将救援人员与公众隔离开来。患者的抢救治疗、指挥机构设在此区内。 (　　)

33. 为保证劳动者的身心健康,应按职业禁忌证的要求分配工作。 (　　)

34. 局部通风指为改善整个车间的空气环境,向该空间送入或从该空间排除空气的通风方式。 (　　)

35. 局部通风设备主要有排毒柜、伞形排气罩、槽边吸气罩、排风扇。 (　　)

36. 有机废气净化和回收有两类，一是破坏性方法，如燃烧法；二是非破坏性方法，如吸收法。 (   )

37. 有机污染物净化和回收方法的选择原则是：(1)污染物的性质和浓度、经济性；(2)生产的具体情况和净化要求。 (   )

38. 直接燃烧法只适用于净化可燃有害组分浓度较高的废气，或者用于净化有害组分燃烧时热值较低的废气。 (   )

39. 如果可燃组分的浓度处于爆炸极限范围内时，可考虑采用直接燃烧法。 (   )

40. 有害气体燃烧净化法主要有直接燃烧、热力燃烧、催化燃烧 3 种方法。 (   )

四、简答题

1. 生产过程中的危险、有害因素可分为哪几类？

2. 危害辨识常用的方法有哪些？

3. 职业性危害因素有哪些？

4. 毒物进入人体的途径有哪些？ 如何预防？

5. 过滤式呼吸防护用品和隔绝式呼吸防护用品在分别适用于什么场合？

6. 常见的综合防毒措施有哪些？

项目三　危险化学品的安全管理

【应知】

(1)了解危险化学品的定义;

(2)熟悉危险化学品的分类及危险特性;

(3)了解化学品安全技术说明书(MSDS)的内容和项目顺序;

(4)掌握危险化学品储存、运输安全管理知识;

(5)掌握典型危险化学品事故的应急处置;

(6)了解有关危险化学品的相关法律、法规、标准。

【应会】

(1)识读危险化学品安全标识、职业危害告知牌;

(2)能够熟练使用化学品安全技术说明书;

(3)能够完成危险化学品事故的报警、自救和互救;

(4)能够安全储存、运输、使用危险化学品;

(5)能够熟练完成一般危险化学品事故的初步应急处置。

【项目描述】

石油化工行业中使用的原料、助剂以及中间产品和产品中,易燃、易爆、有毒、有害、有腐蚀性的化学品众多,由于其自身的危险特性,使用不当会造成一定危害,主要包括理化危害、健康危害和环境危害。为了减少危险化学品造成的危害,提高其在生产、储存、经营、运输、使用和危险废物处置的安全性,《中华人民共和国安全生产法》规定,对生产经营单位的主要负责人和安全生产管理人员、从业人员必须进行安全生产教育和培训,保证危险化学品从业人员具备必要的安全知识,熟悉有关的安全生产规章制度和安全操作规程,掌握本岗位的安全操作技能,了解事故应急处理措施,知悉自身在安全生产方面的权利和义务。未经安全生产教育和培训合格的从业人员,不得上岗作业。因此,本项目从危险化学品的理化性质入手,学习危险化学品的分类、危险化学品危险特性、危险化学品规范管理、危险化学品储存与运输安全、危险化学品的包装以及典型危险化学品事故应急处置等知识和技能。

任务一　认识危险化学品

【案例导入】

加油站着火事故

一、事故经过

一辆汽车驶入某加油站停靠在加油机前，在没有熄火的情况下，司机跳下驾驶室，告知加油员将油箱加满。之后，司机离开汽车到站外吸烟。当加油员把油箱加满，往外提起油枪的瞬间，一团火光扑面而来，幸好加油员反应快，及时灭火，避免了一次大的火灾事故。

二、事故原因

事故的直接原因是汽车在加油时没有熄火，而汽车电路漏电，致使油箱口与油枪形成电位差产生放电，从而引燃汽油蒸气。间接原因是在汽车没有熄火的情况下，加油员即进行了加油作业，违反加油站安全管理规定。

三、事故教训

本次事故司机不遵守加油站安全规定，加油前未将车辆熄火，而加油员未遵守加油安全操作规范，在车辆未熄火的情况下，就开始加油作业，未尽安全管理和安全操作职责。但其采取应急措施及时得当，未酿成更大的事故。汽油是易燃化学品，其蒸气与空气可形成爆炸性混合物，遇明火、高热极易燃烧爆炸。与氧化剂能发生强烈反应，其蒸气比空气重，能在较低处扩散到相当远的地方，遇火源会着火回燃。为防止发生事故，像汽油一样的易燃易爆化学品在使用、储存过程中，必须遵守相关规定，规范管理，规范操作。

【相关知识】

知识点1：危险化学品安全管理规定

化学工业发展迅猛，给生产生活带来了极大的方便。同时，由于不了解化学品的特性给人类健康、安全带来的困扰也日益增多。这里说的化学品是指各种化学元素的单质以及元素组成的化合物和混合物，无论是天然的还是人造的，都属于化学品。部分化学品因其危害性而引起高度关注，这类化学品在运输过程（包括铁路运输、公路运输、水上运输、航空运输）中，一般都称为危险货物。在储存环节，一般又称为危险物品或危险品。

石油化工行业涉及的具有危险性的化学品种类和数量都较多，因此，我国于 2002 年 3 月 15 日施行了《危险化学品安全管理条例》（中华人民共和国国务院令第 344 号）。《危险化学品安全管理条例》(2013 修订版)规定,具有毒害、腐蚀、爆炸、燃烧、助燃等性质,对人体、设施、环境具有危害的剧毒化学品和其他化学品都叫作危险化学品。我国对危险化学品实行目录管理制度,列入《危险化学品目录》(目前最新版本为 2015 版)的危险化学品,依据国家有关法律法规采取行政许可等手段进行重点管理。对于混合物和未列入目录的危险化学品,我国实行危险化学品登记制度和鉴别分类制度,企业应该根据《化学品物理危险性鉴定与分类管理办法》(国家安全生产监督管理总局令第 60 号)及其他相关规定进行鉴定分类,如果经鉴定分类属于危险化学品的,应该根据《危险化学品登记管理办法》(国家安全监管总局令第 53 号)进行危险化学品登记,从源头上全面掌握化学品的危险性,保证危险化学品的安全使用。

一、国际危险化学品管理规定

为了健全危险化学品的安全管理,保护人类健康和生态环境,同时,为尚未建立化学品分类制度的发展中国家提供安全管理化学品的框架,联合国有关机构提出,统一化学品分类和标签制度,消除各国分类标准、方法学和术语学上存在的差异,避免不同国家分类的差异带来的国际贸易安全风险。2003 年 7 月,世界卫生组织、国际劳工组织等 7 个国际组织共同签署成立了健全化学品管理规划机构,组织专家组编写出版了《全球化学品统一分类和标签制度》(Globally Harmonized System of Classification and Labelling of Chemicals,简称 GHS)并在全球范围内发行。GHS 制度主要是对化学品危害性进行统一分类和危害信息的统一公示。

二、我国危险化学品管理相关规定

目前,我国基本上采用联合国《全球化学品统一分类和标签制度》(以下简称 GHS),2011 年 5 月 1 日起强制实行。我国的《化学品分类及危险性公示通则》(GB 13690—2009),根据危险化学品的理化危害、健康危害和环境危害,将其分为 28 类,其中,物理伤害 16 类,健康危害 10 类,环境危害 2 类。

为加强危险化学品的安全管理,预防和减少危险化学品事故,保障人民群众生命财产安全,保护环境,国务院颁发了《危险化学品安全管理条例》。该条例规定,危险化学品生产企业必须向国务院质检部门申请领取危险化学品生产许可证;危险化学品的经营销售必须有经营许可证;对危险化学品运输实行资质认定制度;剧毒化学品的公路运输必须有公路运输通行证。

我国还制定了以下与 GHS 接轨的相应标准:

(1)标签。GB 15258—2009:《化学品安全标签编写规定》。该标准规定了如何按 GHS 的要求制作标签。该国标为强制性国标,于 2009 年 6 月 21 日公布,2010 年 5 月 1 日正式实施。该标准采用了 GHS 警示标签,规定了化学品标签的术语和定义、标签内容、制作和使用要求。

(2)化学品安全技术说明书(MSDS)。GB/T 16483—2008:《化学品安全技术说明书 内容和项目顺序》。该标准规定了 MSDS 的书写规范。于 2008 年 6 月 19 日公布,2009 年 2 月 1 日实施。

(3)包装。GB 190—2009:《危险货物包装标志》。该标准主要规定了对危险品包装的相关要求,用于实施联合国第 15 次修订版的危险货物运输规则。该标准于 2009 年 6 月 21 日公布,2010 年 5 月 1 日实施。

(4)运输、储存。GB 6944—2012:《危险货物分类和品名编号》。它规定了危险货物分类、危险货物危险性的先后顺序和危险货物编号。

(5)28 类化学品危险性分类和标签规范。GB 30000 系列标准共包括 28 项国家标准，是中国 GHS 危险性分类的判定标准，分类制定的《化学品危险性分类和标签规范》，该系列标准 2013 年 10 月 10 日公布，2014 年 11 月 1 实施。

(6)大量危险化学品安全管理。GB 18218—2009:《重大危险源辨识》。它主要规定了危险化学品重大危险源的辨识依据和方法。该标准于 2009 年 3 月 1 日发布，2009 年 12 月 1 日实施。

知识点 2:危险化学品的分类及特性

一、危险化学品的分类

常见并用途较广的危险化学品约有数千种，性质各不相同，其危险性主要有燃烧性、爆炸性、毒害性、腐蚀性、放射性、氧化性、环境危害性。每一种危险化学品往往具有多种危险性，如磷化锌既有遇水放出易燃气体危害，又有相当强的毒性；硝酸既有强烈的腐蚀性，又有很强的氧化性。但在多种危险性中必有一种危害危险性是对人类危害最大的，因此，危险化学品根据其主要危险性，按照“择重归类”规则分类。

为方便后续储存、运输等方面的学习，按照《危险货物分类和品名编号》(GB 6944—2012)中的规定分类。按危险货物具有的危险性或最主要的危险性分为 9 个类别(表 3－1)。

表 3－1　危险化学品分类

类别	名称	项别	定义	说　明
第 1 类	爆炸品	1.1 项	有整体爆炸危险的物质和物品	整体爆炸：指瞬间能影响到几乎全部载荷的爆炸
		1.2 项	有迸射危险，但无整体爆炸危险的物质和物品	
		1.3 项	有燃烧危险并有局部爆炸危险或局部迸射危险或这两种危险都有，但无整体爆炸危险的物质和物品	本项包括： (a)可产生大量热辐射的物质和物品； (b)相继燃烧可产生局部爆炸或迸射效应或两种效应兼而有之的物质和物品
		1.4 项	不呈现重大危险的物质和物品	本项包括在运输中万一点燃或引发时仅造成较小危险的物质或物品；其影响主要限于包装本身，并预计射出的碎片不大，射程不远，外部火烧不会引起包件几乎全部内装物的瞬间爆炸
		1.5 项	有整体爆炸危险的非常不敏感物质	本项包括： (a)有整体爆炸危险性但非常不敏感，以致在正常运输条件下引发或由燃烧转为爆炸的可能性极小的物质； (b)船舱内装有大量本项物质时，由燃烧转为爆炸的可能性较大

续表

类别	名称	项别	定义	说　明
第1类	爆炸品	1.6项	无整体爆炸危险的极端不敏感物品	本项包括： (a)仅含有极不敏感爆炸物质，并且其意外引发爆炸或传播的概率可忽略不计的物品； (b)本项物品的危险仅限于单个物品的爆炸
第2类	气体	2.1项	易燃气体	本项包括：在20℃和101.3kPa条件下，满足下列条件之一的气体： (a)爆炸下限≤13%的气体； (b)不论其燃烧性下限如何，其爆炸极限（燃烧值范围）≥12%的气体
		2.2项	非易燃无毒气体	本项包括窒息性气体、氧化性气体以及不属于其他向别的气体； 本项不包括在温度20℃时压力低于200kPa、并且未经液化或冷冻液化的气体
		2.3项	毒性气体	本项包括满足下列条件之一的气体： (a)其毒性或腐蚀性对人类健康造成危害的气体； (b)急性半数致死浓度 LC_{50} 值≤5000mL/m^3 的毒性或腐蚀性气体
第3类	易燃液体	本类包括易燃液体和液态退敏爆炸品		易燃液体：指易燃的液体或液体混合物，或是在溶液或悬浮液中有固体的液体，其闭杯试验闪点不高于60℃，或开杯试验闪点不高于65℃。易燃液体还包括满足下列条件之一的液体： (a)在温度等于或高于其闪点的条件下提交运输的液体； (b)以液态在高温条件下运输、并在温度等于或低于最高运输温度下放出易燃蒸气的物质
				液态退敏爆炸品：指为抑制爆炸性物质的爆炸性能，将爆炸物质溶解或悬浮在水中或其他液态物质后，而形成的均匀液态混合物
				符合易燃液体的定义，但闪点高于35℃而且不能持续燃烧的液体，在本标准中不视为易燃液体。符合下列条件之一的液体视为不能持续燃烧： (a)按照GB/T 21662—2008规定进行持续燃烧试验，结果表明不能持续燃烧的液体； (b)按照GB/T 3536—2008确定的燃点大于100℃的液体； (c)按含水率大于90%且溶于水的溶液
				按易燃性划分危险包装类别： Ⅰ.闪点：—，　初沸点≤35℃。 Ⅱ.闪点：<23℃，　初沸点>35℃。 Ⅲ.闪点：≥23℃和≤60℃，　初沸点>35℃

续表

类别	名称	定义		说明
第3类	易燃液体	第1项	低闪点液体	指闭杯闪点低于－18℃的液体
		第2项	中闪点液体	指闭杯闪点在－18℃至23℃的液体
		第3项	高闪点液体	指闭杯闪点在23℃至61℃的液体
第4类	易燃固体、易于自燃的物质、遇水放出易燃气体的物质	4.1项	易燃固体、自反应物质和固态退敏爆炸品	(a)易燃固体：容易燃烧的固态和摩擦可能燃烧的固体； (b)自反应物质：即使没有氧气（空气）存在，也容易发生激烈分解的热不稳定物质； (c)固态退敏爆炸品：为抑制爆炸性物质的爆炸性能，用水或酒精湿润爆炸性物质、或用其他物质稀释爆炸性物质后，而形成的均匀混合物
		4.2项	易于自燃的物质	本项包括发火物质和自热物质： (a)发火物质：即使只有少量与空气接触，不到5min时间便燃烧的物质，包括混合物和溶液（液体或固体）； (c)自热物质：发火物质以外的与空气接触便能自己发热的物质
		4.3项	遇水放出易燃气体的物质	本项物质是指遇水放出易燃气体，且该气体与空气混合能够形成爆炸性混合物的物质
第5类	氧化性物质和有机过氧化物	5.1项	氧化性物质	氧化性物质是指本身未别燃烧，但通常因放出氧可能引起或促使其他物质燃烧的物质
		5.2项	有机过氧化物	有机过氧化物按其危险性程度分为七种类型
				A型有机过氧化物：装在供运输的容器中时能起爆或迅速爆燃的有机过氧化物配置品
				B型有机过氧化物：装在供运输的容器中时既不能起爆也不迅速爆燃，但在该容器中可能发生热爆炸的具有爆炸性质的有机过氧化物配置品。该有机过氧化物装在容器中的数量最高可达25kg，但为了排除在包装件中起爆或迅速爆燃而需要把最高数量限制在较低数量者除外
				C型有机过氧化物：装在供运输的容器（最多50kg）内不可能起爆或迅速爆燃或发生热爆炸的具有爆炸性质的的有机过氧化物配置品
				D型有机过氧化物：满足下列条件之一，可以接受装在净重不超过50kg包装件中运输的有机过氧化物配置品： (a)如果在实验室试验中，部分起爆，不迅速爆燃，在封闭条件下加热时不显示任何激烈效应。 (b)如果在实验室试验中，根本不起爆，缓慢爆燃，在封闭条件下加热时不显示激烈效应。 (c)如果在实验室试验中，根本不起爆或爆燃，在封闭条件下加热时显示中等效应
				E型有机过氧化物：在实验室试验中，既不起爆也不爆燃，在封闭条件下加热时只显示微弱效应，可以接受装在不超过400kg/450L的包装件中运输的有机过氧化物配置品

续表

类别	名称	项别	定义	说明
第5类	氧化性物质和有机过氧化物	5.2项	有机过氧化物	F型有机过氧化物：在实验室试验中，既不在空化状态下起爆也不爆燃，在封闭条件下加热时只显示微弱效应或无效应，并且爆炸力弱或无爆炸力的，可考虑用中型散装货箱或罐体运输的有机过氧化物配置品
				G型有机过氧化物： (a)在实验室试验中，既不在空化状态下起爆也不爆燃，在封闭条件下加热时不显示任何效应，并且没有任何爆炸力的有机过氧化物配置品，应免于划入5.2项，但配置品应是热稳定的(50kg包件的自加速分解温度为60℃或更高)，液态配置品应使用A型稀释剂退敏。 (b)如果配置品不是热稳定的，或者用A型稀释剂以外的稀释剂退敏，应定为F型有机过氧化物
第6类	毒性物质和感染性物质	6.1项	毒性物质	毒性物质指经吞食、吸入或与皮肤接触后可能造成死亡或严重受伤或损害人类健康的物质 (a)急性口服毒性：$LD_{50} \leqslant 300mg/kg$； (b)急性皮肤接触毒性：$LD_{50} \leqslant 1000mg/kg$； (c)急性吸入粉尘和烟雾毒性：$LC_{50} \leqslant 4mg/L$； (d)急性吸入蒸气毒性：$LC_{50} \leqslant 5000mg/m^3$，且在20℃和标准大气压下的饱和蒸气浓度$\geqslant \frac{1}{5}LC_{50}$
		6.2项	感染性物质	感染性物质指已知或有理由认为含有病原体的物质，分A类和B类： A类：以某种形式运输的感染性物质，在与之发生接触(发生接触，是在感染性物质泄漏到保护包装之外，造成人或动物的实际接触)时，可能造成健康的人或动物永久性失残、生命危险或致命疾病。 B类：A类以外的感染性物质
第7类	放射性物质		放射性物质	本类物质是指任何含有放射性核素并且其活度浓度和放射性总活度都超过GB 11806—2004规定限值的物质
第8类	腐蚀性物质		腐蚀性物质	本类物质指通过化学作用使生物组织接触时造成严重损伤或在渗漏时会严重损害甚至毁坏其他货物或运载工具的物质。 (a)使完好的皮肤组织在暴露超过60min、但不超过4h之后开始的14天观察期内全厚度毁损的物质； (b)被判定不引起完好皮肤组织全厚度毁损，但在55℃试验温度下，对钢或铝的表面腐蚀率超过6.25mm/a的物质
第9类	杂项危险物质和物品，包括危害环境物质			本类是指存在危险但不能满足其他类别定义的物质和物品

二、危险化学品的危险特性

(1)燃烧性。爆炸品、压缩气体和液化气体中的可燃气体、易燃液体、易燃固体、易于自燃物质和遇水易放出可燃气体物质以及过氧化物,在条件具备时均可发生燃烧。

(2)爆炸性。爆炸品、压缩气体和液化气体、易燃液体、易燃固体、易于自燃物质、遇水发出易燃气体的物质、氧化剂和有机过氧化物等危险化学品,均可能由于其化学性质和易燃性引发爆炸事故。

(3)毒害性。许多危险化学品可通过一种或多种途径进入人体和动物体,当其在人体或动物体积累达到一定量时,便会扰乱或破坏机体的正常生理功能,引起暂时性或持久性的病理改变,甚至危及生命。

(4)腐蚀性。强酸、强碱等物质能对人体组织、金属等物品造成损坏,接触人的皮肤、眼睛、肺部、食道时,会引起表皮组织发生破坏作用而造成灼伤。如果强酸、强碱腐蚀了外包装,运输时易造成运输工具的损坏,产生其他安全隐患。

(5)放射性。放射性危险化学品通过放出的射线,阻碍和伤害人体细胞活动机能,并导致细胞死亡。

知识点3:危险化学品的防护

控制、预防化学品危害最直接有效办法是选用无毒或低毒的化学品替代有毒有害的化学品,选用不燃或可燃化学品替代易燃化学品。例如,用甲苯替代喷漆和除漆用的苯,用脂肪烃替代胶水或黏合剂中的芳烃等。虽然替代是控制化学品危害的首选方案,但是可供选择的替代品很有限,特别是因技术和经济方面的原因,不可避免地要生产、使用有害化学品。当没有合适的替代品时,还可以采取以下方法:

(1)变更工艺。通过变更工艺消除或降低化学品危害。如以往用乙炔制乙醛,采用汞做催化剂,后来发展为用乙烯为原料,通过氧化或氯化制乙醛,不需用汞做催化剂。通过变更工艺,彻底消除了汞害。

(2)隔离。隔离就是通过封闭、设置屏障等措施,避免作业人员直接暴露于有害环境中。最常用的隔离方法是将生产或使用的设备完全封闭起来,即把生产设备的管线阀门、电控开关放在与生产地点完全隔开的操作室内使工人在操作中不接触化学品。

(3)通风。通风是控制作业场所中有害气体、蒸气或粉尘最有效的措施。借助于有效的通风,使作业场所空气中有害气体、蒸气或粉尘的浓度低于安全浓度,保证作业人员的身体健康,防止火灾、爆炸事故的发生。通风分局部排风和全面通风两种。局部排风是把污染源罩起来,抽出污染空气,所需风量小,经济有效,并便于净化回收。全面通风也称稀释通风,其原理是向作业场所提供新鲜空气,抽出污染空气,降低有害气体、蒸气或粉尘在作业场所中的浓度。全面通风所需风量大,不能净化回收。

(4)个体防护。员工在装置区工作时要做好个人防护。个体防护用品是一道阻止有害物进入人体的屏障。防护用品本身的失效就意味着保护屏障的消失,因此,个体防护不能被视为控制危害的主要手段,而只能作为一种辅助性措施。防护用品主要有头部防护器具、呼吸防护器具、眼防护器具、身体防护用品、手足防护用品等。

（5）设立职业病危害警示标识。职业危害告知牌是工作场所职业病危害警示标识，危险化学品职业危害告知牌主要包括　各类图形标识和文字组合成，包含化学品名称、警示标识、理化特性、职业危害、应急措施等各类警示标识，按照国家要求设置在作业场所入口处或显要位置，提示员工和外来人员注意职业危害。

（6）保持环境卫生和个人卫生。卫生包括保持作业场所清洁和作业人员的个人卫生两个方面。经常清洗作业场所，对废物、溢出物加以适当处置，保持作业场所清洁，也能有效地预防和控制化学品危害。作业人员应养成良好的卫生习惯，防止有害物附着在皮肤上，防止有害物通过皮肤渗入体内。

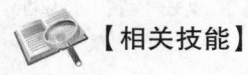

【相关技能】

技能点1：识读危险化学品职业危害告知牌

职业危害告知牌在作业场所起到警示和告知作用。包含化学品名称、警示语、警示标识、理化特性、健康危害、应急处理措施、防护措施、报警信息等内容。在进入作业场所前，必须仔细阅读全部内容，并熟记防护措施和应急处理方法。职业危害告知牌如图3－1所示。

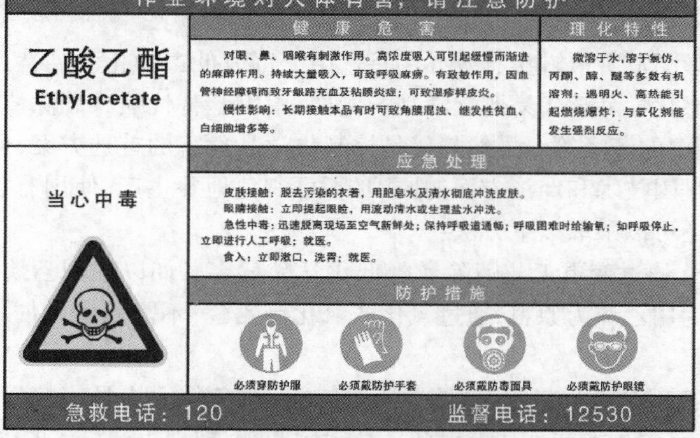

图3－1　职业危害告知牌

技能点2：正确穿戴防化服

危险化学品主要通过呼吸系统、消化系统和皮肤危害身体健康，所以，员工在作业场所防护需要从这三个方面入手，包括使用防毒面具、戴防尘口罩、佩戴呼吸器、穿着防护服、戴安全防护镜、戴安全手套、戴安全面罩、穿着安全靴。

穿戴防护服之前一定要检查它的完好性，查看外面的部分是否遭受到污染，有没有破损、裂开的地方，保证它处于正常使用的状态。在使用的过程中，如果被化学物质污染，应该在规定的时间段内将其更换掉，如果在使用的过程中发现有破损的地方，也应该立即更换，避免不能正常发挥作用。每次使用以后，建议对其进行清洗和消毒，清洗干净以后要放在干燥通风的地方进行风干，避免在强光下进行曝晒而减短它的使用寿命或者影响再次使用的效果。在穿戴这种特殊服装的时候，必须按照正确的穿戴顺序，避免以为穿戴顺序错误而造成在工作的过程中不能正常发挥。穿戴的顺序如图 3－2 所示：(1)将防化服撑起，两只脚套入靴内；(2)将防护服拉至半腰；(3)将手臂套入两袖；(4)把拉链拉至胸前，佩戴呼吸器；(5)戴好头罩，拉紧拉链；(6)完成穿戴。为了保证它的密封性，穿戴好以后，可以在一些袖口等地方用胶带密封好，在穿戴的时候避免服装受到其他物质的污染。

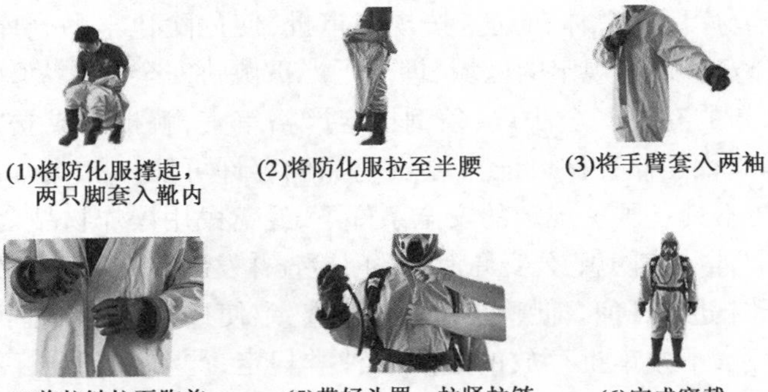

图 3－2　防护服穿戴顺序示意图

任务二　危险化学品的安全储存与运输

【案例导入】

某危险化学品库爆炸事故

一、事故经过

1993 年 8 月 5 日，某危险化学品库发生爆炸。爆炸引起大火，1 小时后，着火区又发生第二次强烈爆炸，造成更大范围的破坏和火灾。此次事故死亡 15 人、受伤 200 多人，其中重伤 25 人，直接经济损失 2.5 亿元。

二、事故原因

(一)直接原因

“8 · 5”特大爆炸火灾事故的直接原因是干杂仓库 4 号仓内混存的过硫酸铵(强氧化剂)与硫化钠(还原剂)接触而发生激烈的氧化还原反应，形成热积聚导致起火燃烧。4 号仓的燃烧，引燃了库区多种可燃物质，库区空气温度升高，使多种危险化学品处于加热状态。6 号库内存放的约 30t 有机易燃液体被加热到沸点以上，冲破包装快速挥发和空气、烟气形成爆炸性混合物，发生爆炸。爆炸释放出巨大的能量，出现闪光和火球，引发了该仓内存放的硝酸铵第二次爆炸，形成蘑菇状云团。

（二）间接原因

事故的间接原因是该公司违反《危险化学品安全管理条例》中危险化学品储存要求，擅自将干杂仓库改作危险化学品仓库，并且仓库内危险化学品存放严重违章。

三、事故教训

（1）市政府对该仓库区的总体布局未按规定审批，使危险化学品仓库集中设置在与居民点和交通道路不符合安全距离规定的区域，埋下了严重威胁安全的重大隐患。

（2）未按国家颁布的有关安全法规、条例规定严格审查，就批准成立“市＊＊危险品储运公司”，并核发了《爆炸物品储存许可证》《剧毒物品储存许可证》《市爆炸品、危险品接卸中转许可证》，使该公司在不具备国家规定的安全条件下，经营民用爆炸物品合法化。

（3）该仓库存在严重火灾隐患，公安局消防部门检查并发出火险隐患整改通知书后，企业未进行整改，公安消防部门未进行任何督促整改和安全检查，致使重大隐患未能消除而发生事故。

（4）仓库管理混乱，不按审批存放的危险品种类规定，严重违规混存各类化学危险品，导致直接发生火灾，引起爆炸。

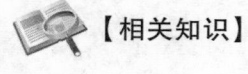

【相关知识】

知识点1：危险化学品的储存安全

储存危险化学品必须遵照国家法律、法规和其他有关的规定。《危险化学品安全管理条例》规定了企业危险化学品储存的要求。

一、安全储存基本要求

（1）危险化学品必须储存在经省、自治区、直辖市人民政府经济贸易管理部门或者设区的市级人民政府负责危险化学品安全监督管理综合工作的部门审查批准的危险化学品仓库中。未经批准，不得随意设置危险化学品储存仓库。危险化学品应当储存在专用仓库、专用场地或者专用储存室（以下统称专用仓库）内，并由专人负责管理，建立危险化学品出入库核查、登记制度。危险化学品专用仓库应当符合国家标准、行业标准的要求，并设置明显的标志。储存剧毒化学品、易制爆危险化学品的专用仓库，应当按照国家有关规定设置相应的技术防范设施。剧毒化学品以及储存数量构成重大危险源的其他危险化学品，应当在专用仓库内单独存放，并实行双人收发、双人保管制度。

（2）生产、储存危险化学品的单位，应当根据其生产、储存的危险化学品的种类和危险特性，在作业场所设置相应的监测、监控、通风、防晒、调温、防火、灭火、防爆、泄压、防毒、中和、防潮、防雷、防静电、防腐、防泄漏以及防护围堤或者隔离操作等安全设施、设备，并按照国家标准、行业标准或者国家有关规定对安全设施、设备进行经常性维护、保养，保证安全设施、设备的正常使用。储存危险化学品的建筑物、区域内严禁吸烟和使用明火。

（3）生产、储存危险化学品的单位，应当在其作业场所和安全设施、设备上设置明显的安全警示标志；生产、储存危险化学品的单位，应当在其作业场所设置通信、报警装置，并保证处于适用状态。生产、储存剧毒化学品、易制爆危险化学品的单位，应当设置治安保卫机构，配备专职治安保卫人员。

(4)生产、储存剧毒化学品或者国务院公安部门规定的可用于制造爆炸物品的危险化学品(以下简称易制爆危险化学品)的单位,应当如实记录其生产、储存的剧毒化学品、易制爆危险化学品的数量、流向,并采取必要的安全防范措施,防止剧毒化学品、易制爆危险化学品丢失或者被盗;发现剧毒化学品、易制爆危险化学品丢失或者被盗的,应当立即向当地公安机关报告。

(5)生产、储存危险化学品的单位转产、停产、停业或者解散的,应当采取有效措施,及时、妥善处置其危险化学品生产装置、储存设施以及库存的危险化学品,不得丢弃危险化学品。

二、危险化学品储存禁忌

危险化学品必须根据其危险品性能分区、分类、分库储存。各类危险品不得与禁忌物料混合储存(禁忌物料配置见 GB 18265—2000)。储存禁忌具体如下:

(1)灭火方法不同的危险化学品不能同库储存。遇火、遇热、遇潮能引起燃烧、爆炸或发生化学反应,产生有毒气体的危险化学品不得在露天或在潮湿、积水的建筑物中储存。

(2)受日光照射能发生化学反应引起燃烧、爆炸、分解、化合或能产生有毒气体的危险化学品应储存在一级建筑物中,其包装应采取避光措施。

(3)爆炸物品不准和其他类物品同储,必须单独隔离限量储存。

(4)压缩气体和液化气体必须与爆炸物品、氧化剂、易燃物品、自燃物品、腐蚀性物品隔离储存。易燃气体不得与助燃气体、剧毒气体同储;氧气不得和油脂混合储存,盛装液化气体的容器,属压力容器的,必须有压力表、安全阀、紧急切断装置,并定期检查,不得超装。

(5)易燃液体、遇湿易燃物品、易燃固体不得与氧化剂混合储存,具有还原性的氧化剂应单独存放。

(6)有毒物品应储存在阴凉、通风、干燥的场所,不要露天存放,不要接近酸类物质。

(7)腐蚀性物品,包装必须严密,不允许泄漏,严禁与液化气体和其他物品共存。

(8)危险化学品单位应当制定本单位事故应急救援预案,配备应急救援人员和必要的应急救援器材、设备,并定期组织演练。危险化学品事故应急救援预案应当报设区的市级人民政府负责危险化学品安全监督管理综合工作的部门备案。

三、建立危险化学品管理台账

"8 · 5"危险化学品仓库爆炸事故的直接原因是危险化学品违规混存,发生着火时,因缺水失去扑灭火灾的时机。这个案例说明危险化学品合规管理的必要性。为保证危险化学品及周边设备设施安全,生产、储存危险化学品的企业,应规范地记录企业所有危险化学品名称、种类、数量、使用部位和危险特性等基础资料,建立危险化学品台账,可及时掌握企业危险化学品生产、使用、储存和流通状况数据,保证储存、使用各环节的安全。危险化学品管理台账应包括:

(1)国家、地方及企业内部关于危险化学品的法律、法规、标准和制度文件:为了认识和了解与企业生产活动有关的安全生产法律、法规、标准及其他要求,需定期对法律法规进行更新,进行符合性评价,并将这些信息及时传达给从业人员和相关方,规范安全生产行为。

(2)企业危险化学品清单:包括企业所有的危险化学品(产品、中间产品、原料、催化剂、实验室使用的化学试剂)的品名、类别、危险特性、存储量、危险货物编号、存放地点、生产地点、使用地点、安全及事故处置措施等项内容的记录。实验室使用的化学试剂也不能忽视,可另列表统计。对剧毒化学品应实行严格的特殊管理,应当单独建立台账,随时更新,在专用仓库内单独存放,实行双人收发、双人记账、双人双锁、双人运输、双人使用管理制度。台账内容应包括剧毒化学品清单、剧毒化学品安全管理制度、剧毒化学品备案资料。剧毒化学品使用单位还应设立剧毒化学品使用台账,详细记录使用人、使用量等信息。

(3)企业危险化学品分布图:企业内部生产或者存放危险化学品的分布示意图。图中应准确标示危险化学品品名、存放位置、存量等信息,可直观地了解企业危险化学品的分布,便于管理和事故应急处理。

(4)化学品安全技术说明书和安全标签:收集本企业所有危险化学品原料供应商提供的安全技术说明书和安全标签,并予以存放。在使用地点,也应存放所使用的危险化学品的安全技术说明书,便于使用者查阅和应急状况处理。

(5)危险化学品应急服务协议:根据企业危险化学品种类和数量,与相关部门签订办理的危险化学品应急服务协议,包括应急咨询、应急救援、医疗应急救护。

(6)危险化学品登记证:企业危险化学品登记证和办理证件所需的资料。包括危险化学品登记表、生产企业的工商营业执照、化学品安全技术说明书、化学品安全标签、办理登记的危险化学品产品标准。危险化学品登记证有效期为 3 年,登记证有效期满后,应当在登记证有效期届满前 3 个月提出复核换证申请,并按规定程序办理复核换证。

(7)教育培训情况记录:对危险化学品从业人员进行的教育和培训,从业人员包括危险化学品生产负责人、管理人员和操作人员。记录内容应包含教育培训内容、日期、参加教育培训人员、人数、授课方式、参训者签名、培训效果、资格证书等基本项,便于掌握员工培训情况。通过教育培训,使员工了解本企业、本岗位危险化学品的危险特性、职业危害防护、禁配物及其预防、应急处理措施。

(8)危险化学品重大危险源资料:包括重大危险源数量、情况说明、评价、备案等材料,危险化学品应急预案及演练记录。

按照正确的格式和规范(GB/T 29639—2013《生产经营单位生产安全事故应急预案编制导则》)编制危险化学品应急预案并定期组织演练。对演练单位、演练人数、演练日期、演练形式、演练内容、演练实效要有充分翔实的总结和记录。

(9)危险化学品检查记录及隐患整改台账:记录危险化学品检查的信息、不合格项处理情况、处理结果,建立隐患整改台账,全面管控安全隐患,留存相应的文字档案。

知识点 2:危险化学品的装卸与运输安全

装卸与运输是危险化学品流通过程中的一个重要环节,《中华人民共和国安全生产法》和《危险化学品安全管理条例》对危险化学品运输作了相关规定和要求。危险化学品的运输按贸易方式分为国际运输和国内运输;按运输方式又分为水路运输、民航运输、铁路运输和公路运输。民航运输、铁路运输和水路运输有专门的规定。

一、危险化学品搬运装卸安全

危险化学品受到摩擦、振动、撞击,或接触火源、日光曝晒、遇水受潮,或温度、湿度变化以及性能相抵触等外界因素的影响,会引起燃烧、爆炸、中毒、死亡等灾害性事故,造成重大的破坏和损失。因此,在搬运装卸过程时的安全操作极为重要。对于不同特性的危险化学品,其搬运装卸有各自特殊的要求。

（一）压缩气体和液化气体

（1）储存压缩气体和液化气体的钢瓶是高压容器，装卸搬运作业时，应用抬架或搬运车，防止撞击、拖拉、摔落，不得溜坡滚动。

（2）搬运前，应检查钢瓶阀门是否漏气，搬运时不要把钢瓶阀对准人身，注意防止钢瓶安全帽跌落。

（3）装卸有毒气体钢瓶，应穿戴防毒用具。剧毒气体钢瓶要当心漏气，防止吸入毒气。

（4）搬运氧气钢瓶时，工作服和装卸工具不得沾有油污。

（5）易燃气体严禁接触火种，在炎热季节搬运作业应安排在早晚阴凉时。

（二）易燃液体

易燃液体的闪点低，气化快，容易和空气混合成爆炸性的混合气体，在空气中浓度达到一定范围时，如火花、火星或发热表面都能使其燃烧或爆炸。因此，在装卸搬运作业必须注意以下几点：

（1）装卸搬运作业前应先进行通排风。

（2）装卸搬运过程中不能使用黑色金属工具，必须使用时，应采取可靠的防护措施；装卸机具应装有防止产生火花的防护装置。

（3）在装卸搬运时必须轻拿轻放，严禁滚动、摩擦、拖拉。

（4）夏季运输要安排在早晚阴凉时间进行作业；雨雪天作业要采取防滑措施。

（5）罐车运输要有接地链。

（三）易燃固体

易燃固体燃点低，对热、撞击、摩擦敏感，容易被外部火源点燃，而且燃烧迅速，并散发出有毒气体。在装卸搬运时，除按易燃液体的要求处理外，其作业人员禁止穿带铁钉的鞋，不可与氧化剂、酸类化学品共同搬运。搬运时，散落在地面上和车厢内的粉末，要随即以湿黄沙抹擦干净。装运时要捆扎牢固，使其不摇晃。

（四）遇水燃烧物品

遇水燃烧物品与水相互作用时发生剧烈的化学反应，放出大量的有毒气体和热量，由于反应异常迅速，反应时放出的气体和热量又多，使所放出来的可燃性气体迅速地在周围空气中达到爆炸极限，一旦遇明火或由于自燃而引起爆炸。所以在搬运装卸作业时要注意：

（1）要注意防水、防潮，雨雪天没有防雨设施不准作业。若有汗水应及时擦干，绝对不能直接接触遇水燃烧物品。

（2）在装卸搬运中不得翻滚、撞击、摩擦、倾倒，必须做到轻拿轻放。

（3）不得与其他类别危险化学品混装混运。

（五）氧化剂

氧化剂在装运时除了注意以上规定外，应单独装运，不得与酸类、有机物、自燃、易燃、遇湿易燃的物品混装、混运，一般情况下，氧化剂也不得与过氧化物配装。

（六）毒害物品及腐蚀物品

毒害物品尤其是剧毒物品，少量进入人体或接触皮肤，即能造成局部刺激或中毒，甚至死亡。腐蚀物品具有强烈腐蚀性，除对人体、动植物体、纤维制品、金属等能造成破坏外，甚至会

引起燃烧、爆炸。所以在搬运装卸作业时要注意:

(1)在装卸搬运时,要严格检查包装容器是否符合规定,包装必须完好。

(2)作业人员必须穿戴防护服、胶手套、胶围裙、胶靴、防毒面具等。

(3)装卸剧毒物品时要先通风,再作业,作业区要有良好的通风设施。剧毒物品在运输过程中必须派专人押运。

(4)装卸要平稳,轻拿轻放,严禁倒置、冲撞、摔碰、滚动,以防止包装破损。

(5)严禁作业过程中饮食;作业完毕后必须更衣洗澡;防护用具必须清洗干净后方能再用。装运剧毒品的车辆和机械用具,都必须彻底清洗,才能装运其他物品。

(6)装卸现场应备有清水、苏打水和稀醋酸等,以备急用。

(7)腐蚀物品装载不宜过高,严禁架空堆放;坛装腐蚀品运输时,应套木架或铁架。

二、危险化学品的运输安全

通过铁路、航空、水路运输危险化学品,按国务院铁路部门、民航部门、水运部门的有关规定执行。

(一)公路运输前注意事项

(1)运输爆炸品等需凭证运输的危险化学品,应有运往地、县、市公安部门的《爆炸品运输证》或《危险化学品运输证》。

(2)运输危险化学品的车辆必须专车专用,并有明显标志,要符合交通管理部门对车辆的有关规定:车辆地板必须平坦完好,周围栏板必须牢固;机动车排气管应装阻火器,电路系统应有切断总电源和隔离火花的装置;车辆必须按国家标准悬挂规定的标志和标志灯。

(3)禁止无关人员搭乘运输危险化学品的车辆、船和其他运输危险化学品的运输工具。

(4)运输危险化学品的车、船只必须根据运送危险化学品的性质,配备相应的消防器材。

(5)易燃品闪点在28℃以下,气温高于28℃时应在夜间运输。各类危险品不得与禁忌物料混装同一车辆、船只。

(二)运输过程安全要求

(1)危险化学品运输车辆驾驶员、押运员和装卸管理人员必须接受有关法律、法规、规章和安全技术培训,了解所运载的危险化学品性质、危害特性及发生意外的应急措施,并取得从业资格证方可上岗作业。

(2)危险化学品运输车辆驾驶员不能疲劳驾驶、超速行驶。行驶高速公路时要按照规定的车道行驶,不得随意超车、变道。

(3)运输危险化学品应尽量选择远离城镇及居民区且道路平整的国道主干线或高速公路,不得在情况复杂的道路上行驶,不得在城市街道、居民区停车休息、吃饭。特别是危险化学品槽罐车辆,由于罐体全部暴露在外,炎热天气应白天休息夜间行车,以防液体膨胀。遇有雨雾冰雪等恶劣天气,尽量不要安排出车。

(4)装载危险化学品的车辆不得在学校、机关、集市、名胜古迹、风景游览区停放,如必须在上述地区进行装卸作业或临时停车时,应采取安全措施,并征得当地公安部门的同意。停车时要留人看守,闲杂人员不准接近车辆,确保车辆安全。

(5)车辆运行必须严格遵守交通、消防、治安等法规,应控制车速,保持与前车的距离,遇有情况提前减速，避免紧急刹车，严禁违章超车，确保行车安全。

知识点3：危险化学品的包装及标识

危险化学品从生产到使用者手中，一般经过多次装卸、储存、运输的过程。在这个过程中，产品将不可避免地跌落受到碰撞、冲击和振动。一个好的包装，将会很好地保护产品，减少运输过程中的破损，使产品安全地到达用户手中。因此，包装对于危险化学品尤为重要。

一、危险化学品的包装分类

为了保证危险化学品储存和运输的安全，使办理储存、运输、经营的人员在进行作业时提高警惕，以防发生危险，一旦发生事故时，便于消防人员能及时采取正确的措施进行处置，对危险品的包装必须具有国家统一规定的危险货物包装及标识。《危险货物运输包装类别划分方法》（GB/T 15098—2008）将危险化学品的包装按照其危险性的大小程度分为三类。

Ⅰ类包装：货物具有大的危险性，包装强度要求高；

Ⅱ类包装：货物具有中度危险性，包装强度要求较高；

Ⅲ类包装：货物具有小的危险性，包装强度要求一般。

二、危险化学品的包装要求

（1）危险化学品的包装应当结构合理，具有一定强度，防护性能好。包装的材质、型号、规格、方法和单件质量，应与所装危险化学品的性质和用途相适应，并便于装卸、运输和储存。

（2）包装质量良好，其构造和封闭形式应能承受正常储存、运输条件下的各种作业风险，不应因温度、湿度或压力的变化而发生任何渗（撒）漏；包装表面清洁，不允许黏附有害的危险物质。

（3）包装与内装物直接接触部分，必要时应有涂层或进行防护处理，包装材质不得与内装物发生化学反应而形成危险产物或导致削弱包装强度。

（4）内容器应予以固定。如属易碎性的应使用与内装物性质相适应的衬垫材料或吸附材料衬垫妥实。

（5）盛装液体的容器，应能经受在正常储存、运输条件下产生的内部压力。灌装时必须留有足够的膨胀余量（预留容积），一般应保证其在55℃时内装液体不致完全充满容器。

（6）包装封口应根据内装物品性质采用严密封口、液密封口和气密封口，保证内装液体（水、溶剂和稳定剂）的百分比在储存期间保持在规定的范围以内。

（7）有降压装置的包装，其排气孔设计和安装应能防止内装物泄漏和外界杂质进入，排出的气体量不得造成危险和污染环境。

（8）复合包装的内容器和包装应紧密贴合，外包装不得有擦伤内容器的凸出物。

（9）所有包装（包括新型包装、重复使用的包装和修理过的包装）均应符合有关危险化学品包装性能试验的要求。

三、危险化学品的包装标志及标记代号

危险化学品的包装，必须根据其危险特性，选用国家统一规定的包装标志。我国规定的各种危险货物的包装标志是参照联合国、国际海事组织、国际铁路合作组织和国际民航组织的有

关危险货物运输规则制订的,国家标准局于 2009 年 6 月 21 日发布《危险货物包装标志》(GB 190—2009),2010 年 5 月 1 日实施。该标准中规定了危险货物图示标志的类别、名称、尺寸和颜色。标志的图形共 21 种、19 个名称(表 3-2),其图形分别表示了 9 类危险货物的主要特性。当一种危险化学品具有一种以上的危险性时,应用主标志表示主要危险性类别,并用副标志来表示重要的其他的危险性类别。

表 3-2 危险货物包装标志

标志号	标志名称	标志图形	危险货物类项号
标志 1	爆炸品	 (符号:黑色;底色:橙红色)	1.1 1.2 1.3
标志 2	爆炸品	 (符号:黑色;底色:橙红色)	1.4
标志 3	爆炸品	 (符号:黑色;底色:橙红色)	1.5
标志 4	易燃气体	 (符号:黑色或白色;底色:正红色)	2.1
标志 5	不燃气体	 (符号:黑色或白色;底色:绿色)	2.2
标志 6	有毒气体	 (符号:黑色;底色:白色)	2.3
标志 7	易燃液体	 (符号:黑色或白色;底色:正红色)	3

续表

标志号	标志名称	标志图形	危险货物类项号
标志 8	易燃固体	 （符号：黑色；底色：白色红条）	4.1
标志 9	自燃物品	 （符号：黑色；底色：上白下红）	4.2
标志 10	遇湿易燃物品	 （符号：黑色或白色；底色：蓝色）	4.3
标志 11	氧化剂	 （符号：黑色；底色：柠檬黄色）	5.1
标志 12	有机过氧化物	 （符号：黑色；底色：柠檬黄色）	5.2
标志 13	剧毒品	 （符号：黑色；底色：白色）	6.1
标志 14	有毒品	 （符号：黑色；底色：白色）	6.1
标志 15	有害品（远离食品）	 （符号：黑色；底色：白色）	6.1

续表

标志号	标志名称	标志图形	危险货物类项号
标志 16	感染性物品	 (符号:黑色;底色:白色)	6.2
标志 17	一级放射性物品	 (符号:黑色;底色:白色,附一条红竖条)	7
标志 18	二级放射性物品	 (符号:黑色;底色:上黄下白,附二条红竖条)	7
标志 19	三级放射性物	 (符号:黑色;底色:上黄下白,附三条红竖条)	7
标志 20	腐蚀品	 (符号:上黑下白;底色:上白黑下)	8
标志 21	杂类	 (符号:黑色;底色:白色)	9

【相关技能】

技能点1:识读危险化学品安全标签

在危险化学品包装上粘贴化学品安全标签,是国家对危险化学品进行安全管理的重要规定,安全标签的制作必须要符合《化学品安全标签编写规定》(GB 15258—2009)的要求。

危险化学品的包装标志和安全标签,由生产单位在出厂前完成。凡是没有包装标志和安全标签的危险化学品不准出厂、储存或运输。在危险化学品储存、使用中,对其危险性要有充分的了解,以便安全使用。某危险化学品安全标签如图3-3所示。

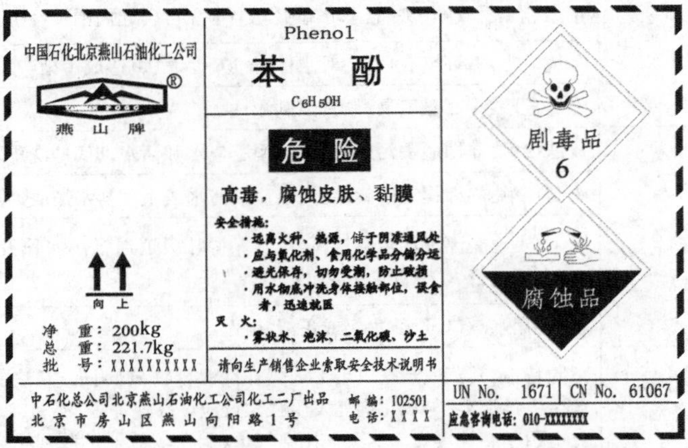

图3-3 某危险化学品安全标签

技能点2:使用化学品安全技术说明书

化学品安全技术说明书(material safety data sheet,简称MSDS),是一份关于危险化学品燃爆、毒性和环境危害以及安全使用、应急处置、主要理化参数、法律法规等方面信息的综合性文件。作为最基础的技术文件,它的主要用途是传递安全信息,其内容从制作之日算起,每5年更新一次,要不断补充信息资料,若发现新的危害性,在有关信息发布后的半年内,生产企业必须对技术说明书的内容进行修订。生产企业应随化学品一同向用户提供安全技术说明书,让用户明了化学品的有关危害,使用时能主动防护,减少职业危害和预防化学事故。

化学品安全技术说明书的内容和结构包括:(1)化学品及企业标识;(2)成分组成信息;(3)危险性概述;(4)急救措施;(5)消防措施;(6)泄漏应急处理;(7)操作处置与储存;(8)接触控制/个体防护;(9)理化特性;(10)稳定性和反应活性;(11)毒理学资料;(12)生态学资料;(13)废弃处置;(14)运输信息;(15)法规信息;(16)其他信息。

快速识读MSDS是化工企业员工应具备的技能。尤其是本企业、本岗位涉及的危险化学品,要熟记其接触控制个体防护、操作处置与储存、急救措施、泄漏应急处理、消防措施等信息。MSDS要放在醒目的位置,便于随时查阅,尤其是在发生紧急情况时,更要迅速查阅,及时有效获取应急处置方法。

MSDS查阅技巧:(1)如果了解化学品的性质,查阅1、2、3部分;(2)如果使用或接触该化学品需查阅 3、7、8 部分；(3)如果有紧急情况发生，查阅 4、5、6 部分；(4)要知道怎么控制和预防危险，可查阅 7、8、9、10 部分。

石油醚安全技术说明书见表 3-3。

表 3-3　石油醚安全技术说明书

化学品中文名	石油醚；石油精
化学品英文名	petroleum ether
CAS No	110-54-3
危险性概述	危险性类别：第 3.2 类 中闪点易燃液体
	侵入途径：吸入、食入、经皮吸收
	健康危害：其蒸气或雾对眼睛、黏膜和呼吸道有刺激性。中毒表现可有烧灼感、咳嗽、喘息、喉炎、气短、头痛、恶心和呕吐。本品可引起周围神经炎，对皮肤有强烈刺激性
	环境危害：对环境有危害，对水体、土壤和大气可造成污染
	燃爆危险：本品极度易燃，具强刺激性
急救措施	皮肤接触：立即脱去污染的衣着，用肥皂水和清水彻底冲洗皮肤，就医
	眼睛接触：立即提起眼睑，用大量流动清水或生理盐水彻底冲洗至少 15 分钟，就医
	吸入：迅速脱离现场至空气新鲜处，保持呼吸道通畅。如呼吸困难，给输氧；如呼吸停止，立即进行人工呼吸，就医
	食入：用水漱口，给饮牛奶或蛋清，就医
消防措施	危险特性：其蒸气与空气可形成爆炸性混合物，遇明火、高热能引起燃烧爆炸，燃烧时产生大量烟雾，与氧化剂能发生强烈反应。高速冲击、流动、激荡后可因产生静电火花放电引起燃烧爆炸。其蒸气比空气重，能在较低处扩散到相当远的地方，遇火源会着火回燃
	有害燃烧产物：一氧化碳、二氧化碳
	灭火方法：喷水冷却容器，可能的话将容器从火场移至空旷处。处在火场中的容器若已变色或从安全泄压装置中产生声音，必须马上撤离。灭火剂为泡沫、二氧化碳、干粉、沙土，用水灭火无效
泄漏应急处理	迅速撤离泄漏污染区人员至安全区，并进行隔离，严格限制出入。切断火源。建议应急处理人员戴自给正压式呼吸器，穿防静电工作服。尽可能切断泄漏源。防止流入下水道、排洪沟等限制性空间。小量泄漏：用活性炭或其他惰性材料吸收，也可以用不燃性分散剂制成的乳液刷洗，洗液稀释后放入废水系统。大量泄漏：构筑围堤或挖坑收容，用泡沫覆盖，降低蒸气灾害；用防爆泵转移至槽车或专用收集器内，回收或运至废物处理场所处置
操作处置与储存	操作处置注意事项：密闭操作，全面通风。操作人员必须经过专门培训，严格遵守操作规程。建议操作人员佩戴过滤式防毒面具(半面罩)，戴化学安全防护眼镜，穿防静电工作服，戴橡胶耐油手套。远离火种、热源，工作场所严禁吸烟。使用防爆型的通风系统和设备。防止蒸气泄漏到工作场所空气中。避免与氧化剂接触。搬运时要轻装轻卸，防止包装及容器损坏。配备相应品种和数量的消防器材及泄漏应急处理设备。倒空的容器可能残留有害物
	储存注意事项：储存于阴凉、通风的库房。远离火种、热源。库温不宜超过 25℃。保持容器密封。应与氧化剂分开存放，切忌混储。采用防爆型照明、通风设施。禁止使用易产生火花的机械设备和工具。储区应备有泄漏应急处理设备和合适的收容材料

续表

接触控制/个体防护	工程控制:生产过程密闭,全面通风,提供安全淋浴和洗眼设备	
	呼吸系统防护:空气中浓度超标时,佩戴过滤式防毒面具(半面罩)	
	眼睛防护:戴化学安全防护眼镜	
	身体防护:穿防静电工作服	
	手防护:戴橡胶耐油手套	
	其他防护:工作现场禁止吸烟、进食和饮水。工作完毕,淋浴更衣。注意个人清洁卫生	
理化特性	pH 值:	熔点(℃):< -73
	相对密度(水=1):0.64~0.66	沸点(℃):40~80
	相对密度(空气=1):2.50	饱和蒸气压(kPa):53.32(20℃)
	燃烧热(kJ/mol):无资料	临界温度(℃):无资料
	临界压力(MPa):无资料	辛醇/水分配系数:无资料
	闪点(℃):< -20	引燃温度(℃):280
	爆炸下限[%(体积分数)]:1.1	爆炸上限[%(体积分数)]:8.7
	最小点火能(MJ):无资料	最大爆炸压力(MPa):无资料
	外观与性状:无色透明液体,有煤油气味	
	溶解性:不溶于水,溶于无水乙醇、苯、氯仿、油类等多数有机溶剂	
	主要用途:主要用作溶剂及作为油脂的抽提用	
稳定性资料	稳定性:稳定	
	聚合危害:不聚合	
	避免接触的条件:高温	
	禁配物:强氧化剂	
毒理学资料	急性毒性:LD_{50}:40 mg/kg(小鼠静脉) LC_{50}:无资料	
运输信息	危险货物编号:32002	
	UN 编号:1271	
	包装标志:易燃液体	
	包装类别:Ⅱ类包装	
	包装方法:小开口钢桶;安瓿瓶外普通木箱;螺纹口玻璃瓶、铁盖压口玻璃瓶、塑料瓶或金属桶(罐)外普通木箱	
	运输注意事项:铁路运输时应严格按照铁道部《危险货物运输规则》中的危险货物配装表进行配装。运输时运输车辆应配备相应品种和数量的消防器材及泄漏应急处理设备。夏季最好早晚运输。运输时所用的槽(罐)车应有接地链,槽内可设孔隔板以减少震荡产生静电。严禁与氧化剂、食用化学品等混装混运。运输途中应防曝晒、雨淋,防高温。中途停留时应远离火种、热源、高温区。装运该物品的车辆排气管必须配备阻火装置,禁止使用易产生火花的机械设备和工具装卸。公路运输时要按规定路线行驶,勿在居民区和人口稠密区停留。铁路运输时要禁止溜放。严禁用木船、水泥船散装运输	

任务三　典型危险化学品事故的应急处置

【案例导入】

某危险化学品仓库火灾爆炸事故

一、事故经过

2015年8月12日22时30分左右，某物流危险化学品堆垛区发生火灾，消防队赶赴现场扑救。但继而发生两次严重爆炸，两次爆炸威力相当于450t TNT当量。调查认定“8·12”某公司危险品仓库火灾爆炸事故是一起特别重大生产安全责任事故。事故造成165人遇难，798人受伤，直接经济损失数68.66亿元，并造成了极其恶劣的社会影响。

二、事故原因

（一）直接原因

事故的直接原因是该公司危险品仓库运抵区南侧集装箱内硝化棉由于湿润剂散失出现局部干燥，在高温（天气）等因素的作用下加速分解放热，积热自燃，引起相邻集装箱内的硝化棉和其他危险化学品长时间大面积燃烧，导致堆放于运抵区的硝酸铵等危险化学品发生爆炸。

港口消防队不知存在与水不相容的危险化学品开始喷水灭火。因为集装箱中的钾、钠等遇水放出氢气，导致燃烧更猛烈，发生爆炸。火势未被控制，可燃液体瞬间沸腾，形成沸腾液体蒸气爆炸或蒸气云爆炸，同时，引起硝酸铵和其他硝酸盐参与爆炸。

（二）间接原因

事故的间接原因是危险化学品违规混合存放，导致火灾无法控制；存放位置和存放量账目不清，给救援带来极大的困难。储存危险品超过限定数量。氰化物等有毒物质的限定存量为50t，结果现场存量达超过标准数十倍。危险品仓库离居民区不到1000m，最近560m，不符合《危险化学品安全管理条例》规定，造成居民财产巨大损失。

三、事故教训

（1）该公司无视安全生产主体责任，长期违法违规经营危险货物，安全管理混乱，安全责任不落实，安全教育培训流于形式，企业负责人、管理人员及操作工、装卸工都不清楚运抵区储存的危险货物种类、数量及理化性质，冒险蛮干问题十分突出，特别是违规大量储存硝酸铵等易爆危险品，直接造成此次特别重大火灾爆炸事故的发生。

（2）地方政府贯彻国家安全生产法律法规和有关决策部署不到位，致使重大安全隐患以及政府部门职责失守的问题未能被及时发现、及时整改。违法通过该公司危险品仓库和易燃易爆堆场的行政审批，致使该公司与周边居民住宅小区等重要公共建筑物不满足规定的安全距离要求，导致事故伤亡和财产损失扩大。

(3)港口管理体制不顺、安全管理不到位。管理职责交叉、责任不明，致使该公司违法违规行为长期得不到有效纠正。

(4)危险化学品事故应急处置能力不足。该公司没有开展风险评估和危险源辨识评估工作，应急预案流于形式，应急处置力量、装备严重缺乏，不具备初起火灾的扑救能力。公安局消防支队危险化学品事故处置能力不强。

【相关知识】

知识点1:危险化学品事故应急管理要求

危险化学品事故是人(个人或集体)在生产、经营、储存、运输、使用危险化学品和处置废弃危险化学品的活动过程中，突然发生的、违反人的意志的、迫使活动暂时或永久停止的事件。主要类型有火灾、爆炸、中毒、窒息、泄漏、灼伤等六类。危险化学品事故后果通常表现为人员伤亡、财产损失、环境污染。发生危险化学品事故，企业、地方人民政府及其有关部门应采取必要措施，减少事故损失，防止事故蔓延、扩大。

为保证危险化学品管理控制和应急救援效率，《危险化学品安全管理条例》第六十六条、第六十七条规定，我国实行危险化学品登记制度，为危险化学品安全管理以及危险化学品事故预防和应急救援提供技术、信息支持。危险化学品生产企业、进口企业，应当向国务院安全生产监督管理部门负责危险化学品登记的机构(以下简称危险化学品登记机构)办理危险化学品登记。

危险化学品登记包括下列内容:分类和标签信息;物理、化学性质;主要用途;危险特性;储存、使用、运输的安全要求;出现危险情况的应急处置措施。

在工作中，从事化学品生产、使用、储存、运输的人员应熟悉和掌握化学品的主要危险特性，一旦发生事故，清楚自己的职责，及时实施应急救援。

知识点2:危险化学品典型事故的应急处置

一、危险化学品火灾的应急处置

火灾是石化企业最常见的危险化学品事故，扑救危险化学品火灾总体原则是先控制、后消灭。危险化学品火灾的扑救必须由专业消防队来进行，其他人员配合扑救，灭火人员不应单独行动。

根据危险化学品火灾的火势发展蔓延和燃烧面积大的特点，应统一指挥、以快制快，堵截火势防止蔓延，事故现场进出口应始终保持清洁和畅通。采取重点突破、排除险情、分割包围、速战速决的灭火战术。扑救人员应占领上风或侧风位置，以免遭受有毒有害气体的侵害。进行火情侦察、火灾扑救及火场疏散人员应有针对性地采取自我防护措施，如佩戴防护面具，穿戴专用防护服等。应迅速查明燃烧范围、燃烧物品及其周围物品的品名和主要危险特性、火势蔓延的主要途径。火势较大时，应先堵截火势蔓延，控制燃烧范围，然后逐步扑灭火势。

(一)压缩或液化气体火灾的应急处置

液化气体一般是储存在不同的容器内或通过管道输送。发生火灾时忌盲目扑灭,在没有采取堵漏措施的情况下,必须保持其稳定燃烧。否则,可燃气体泄露出来与空气混合,达到爆炸极限,遇火源发生爆炸。发生火灾时,采取以下步骤处置:

(1)首先应扑灭外围被火源引燃的可燃物大火,切断火势蔓延途径,控制燃烧范围,并立即抢救受伤和被困人员。

(2)如果大火中有压力容器或有受到火焰辐射热威胁的压力容器,能疏散的应尽量在水枪的掩护下疏散到安全地带。

(4)如果是输气管道泄漏着火,应设法找到气源阀门。确认阀门完好的,关闭阀门,火焰就会自动熄灭。

(5)储罐或管道泄漏阀门无效时,应根据火势判断气体压力和泄漏口的大小及位置,准备好相应的堵漏材料(如软木塞、橡皮塞、气囊塞、黏合剂、弯管工具等)。

(6)堵漏工作准备就绪后,可采取有效措施灭火,火被扑灭后,应立即用堵漏材料进行堵漏,同时用雾状水稀释和驱散泄漏出来的气体。若泄漏口很大无法堵住,可采取措施冷却着火容器及周围容器和可燃物,控制着火范围,直到燃气燃尽,火焰就会自动熄灭。

(7)现场指挥应密切注意各种危险征兆,一旦事态恶化,指挥员必须做出准确判断,及时下达撤退命令。火灾扑灭后,起火单位应当保护现场,协助公安消防监督部门和安全监督管理部门调查火灾的原因,核定火灾损失,查明火灾责任,不得擅自清理火灾现场。

(二)易燃液体火灾的应急处置

易燃液体通常也是储存在不同的容器内或通过管道输送。液体容器有的密封,有的是敞开的。一般是常压,只有反应釜(炉、锅)及输送管道内的液体压力较高。发生火灾时,采取以下步骤处置:

(1)首先切断火势蔓延的途径,冷却和疏散受火势威胁的压力及密闭容器和可燃物,控制燃烧范围。如有液体流淌时,应筑堤(或用围油栏)拦截或挖沟导流。及时了解和掌握着火液体的品名、密度、可溶性以及有无毒害、腐蚀、沸溢、喷溅等危险,以便采取相应的灭火和防护措施。

(2)对较大的储罐或流淌火灾,应准确判断着火面积。

小面积(一般50m^2以内)液体火灾,一般可用雾状水扑灭。用泡沫、干粉、二氧化碳、卤代烷(1211、1301)灭火一般更有效。

大面积液体火灾必须根据其密度、水溶性和燃烧面积大小,选择正确的灭火剂扑救。密度小又不溶于水的液体(如汽油、苯等)用直流水、雾状水扑救往往无效。

(3)一般使用普通蛋白泡沫或轻水泡沫灭火。比水重又不溶于水的液体起火时可用水扑救,也可以用泡沫。用干粉、卤代烷灭火要视燃烧面积大小和燃烧条件而定。

(4)扑救毒害性、腐蚀性或燃烧产物毒害较强的易燃液体火灾,扑救人员必须携带防护面具,采取防护措施。

(5)扑救原油和重油等具有沸溢和喷溅危险的液体火灾时,可采用放水搅拌、冷却等防止发生沸溢和喷溅的措施。

(6)遇易燃液体管道或储罐泄漏着火,在切断蔓延把火势限制在一定范围内的同时,对输送管道应设法找到进出阀门并关闭。若输送管道进出阀门损坏或是储罐泄漏,应迅速准备好堵漏材料，然后有效扑灭地上流淌的火焰，为堵漏扫清障碍，最后再扑灭泄漏口的火焰并迅速采取堵漏措施。

（三）爆炸物品火灾的应急处置

爆炸品着火可用水、空气泡沫（高倍数泡沫较好）、二氧化碳、干粉等扑灭剂施救，最好的灭火剂是水，不可用蒸汽和酸碱泡沫灭火剂灭火。爆炸品着火时，首先用大量的水进行冷却，不可用沙土盖压，以免增加爆炸伤害。要注意利用掩体，在火场上可利用墙体、低洼处、树干等掩护，防止人员受伤。由于有的爆炸品可能不仅本身有毒，而且燃烧产物也有毒，所以灭火时应注意防毒。有毒爆炸品着火时应戴隔绝式氧气或空气呼吸器，以防中毒。

爆炸物品一般有专门或临时的储存仓库。遇爆炸物品火灾时，一般采取以下基本对策：

（1）迅速判断和查明再次发生爆炸的可能性和危险性，紧紧抓住爆炸后和再次发生爆炸之前的有利时机，采取一切可能的措施，全力制止再次爆炸的发生。

（2）如果有疏散可能，人身安全确有可靠保障，应迅速组织力量及时疏散着火区域周围的爆炸物品，使周围形成一个隔离带。

（3）扑救爆炸物品堆垛时，水流应采取吊射，避免强力水流直接冲击堆垛，以免堆垛倒塌引起再次爆炸。

（4）灭火人员应尽量利用现场的掩蔽体或采取卧式等低姿射水，注意自我保护措施。

（5）灭火人员发现有再次发生爆炸的危险时，应立即向现场指挥报告，经现场指挥确认后，应立即下达撤退命令。

（四）氧化剂和有机过氧化物火灾的应急救援

氧化剂和有机过氧化物既有固体、液体，也有气体。有些氧化物本身不燃，但遇可燃物品或酸碱能着火或爆炸。遇到氧化剂和有机过氧化物火灾应采取以下基本对策：迅速查明着火或反应的氧化剂和有机过氧化物以及其他燃烧物的品名、数量、危险性、燃烧范围、火势蔓延途径、能否用水或泡沫扑救。能用水或泡沫扑救时，应尽一切可能控制火势蔓延，使着火区孤立，限制燃烧范围。不能用水、泡沫、二氧化碳扑救时，应用干粉或水泥、干沙覆盖。

1. 泄漏处理

氧化剂和有机过氧化物在运输过程中如有泄漏，应小心的收集起来或使用惰性材料作为吸收剂将其吸收起来，然后在尽可能远的地方以大量的水冲洗残留物。严禁使用锯末、废棉纱等可燃料作为吸收材料，以免发生氧化反应而着火。

对收集起来的泄漏物，切不可重新装入原包装或装入完好的包件内，以免杂质混入而引起危险。应针对其特性用安全可行的办法处理。

2. 着火处理

氧化剂着火或被卷入火中时，会加剧火势，即使惰性气体中，火仍然会进行燃烧，控制氧化剂火灾的最为有效的方法是使用大量的水或用水淹浸的方法灭火。用蒸汽、二氧化碳及其他惰性气体灭火都是无效的，用少量的水灭火也是无效的，如果用少量的水灭火，还会引起物品中过氧化物的剧烈反应。

有机过氧化物着火或被卷入火中时，可能导致爆炸。所以，应迅速将这些包件从火场移开，人员应尽可能远离火场，并在有防护的位置用大量的水灭火。任何曾卷入火中或暴露于高温下的有机过氧化物包件，即使火已扑灭，在包件未完全冷却时，会随时发生剧烈分解。如有可能，应在专业人员技术指导下，对这些包件进行处理。

（五）毒害品、腐蚀品火灾的应急处置

首先限制燃烧范围。毒害品、腐蚀品火灾极易造成人员伤亡，灭火人员在采取防护措施后，应立即投入抢救受伤和被困人员的工作中，以减少人员伤害。扑救时应尽量使用低压水流或雾状水，避免毒害品、腐蚀品溅出。遇酸碱类腐蚀品最好调制相应的中和剂稀释中和。

遇毒害品、腐蚀品容器泄漏，在扑灭火势后应立即采取堵漏措施。腐蚀品需用防腐材料堵漏。浓硫酸、硝酸遇水能放出大量的热，会导致沸腾飞溅，需特别注意防护。

1. 毒害品着火应急措施

因为绝大部分有机毒害品都是可燃物，且燃烧时也可能产生有毒或剧毒的气体，所以，做好毒害品着火时应急灭火措施是十分重要的。在一般情况下，如果是液体毒害品，可根据液体的性质（有无水溶性和相对密度的大小）选用抗溶性泡沫或机械泡沫及化学泡沫灭火，或用沙土、干粉；如果是固体毒害品着火，可根据其性质分别采用水、雾状水或沙土、干粉、石粉扑救。

2. 腐蚀品着火时应急措施

腐蚀品着火，一般可用雾状水或干沙、泡沫、干粉等扑救，不宜用高压水，以防酸液四溅，伤害扑救人员；硫酸、卤化物、强碱等遇水发热、分解或遇水产生酸性烟雾的物品着火时，不能用水施救，可用干沙、泡沫、干粉等扑救。灭火人员要注意防腐蚀、防毒气，应戴防毒口罩、防毒眼镜或防毒面具，穿橡胶雨衣和长筒胶鞋，戴防腐蚀手套等。灭火时，人应站在上风处，发现中毒者，应立即送往医院抢救，并说明中毒品的品名，以便医生救治。

对燃烧现场包装没有损坏的放射性物品，可在水枪的掩护下佩戴防护装备，设法疏散。无法疏散时，应就地冷却保护，防止造成新的破损，增加辐射（剂）量。对已破损的容器切忌搬动或用水流冲击，以防止放射性沾染范围扩大。

（六）易燃固体、自燃物品火灾的应急处置

部分易燃固体、自燃物品除遇空气、水、酸易燃外，而且还具有一定的毒害性，其燃烧产物也大多是剧毒的，如赤磷、黄磷、磷化钙等金属的磷化物本身毒性都很强，其燃烧产物五氧化二磷、遇湿产生的易燃气体磷化氢等都具有剧毒，磷化氢气体有类似大蒜的气味，当空气中含有0.01mg/L时，吸入即可引起中毒。所以，在扑救易燃固体、自燃物品和遇湿易燃物品火灾时，应特别注意防毒、防腐蚀，要佩戴一定的防护用品确保人身安全。

二、窒息事故的应急处置

因外界氧气不足或其他气体过多或者呼吸系统发生障碍而呼吸困难甚至呼吸停止，称为窒息。结合石油化工企业实际情况，重点介绍窒息性气体引发的中毒窒息。

窒息性气体是指经吸入使人体产生缺氧而直接引起窒息作用的气体，主要致病环节都是引起人体缺氧。

出现有人中毒、窒息的紧急情况，在场的领导应主动负责指挥，抢救人员必须佩戴隔离式防护面具进入设备，并至少有一人在外部做联络工作，这一点非常重要。发生事故后抢救工作理应分秒必争，但须沉着冷静并正确处理，不能盲目抢救，各行业都曾经发生过多起因施救不当造成伤亡扩大的事故。受害者撤离现场后，可采用一些简单的方法如人工呼吸等进行抢救。

中毒窒息事故可分为两种情况，其一是发生在进入设备、容器、池、沟等密闭空间，进行检查、检修等作业和抢修、堵漏、救人等作业时；其二是发生在泄漏事故的抢修、堵漏作业时。

（1）在密闭空间作业时监护人等发现有中毒、窒息情况时，不能贸然下去抢救，必须立即采取作业前准备的各项急救措施。使用通风设施、防毒面具、绳索、梯子等。发生着火时，不能用二氧化碳、四氯化碳等窒息性灭火器扑救。总之，不能使事故扩大。

（2）对于有毒物泄漏空间的救援作业，首先佩戴防毒护品，全面打开门窗通风，并携带防毒护品，给补救人员和伤员佩戴，协助他们或救助他们脱离污染区。要注意救护过程中，防止产生静电、着火、爆炸等二次灾害。

（4）伤员转移至通风处，松开衣服。当伤者呼吸停止时，施行人工呼吸；心脏停止跳动时，施行胸外按压，促使自动恢复呼吸；尽快送往临近医院救治或拨打120急救电话。

发生中毒窒息的主要原因是有害气体的泄漏、管线串料，大量有害气体沉积、挥发或因氮封等原因导致局部环境中的氧含量低、有害气体增加。另外，在密闭、半密闭空间易发生中毒窒息事故，如船舱、储罐、反应塔、压力容器、浮筒、管道及槽车等。

三、危险化学品泄漏事故应急处置

危险化学品泄漏存在爆炸、着火、中毒的风险，易燃易爆化学品的泄漏处理不当，随时都有可能转化为火灾爆炸事故，而火灾爆炸事故又常因泄漏物蔓延而扩大。因此，当发生突发性危险化学品大量泄漏，不可控制时，现场人员在保护好自生身安全的情况下，及时检查事故部位，按照应急分级原则与初始条件初步判断应急状态并报告有关人员或向“119”报警，从而启动应急反应程序。

进入泄漏现场进行处理时，应注意安全防护，进入现场救援人员必须配备必要的个人防护器具。如果泄漏物是有毒的，应使用专用防护服、隔绝式空气面具。泄漏处理安全注意事项：进入现场人员必须配备必要的个人防护器具；如果泄漏的化学品是易燃易爆的应严禁火种。应急处理时严禁单独行动，要有监护人，必要时用水枪、水炮掩护。应从上风、上坡处接近现场，严禁盲目进入。

危险化学品泄漏事故应急处置原则：

（1）确定泄漏源的位置和泄漏的危险化学品种类及危害特性。明确所需的泄漏应急救援处置技术和应急救援队伍。

（2）现场泄漏源控制。根据泄漏事故应急处置操作规范，采取关闭阀门、停止作业或改变工艺流程、物料走副线、局部停车、打循环、减负荷运行等措施。容器发生泄漏后，应采取措施修补和堵塞裂口，制止化学品的进一步泄漏。要控制住物料的流向，尽量不使其范围扩大，特别是不要使泄漏出来的液体流散到有明火的地方或要害部位。尽量避免形成爆炸性混合气体。当易燃、可燃物料泄漏在库房、厂房等有限空间时，要及时打开门窗，加强通风以防气体达到爆炸浓度。

（3）确定泄漏源的周围环境，明确周围区域存在的重大危险源分布情况，明确泄漏危及周围环境的可能性；确定是否已有泄漏物质进入大气、附近水源、下水道等场所。应根据化学品泄漏性质、风速、风向等确定扩散情况或火焰辐射热所涉及的范围，建立警戒区，在通往事故现场的主要干道上实行交通管制。如果泄漏物是易燃易爆的，事故中心区应立即在边界设置警戒线，严禁火种、切断电源、禁止车辆进入。

（4）确定泄漏时间或估计持续时间，确定实际泄漏量或估算泄漏量。根据当时的气象信息预测泄漏扩散趋势。明确泄漏可能导致的后果（泄漏是否可能引起火灾、爆炸、中毒等后果）。

(5)及时处理泄漏物。容器发生泄漏后，应采取措施修补和堵塞裂口，制止化学品的进一步泄漏。要控制住物料的流向，尽量不使其范围扩大，特别是不要使泄漏出来的液体流散到有明火的地方或要害部位。泄漏被控制后，要及时将现场泄漏物进行覆盖、收容、稀释、处理，使泄漏物得到安全可靠的处置，防止二次事故的发生。

泄漏物处置主要有四种方法：

①围堵。如果液体泄漏，泄漏物在地面上会四处蔓延扩散，难以收集处理。为此需要筑堤堵截或者经流到安全地点。对于储罐区发生液体泄漏时，要及时关闭雨水阀，防止泄漏物沿明沟外流。

②稀释与覆盖：气体泄漏时，为减少大气污染，通常是采用水枪或消防水带向泄漏物蒸气云喷射雾状水，加速气体向高空扩散，使其在安全地带扩散。在使用这一技术时，将产生大量的污染水，因此，应疏通污水排放系统。对于可燃物，也可以在现场施放大量水蒸气或氮气，破坏燃烧条件。对于液体泄漏，为降低物料向大气中的蒸发速度，可用其他覆盖物品覆盖外泄的物料，在其表面形成覆盖层，抑制其蒸发。

③收集：对于大型泄漏，可选择用隔膜泵将泄漏出的物料抽入容器内或槽车内；当泄漏量小时，可用沙子、吸附材料、中和材料等吸收中和。

④废弃：将收集的泄漏物运至废物处理场所处置。用消防水冲洗剩下的少量物资，冲洗水排入污水系统处理。

(6)人员疏散、医疗救护。根据事故情况和事故发展，确定事故波及区人员的撤离，以减少不必要的人员伤亡。紧急疏散时应注意：如事故物质有毒时，需要佩戴个体防护用品，并有相应的监护措施；应向上风方向转移，明确专人引导和护送疏散人员到安全区，并在疏散或撤离的路线上设立哨位，指明方向。不要在低洼处滞留。要查清是否有人留在污染区与着火区。

知识点3：应急救护及事故现场救护技术

危险化学品事故的特点是突发性强，扩散迅速，危害范围广，伤害途径多，救援难度大，经常导致人员中毒、窒息、灼伤、烧伤和冻伤。及时有效地救护，对挽救生命、减轻伤害有着重要意义。因此，对从事危险化学品生产、储运、销售、使用的人员和处置危险化学品灾害事故的应急救援队伍来说，有必要掌握一定的危险化学品伤害现场急救措施和预防伤害的基本知识与应急方法。

一、紧急呼救

当事故发生，发现了伤员，经过现场评估和病情判断后需要立即救护，同时立即向专业急救机构（EMS）或附近担负院外急救任务的医疗部门、社区卫生单位报告，常用的急救电话为120。由急救机构立即派出专业救护人员、救护车至现场抢救。

在国际上，呼救系统的畅通对保障危重伤员获得及时救治至关重要，被列为抢救危重伤员的生命链中的“第一环”。通常在急救中心配备有经过专门训练的话务员，能够对呼救做出迅速适当应答，并能把电话接到合适的急救机构。城市呼救网络系统的“通讯指挥中心”，可接收所有的医疗（包括灾难等意外伤害事故）急救电话，根据伤员所处的位置和病情，指定就近的急救站去救护伤员。

二、现场急救

在事故现场,化学品对人体可能造成的伤害有中毒、窒息、烧伤、冻伤、化学灼伤等。在专业急救人员尚未到达时,对伤害人员进行现场处理后,应迅速护送到医院救治。现场救护原则是先救命后治伤,先重伤后轻伤,先抢后救,抢中有救,尽快脱离事故现场,先分类再运送,医护人员以救为主,其他人员以抢为主,各负其责,相互配合,以免延误抢救时机。急救处理程序是先除去伤病员污染衣物,然后冲洗,共性处理,个性处理,转送医院。要注意对伤员污染衣物的处理,防止发生继发性损害。现场急救有以下注意事项:

(1)应将受伤人员小心地从危险的环境转移到安全的地点。至少 2 ~ 3 人为一组集体行动,以便互相监护照应,所用的救援器材必须是防爆的。在伤员心脏骤停的情况下,可立即进行心肺复苏,然后迅速拨打电话。如有手机在身,则进行 1 ~ 2min 心肺复苏后,在抢救间隙中打电话。

(2)进行急救时,不论伤者还是救护人员都需要进行必要的适当防护。特别是把患者从严重污染的场所救出时,救援人员必须加以预防,避免成为新的受害者。

(3)受到化学伤害的人员进行急救时,首先要做的紧急处理是:无论酸、碱或其他化学物烧伤,立即用大量流动清水冲洗创面 15 ~ 30min。

强酸类烧伤:如通过衣服浸透烧伤,应即刻脱去,并迅速用大量流动清水反复地冲洗伤面。充分冲洗后也可用弱碱性液体如小苏打水(碳酸氢钠)、肥皂水冲洗。石炭酸烧伤用酒精中和。但若无中和剂也不必强求,因为充分的流动清水冲洗是最根本的措施。

强碱类烧伤:如果碱性溶液浸透衣服造成的烧伤,应立即脱去受污染衣服,并用大量清水彻底冲洗伤处。充分清洗后,可用稀盐酸、稀醋酸(或食醋)中和剂。再用碳酸氢钠溶液或碱性肥皂水中和。

化学性眼灼伤 :当化学物质接触眼部或溅入眼内时,易造成眼部腐蚀性灼伤,轻者可造成结膜炎,重者可引起角膜浑浊,甚至失明。常见的强酸、强碱、醋酸、氨水等都具有腐蚀性和渗透性,都可能造成伤害。首先要冲洗 ,立即拉开上眼睑,使毒物随泪水流出,用大量流动清水或生理盐水反复彻底冲洗眼部,翻转眼睑,转动眼球,将结膜内的化学物质彻底洗出。

冻伤:当人员发生冻伤时,应迅速复温。复温的方法是采用 40 ~ 42℃ 恒温热水浸泡,使其在 15 ~ 30min 内温度提高至接近正常。在对冻伤的部位进行轻柔按摩时,应注意不要将伤处的皮肤擦破,以防感染。

烧伤:当人员发生烧伤时,应迅速将患者衣服脱去,用水冲洗降温,用清洁布覆盖创伤面,避免伤面污染;不要任意把水疱弄破。患者口渴时,可适量饮水或含盐饮料。头面部灼伤时,要注意眼、耳、鼻、口腔的清洗。

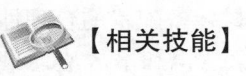

【相关技能】

技能点 1:化学品事故应急报警

当发生突发性危险化学品泄漏或火灾爆炸事故时,事故单位或现场人员,除了积极组织自救外,必须按照规定程序及时将事故向有关部门报告。如果是发生在企业内部,应向当班车间主任或值班长，同时向企业调度室报告；如果是在运输途中应向当地应急救援部门或“119”报警。各主管单位在接到事故报警后，应迅速组织一个应急救援专业队，各救援队伍在做好自身防护的基础上，快速实施救援，控制事故发展，并将伤员救出危险区域和组织群众撤离、疏散，做好危险化学品的清除工作。

紧急事故发生时，医疗应急救援呼救电话时必须要用最精炼、准确、清楚的语言说明伤员目前的情况及严重程度，伤员的人数及存在的危险，需要何类急救。如果不清楚身处位置的话，不要惊慌，因为救护医疗服务系统控制室可以通过地球卫星定位系统追踪其正确位置。

一般应简要清楚地说明以下几点：

(1)你的(报告人)电话号码与姓名，伤员姓名、性别、年龄和联系电话。

(2)伤员所在的确切地点，尽可能指出附近街道的交汇处或其他显著标志。

(3)伤员目前最危重的情况，如昏倒、呼吸困难、大出血等伤员的人数。

(4)灾害事故、突发事件时，说明伤害性质、严重程度，现场所采取的救护措施。

注意，不要先放下话筒，要等救护医疗服务系统(EMS)调度人员先挂断电话。

技能点2：中毒窒息事故的自救

在可能或确已发生有毒气体泄漏的作业场所，当突然出现头晕、头疼、恶心、无力等症状时，必须想到有发生中毒的可能性。自救步骤如下：

(1)憋住气，迅速逆风跑出危险区。如遇风向与火源、毒源方向相同时，应往侧面方向跑；

(2)如果是在无围栏的高处，以最快的速度抓住东西或趴倒在上风侧，尽量避免坠落；

(3)如有可能，尽快启用报警设施，同时，迅速将身边能利用的衣服、毛巾、口罩等用水浸湿后，捂住口鼻脱离现场，以免吸入有毒气体。

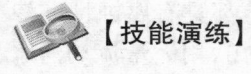

【技能演练】

合成氨车间氨泄漏事故应急救援演练

模拟化工企业车间、班组劳动组织形式，按照应急预案，处置液氨泄漏事故。员工皆由学生扮演。

一、模拟演练目的

通过实战模拟演练，检验应急自救、互救、现场处置能力，检验企业各部门协调处置突发危险化学品事故能力，检验应急救援预案的可操作性和有效性，检验应急器材装备配置的合理性和适用性，总结经验、发现不足、整改完善，切实增强学生的安全意识、应急意识和事故应急处理能力。

二、演练准备

(1)学习液氨的理化性质、危险特性、工艺作业过程、储存条件、安全设施、安全防护和应急处置办法。

(2)由学生分组制定液氨泄漏事故应急处置方案。选择相对完善的方案进行演练。

(3)准备防爆对讲机若干,防护服、防毒面具、空气呼吸器、高筒靴、橡胶手套各6套。

三、实施演练

2017年3月17日,某化工企业员工小赵在液氨罐近处发现液氨泄漏。

第一阶段:

(1)根据岗位液氨泄漏应急处置卡规定程序,立即向氨罐附近班组长报告,向公司应急救援组织机构汇报。报告内容为时间、地点、事件描述、事件严重程度判断。

(2)氨罐就近班组长得到确切警讯后,采取以下措施:①立即切断电源;②组织员工理顺疏散路线向车间外疏散、逃生;③逃生时,看公司风向标,逆风快跑,跑时注意脚下,防止绊倒。④跑到安全处后,班组长要核对名单,发现少人要立即施救。

(3)公司应急指挥系统的疏散小组人员正确佩戴空气呼吸器,立即进入车间,指挥氨罐近处职工撤离,再指挥其他车间班组职工按安全出口标志牌指示方向逃生撤离,并根据液氨泄漏情况,向总指挥报告,并建议是否需要向当地政府和安监等部门报告撤离周围群众。

(4)记录从演习接到报警开始到车间职工全部撤离为止使用的时间,并要总结好撤离中的一些问题。

第二阶段:职工小王和小李在事故中未听到警报或未听到撤离呼喊。

(1)小王和小李积极疏散,找毛巾、布等用水弄湿捂住口鼻,沿疏散线路往安全处撤离。

(2)如未见小王和小李撤出,车间液氨泄漏救援队四人要穿戴好防毒面具、空气呼吸机、高筒靴、橡胶手套等防护用品,进入事故区搜救,协助二人疏散,如果二人中毒昏迷,则立即抬到安全处急救。

(3)车间液氨泄漏救援队两个人要穿戴以上防护用品,对泄漏处检查,并将情况立即报告总指挥,听取指令。

第三阶段:两名职工氨中毒,一名职工皮肤沾上氨液需现场急救。

(1)对中毒的职工,判断其意识是否清醒,迅速转移到安全通风处,如呼吸停止,做人工呼吸,如心跳停止,做心肺复苏,并拨打120急救电话。

(2)皮肤上沾上液氨会造成冷烧伤,用2%的硼酸水弄湿沾液氨部位,让伤面暴露在空气中,不能揉搓,也不能覆盖。现场处理后送医院就诊。

救援结束,总结本次演练准备、演练过程的得失,找出不适用情况,并修改应急救援预案。

如果事故严重到企业不能自行处置的程度,应该向专业应急救援机构报警,由专业消防人员处置。按照国家对发生事故后的"四不放过"处理原则,进行警示教育。

练习题

一、单选题

1. 重大危险源是指生产、运输、使用、储存危险化学品或者处置废弃危险化学品,且危险化学品的数量等于或者超过(　　)的单元(包括场所和设施)。

A. 安全量　　B. 储存量　　C. 危险量　　D. 临界量

2.《危险化学品安全管理条例》第十二条规定,危险化学品生产经营单位必须取得(　　)。否则,不得开工生产。

A. 安全生产证书　　　　　　　B. 危险化学品生产许可证
C. 国家批准　　　　　　　　D. 工艺安全证明

3. 危险化学品安全技术说明书(　　)更换一次。

A. 每三年　　B. 每二年　　C. 每五年　　D. 每年

4. 不属于化学品安全标签的主要内容是(　　)。

A. 警示词　　B. 化学品名称　　C. 危险性概述　　D. 价格

5、危险化学品的危害性主要包括(　　)、健康危害、环境危害

A. 身体危害　　B. 理化危害　　C. 生物危害　　D. 黏膜危害

6. 生产、储存、使用剧毒化学品的单位,应当对本单位的生产、储存装置(　　)进行一次安全评价。

A. 一年　　B. 二年　　C. 三年　　D. 四年

7. 危险化学品的生产、储存、使用单位,应当在生产、储存和使用场所设置通信、报警装置,并保证在(　　)下处于正常适用状态。

A. 生产情况　　B. 任何情况　　C. 使用情况　　D. 检测情况

8. 生产经营单位发生生产安全事故后,事故现场有关人员应当立即报告(　　)。

A. 消防队　　　　　　　　B. 本单位负责人
C. 当地安全生产监督管理部门　　D. 公安局

9. 危险化学品单位从事生产、经营、储存、运输、使用危险化学品或者处置废弃危险化学品活动的人员,必须接受有关法律、法规、规章和安全知识、专业技术、职业卫生防护和应急救援知识的培训,并经(　　),方可上岗作业。

A. 培训　　B. 教育　　C. 考核合格　　D. 审批

10.《危险化学品安全管理条例》规定,生产、储存和使用危险化学品的单位,应当在生产、储存和使用场所设置(　　)装置,并保持在适用状态。

A. 通风、防爆　　　　B. 通信、报警
C. 通风、报警　　　　D. 保温、防盗

11.《危险化学品安全管理条例》规定,危险化学品必须储存在(　　)或者专用储存室内。

A. 专用仓库、专用场所
B. 专用仓库、专用场地
C. 专用库区、专用场地
D. 专用冷库、隔离场所

12.《危险化学品安全管理条例》规定,危险化学品专用仓库的储存设备和安全设施应当定期(　　)。

A. 检验　　B. 检测　　C. 检查　　D. 检定

13. GB 15258—2009《化学品安全标签编写规定》中,规定了化学品标签的术语和定义、(　　)、制作和使用要求。

A. 化学品名称　　B. 标签内容　　C. 标签颜色　　D. 标签图形

14. 单位临时需要购买剧毒化学品的应凭本单位出具的证明到社区的市级(　　)申领准购证,凭准购证购买。

A. 安全生产管理部门　　　　B. 卫生部门
C. 技术监督部门　　　　　　D. 公安部门

15. 爆炸品指在外界因素作用下,能发生剧烈的化学反应,瞬时产生大量的气体和热量,使周围压力(　　)发生爆炸,对周围环境造成破坏的物品。

A. 急剧上升　　B. 急剧下降　　C. 快速扩散　　D. 快速降低

16. 按照《危险货物分类和品名编号》(GB 6944—2012)规定分类,危险货物分为(　　)类。

A. 9　　B. 6　　C. 7　　D. 8

17. 汽油属于危险化学品中的(　　)。

A. 易燃液体　　B. 毒性液体

C. 还原性物质　　D. 氧化性物质

18. 爆炸品仓库库房内部照明应采用(　　)灯具,开关应设在库房外面。

A. 防爆型　　B. 普通型

C. 节能型　　D. 白炽型

19. 生产和储存剧毒化学品、易制爆危险化学品的单位,应当设置(　　),配备专职的治安保卫人员。

A. 兼职安全员　　B. 门卫室　　C. 组织机构　　D. 警示标志

20. 因生产安全事故受到损害的从业人员,除依法享有工伤社会保险外,依照有关民事法律尚有获得赔偿的权利的,有权向(　　)提出赔偿要求。

A. 本单位　　B. 企业主管部门

C. 劳动保护监察机关　　D. 安全生产监督管理机关

21. 危险化学品必须储存在专用仓库、专用场地或者专用储存室内,储存方式、方法与储存数量必须符合(　　),并由专人管理。危险化学品出入库,必须进行核查登记。库存危险化学品应当定期检查。

A. 企业或行业标准　　B. 国际或企业标准

C. 国家标准　　D. 企业标准

22. 爆炸物品不准和其他物品同储,必须(　　)储存。

A. 单独　　B. 限量

C. 隔离　　D. 单独限量隔离

23.《危险化学品安全管理条例》所称危险化学品,包括(　　)类危险物品

A. 6　　B. 7　　C. 8　　D. 9

24. 当泄露现场有人受到危险化学品伤害时,应立即(　　)。

A. 在泄露现场进行紧急抢救

B. 离开现场,联系调度室

C. 将伤员转移到安全地带,紧急抢救

D. 直接拨打 120 急救电话

25. 剧毒化学品以及储存构成重大危险源的其他危险化学品必须在专用的仓库内单独存放,实行(　　)收发、(　　)保管制度。

A. 双人　一人　　B. 一人　双人　　C. 双人　双人　　D. 多人　多人

26. 通过公路运输危险化学品的,托运人应当向目的地的县级人民政府公安部门申请办理剧毒品(　　)。

A. 交通运输许可证　　B. 公路运输许可证

C. 安全运输通行证　　D. 道路安全通行证

27.《危险化学品安全管理条例》规定有关部门派出的工作人员依法进行监督检查时，应当(　　)。

A. 事先通知　　B. 出示通知书

C. 出示证件　　D. 说明单位

28. 国家对危险化学品的(　　)实行统一规划、合理布局和严格控制。

A. 生产和使用　　B. 生产和运输

C. 生产和储存　　D. 生产和经营

29. 危险化学品生产企业销售其生产的危险化学品时，应当提供与危险化学品完全一致的化学品(　　)，并在包装上加贴或者拴挂与包装内危险化学品完全一致的化学品(　　)。

A. 安全使用说明书　安全标签　　B. 安全技术说明书　运输标签

C. 安全技术说明书　安全标签　　D. 合格证　商标

30. 国家对危险化学品生产储存实行(　　)制度。

A. 审查　　B. 备案　　C. 核准　　D. 审批

31.《危险化学品安全管理条例》规定，生产、科研、医疗等单位经常使用剧毒化学品的，应当向设区的市级人民政府(　　)部门申请领取购买凭证，凭购买凭证购买。

A. 行业主管　　B. 安监　　C. 公安　　D. 环保

32. 根据压缩气体和液化气体的理性性质，气体分为三项：易燃气体、不燃气体、(　　)。

A. 有毒气体　　B. 助燃气体　　C. 窒息气体　　D. 易挥发液体

33.《危险化学品安全管理条例》规定生产危险化学品，在包装上加贴或者拴挂与包装内危险化学品完全一致的化学品(　　)。

A. 安全标签　　B. 质量证书

C. 使用说明书　　D. 危害说明

34. 按易燃液体闪点的高低分为(　　)液体。

A. 二种　　B. 三种　　C. 四种　　D. 八种

35. 三氧化二砷属于(　　)。

A. 无机剧毒品　　B. 有毒剧毒品　　C. 有机毒害品　　D. 金属盐

36. 剧毒化学品的生产、储存、使用单位，发现剧毒化学品被盗、丢失或者误售、误用时，必须立即向当地(　　)报告。

A. 安全生产监督管理部门　　B. 公安部门

C. 企业上级主管部门　　D. 消防部门

37.《危险货物品名表》(GB 12268—2012)按危险货物具有的危险性把危险货物分为(　　)项。

A. 5　　B. 6　　C. 8　　D. 9

38. 钾、钠等活泼金属绝对不允许露置空气中，必须浸没在煤油中保存，容器不得接触(　　)。

A. 水　　B. 石蜡　　C. 空气　　D. 氧气

39. 可燃气体、蒸气和粉尘与空气(或助燃气体)的混合物，必须在一定范围的浓度内，遇到足以起爆的能量才能发生爆炸，这个可以爆炸的浓度范围叫作该爆炸物的(　　)。

A. 爆炸上限　　B. 爆炸浓度极限

C. 爆炸极限　　D. 爆炸下限

40.《危险化学品安全管理条例》规定，危险化学品生产企业进行生产前，应均依照《安全生产许可证条例》的规定，取得危险化学品(　　)。

A. 安全生产许可证　　B. 安全经营许可证

C. 安全使用许可证　　D. 经销许可证

二、多选题

1. 我国《危险化学品管理条例》规定，具有毒害、(　　)、(　　)、(　　)、助燃等性质，对人体、设施、环境具有危害的剧毒化学品和其他化学品都叫作危险化学品。

A. 腐蚀　　B. 氧化性

C. 爆炸　　D. 燃烧

2.《中华人民共和国安全生产法》规定，对危险化学品生产经营单位的主要负责人、安全生产管理人员、从业人员必须进行(　　)。

A. 安全生产教育　　B. 定期换岗

C. 健康检查　　D. 培训

3. 危险化学品生产企业必须向国务院质检部门申请领取(　　)；危险化学品的经营销售必须有(　　)；对危险化学品运输实行资质认定制度；剧毒化学品的公路运输必须有(　　)。

A. 公路运输通行证　　B. 经营许可证

C. 危险化学品生产许可证　　D. 运输资格证

4 危险化学品的危险特性有(　　)。

A. 爆炸性　　B. 燃烧性　　C. 还原性　　D. 毒害性

5. 职业危害告知牌包含(　　)。

A. 警示标识　　B. 理化特性

C. 应急处置措施　　D. 报警信息

6. 危险化学品防护用品主要有(　　)。

A. 头部防护用具　　B. 呼吸防护用具

C. 眼防护用具　　D. 手足防护用具

7.《危险化学品安全管理条例》规定，国家对危险化学品的(　　)实行统一规划、合理布局和严格控制。

A. 生产　　B. 运输　　C. 经营　　D. 储存

8. 爆炸可分为(　　)三种形式。

A. 物理爆炸　　B. 化学爆炸　　C. 粉尘爆炸　　D. 混合爆炸

9. 化学爆炸的主要特点是(　　)。

A. 反应速度极快　　B. 放出大量的热

C. 产生大量的气体　　D. 敏感度高

10. 压缩气体和液化气体除具有爆炸性外，有的还具有易燃性、(　　)。

A. 助燃性　　B. 毒害性　　C. 窒息性　　D. 腐蚀性

11. 易燃液体的特性具有：高度易燃性、易爆性、高度流动扩散性、(　　)。

A. 受热膨胀性　　B. 忌氧化剂和酸

C. 毒性　　D. 腐蚀性

12. 可燃液体发生火灾时，使用的灭火剂有(　　)。

A. 干粉　　B. 二氧化碳　　C. 沙土　　D. 水

13. 遇湿易燃物品灭火时可用的灭火剂有(　　)。

A. 干粉　　B. 干黄土

C. 干石粉　　D. 泡沫

14. 人体引起中毒三条途径(　　)。

A. 口服　　B. 吸入其蒸气

C. 通过皮肤吸收　　D. 近距离接近

15. 有毒品通过消化道侵入人体的危险性比通过皮肤更大,因此进行有毒品作业时应当严禁(　　)。

A. 吃零食　　B. 吸烟　　C. 饮水　　D. 打闹

三、判断题

1. 危险化学品生产经营单位必须遵守《安全生产法》和其他有关安全生产的法律、法规,加强安全生产管理,建立、健全安全生产责任制度,完善安全生产条件,确保安全生产。(　　)

2. 2015 版《危险化学品目录》中,包括所有危险化学品种类,未列入的不宜按照危险化学品管理。(　　)

3. 危险物品的容器、运输工具无须取得专业资质的机构检测、检验合格,取得安全使用证或者安全标志,可以采取措施先投入使用。(　　)

4. 危险化学品的生产、储存、使用单位,应当在生产、储存和使用场所设置通信、报警装置,并保证在任何情况下处于正常适用状态。(　　)

5. 危险化学品生产企业不得向未取得危险化学品经营许可证的单位或者个人销售剧毒化学品。(　　)

6. 危险化学品单位,禁止生产、经营、使用国家明令禁止的危险化学品,允许用剧毒化学品生产灭鼠药以及其他可能进入人民日常生活的化学产品和日用化学品。(　　)

7. 易燃固体指燃点低、对热、撞击、摩擦敏感,易被外部火源点燃,燃烧迅速,并可能散发出有毒烟雾或有毒气体的固体,但不包括已列入爆炸品的物品。(　　)

8. 压缩气体和液化气体的特点是压力大、温度高。(　　)

9. 成品油的经营许可纳入乙类经营许可工业化管理。(　　)

10. 危险化学品经营企业未取得危险化学品经营许可证的可以一边经营一边申请许可证。(　　)

11. 危险化学品经营单位不得转让、买卖、出租、出借、伪造或者变造经营许可证。(　　)

12. 储存危险化学品建筑采暖的热煤温度不应过高,热水采暖不应超过 80℃,也可采用蒸汽采暖和机械采暖。(　　)

13. 危险化学品安全技术说明书规定的 16 项内容,不得随意删除或合并,其顺序可以随意变更。(　　)

14. 危险化学品入库时,应严格检验商品质量、数量、包装情况、有无泄漏。(　　)

15. 加油站从业人员上岗时应穿防静电工作服。(　　)

16. 加油站邻近单位发生火灾时,可继续营业但应向上级报告。(　　)

17. 气瓶充装站只要具备相当规模,未办理注册登记的,也可以从事充装工作。(　　)

18.《气瓶安全监察规程》规定,气瓶吊装时,严禁使用电磁起重机和金属链绳。(　　)

19. 石化企业成品润滑油基础油属于危险化学品。(　　)

20. 液化石油气瓶用户及经营者，可以将气瓶内的气体向其他气瓶倒装，自行处理气瓶内的残液。（　　）

22. 危险化学品往往具有易燃易爆、有毒有害、腐蚀的特性。（　　）

23. 化学工业是我国的主要支柱产业之一，某一化工企业上缴国家税款巨大，同时解决了几万人的就业，生产过程中排放有点超标有关部门应考虑照顾。（　　）

24. 生产或使用化学物品的企业、工厂在生产使用过程中工艺控制不当，管理不善就有可能毁灭企业。（　　）

25. 危险化学品在流通、储存、运输过程中，管理不善发生特大重大事故，会造成非常严重的社会影响。（　　）

26. 腐蚀性物品的包装必须严密，不允许泄漏，可与液化气体共同储存。（　　）

27. 石化企业的危险化学品清单包括产品、中间产品、原料、催化剂，实验室使用的试剂不用列入清单。（　　）

28. 危险化学品单位应当制定本单位事故应急救援预案，配备应急救援人员和必要的应急救援器材、设备，并不定期组织演练。（　　）

29. 对重复使用的危险化学品的包装物、容器在使用前，不必进行检查。（　　）

30. 危险化学品生产企业发现危险化学品有新的危害特性时，应立即公告并及时修订其安全技术说明书和安全标签。（　　）

31. 危险化学品出入库应进行核查登记。（　　）

32 任何单位和个人可以邮寄危险化学品。（　　）

33.《危险化学品安全生产许可证》有效期是三年。（　　）

34. 采购危险化学品时，根据需要索取安全技术说明书和安全标签。（　　）

35. 只有危险化学品生产企业需要制定事故应急救援预案。（　　）

36. 依法设立的危险化学品生产企业，必须向国务院工商部门申请领取危险化学品生产许可证。（　　）

37. 未取得危险化学品安全生产许可证的，不得从事危险化学品生产活动。（　　）

38. 危险化学品生产企业应当有相应的职业危害防护设施，并为从业人员配备符合有关国家标准或者行业标准规定的劳动防护用品。（　　）

39. 把作业场所和工作岗位存在的危险因素如实告知从业人员，会有负面影响，引起恐慌，增加思想负担，不利于安全生产。（　　）

40. 生产易燃易爆危险物品的单位，对产品应当附有说明书。（　　）

四、简答题

1.《危险化学品安全管理条例》所称的重大危险源是什么？

2. 什么是化学品安全技术说明书？

3. 安全技术说明书内容修订有何规定？

4. 易燃固体、自燃物品火灾处置应特别注意哪些事项？

5. 化学品事故伤员急救有哪些注意事项？

项目四　防火防爆

【应知】

(1)掌握燃烧的必要条件和燃烧的本质,了解燃烧的过程和形式;

(2)理解爆炸的类型和爆炸浓度极限;

(3)熟悉石油化工原料的特性、来源、易发生火灾爆炸的原因;

(4)了解火灾爆炸危险性的分类及危险场所的区域划分;

(5)掌握工艺参数的安全控制方法;

(6)熟悉火灾爆炸危险物质的处理方法;

(7)熟练掌握防火、防爆的控制措施。

【应会】

(1)会判断什么条件下会发生燃烧和爆炸。

(2)能够根据爆炸的因素采取必要的安全措施。

(3)初步具备通过工艺参数的控制来防范火灾爆炸事故的能力。

(4)会各种灭火器的使用。

【项目描述】

在石油化工生产过程中,使用到的原料、中间体和产品很多都是易燃、易爆的物质,同时又经常碰到高温、高压等生产条件,很容易发生火灾、爆炸等安全事故。化工企业本身的特点决定了其火灾爆炸事故发生的可能性比一般企业要高,其危险性和危害性也比一般企业要严重得多。因此,了解石油化工生产的基本特点,做好火源的控制工作对防火防爆有着重要意义。

本项目内容主要包括火灾与爆炸的认识、石油化工生产防火防爆、消防设施的使用与管理三个任务,通过本项目的学习,掌握燃烧与爆炸的基础知识,了解火灾爆炸危险性的分类及危险场所的区域划分,掌握工艺参数的安全控制方法和火灾爆炸危险物质的处理方法,从而初步具有通过工艺参数的控制来防范火灾爆炸事故的能力以及初起火灾的扑救能力。

任务一　火灾与爆炸的认识

【案例导入】

某化工企业车间投料突发大火酿惨剧

一、事故经过

2006年3月2日下午,某化工公司高浓度汽油罐和精醇罐的三车间色漆工段的搅拌工序发生火灾事故。工人在放溶剂(二甲苯)准备投料的过程中,溶剂突然燃烧,顿时燃起熊熊大火,幸无人员伤亡。停产整顿5天,间接损失达500万元以上。由于地处主城区,造成极大的社会影响。

二、事故原因

事后调查发现,事故发生的原因是由于放溶剂过程中未曾接地,产生静电积累,引起溶剂燃烧。

三、事故教训

(1)切实加强对员工相关技能的培训教育。

(2)经常开展对化工生产场所进行有效的安全隐患排查工作。

【相关知识】

知识点1:燃烧与爆炸

一、燃烧

(一)燃烧的定义

燃烧是一种复杂的物理化学变化。燃烧是可燃物与助燃物发生的一种发光发热的氧化还原反应,是在单位时间内放出的热量大于消耗的热量的化学反应。空气与氧气都属于常见的助燃物,但是燃烧反应中的氧化作用不止局限于可燃物与氧的反应,氯气、氮气也可以是氧化剂。

燃烧反应一般具有两个特征:一是有新物质生成,即燃烧是氧化还原反应;二是在燃烧过程中会伴随出现发光发热的现象。

(二)燃烧的条件

燃烧是需要具备一定条件的,可燃物、助燃物与点火源是燃烧的三个条件,也就是通常所说的燃烧三要素,俗称"火三角",只有当三个条件都具备的时候,才能引起燃烧,缺少任一条件,燃烧将无法发生,其关系如图4-1所示。

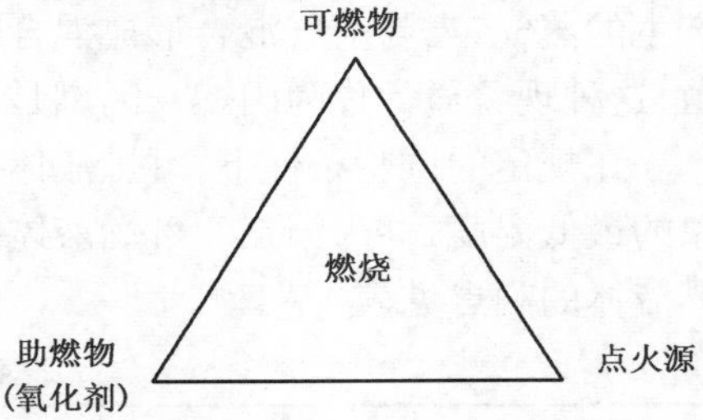

图4-1 燃烧三要素(火三角)

1. 可燃物

通常将所有物质分类为可燃物、难燃物与不可燃物三类。可燃物指在火源作用下可以被点燃,并且当点火源移开后能够继续燃烧直至燃尽的物质。

凡能与空气中的氧或者其他氧化剂发生氧化反应的物质,都可以称为可燃物,按照物理状态可以分成气态、液态、固态三种。气态的有CO、H_2、液化石油气等;液态的有甲醇、乙醇、汽油等;固态的有煤等。

2. 助燃物

凡具有较强氧化能力,能够与可燃物质发生化学反应并引发燃烧的物质,都可称为助燃物。简单地说，就是能够帮助可燃物燃烧的物质。

通常在燃烧反应中的助燃物主要是氧，包含游离态的氧或化合物中的氧。某些其他物质也可作为助燃物，如氟、氯、溴、氯酸钾等。

3. 点火源

点火源又称着火源，指的是凡具有一定能量，能够引起可燃物质燃烧的热能源。化工企业中常见的点火源有明火、化学反应热、热辐射、电火花、化工原料的分解自燃、高温表面、摩擦与撞击、日光照射等。

可燃物、助燃物、点火源是导致燃烧的三个要素，均为必要条件，缺一不可。当该三要素同时存在，燃烧是否能够实现，还需要看是否满足数值上的要求。在燃烧过程中，如果三要素在数值上发生变化，也会导致燃烧速度改变甚至是停止燃烧。

于是，对于可燃物、助燃物，需要达到一定的浓度比例。以燃料在空气中燃烧为例，燃烧过程的化学反应速度是由燃料与空气的浓度所共同决定的，如果其中一个浓度严重下降，都会导致反应速度下降并导致释放的能量及时补偿能量的散失，最终致使燃烧不能发生或终止。

同样，对于点火源，需要其温度或者热量足够大。所以要发生燃烧反应就需要具备一定能量的点火源。触发初始燃烧反应的能量的临界值，即为最小点火能。最小点火能的大小可以反映物质被点燃的难易程度，该数值越小则表明越容易被点燃。如果点火源能量低于最小点火能，则表明无法将该物质点燃。

因此，对于已经进行的燃烧，只需要消除燃烧三要素中的任一条件，或者让其数量或者浓度下降，燃烧便会终止，这也就是灭火的基本原理。

（三）燃烧的类型

根据燃烧要素构成的条件与瞬间发生的特点，燃烧可以分成闪燃、自燃和着火三种类型。

1. 闪燃

在一定温度条件下，易燃、可燃液体（也包括能够蒸发出蒸气的少量可燃固体）表面挥发产生的蒸气，当与空气混合形成混合气体，靠近点火源会发生瞬间燃烧或者产生一闪即灭的火苗，这种现象通常称为闪燃。闪燃是一种瞬间燃烧的现象，往往是着火的先兆。

在规定的试验条件下，可燃液体挥发的蒸气与空气形成的混合气体，接近火源出现闪燃现象的最低温度，称为闪点。可燃液体的闪点越低，越容易着火，其火灾危险性就越大。部分可燃液体的闪点见表 4－1。

表 4－1　部分可燃液体的闪点

液体名称	闪点，℃	液体名称	闪点，℃	液体名称	闪点，℃
甲醇	11	原油	6～32	苯	－14
乙醇	9～11	菜籽油	163	甲苯	4
丙醇	15	二硫化碳	－45	乙苯	15
乙酸	40	乙醚	－45	二甲苯	25～30
乙酸酐	49	丙酮	－20	汽油	－46
乙酸乙酯	－4.5	煤油	28	柴油	60～110

2. 自燃

可燃物质在无外部火花、火焰等点火源的作用下，由于受热或者自身发热并积热不散引起的自然燃烧的现象，都称为自燃。

在一定的条件下，可燃物质发生自燃现象的最低温度，称为自燃点。在这一温度时，可燃物质与空气发生接触，不需要外部明火的作用，就可以产生燃烧。可燃物质的自燃点越低，则发生火灾的危险性就越大。

影响自燃现象发生的主要因素有温度、发热量、表面积、催化物质、导热率、水分、空气的流通速度等，部分可燃物质的自燃点见表4－2。

表4－2　部分可燃物质的自燃点

物质名称	自燃点，℃	物质名称	自燃点，℃	物质名称	自燃点，℃
苯	555	甲醇	455	萘	540
甲苯	535	乙醇	422	二硫化碳	102
乙苯	430	丙醇	405	原油	380～530
二甲苯	465	乙酸	485	汽油	416～530
乙醚	170	乙酸酐	315	煤油	380～425
丙酮	537	乙酸甲酯	475	轻柴油	350～380
重油	380～420	润滑油	300～380	重柴油	300～330

3. 着火

在可燃物质与空气同时存在的情况下，接触比其自燃温度高的点火源，能够发生燃烧，达到某一温度时，可能会产生有火焰的燃烧，在点火源移去后仍然能够持续燃烧的现象，称为着火。这种燃烧是最常见的燃烧现象。

可燃物质开始着火并持续燃烧所需的最低温度，称为燃点，也可称为着火点。

可燃物质的燃点越低，越容易引发燃烧，火灾危险性也就越大，部分可燃物质的燃点见表4－3。

表4－3　部分可燃物质的燃点

物质名称	燃点，℃	物质名称	燃点，℃
木材	250～300	布匹	200
纸张	130～230	橡胶	120
棉花	210～255	黄磷	34
灯油	86	硫磺	255
松花油	53	聚乙烯	400
蜡烛	190	无烟煤	280～500
汽油	427	柴油	220

（四）燃烧的形式

可燃物质按照气体、液体、固体的分类，燃烧的形式也各不相同。

1. 气体燃烧

气体燃烧所需要的热量仅用于可燃气体的氧化或分解，或将气体加热到燃点。因此气体容易燃烧，且燃烧速度也快。

可燃气体一般有 H_2、CO、甲烷、乙烷等;助燃气体有 O_2、Cl_2等。

气体的燃烧形式主要有扩散燃烧和混合燃烧两种。

2. 液体燃烧

可燃液体的燃烧,要复杂一些。有些是可燃液体蒸发出来的蒸气进行燃烧,称为蒸发燃烧。另一些难挥发的可燃液体,受热后分解出的可燃性蒸气进行燃烧,称为分解燃烧。因此可燃液体的燃烧并不是液体本身的燃烧,而是可燃液体蒸气的燃烧。

液体燃烧可以分成扩散燃烧、喷流式燃烧、动力燃烧、沸溢燃烧。

3. 固体燃烧

可燃固体的燃烧可以分成简单可燃固体燃烧、低熔点可燃固体燃烧、高熔点可燃固体燃烧、复杂可燃固体燃烧四种形式。

(1)简单可燃固体燃烧。Na、K、S、P 等都是由单质组成,属于简单可燃固体。在燃烧时,它们需要先受热熔化,蒸发成蒸气状态,然后燃烧,因而这种燃烧属于蒸发燃烧。

(2)低熔点可燃固体燃烧。对于低熔点可燃固体,常温下是固体状态,受热后会发生熔融,然后蒸发成蒸气状态。

(3)高熔点可燃固体燃烧。固体碳与 Al、Mg、Fe 等金属熔点较高,在热源作用下无汽化过程,也不会发生分解,它们的燃烧发生在固体表面与空气接触的部位,产生红热的表面,燃烧温度较高,不出现可见火焰。

(4)复杂可燃固体燃烧。煤、橡胶、纸张、木材等属于复杂可燃固体,这类物质受热时首先分解生成气态或者液态产物,然后该产物的蒸气再发生燃烧反应。

在化工生产火灾事故现场,可燃气体、可燃液体、可燃固体的燃烧都不是孤立的,每种燃烧形式往往都会存在。

(五)热值和燃烧温度

1. 热值

热值是指单位质量或单位体积的可燃物质完全燃烧时所放出的总热量。可燃性固体和可燃性液体的热值以"J/kg"表示,可燃气体(标准状态)的热值以"J/m^3"表示。可燃物质燃烧爆炸时所达到的最高温度、最高压力及爆炸力等均与物质的热值有关。部分物质的热值见表4-4。

表4-4 部分物质的热值和燃烧温度

物质名称	热值		燃烧温度,℃
	10^6 J/kg	10^6 J/m^3	
甲烷	—	39.4	1800
乙烷	—	69.3	1895
乙炔	—	58.3	2127
甲醇	23.9	—	1100
乙醇	31.0	—	1180
丙酮	30.9	—	1000
乙醚	36.9	—	2861

续表

物质名称	热值		燃烧温度,℃
	10^6 J/kg	10^6 J/m^3	
原油	44.0	—	1100
汽油	46.9	—	1200
煤油	41.4~46.0	—	700~1030
氢气	—	10.8	1600
一氧化碳	—	12.7	1680
二硫化碳	14.0	12.7	2195
硫化氢	—	25.5	2110
液化气	—	10.5~11.4	2020
天然气	—	35.5~39.5	2120
硫	10.4	—	1820
磷	25.0	—	—

2. 燃烧温度

可燃物质燃烧时所放出的热量,一部分被火焰辐射散出,而大部分则消耗在加热燃烧上,由于可燃物质所产生的热量是在火焰燃烧区域内析出的,因而火焰温度也就是燃烧温度。部分可燃物质的燃烧温度见表4-4。

二、爆炸

(一)爆炸的定义

爆炸是指在较短的时间和较小的空间内,能量从一种形式转化为另一种或是几种形式,并伴随强烈机械效应的现象。由于爆炸发生时,物质状态会发生急剧变化,压力猛烈增大并会产生巨大的响声。

在化工生产中,一旦发生爆炸,就会酿成伤亡事故,造成人身和财产的巨大损失,使生产受到严重影响。

(二)爆炸的特征

(1)爆炸过程进行的很快。

(2)爆炸点附近瞬间压力会急剧上升,这是爆炸最主要的特征。

(3)瞬间完成能量的释放,周围建筑物或装置往往受到冲击波形式的破坏。

(4)爆炸过程中会发出响声。

(三)爆炸的类型

爆炸可分为物理性爆炸、化学性爆炸以及粉尘爆炸。

1. 物理性爆炸

物理性爆炸是指物质发生物理变化引起的爆炸,在爆炸前后,物质的化学组成及化学性质均不发生改变。物理性爆炸主要是由于系统内物质的温度、体积或者压力等因素发生急剧变化,超过系统所能承受的限度所致。例如蒸汽锅炉、压缩气体、液化气体过压、过热汽化等引起的爆炸。

2. 化学性爆炸

化学性爆炸是在极短的时间内，由于物质发生剧烈的化学变化而造成的爆炸现象。一般发生化学性爆炸的物质是一种相对不稳定的系统，在外界能量作用下，可能会产生急剧的放热反应，产生高温高压和冲击波，从而对周围产生强烈的破坏作用。化学性爆炸前后，物质的化学组成及化学性质均发生改变。例如用来制造炸药的硝化棉在爆炸时放出大量热量，同时生产大量气体（CO、CO_2、H_2和水蒸气等），爆炸时的体积竟会突然增大47万倍，燃烧在万分之一秒内完成，因而会对周围物体产生毁灭性的破坏作用。

根据爆炸时所进行的化学反应，化学性爆炸物质可分为以下几种：

（1）简单分解的爆炸物。这类物质在爆炸时分解为元素，并在分解过程中产生热量。属于此类的物质有乙炔铜、乙炔银、碘化氮、叠氮铅等，这类容易分解的不稳定物质，其爆炸危险性时很大的，受摩擦、撞击、甚至轻微震动即可能发生爆炸。如乙炔银受摩擦或撞击时的分解爆炸反应为：

$$Ag_2C_2 \longrightarrow 2Ag + 2C + Q$$

（2）复杂分解的爆炸物。这类物质包括各种含氧炸药，其危险性较简单分解的爆炸物稍低，含氧炸药在发生爆炸时伴有燃烧反应，燃烧所需的氧由物质本身分解供给。如苦味酸、梯恩梯、硝化棉等都属于此类。

（3）可燃性混合物。可燃性混合物是指由可燃物质与助燃物质组成的爆炸物质。所有可燃气体、蒸气和可燃粉尘与空气（或氧气）组成的混合物均属此类。如一氧化碳与空气混合的爆炸反应为：

$$2CO + O_2 + 3.76N_2 \longrightarrow 2CO_2 + 3.76N_2 + Q$$

这类爆炸实际上是在火源作用下的一种瞬间燃烧反应。通常称可燃性混合物为有爆炸危险的物质，它们只是在适当的条件下（如适当的可燃物质浓度、氧化剂浓度以及点火能量等）才会成为危险的物质。

3. 粉尘爆炸

任何可燃物质，当其成粉尘形式与空气以适当比例混合时，被热、火花、火焰点燃，都能迅速燃烧并引起严重爆炸。如煤矿里的煤尘爆炸，磨粉厂、谷仓里的粉尘爆炸，镁粉、碳化钙粉尘等与水接触后引起的自燃或爆炸等。图4－2为可燃粉尘爆炸现场。

（1）粉尘爆炸的机理。

图4－2　可燃粉尘爆炸现场

粉尘爆炸是因其粒子表面氧化而发生的。其爆炸过程是：当粉尘表面达到一定温度时，由于热分解或干馏作用，粉尘表面会释放出可燃性气体，这些气体与空气形成爆炸性混合物，而发生粉尘爆炸。粉尘爆炸的实质是气体爆炸。

（2）粉尘爆炸的影响因素。

①物理化学性质。燃烧热越大的粉尘越易引起爆炸，例如煤尘、碳、硫等；氧化速率越快的粉尘越易引起爆炸，如煤、燃料等；越易带静电的粉尘越易引起爆炸；粉尘所含的挥发分越多越易引起

爆炸,如当煤粉中的挥发分低于10%时不会发生爆炸。

②粉尘颗粒大小。粉尘的颗粒越小,其比表面积越大,化学活性越强,燃点越低,粉尘的爆炸下限越小,爆炸的危险性越大。爆炸粉尘的粒径范围一般为0.1~100μm。

③粉尘的悬浮性。粉尘在空气中停留的时间越长,其爆炸的危险性越大。粉尘的悬浮性与粉尘的颗粒大小、粉尘的密度、粉尘的形状等因素有关。

④空气中粉尘的浓度。粉尘的浓度通常用单位体积中粉尘的质量来表示,其单位为mg/m^3。空气中粉尘只有达到一定的浓度,才可能会发生爆炸。因此粉尘爆炸也有一定的浓度范围,既有爆炸下限和爆炸上限。一些粉尘的爆炸下限见表4-5。

表4-5 一些粉尘的爆炸下限

粉尘名称	云状粉尘的引燃温度,℃	云状粉尘的爆炸下限,g/m^3	粉尘名称	云状粉尘的引燃温度,℃	云状粉尘的爆炸下限,g/m^3
铝	590	37~50	聚丙烯酸酯	505	35~55
铁粉	430	153~240	聚氯乙烯	595	63~86
镁	470	44~59	酚醛树脂	520	36~49
炭黑	>690	36~45	硬质橡胶	360	36~49
锌	530	212~284	天然树脂	370	38~52
萘	575	28~38	砂糖粉	360	77~99
萘酚染料	415	133~184	褐煤粉	—	49~68
聚苯乙烯	475	27~37	有烟煤粉	595	41~57
聚乙烯醇	450	42~55	煤焦炭粉	>750	37~50

(四)爆炸极限

1.爆炸极限的定义

可燃物质(可燃气体、蒸气或粉尘)与空气(或氧气或氧化剂)在一定的浓度范围内均匀混合,形成预混气体,遇到火源才会发生爆炸,这个浓度范围称为爆炸浓度极限,简称爆炸极限,包括爆炸上限与爆炸下限。其中爆炸上限指可能发生爆炸的最高浓度,爆炸下限指可能发生爆炸的最低浓度。也就是说,并不是在任何浓度下,混合气体遇到火源都会发生爆炸的。

爆炸极限一般用可燃物质在空气中的体积分数(%)表示,也可以用可燃物质的质量分数(g/m^3或mg/L)表示。例如根据实验可知,CO与空气混合的爆炸极限为12.5%~80%,具体情况见表4-6。

表4-6 CO与空气混合的燃爆情况

CO在混合气体中所占体积,%	燃爆情况	CO在混合气体中所占体积,%	燃爆情况
<12.5	不燃不爆	30	燃爆最剧烈
12.5	轻度燃爆	30~80	燃爆逐渐减弱
12.5~30	燃爆逐步加强	>80	不燃不爆

不同可燃物质的爆炸极限是不同的。可燃气体混合物处于爆炸上限或者下限时,爆炸所产生的压力较小,温度较低,爆炸威力程度较小。

可燃气体混合物的爆炸极限范围越大，则其出现爆炸条件的机会越多，于是其爆炸危险性就越大。

一些气体和液体蒸气的爆炸极限见表4－7。

表4－7　一些气体和液体蒸气的爆炸极限

物质名称	爆炸极限(体积分数),%		物质名称	爆炸极限(体积分数),%	
	下限	上限		下限	上限
天然气	4.5	13.5	丙醇	1.7	48.0
城市燃气	5.3	32	丁醇	1.4	10.0
氢气	4.0	75.6	甲烷	5.0	15.0
氨	15.0	28.0	乙烷	3.0	15.5
一氧化碳	12.5	74.0	丙烷	2.1	9.5
二硫化碳	1.0	60.0	丁烷	1.5	8.5
乙炔	1.5	82.0	甲醛	7.0	73.0
氰化氢	5.6	41.0	乙醚	1.7	48.0
乙烯	2.7	34.0	丙酮	2.5	13.0
苯	1.2	8.0	汽油	1.4	7.6
甲苯	1.2	7.0	煤油	0.7	5.0
邻二甲苯	1.0	7.6	乙酸	4.0	17.0
氯苯	1.3	11.0	乙酸乙酯	2.1	11.5
甲醇	5.5	36.0	乙酸丁酯	1.2	7.6
乙醇	3.5	19.0	硫化氢	4.3	45.0

2. 爆炸极限的影响因素

爆炸极限通常是在常温常压等标准状况下测定出来的数据，它不是固定的物理常数。同一种可燃气体、蒸气的爆炸极限也不是固定不变的，它随初始温度、初始压力、惰性介质及杂质含量、容器直径、氧含量、点火源等因素的变化而变化。

(1)初始温度。一般情况下爆炸性混合物的初始温度越高，爆炸极限范围也越大。因此温度升高会使爆炸的危险性增大。

(2)初始压力。一般情况下初始压力越高，爆炸极限范围越大，尤其是爆炸上限显著提高。因此，减压操作有利于减小爆炸的危险性。

(3)惰性介质及杂质含量。一般情况下惰性介质的加入可以缩小爆炸极限范围，当其浓度高到一定数值时可使混合物不发生爆炸。杂质的存在对爆炸极限的影响较为复杂，如少量硫化氢的存在会降低水煤气在空气混合物中的燃点，使其更易爆炸。

(4)容器直径。容器直径越小，火焰在其中越难于蔓延，混合物的爆炸极限范围则越小。当容器直径或火焰通道小到一定数值时，火焰不能蔓延，可消除爆炸危险，这个直径成为临界直径或最大灭火间距。如甲烷的临界直径为0.4～0.5mm，氢和乙炔为0.1～0.2mm。

容器材料也有很大影响，如氢和氟在玻璃器皿中混合，即使在液态空气温度下，置于黑暗处仍可发生爆炸，而在银器中，在一般温度下才能发生爆炸反应。

(5)氧含量。混合物中含氧量增加，爆炸极限范围扩大，尤其是爆炸上限显著提高。

(6)点火源。混合气体的点火源能量、热表面的面积、混合气体与点火源的接触时间长短等,都会对爆炸极限有一定影响。随着能量的增加,加热面积增大,作用时间增加,混合气体中心靠近点火源的位置,爆炸极限范围会增加。

(7)其他因素。其他因素包括可燃气体与空气的混合均匀程度、可燃气体的结构及化学性质、可燃气体的湿度、光的影响等。

知识点2:火灾爆炸危险性分析

一、生产和储存的火灾爆炸危险性分类

为防止火灾和爆炸事故,首先必须了解生产和储存的物质的火灾危险性、发生火灾爆炸事故后火势蔓延扩大的条件等,这是采取行之有效的防火、防爆措施的重要依据。

生产和储存的火灾爆炸危险性分类见表4-8,分类的依据是生产和储存中物质的理化性质。

表4-8　火灾爆炸危险性分类

类别	特　征
甲	(1)闪点<28℃的易燃液体; (2)爆炸下限<10%的可燃气体; (3)常温下能自行分解或在空气中氧化即能导致迅速自燃或爆炸的物质; (4)常温下受到水或空气中水蒸气的作用,能产生可燃气体并能引起燃烧或爆炸的物质; (5)遇酸、受热、撞击、摩擦以及遇有机物或硫磺等易燃无机物,极易引起燃烧或爆炸的物质; (6)受到撞击、摩擦或与氧化剂、有机物接触时能引起燃烧或爆炸的物质; (7)在压力容器内物质本身温度超过自燃点的生产
乙	(1)28℃≤闪点<60℃的可燃、易燃液体; (2)爆炸下限≥10%的可燃气体; (3)助燃气体与不属于甲类的氧化剂; (4)不属于甲类的化学易燃危险固体; (5)排出浮游状态的可燃纤维或粉尘,并能与空气形成爆炸混合物
丙	(1)闪点≥60℃的可燃、易燃液体; (2)可燃固体
丁	具有下列情况的生产: (1)对非燃烧物质进行加工,并在高热或熔化状态下经常产生辐射热、火花、火焰的生产; (2)利用气体、液体、固体作为燃料或将气体、液体进行燃烧作其他用的各种生产; (3)常温下使用或加工难燃烧物质的生产
戊	常温下使用或加工非燃烧物质的生产

生产和储存物品的火灾危险性分类是确定建(构)筑物的耐火等级、布置工艺装置、选择电气设备类型以及采取防火防爆措施的重要依据。

二、爆炸和火灾危险场所的区域划分

爆炸和火灾危险场所的区域划分见表4-9。

表 4-9　爆炸和火灾危险场所区域划分

序号	类别	分级	特征
1	有可燃气体或液体蒸气与空气混合形成爆炸混合物的场所	0 区	正常情况下，能形成爆炸混合物的场所
		1 区	正常情况下不能形成，但在不正常情况下能形成爆炸混合物的场所
		2 区	不正常情况下整个空间形成爆炸混合物可能性较小的场所
2	有可燃粉尘或纤维爆炸混合物的场所	10 区	正常情况下，能形成爆炸混合物的场所
		11 区	仅在不正常情况下才能形成爆炸混合物的场所
3	有火灾危险性的场所	21 区	在生产过程中，生产、使用、储存和运输闪点高于场所环境温度的可燃液体的数量和配置上能引起火灾危险的场所
		22 区	在生产过程中，不可能形成爆炸混合物的可燃粉尘或可燃纤维的数量和配置上能引起火灾危险的场所
		23 区	有固体可燃物质在数量和配置上能引起火灾危险的场所

表中的正常情况包括正常的开车、停车、运转（如敞开装料、卸料等），也包括设备与管线正常允许的泄漏情况。不正常情况则包括装置损坏、错误操作及装置的检修、拆卸、维护不当、泄漏等。

知识点 3：火灾爆炸危险物质的处理

在石油化工生产中，为防止火灾或者爆炸等事故的发生，应该对易引发火灾爆炸的危险物质进行安全有效的处理。

一、用难燃物质代替可燃物质

在石油化工生产中，很多都需要采用有机溶剂，且多为易燃物质。使用难燃或者不燃物质代替易燃物质，可以有效提高操作的安全性。选择燃烧危险性较小的溶剂，沸点与蒸气压是重要的依据。

二、密闭与通风措施

为防止可燃、易燃气体、蒸气或者粉尘与空气混合形成爆炸混合物，设备应该采取密闭措施，特别是对于带压设备更要保证其密闭性。如果出现设备或者管路密闭性不好，正压操作会导致可燃物质泄漏，负压操作则容易进入空气。

为了保证设备的密闭性，对危险设备或系统应尽量少用法兰连接，但要保证安装和检修方便。输送危险气体、液体的管道应采用无缝管。盛装腐蚀性介质的容器底部尽可能不装开关和阀门，腐蚀性液体应从顶部抽吸排出。如设备本身不能密闭，可采用液封。负压操作可防止系统中有毒或爆炸危险性气体逸入生产场所。

在实际生产中，有时候依靠密闭措施无法消除可燃物的存在，可以借助于通风措施来降低车间空气中可燃物的含量。

三、惰性气体保护

所谓的惰性气体是指化学活性差，并且没有燃烧或爆炸危险的气体，包括 N_2、Ar、CO_2、水蒸气等。使用惰性气体主要是为了隔绝空气，稀释容器、管路中的空气或可燃气体、蒸气或粉尘等爆炸性混合物，可以降低系统中的氧含量，缩小乃至消除可燃物质与助燃物质达到的燃爆浓度。

在石油化工生产中，系统中最高允许含氧量决定惰性气体的使用量。不同可燃物质的最高允许含氧量不同，见表4－10。

表4－10　几种可燃物质采用CO_2或N_2稀释时的最高允许含氧量

可燃物质	用CO_2,%	用N_2,%	可燃物质	用CO_2,%	用N_2,%
甲烷	11.5	9.5	乙烯	9	8
乙烷	10.5	9	丙烯	11	9
丙烷	11.5	9.5	甲醇	11	8
丁烷	11.5	9.5	乙醇	10.5	8.5
丙酮	12.5	11	苯	11	9

在使用惰性气体时，一定要注意安全，防止使人窒息。

四、其他措施

对本身具有自燃能力的油脂以及遇空气自燃、遇水燃烧爆炸的物质等，应采取隔绝空气、防水、防潮或通风、散热、降温等措施，以防止物质自燃或发生爆炸。

相互接触能引起燃烧爆炸的物质不能混存，遇酸、碱有分解爆炸的物质应防止与酸、碱接触，对机械作用比较敏感的物质要轻拿轻放。

易燃、可燃气体和液体蒸气要根据它们的密度采取相应的排污方法。根据物质的沸点、饱和蒸气压考虑设备的耐压强度、储存温度、保温降温措施等。根据它们的闪点、爆炸范围、扩散性等采取相应的防火防爆措施。

某些物质如乙醚等，受到阳光作用可生成危险的过氧化物，因此，这些物质应存放于金属桶或暗色的玻璃瓶中。

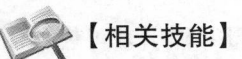

【相关技能】

技能点1:火源的管理与控制

在石油化工生产中，可燃物质与助燃物质的存在是不可避免的，于是火源的控制是防止燃烧与爆炸的重要环节。在石油化工生产中，主要的火源有：明火源、撞击与摩擦、高温表面、电气火花及电弧、日光照射、静电火花等。对火源进行有效分析，并采取相应安全措施，可以消除或者抑制燃烧条件的形成，从而降低或消除火灾事故的危险性。

一、消除和控制明火源

在石油化工生产中，明火源主要指的是生产过程中敞开的火花、火焰等，如加热用火、维修用火以及其他火源。明火源是引发火灾或者爆炸事故的常见原因，必须严加控制。

（一）加热用火的控制

加热易燃液体时，应尽量避免采用明火，而采用蒸汽、过热水、中间载热体或电热等；如果必须采用明火，则设备应严格密闭，并定期检查，防止泄漏。工艺装置中明火设备的布置，应远离可能泄露的可燃气体或蒸汽（气）的工艺设备及储罐区；在积存有可燃气体、蒸汽的地沟、深坑、下水道内及其附近，没有消除危险之前，不能进行明火作业。在确定的禁火区内，要加强管理，杜绝明火的存在。

（二）维修用火的控制

维修用火主要是指焊割、喷灯、熬炼用火等。在有火灾爆炸危险的厂房内，应尽量避免焊割作业，必须进行切割或焊接作业时，应严格执行动火安全规定；在有火灾爆炸危险场所使用喷灯进行维修作业时，应按动火作业制度进行并将可燃物清理干净；对熬炼设备要经常检查，防止烟道串火和熬锅破漏，同时要防止物料过满而溢出，在生产区熬炼时，应注意熬炼地点的选择。

此外，烟囱飞火、机动车的排气管喷火，都可以引起可燃气体、蒸气的燃烧爆炸。要加强对上述火源的监控与管理。

二、防止撞击和控制摩擦

在石油化工生产中，撞击与摩擦是导致火灾或者爆炸事故的原因之一。当两个表面粗糙的坚硬物体相互撞击或者摩擦时，有时会产生高温固体颗粒，形成火花，其所携带热量足以点燃可燃气体、蒸气或者粉尘，因而需要严加控制。

在生产过程中，特别要注意以下几个方面的问题：

（1）设备应保持良好的润滑，并严格保持一定的油位；

（2）搬运盛装可燃气体或易燃液体的金属容器时，严禁抛掷、拖位、震动，防止因摩擦与撞击而产生火花；

（3）防止铁器等落入粉碎机、反应器等设备内因撞击而产生火花；

（4）防爆生产场所禁止穿带铁钉的鞋；

（5）禁止使用铁制工具。

三、防止和控制高温物体作用

所谓的高温物体，一般是指在一定的环境下，能够向可燃物质传递能量并能引发可燃物质燃烧，温度较高的物体。在石油化工生产中，加热装置（加热炉、蒸馏塔等）、高温反应器、高温物料输送管线和机泵等，其表面温度高，散热多，能引发与其接触的可燃物质的燃烧，都属于高温物体。

可燃物的排放要远离高温物体表面，如果高温管线及设备与可燃物装置较接近，高温表面应有隔热措施。加热温度高于物料自燃点的工艺过程，应严防物料外泄或空气进入系统。各种电气设备在设计和安装时，应考虑一定的散热或通风措施，从而防止电气设备因过热而导致火灾爆炸事故。

四、防止电气火花及电弧

电极之间或者带电体与导体之间电压击穿放电，将空气电离形成电流通路，产生电气火花（简称电火花），大量的电火花汇集形成电弧。电火花温度通常很高，特别是电弧，温度可达3600~6000℃，能够引燃绝缘物质，还能引起金属熔化，成为引发火灾或者爆炸的危险火源之一。

电火花分为工作火花和事故火花。工作火花是指电气设备正常工作时或正常操作过程中产生的火花。比如直流电动机电刷与整流片接触处的火花，开关或继电器分合时的火花，短路、熔断丝熔断时产生的火花等。事故火花是线路或设备发生故障时出现的电火花，包括短路、漏电、松动、接地、断线、分离时形成的电火花及变压器、多油断路器等高压电气设备绝缘表面发生的闪络等。事故火花如图 4－3 所示。

图 4－3　事故火花

为了满足石油化工生产的防爆要求，必须选择并安装正确的防爆电气设备。各种防爆电气设备类型及标志见表 4－11。

表 4－11　防爆电气设备类型及标志

类型	标志	类型	标志
隔爆型	d	充油型	o
增安型	e	充砂型	q
正压型	p	特殊型	s
本质安全型	ia 或 ib	无火花型	n
浇封型	m	气密型	h

五、防止静电火花

当两种不同性质的物体接触并发生摩擦时，由于物体对电子的吸力不同，在物体之间发生了电子的转移，一个物体显负电性，另一个物体显正电性。如果物体对大地绝缘，电荷就将停留在物体内部或表面，呈现相对静止的状态，这种电荷即为静电。

防止静电引发事故，需要防止静电产生并及时消除已产生的静电，避免静电积累与静电放电引起易燃易爆物质发生燃烧或者爆炸。

任务二　石油化工生产防火防爆

【案例导入】

装置开工来料串气，引发火灾爆炸造成人员伤亡

一、事故经过

2011 年 5 月 3 日，某公司蜡油催化装置大修改造结束，转入开工阶段。5 月 9 日 16 时 48

分，提升管喷油。17 时 30 分，装置开始产出粗汽油。因吸收稳定系统正在调整，粗汽油自分馏塔顶回流罐（V301）经不合格线进污油罐 G307。18 时 50 分，改进污油罐 G304，随后发现机械呼吸阀声响很大，罐顶多处撕裂、罐底翘起。经调整操作，21 时粗汽油开始进中间原料罐 G203。

5 月 10 日 13 时 10 分，储运部罐区操作人员发现罐 G203（$5000m^3$，内浮顶罐）附近可燃气体报警器报警，同时液位在 6.9 ~ 7.1m 波动，初步判断为来料串气。在操作室西侧二层平台看到罐 G203 透气窗冒出大量油气。正在准备向调度汇报时现场发生闪爆，罐 G203 顶部通风管、罐壁透气窗处起火。操作人员迅速开启罐组消防喷淋并报火警，经消防队奋力扑救，13 时 25 分将火扑灭。

事故造成在路边休息、等待施工的某建安公司 4 名员工，以及从现场路过的某改制单位 3 名员工不同程度烧伤。其中，建安公司员工陈某抢救无效于 11 日中午死亡，其他 6 人在医院接受救治。

二、事故原因

事故直接原因是罐 G203 顶部通气管、透气窗逸出大量油气。油气随风扩散至防火堤外的管线预制施工区，遇点火源而发生油气闪燃。闪燃的明火引燃了罐顶部通气管、透气窗处冒出的油气而发生火灾。经调查，点火源初步判定为施工现场用于干燥焊条的烘箱接触器动作产生火花或发热部件产生的高温。

粗汽油夹带大量轻烃、可燃气的原因分析：

（1）事故发生前吸收稳定系统还没有正常运行，粗汽油中的 C_3、C_4 无法脱除。

（2）气压机凝缩油也被压送到粗汽油中。凝缩油罐液位为手动控制，控制难度大。10 日 13 时左右，装置操作工将气压机凝缩油压送至粗汽油中，凝缩油罐液位降为零，可能造成富气串至粗汽油中（流量计显示，流量突然从 50t/h 上升至 93t/h）。再加上当时气温高达 32℃，轻组分及可燃气从罐顶通气管、罐壁透气窗逸出。

三、事故教训

事故暴露出该公司工艺技术管理存在严重不足，没有针对装置改造、工艺动改内容进行风险评估。装置开工组织也存在漏洞。投用分馏一中回流后，由于带水严重被迫中止，稳定塔缺乏热源而无法正常运行，从而导致粗汽油中轻组分无法脱除，也为事故发生埋下了隐患。

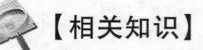

【相关知识】

知识点 1：石油化工原料的来源及特性

一、石油化工原料的来源

石油化工原料包括无机原料和有机原料，就生产程序和使用目的来说可分为起始原料、基本原料、中间原料和助剂四种（表 4 - 12）。

表 4－12　石油化工原料来源及种类

原料	概念	种类
起始原料	经开采、种植、收集等生产劳动获得的天然资源	空气、水、化学矿物、石油、天然气、煤及农林副产品
基本原料	从起始原料经过再加工制得的原料	酸、碱、盐、氧化物、炔烃（乙炔）、烯烃（乙烯、丙烯、丁烯和丁二烯）、芳烃（苯、甲苯、二甲苯）及合成气
中间原料	从基本原料再加工制得的原料	烃类卤化物、含氧衍生物、含硫衍生物、含氮衍生物、含磷衍生物等
助剂	或能赋予产品以特殊的性能，或能节约原料，或能加速反应进程	润滑剂、稳定剂、增塑剂、颜料、染料、抗氧剂、防霉剂、防黏连剂、防雾剂、稀释剂、增溶剂、助燃剂、偶联剂等

二、石油化工原料的特性

石油化工生产包括的行业较多，主要有炼油、化肥、化纤等生产企业。这些企业生产用的原料虽然种类不少，但以液体原料为主，而液体原料又以石油及其产品为代表，就其特性概述见表 4－13。

表 4－13　石油化工原料的特性

特性	概述
易燃易爆	当蒸气和空气混合达到一定浓度范围时，遇火即能爆炸。爆炸的危险性取决于该物质的爆炸下限和爆炸上限范围。物质的爆炸下限越低或爆炸范围越宽，爆炸危险性就越大
易蒸发	如汽油即使在较低的气温下都能蒸发，1kg 汽油大约可以蒸发出 $0.4m^3$ 的汽油蒸气
易受热膨胀	石油化工产品受热后体积膨胀，同时蒸气压增高，若储存于密闭容器，就会造成容器受压，甚至爆裂
易流动扩散	黏度低的产品，流动扩散性强，如果有渗漏，会很快向四周流散，成为火灾危险因素。重质产品的黏度虽然很高，但随着温度的升高，流动扩散性增强，同样可以造成火灾
易突沸	如油品不纯，油中含水或油层中包裹游离状态水分，当水被加热气化，体积增大并以很大的压力急剧冲击液面，把油品带上高空，形成巨大液柱。当油罐发生火灾时，辐射热向四周扩散，加热油品液面，到沸点时也可油品溢出
易产生静电	石油化工产品沿着管道流动与管道壁摩擦，或者运输过程中因受到震荡与车、船罐壁冲击时，都会产生静电，由于电阻率高，导电性能差，所产生的静电极不易散失

知识点 2：石油化工原料及产品的火灾危险性

按照火灾、爆炸危险的性质，石油化工原料可分为爆炸性物质、氧化剂、可燃气体、自燃性物质、遇水燃烧物质、易燃与可燃液体、易燃与可燃固体七大类。

一、爆炸性物质

凡是受热、摩擦、撞击或受到一定能量激发作用，能瞬间发生单分解或复分解化学反应，并在极短时间内放出大量能量的物质，统称为爆炸性物质。例如三硝基苯、硝化甘油等属爆炸性化合物；黑色火药、硝铵炸药等属爆炸性物质。

二、氧化剂

凡是具有较强烈的氧化性能，易得到电子，分解温度在 500℃ 以下，遇酸、遇碱、潮湿、强烈摩擦、冲击或与易燃物、还原剂等接触，能发生化学反应并引起燃烧或爆炸的物质叫氧化剂，例如过氧化钠、高锰酸钾等。

氧化剂是一种危险性很大的化工原料，在生产中用途较广，因此，了解其性能对安全防火意义重大。

无机氧化剂虽然本身不燃不爆，但受热或撞击、摩擦时，易分解出氧，如接触易燃物质、有机物，特别是与木炭粉、硫磺粉等混合时，易引起燃烧爆炸。有机氧化剂大部分不但是氧化剂，而且本身还具有燃烧和爆炸性，所有有机氧化剂在储运中必须采取相应的防火、防爆和隔离措施。

三、可燃气体

凡遇火、受热或与氧化剂接触能着火或爆炸的气体，统称可燃气体。例如，氢气、甲烷、乙烯、乙炔、环氧乙烷、氯乙烯、水煤气和天然气等。

四、自燃性物质

凡是不需要用火作用，由于自身受空气氧化或受外界温度、湿度影响，能够自燃的物质，叫作自燃性物质。例如，黄磷、三乙基铅、硝化棉、铝铁溶剂和含有油脂的物品、油纸、油布等。

自燃性物质的自燃点一般都在200℃以下。引起自燃的热量来源，主要是自燃物质接触空气中的氧，并与其发生化学反应而产生热量，或外界热源供给热量。这些热量如果散发不出去，便会聚集起来，使自身温度升高，引起自燃。

五、遇水燃烧物质

凡遇水或潮湿空气能分解产生可燃气体，并放出热量而引起燃烧或爆炸的物质叫作遇水燃烧物质。例如，锂、钠、钾、锶、保险粉、金属钙、氢化铝、锌粉、三异丁基铝等。

遇水燃烧物质的共性是：遇水能发生剧烈反应，放出可燃气体，同时产生一定的热量，当热量达到可燃气体的自燃点或可燃气体接触火源时，会立即燃烧或爆炸。这类物质不能用水扑灭。

遇水燃烧物质除遇水能发生反应外，遇到酸或氧化剂也能发生反应，而且比遇水发生的反应更为剧烈，危险性也更大。

六、易燃与可燃液体

在可遇见的使用条件下能产生可燃蒸气或薄雾，闪点低于45℃的液体称为易燃液体。凡遇火、受热或与氧化剂接触能着火或爆炸的液体，都称为可燃液体，一般闪点大于或者等于45℃而低于120℃。

在储存、运输和使用易燃与可燃液体时，还必须了解其物理和化学性质，如爆炸极限、沸点、密度、带电性、毒害性等，以便安全储存、运输和使用。

七、易燃与可燃固体

凡遇火、受热、撞击、摩擦或与氧化剂接触能着火的固体物质，统称为易燃与可燃固体。

化工生产中，易燃固体主要是合成橡胶、合成纤维、沥青、石蜡等。

知识点3:工艺参数的安全控制与管理

石油化工工艺参数主要指温度,压力,投料的速度、配比、顺序、投料量,物料的纯度以及溢料和泄露等。工艺参数的失控,不但会破坏平稳的生产过程,还常常会导致火灾、爆炸等事故,所以严格控制工艺参数,使之处于安全限度内,是实现石油化工安全生产的基本保证。

一、温度控制

温度是石油化工生产的主要控制参数之一,不同的化学反应过程都有其最适宜的反应温度,不同的机械、仪表设备也有其使用的最高和最低允许温度,不同的物料也有其储存和使用的温度范围。在进行化学反应装置设计时,按照一定的目标并考虑到多种因素设计了最佳反应温度,这个工艺温度一定是一个稳定的定态温度,只有严格按照这个温度操作,才能获得最大的生产效益,并且有利于预防火灾、爆炸等事故的发生。因此,正确控制反应温度不仅是工艺的要求,也是石油化工生产安全所必需的。

在石油化工生产过程中,如果超温,反应物有可能加剧反应,造成压力升高而发生爆炸,也可能因为温度过高产生副反应,生成新的危险物。升温过快、温度过高或冷却降温等会造成设施发生故障,还可能引起剧烈反应发生冲料或爆炸。温度过低会造成反应速率减慢或停滞,一旦反应温度恢复正常,过多的未反应物料会发生剧烈反应而引起爆炸。温度过低还会使某些物料冻结,造成管路堵塞或破裂,致使易燃物泄漏而发生火灾、爆炸等事故。因此,温度控制对于石油化工安全生产具有重要意义,在操作中必须注意以下几个问题。

(一)除去反应热

化学反应一般都伴随有热效应,放出或吸收一定热量。大多数反应均是放热反应。为了使反应在一定温度下进行,必须从反应系统中移出一定的热量,以免因过热而发生危险。除去反应热的方法主要有三种:

(1)使用流动介质利用热量传递将反应器内热量带走。

(2)加入其他介质(如水蒸气),利用其吸热作用带走部分反应热。

(3)采用一些特殊结构的反应器或在工艺上采取措施。如合成甲醇的反应中,在反应器内装配热交换器,混合合成气分两路,其中一路通过控制流量来控制反应温度。

(二)防止搅拌中断

化学反应过程中,搅拌可以加速热量的传递,使反应物料温度均匀,防止局部过热。如果出现搅拌中断,会造成散热不良或局部反应剧烈而发生危险。反应时一般应先投入一种物料再开始搅拌,然后按规定的投料速度投入另一种物料。生产过程中必须采取措施防止由于停电、搅拌器脱落导致的搅拌中断,例如采取双路供电、增设人工搅拌装置、自动停止加料设置及有效的降温手段等。

(三)正确选择传热介质

石油化工生产中常用的热载体有水蒸气、热水、过热水、碳氢化合物(如矿物油、二苯醚等)、熔盐、烟道气及熔融金属等。使用热载体时应避免使用和反应物料性质相抵触的介质。例如,不能用水来加热或冷却环氧乙烷,因为极微量水也会引起液体环氧乙烷自聚发热而爆炸。

（四）防止传热面结疤

在石油化工生产中，设备传热面结疤现象是普遍存在的。结疤不仅影响传热效率，更危险的是在结疤处易形成局部过热点，使物料分解而引起爆炸。换热器内的流体宜采用较高流速，不仅可以提高传热效率，而且可以减少污垢在换热管表面的沉积。

二、压力控制

石油化工生产中为达到加速化学反应、提高平衡转化率等目的，普遍采用加压或负压操作，使用的反应设备大部分是压力容器。加压或负压操作的主要危险有：加压能够强化可燃物料的化学活性，扩大爆炸极限的范围；久受高压作用的设备容易脱碳、变形、渗漏，以致破裂和爆炸；高压可燃气体若从设备、系统的连接薄弱处泄漏，极易导致火灾爆炸。负压操作时，空气容易渗入设备内与可燃物料形成爆炸性混合物。

严格控制压力的基本措施在于必须保证受压系统中的所有设备和管道等的设计耐压强度和气密性；必须有安全阀等泄压设施。必须按照有关规定正确选择、安装和使用压力计，并保证其运行期间的灵敏性、准确性和可靠性。

三、投料控制

石油化工生产中，投料的速度、配比、顺序、投料量等因素将影响反应速率、放热速率和产物的生成。正确控制投料的速度、配比、顺序、投料量等因素是石油化工安全生产的必然要求。

（一）投料速度控制

投料速度过快，会使设备的移热速率随时间的变化率小于反应的放热速率随时间的变化率，出现完全偏离定态的操作，导致温度失去控制，可能引起物料的分解、突沸而发生事故；投料速度过快还可能造成尾气吸收不完全，引起毒气和易燃气体外移，导致事故。投料速度过慢，往往造成物料积累，温度一旦适宜，反应便会加剧进行，使反应放热不能及时导出，温度及压力超过正常指标，造成事故。

（二）投料配比控制

能避免形成爆炸混合物的生产，其配比必须严格控制在爆炸极限范围以外，否则将发生燃烧爆炸事故。催化剂对化学反应的速率影响很大，如果催化剂过量，反应剧烈进行可能发生危险。为保证安全，应设置连锁装置，并尽量减少开停车的次数。

（三）投料顺序控制

石油化工生产中，必须按照一定的顺序投料，否则就容易发生爆炸事故。为了防止误操作，造成颠倒程序投料，可将进料阀门进行连锁控制。

（四）投料量控制

石油化工反应设备都有一定的安全容积，带有搅拌器的反应设备要考虑搅拌开动时的液面升高；储罐、气瓶要考虑温度升高后液面或压力的升高。若投料量过多，超过安全容积系数，往往会引起溢料或超压。而投料量过少，可能使温度计接触不到液面，导致温度出现假象，由于判断错误而发生事故。

（五）副反应控制

在反应过程中要防止副反应的发生，许多副产物不稳定，容易造成安全事故。

四、原料纯度控制

反应物料中危险杂质的增加可能会导致副反应或过反应而引起火灾或爆炸事故，对于石油化工原料及产品，纯度和成分是质量要求的重要指标，对生产和管理安全也有重要影响。对生产原料、中间产品及成品应有严格的质量检验制度，以保证原料的纯度。杂质一定要清除干净，符合要求后才能投料生产。

五、溢料和泄漏控制

溢料主要是指化学反应过程中由于加料、加热速度过快产生液沫而引起的物料溢出，或由于泡沫夹带引起的可燃物料溢出，在连续封闭的生产过程中，溢料容易引起冲浆、液泛等操作事故。在进行工艺操作时，应充分考虑物料的构成、反应温度、投料速度以及消泡剂用量、质量等。

石油化工生产中的大量物料泄漏可能会造成严重后果。特别要防止易燃、易爆物料渗入保温层，由于保温材料多数为多孔和易吸附性材料，容易渗入易燃、易爆物，在高温下达到一定浓度或遇到明火时，就会发生燃烧爆炸。可从工艺指标控制、设备结构形式等方面采取相应措施。如重要部位采取两级阀门控制；对于危险性大的装置设置远距离遥控断路阀，以备一旦装置异常，立即和其他装置隔离；为了防止误操作，重要控制阀的管线应涂色，以示区别或挂标志，加锁等；此外，仪表配管也要以各种颜色加以区别，各管道上的阀门要保持一定距离。

六、自动控制与安全保护装置

（一）自动控制

石油化工自动化生产中，大多是对连续变化的参数进行自动调节。对于在生产控制中要求一组机构按一定的时间间隔做周期性动作，就可采用自动控制系统来实现。它主要是由程序控制器按一定时间间隔发出信号，驱动执行机构动作。

（二）安全保护装置

1. 信号报警装置

石油化工生产中，在出现危险状态时信号报警装置可以警告操作者，及时采取措施消除隐患。需要注意的是，信号报警装置只能提醒操作者注意已发生的不正常情况或故障，但不能自动排除故障。

2. 保险装置

在发生危险状况时，保险装置能自动消除不正常状况。如锅炉、压力容器上装设的安全阀和防爆片等保险装置。

3. 安全联锁装置

所谓联锁就是利用机械或电气控制依次接通各个仪器及设备，并使之彼此发生联系，达到安全生产的目的。

安全联锁装置是对操作顺序有特定安全要求，防止误操作的一种安全装置，有机械联锁和电气联锁。例如，需要经常打开的带压反应器，开启前必须将反应器内压力排除，而经常连续操作容易出现疏忽，因此可将打开孔盖与排除器内压力的阀门进行联锁。

石油化工生产中,常见需要安全联锁装置的有以下几种情况:

(1)同时或依次放两种液体或气体时;

(2)在反应终止需要惰性气体保护时;

(3)打开设备前预先解除压力或需要降温时;

(4)当两个或多个部件、设备、机器由于操作错误容易引起事故时;

(5)当工艺控制参与达到某极限值,开启处理装置时;

(6)某危险区域或部位禁止人员入内时。

例如,在硫酸与水的混合操作中,必须首先往设备中注入水再注入硫酸,否则将会发生喷溅和灼伤事故。将注水阀和注酸阀依次联锁起来,就可达到此目的。如果只凭工人记忆操作,很可能因为疏忽而将顺序颠倒,从而导致事故的发生。

知识点4:火灾及爆炸蔓延控制

安全生产首先是防患于未然,预防是第一位的。一旦发生事故,则应有相应的预案使事故控制在最小范围内,使损失最小化。

一、安全防范设计

火灾及爆炸蔓延的控制在设计时就应重点考虑。对工艺装置的布局设计、建筑结构及防火区域的划分,不仅要有利于工艺要求、运行管理,而且要符合事故控制要求,把事故控制在局部范围内。

为了限制火灾蔓延及减少爆炸损失,厂址选择及防爆厂房的布局和结构应按照相关要求建设,如根据所在地区主导风的风向,把火源置于易燃物质可能释放点的上风侧,为人员、物料和车辆流动提供充分的通道,厂址应靠近水量充足、水质优良的水源等。石油化工企业应根据我国《建筑设计防火规范》,建设相应等级的厂房;采用防火墙、防火门、防火堤对易燃易爆的危险场所进行防火分离,并确保防火间距。石油化工生产中,因某些设备与装置危险性较大,应采取分区隔离、露天布置和远距离操纵等措施。

(一)分区隔离

在总体设计时,应慎重考虑危险车间的布置位置。按照国家的有关规定,危险车间与其他车间或装置应保持一定的间距,充分估计相邻车间建(构)筑物可能引起的相互影响。对个别危险性大的设备,可采用隔离操作和防护屏的方法使操作人员与生产设备隔离。例如,合成氨生产中,合成车间压缩岗位的布置。

在同一车间的各个工段,应视其生产性质和危险程度而予以隔离,各种原料成品、半成品的储藏,也应按其性质、储量不同而进行隔离。

(二)露天布置

为了便于有害气体的散发,减少因设备泄漏而造成易燃气体在厂房内积聚的危险性,宜将这类设备和装置布置在露天或半露天场所。如氮肥厂的煤气发生炉及其附属设备,加热炉、炼焦炉、气柜、精馏塔等。石油化工生产中的大多数设备都是在露天放置的。在露天场所应注意气象条件对生产设备、工艺参数和工作人员的影响,如应有合理的夜间照明,夏季防晒防潮气腐蚀,冬季防冻等措施。

(三)远距离操纵

在石油化工生产中,大多数的连续生产过程,主要是根据反应进行情况和程度来调节各种阀门,而某些阀门,操作人员难以接近,开闭又较费力,或要求迅速启闭,以及热辐射高的设备及危险性大的反应装置,都应采取远距离操纵。远距离操纵的方法有机械传动、气压传动、液压传动和电动操纵。

二、防火与防爆安全装置

(一)阻火装置

阻火装置的作用是防止外部火焰窜入有火灾爆炸危险的设备、管道、容器,或阻止火焰在设备或管道间蔓延。

1. 阻火器

阻火器的工作原理是使火焰在管中蔓延的速度随着管径的减小而减小,最后达到一个火焰不蔓延的临界直径。

阻火器常用在容易引起火灾爆炸的高热设备和输送可燃气体、易燃液体蒸气的管道之间,以及可燃气体、易燃液体蒸气的排气管上。阻火器有金属网、砾石和波纹金属片等形式。阻火器如图4-4所示。

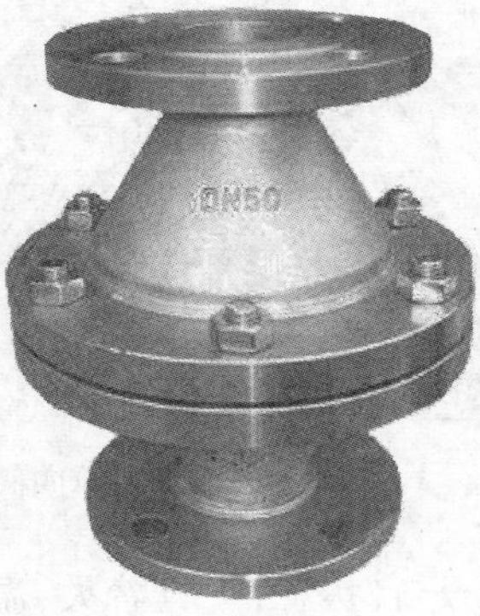

图4-4 阻火器

2. 安全液封

安全液封的阻火原理是把液体封在进出口之间,一旦液封的一侧着火,火焰都将在液封处被熄灭,从而阻止火焰蔓延。安全液封一般安装在气体管道与生产设备或气柜之间。一般用水作为阻火介质。

安全液封常用的结构形式有敞开式和封闭式两种,其结构如图4-5所示。

水封井是安全液封的一种,设置在有可燃气体、易燃液体蒸气或油污的污水管网上,以防止燃烧或爆炸延管网蔓延,水封井的结构如图4-6所示。

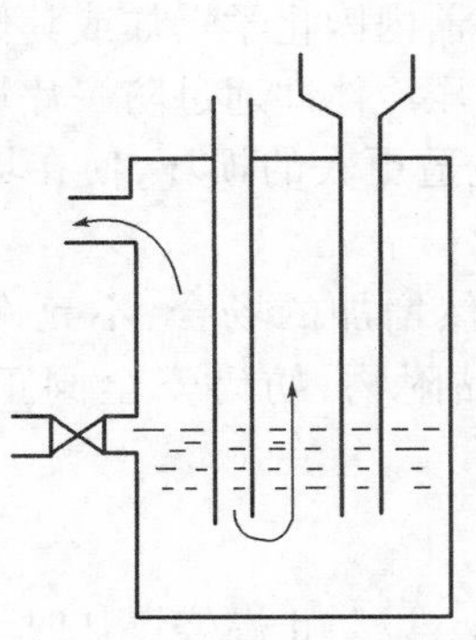
图4-5 安全液封示意图

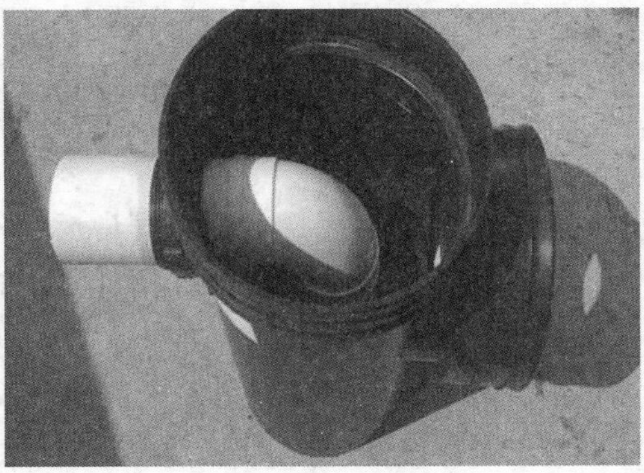
图4-6 水封井

安全水封使用的安全要求如下:

(1)使用安全水封时,应随时注意水位不得低于水位阀门所标定的位置。但水位也不应过高,否则除了可燃气体通过困难外,水还能随可燃气体一道进入出气管。每次发生火焰倒燃后,应随时检查水位并补足。安全液封应保持垂直位置。

(2)冬季使用安全水封时,在工作完毕后应把水全部排出、洗净,以免冻结。如发现冻结现象,只能用热水或蒸汽加热解冻,严禁用明火烘烤。为了防冻,可在水中加少量食盐以降低冰点。

(3)使用封闭式安全水封时,由于可燃气体中可能带有黏性杂质,使用一段时间后容易黏附在阀和阀座等处,所以需要经常检查逆止阀的气密性。

3. 单向阀

图4-7　单向阀

单向阀又称止逆阀、止回阀(图4-7),其作用是仅允许流体向一定方向流动,遇有回流即自动关闭。单向阀常用于防止高压物料窜入低压系统,也可用作防止回火的安全装置,如液化石油气瓶上的调压阀就是单向阀的一种。

生产中用的单向阀有升降式、摇板式、球式等。

4. 阻火阀门

阻火阀门是为防止火焰沿通风管道蔓延而设置的阻火装置。正常情况下,阻火阀门受易熔合金元件控制处于开启状态,一旦着火,温度升高,易熔合金熔化,阀门失去控制,受重力作用而自动关闭。

(二)防爆泄压装置

系统内一旦发生爆炸或压力骤增时,可以通过防爆泄压装置来释放能量,以减小巨大压力对设备的破坏或爆炸事故的发生。

1. 安全阀

安全阀是为了防止设备或容器内非正常压力过高引起物理性爆炸而设置的。当设备或容器内压力升高超过一定限度时安全阀能自动开启,排放部分气体,当压力降至安全范围内再自行关闭,从而实现设备和容器内压力的自动控制,防止设备和容器的破裂爆炸。

2. 防爆片

防爆片是通过法兰装在受压设备或容器上。当设备或容器内因化学爆炸或其他原因产生过高压力时,防爆片作为人为设计的薄弱环节将自行破裂,高压流体即通过防爆片从放空管排出,使爆炸压力难以继续升高,从而保护设备或容器的主体免遭更大的损坏,使在场的人员不致遭受致命的伤亡。

防爆片一般应用在存在爆燃危险或异常反应使压力骤然增加的场合,不允许介质有任何泄漏的场合以及内部物料易因沉淀、结晶、聚合等形成黏附物,妨碍安全阀正常动作的场合。

3. 防爆门

防爆门一般设置在燃油、燃气或燃烧煤粉的燃烧室外壁上,以防止燃烧爆炸时设备遭到破坏。防爆门的总面积一般按燃烧室内部净容积 $1m^3$ 不少于 $250cm^3$ 计算。为了防止燃烧气体喷出时将人烧伤,防爆门应设置在人们不常到的地方,高度不低于2m。

4. 放空管

在某些极其危险的设备上,为防止可能出现的超温、超压而引起爆炸的恶性事故的发生,可设置自动或手控的放空管以紧急排放危险物料。

【相关技能】

技能点1:阻火器的选用、安装及维护

一、阻火器的选用

(1)所选用的阻火器,其安全阻火速度应大于安装位置可能达到的火焰传播速度。

(2)与燃烧器连接的可燃气体输送管道,在无其他防回火设施时,应设阻火器。

(3)阻止以亚音速传播的火焰,应使用阻爆燃型阻火器,其安装位置宜靠近火源。

(4)阻止以音速或超音速传播的火焰应使用阻爆轰型阻火器,其安装位置应远离火源。

(5)在寒冷地区使用的阻火器,应选用部分或整体带加热套的壳体,也可采用其他伴热方式。

(6)在特殊情况下,可根据需要选用设有冲洗管、压力计、温度计、排污口等接口的阻火器。

(7)安装于管端的阻火器,当公称直径小于 DN50 时宜采用螺纹连接;当公称直径大于或等于 DN50 时,应采用法兰连接。

(8)安装于管道中的阻火器,应采用法兰连接。

(9)安装于管端的阻火器,应带有可自动开启的防雨通风罩。

(10)储罐之间气相连通管道各支管上的阻火器应选用阻爆轰型。

(11)储罐顶部的油气排放管道,应在与罐顶的连接处选用阻爆轰型阻火器。

(12)储罐顶部保护性气体及油气排放管道的集合管上应选用阻爆轰型阻火器。紧急放空管应设置阻爆燃型阻火器。

(13)可燃气体放空管道在接入火炬前,若设置阻火器时,应选用阻爆轰型阻火器。

二、阻火器的安装

(1)摘除所有法兰的保护盖和抛弃所有包装材料。

(2)检查阀座以及阀座表面的配套法兰垫片。它必须是清洁、平整、无划痕、耐腐蚀、无工具痕迹。

(3)检查垫片,确保材料是适合于应用的。

(4)用适当的螺纹润滑剂润滑所有螺柱和螺母。如果紧固件是高温或不锈钢材料则使用反抓住化合物,如二硫化钼。

(5)螺栓环内垫片。

(6)设置阻火器壳体法兰与管线法兰对接,要注意阻火元件的提升手柄与顶螺母位置,方便未来摘除阻火器的元件。

典型管道阻火器的安装图如图 4－8 所示。

三、阻火器的维护

(1)为了确保阻火器的性能达到使用目的,在安装阻火器前,必须认真阅读厂家提供的说明书,并仔细核对标牌与所装管线要求是否一致。

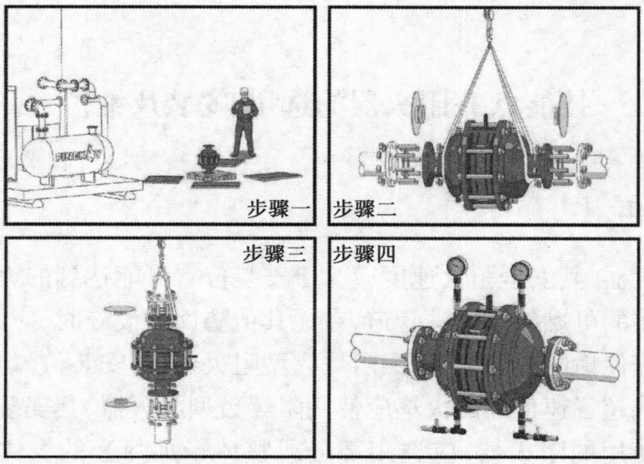

图 4－8　典型管道阻火器的安装图

(2)阻火器上的流向标记必须与介质流向一致。

(3)每隔半年应检查一次。检查阻火层是否有堵塞、变形或腐蚀等缺陷。

(4)被堵塞的阻火层应清洗干净,保证每个孔眼畅通,对于变形或腐蚀的阻火层应更换。

(5)清洗阻火器芯件时,应采用高压蒸汽、非腐蚀性溶剂或压缩空气吹扫,不得采用锋利的硬件刷洗。

(6)重新安装阻火层时,应更新垫片并确认密封面已清洁和无损伤,不得漏气。

任务三　消防设施的使用与管理

【案例导入】

某化学有限公司“8·31”重大爆炸事故

一、事故经过

2015 年 8 月 31 日,某化学有限公司新建年产 2×10^4t 改性型胶黏新材料联产项目二胺车间混二硝基苯装置在投料试车过程中发生重大爆炸事故,造成 13 人死亡,25 人受伤,直接经济损失 4326 万元。

2015 年 8 月 31 日 16 时,经两次投料失败后第三次投料生产。车间人员在硝化装置二层用胶管插入硝化再分离器上部观察孔中,试图利用“虹吸”方式将混二硝基苯吸出,但未成功。之后又将硝化再分离器下部物料放净管道(DN50)上的法兰(位置距离地面约 2.5m 高)拆开,此后装置二层的操作人员打开了位于装置二层的放净管道阀门,硝化再分离器中的物料泄出,物料冒烟,部分人员撤离。放料 2～3min 后,预洗机与硝化再分离器中间部位出现直径 1m 左右的火焰。23 时 19 分 30 秒硝化装置发生爆炸。

二、事故原因

（一）直接原因

车间负责人违章指挥，安排操作人员违规将存在强氧化剂的混二硝基苯排向地面，物料受到冲击力起火燃烧，使设备中物料温度升高爆炸。

（二）间接原因

该公司安全生产法制观念和安全意识淡漠，无视国家法律，安全生产主体责任不落实，项目建设和试生产过程中，存在严重的违法违规行为。

(1)违法建设，违规投料试车，违章指挥，强令冒险作业。

(2)安全防护措施不落实。事故装置相关配套设施未建成，安全设施设备未全部投用，投用的安全设施设备未处于正常运行状态；未按相关规定，对建设项目安全设施进行检验、检测，安全设施不能满足安全要求。

(3)安全管理混乱。安全生产管理机构及人员配备未达标，安全管理制度不健全，安全生产责任制不完善，工作规程不规范。

(4)负有安全生产监督管理责任的有关部门履行安全生产监管职责不到位。地方政府安全生产监管职责落实不力。

三、事故教训

(1)加强危险化学品建设项目的安全管理。

(2)严格从业人员的准入条件。

(3)强化企业安全生产基础工作。

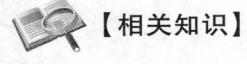

【相关知识】

知识点1：灭火的方法

一、火灾的分类

不同类型的火灾其灭火方法也不相同，因此对火灾预防应建立在合理的分类基础上。GB/T 4968—2008《火灾分类》根据物质燃烧特性将火灾分为六类：

A类火灾：固体物质火灾。这种物质通常具有有机物性质，一般在燃烧时能产生灼热的余烬，如木材、棉、毛、麻等火灾。

B类火灾：液体或可熔化的固体物质火灾，如汽油、煤油、原油、甲醇、乙醇、沥青、石蜡等火灾。

C类火灾：气体火灾。如煤气、天然气、甲烷、乙烷、丙烷、氢气等火灾。

D类火灾：金属火灾，如钾、钠、镁、铣、铁、锌、铝镁合金等火灾。

E类火灾：带电火灾。物体带电燃烧的火灾，例如发电机房、变压器室、配电间、仪器仪表间和电子计算机房等在燃烧时不能及时或不宜断电的电气设备带电燃烧的火灾等，具有燃烧猛烈、蔓延迅速、烟雾大、伴有毒气、容易触电等特性。

F 类火灾:烹饪器具内的烹饪物(如动植物油脂)火灾。

二、灭火的基本方法

灭火方法归纳起来可分为如下 4 大类。

(一)隔离法

隔离法是将正在燃烧的物质和周围未燃烧的可燃物质隔离或移开,中断可燃物质的供给,使燃烧因缺少可燃物而停止。具体方法有:

(1)把火源附近的可燃、易燃、易爆和助燃物品搬走;

(2)关闭可燃气体、液体管道的阀门,以减少和阻止可燃物质进入燃烧区;

(3)设法阻拦流散的易燃、可燃液体;

(4)拆除与火源相毗连的易燃建筑物,形成防止火势蔓延的空间地带。

(二)窒息法

窒息法是阻止空气流入燃烧区或用不燃烧区或用不燃物质冲淡空气,使燃烧物得不到足够的氧气而熄灭的灭火方法。具体方法是:

(1)用沙土、水泥、湿麻袋、湿棉被等不燃或难燃物质覆盖燃烧物;

(2)喷洒雾状水、干粉、泡沫等灭火剂覆盖燃烧物;

(3)用水蒸气或氮气、二氧化碳等惰性气体灌注发生火灾的容器、设备;

(4)密闭起火建筑、设备和孔洞;

(5)把不燃的气体或不燃液体(如二氧化碳、氮气、四氯化碳等)喷洒到燃烧物区域内或燃烧物上。

窒熄灭火注意事项:窒息法是靠火焰自身燃烧消耗氧气而降低氧气浓度,如果着火空间较大,则消耗过程产生热量很大,窒息可能效果不明显。

(三)冷却法

冷却法是将灭火剂直接喷洒或喷射到燃烧物体上,降低燃烧物质的温度至燃点以下,使燃烧过程停滞或减缓,水是最常用的冷却灭火剂。

(四)化学中断法

化学中断法是通过减少燃烧过程中的自由基,降低燃烧速度而达到灭火的目的,卤代烷烃等物质为最常见的化学中断灭火剂。

知识点 2:灭火剂

灭火剂是指够有效地在燃烧区破坏燃烧条件,达到抑制燃烧或中止燃烧的物质。按照灭火剂的灭火机理可分为物理灭火剂(水、CO_2和 N_2等惰性气体)和化学灭火剂(卤代烷、干粉等)。按照它们的物理状态,也可分为气体灭火剂(卤代烷、CO_2等),液体灭火剂(水、泡沫、7150 等)和固体灭火剂(干粉、烟雾等)。

一、水与水蒸气

水是最常用的灭火剂,水具有较高的比热和汽化热,因此可以起到很好冷却降温的效果,还能隔绝空气实现窒息灭火,还可以加入其他物质,提高灭火效率。

水在不同的环境下有着不同的应用，按照其形态可以分为直流水、开花水、水雾以及水蒸气灭火。

（1）直流水是指直流水枪喷出的密集水流，具有射程远、冲击力强的特点。开花水是由开花水枪喷出的滴状水流。直流水和开花水主要用于扑灭固体火灾，也可以用来扑灭闪点在120C°以上、常温下呈半凝固状态的重油火灾，以及石油和天然气井喷火灾。但不能用来扑救遇水燃烧物质的火灾，电气火灾，轻于水且不溶于水的可燃液体火灾以及储存大量浓硫酸、浓硝酸、浓盐酸等场所的火灾。高温状态的化工设备也不能用水扑救，防止退冷水后骤冷引起形变或爆裂。此外，直流水可将粉尘吹起，因此也不能用来扑救有可燃粉尘聚集的厂房和车间的火灾。

（2）水雾灭火是利用水雾喷头在一定水压下将水流分解成细小水雾滴进行灭火或防护冷却的一种固定式灭火技术。

（3）水蒸气灭火常常被用在能获得足够数量蒸汽并能达到要求压力的地方，主要利用水蒸气排挤氧气达到灭火的目的。

二、泡沫灭火剂

泡沫灭火剂是将泡沫剂水溶液与空气或二氧化碳气混合形成。泡沫灭火剂按制取方法可分为化学泡沫灭火剂和空气泡沫灭火剂两大类。化学泡沫是通过硫酸铝和碳酸氢钠的水溶液发生化学反应，产生二氧化碳，形成泡沫，该泡沫灭火剂的性能、稳定性能较差，配置复杂昂贵。空气泡沫是由含有表面活性剂的水溶液在泡沫发生器中通过机械作用而产生的，也称为空气机械泡沫，是应用最为广泛泡沫灭火剂，该灭火剂又可根据发泡倍数、泡沫剂种类的不同分类，见表4－14。

表4－14　泡沫灭火剂的分类

泡沫灭火剂	化学泡沫灭火剂		
	空气泡沫灭火剂	高倍数（发泡倍数200～1000）	
		中倍数（发泡倍数20～200）	
		低倍数（发泡倍数＜20）	蛋白泡沫 氟蛋白泡沫 水成膜泡沫 抗溶性泡沫

泡沫灭火剂主要用于扑救各种不溶于水的可燃、易燃液体火灾，也可用来扑救木材、纤维、橡胶等固体的火灾。高倍数泡沫通常为特用灭火剂，如扑救船舶火灾、矿井水灾，消除放射性污染等。由于泡沫灭火剂中含一定量的水，所以不能用来扑救带电设备及遇水燃烧物质引起的火火。

三、惰性气体

惰性气体灭火剂常使用二氧化碳、氮气、水蒸气，较少使用氦、氩气以及一些其他气体。惰性气体通过降低单位体积中可燃物和氧化剂分子的浓度或者增大导热性，达到降低燃烧区温度、窒息燃烧物的目的来灭火。

二氧化碳灭火剂因其制备简单、成本低，不会污染腐蚀保护物，因此被应用于扑救气体、电气设备、精密仪器、贵重设备火灾和一般固体物质火灾中。但灭火浓度大，储存的压力太高，而低压储存时需要制冷设备，膨胀时能够产生静电放电、温室效应等，应谨慎使用。

氮气是无毒、无腐蚀、不导电的气体，化学性质十分稳定，灭火后不留痕迹，对仪器设备无损害，排放速度快，而且来源广泛，价格低廉。适用于扑救地下仓库、地铁、铁路隧道、控制室、计算机房、图书馆、通信设备、变电站、重点文物保护区等场所的各类火灾，但应在无人或人员较少且能快速撤出条件下使用。

四、干粉

干粉灭火剂又称化学粉末灭火剂，是一种干燥的、易于流动的固体粉末，主要成分为$NaHCO_3$、$KHCO_3$、KCl、K_2SO_4和少量的防潮、防结块的硬脂酸镁及增强其流动性的滑石粉等。

干粉灭火剂具有灭火速度快、不导电、对环境条件要求不高等特点，适合安装在宾馆、饭店的厨房、敞口易燃液体容器、室外变压器等不宜用水扑救的场所。但干粉灭火剂对灭火过程不起冷却作用，所以在靠近炽热金属处常与泡沫灭火剂一起联合应用。

知识点3：消防设施及灭火器材

一、消防设施

消防设施是指用来预防火灾、扑救火灾（灭火装置）、遏止燃烧（控制火灾装置），并使保护对象与火灾隔离的各种设备。

（一）消防站

大中型化工厂及石油化工联合企业均应设置消防站。消防站是专门用于消除火灾的专业性机构，拥有相当数量的灭火设备和经过严格训练的消防队员。消防站的服务范围按行车距离计，不得大于2.5km，且应保证在接到火警后，消防车到达火场的时间不超过5min。超过服务范围的场所，应建立消防分站或设置其他消防设施，如泡沫发生站、手提式灭火器等。属于丁、戊类危险性场所的，消防站的服务范围可加大到4km。

（二）消防给水设施

专门为消防灭火而设置的给水设施称为消防给水设施，主要有消防给水管道和消火栓两种。

图4－9　消火栓

（1）消防给水管道。消防给水管道简称消防管道，是一种能保证消防所需用水量的给水管道，一般可与生活用水或生产用水的上水管道合并。消防管道有高压和低压两种。高压消防管道灭火时所需的水压是由固定的消防水泵提供的；低压消防管道灭火所需的水压是从室外消火栓用消防车或人力移动的水泵来提供。

（2）消火栓（图4－9）。消火栓可供消防车吸水，也可直接连接水带放水灭火，是消防供水的基本设备。消火栓按其装置地点可分为室外和室内两类。室外消火栓又可分为地上式和地下式两种。

化工生产装置区消防给水设施主要有：

(1)消防供水竖管：用于框架式结构的露天生产装置区内，竖管沿梯子一侧装设。每层平台上均设有接口，并就近设有消防水带箱，便于冷却和灭火使用。

(2)冷却喷淋设备：高度超过30m的炼制塔、蒸馏塔或容器，宜设置固定喷淋冷却设备，可用喷水头，也可用喷淋管。

(3)消防水幕：设置于化工露天生产装置区的消防水幕，可对设备或建筑物进行分隔保护，以阻止火势蔓延。

(4)带架水枪：在火灾危险性较大且高度较高的设备周围，应设置固定式带架水枪，并备移动式带架水枪，以保护重点部位金属设备免受火灾热辐射的威胁。

二、灭火器材

灭火器材是扑救初期火灾常用的有效灭火设备。在石油化工生产区域内，应按规范设置一定数量的灭火器材。常用的灭火器材包括：泡沫灭火器、二氧化碳灭火器、干粉灭火器、1211灭火器等(图4-10)。灭火器应放置在明显、取用方便又不易被损坏的地方，并应定期检查，过期及时更换，以确保正常使用。常用的灭火器性能及其用途见表4-15。

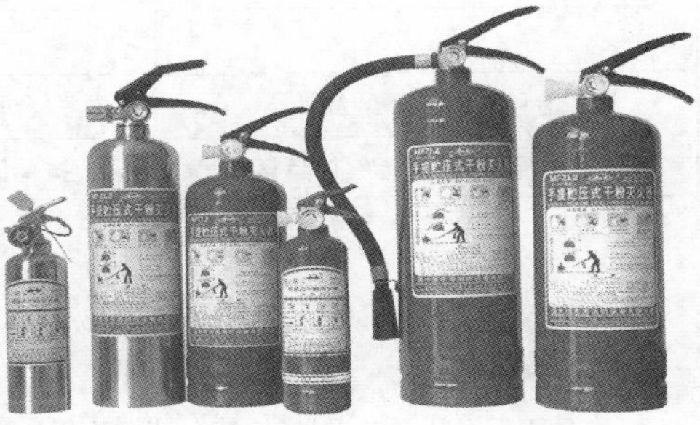

图4-10　常用的灭火器

表4-15　常用灭火器的性能及用途

类型	泡沫灭火器	二氧化碳灭火器	干粉灭火器	1211灭火器
规格	10L 65～130L	<2kg 2～3kg 5～7kg	8kg 50kg	1kg 2kg 3kg
药剂	桶内装有碳酸氢钠、发泡剂和硫酸铝溶液	瓶内装有压缩成液体的二氧化碳	钢桶内装有钾盐(或钠盐)干粉并备有盛装压缩气体的小钢瓶	钢桶内充装二氟一氯一溴甲烷，并充填压缩氮气
用途	扑救固体物质或其他易燃液体火灾	扑救电器、精密仪器、油类及酸类火灾	扑救石油、石油产品、油漆、有机溶剂、天然气设备火灾	扑救油类、电气设备、化工化纤原料等初期火灾
性能	10L喷射时间60s，射程8m；65L喷射时间170s，射程13.5m	接近着火地点保持3m距离	8kg喷射时间14～18s，射程4.5m； 50kg喷射时间50～55s，射程6～8m	1kg喷射时间6～8s，射程2～3m
使用方法	倒置稍加摇动，打开开关，药剂即可喷出	一手拿喇叭筒对准火源，另一手打开开关即可喷出	提起圈环，干粉即可喷出	拔出铅封或横销，用力压下压把即可喷出
保养及检查	放在使用方便的地方，注意使用期限，防止喷嘴堵塞，防冻防晒；一年检查一次，泡沫低于4倍应换药	每月检查一次，当小于原量1/10应充气	置于干燥通风处，防潮防晒，一年检查一次气压，若质量减少1/10应充气	置于干燥处，勿碰撞，每年检查一次质量

化工厂需要的小型灭火器的种类及数量，应根据化工厂内燃烧物料性质、火灾危险性、可燃物数量、厂房和库房的占地面积以及固定灭火设施对扑救初期火灾的可能性等因素，综合考虑决定。一般情况下，可参照表 4－16 来设置。

表 4－16　灭火器的设置

场所	设置数量，个/m^2	备注
甲乙类露天生产装置	1/50～1/100	①装置占地面积大于 1000m^2 时选用小值，小于 1000m^2 时选用大值；②不足一个单位面积，但超过其 50% 时，可按一个单位面积计算
丙类露天生产装置	1/200～1/150	
甲乙类生产建筑物	1/50	
丙类生产建筑物	1/80	
甲、乙类厂库	1/80	
丙类厂库	1/100	
易燃和可燃液体装卸栈台	按栈台长度每 10～15m 设置 1 个	可设置干粉灭火器
液化石油气、可燃气体罐区	按储罐数量每储罐设置两个	可设置干粉灭火器

知识点 4：初期火灾的扑救

火灾的形成发展大致可分为初期（包括阴燃）、旺盛和熄灭三个阶段。初期火灾的扑救是主要是现场的人员通过常备消防设施进行的。在火灾初期燃烧面积小，烟气流动缓慢，火势较弱，扑救也相对容易，在场人员如采取正确的方法，就能控制火势，防止其蔓延扩展或将其扑灭，而且该阶段也是报警和人员的疏散的黄金时期，因此必须抓住火灾的初期阶段，抓紧时机尽快扑灭初起之火，这是也是防止火灾事故扩大、减少人员伤亡和财产损失的关键和重要措施。

一、石油化工生产装置初期火灾扑救

石油化工工业生产的原料、中间体及产品极易失控，而存储、生产用的装置火灾危险性更大，也往往是火灾中燃烧的主体，因此火灾初期阶段对其进行扑救十分重要。

关阀断料：石油化工装置系统性、连续性较强，一部分或某一装置起火，会迅速影响其他环节，造成火灾的蔓延，并且其他工作部分还可能不断地给火源输送燃料加大火势。因此装置燃烧后，第一步应该是关阀断料。

设备冷却：燃烧后设备内部温度提高、压力增大，可能引起物理爆炸，金属制造的设备也可能发生倒塌，造成火势失控，因此应及时冷却降温。高大的塔、釜、反应器应分层次、从上住下均匀冷却，防止出现冷却断层。冷却的同时，高压设备注意降低内部压力，而负压设备需要关闭进、出料阀，防止回火爆炸；此外还应注意对承重结构、构件进行冷却保护。

堵截蔓延：设备火灾往往伴随大量易燃、可燃物料外泄，使火势蔓延扩大。可燃气体采用喷雾水（或蒸汽）在下风方向稀释外泄气体；流淌的燃烧液体通过筑堤围墙将其控制在一定范围内，或定向导流使其远离高温、高压装置区等危险部位。

设备灭火：不同设备、不同部件着火有不同的灭火方法，需要掌握几种常见装置的灭火方法。

(1)气体管道、小型反应设备火灾,可用雾状水加湿麻袋、稻草帘等覆盖在燃烧物体上,冷却的同时关闭气体阀门。阀门关闭应留有一定购表压,灭火后再彻底关闭,防止火焰进入内部系统。

(2)地下管线、槽容器着火,在管沟或槽等容器的两侧注入泡沫,封堵灭火。

(3)气体设备装置火灾,在喷水冷却的同时,采取导气排空的措施。

(4)设备火灾爆炸并伴随流淌火焰,在冷却设备的同时,对相对密度较小的流淌液体,可采用干粉与泡沫联合覆盖,而相对密度大的可直接用水浇灭。

二、易燃、可燃液体储罐初期火灾的控制

易燃、可燃液体不少是属于石油化工产品,储罐通常较为集中,并且常常伴随着溢流、喷溅,导致火灾蔓延迅速。因此,对储罐火灾初期火灾的控制十分重要,在起火初期就应采取及时、有效的灭火措施,防止爆炸的发生。

扑救易燃、可燃液体储罐火灾基本措施是冷却和灭火。易燃、可燃液体初期火灾燃烧时间不长、温度不高时,可采用边冷却、边泡沫灭火的战术,同时冷却罐壁提高泡沫灭火的效率。而对于小型储罐或罐体某一局部发生初期火灾,且燃烧时间不长、温度不高时,可采用只灭火、不冷却的形式。

三、电气设备初期火灾的扑救

电气设备的电气部分极容易失火引起火灾,而且内部含有多种油脂物质作为润滑剂或燃料,在发生火灾时,蔓延较快,扑救困难,故危害较大。

不同的电气设备应根据其结构特点采用不同的灭火方法,较为普遍的扑救可分为断电灭火和带电灭火两个方面。

发现电气设备起火后,首先应通知电工,设法切断电源,以保证扑救人员的安全,防止火势蔓延扩大,然后进行扑救,灭火方法与扑救一般火灾相同。在断电时应注意以下事项:

(1)设有配电房的单位可断开总开关;如仅装隔离开关,应先断开负荷,然后再拉开隔离开关,以免扩大火灾。

(2)由于烘烤、受潮开关的操作机构可能受到影响绝缘度降低,在断电时应利用安全绝缘操作工具来操作开关。

(3)电源无法通过开关断电时,可以通过截断电路断电,但断电过程应有步骤有计划断电,避免发生短路、触电等事故。

充油带电设备火灾可选用 CO_2、CCl_4、干粉灭火剂,火势较大可断电用水枪扑救。电动机着火时切忌用沙子、泥土、干粉等固体灭火剂扑救,切忌架空设备灭火,人员与电动机的角度要小45°,以免设备掉落砸伤人员。

四、自燃物品和遇水燃烧物品初期火灾的扑救

自燃物品的化学性质非常活泼,能在空气中或遇水自燃(如三乙基铝),燃烧后熔融(如黄磷),积热不散自燃(如硝化纤维类物品和含植物油物品)。扑救方法:

(1)锌、锑、硼、铝等有机金属化合物燃烧,不可用水扑救,使用干粉、食盐、干沙等。

(2)黄磷等自燃起火,可用大量的水扑救,但要避免直冲,防止熔磷冲溅伤人,灭火时将磷浸没于水中,否则火势难以控制。

（3）硝化纤维类物品、含植物油物品（油纸）等自燃起火，可大量使用水扑救，并不断翻动，防止复燃。

（4）疏散物质，防止火势蔓延。扑救自燃物品火灾时，首先要控制火势，缩小燃烧范围，对受火势威胁和有可能导致火势蔓延的易燃易爆危险物品及时疏散隔离，把燃烧控制在一定范围内。

遇水易燃物品燃烧猛烈，火焰温度高，部分活泼金属燃烧有很强的辐射性，可遇水反应，扑救不当则造成粉末飞扬，极易发生爆炸，而且燃烧产生的烟雾和气体有毒，对人体危害较大。扑救方法：

（1）正确选用灭火剂，严禁用水或二氧化碳扑救，可用干粉、食盐、干沙等灭火剂。

（2）金属粉末起火不可用有压力灭火剂，防止吹散而造成粉尘飞扬，发生粉尘爆炸。

（3）疏散隔离、控制燃烧。对燃烧的遇湿易燃易爆物品，要及时疏散、隔离，首先扑救已引燃的相邻易燃物品火灾。

（4）通风排烟，防止中毒。

知识点5：火灾逃生自救

火灾发生频率高、损失大，是世界性灾难问题，而且具有突发性和瞬时性，救援人员的到来往往滞后，采取有效的措施方法保存性命、逃离火场来进行自救，是每一个人所必须掌握的生存技能。

自救的基础是头脑保持清醒，只有克服恐慌心理，才能够采取有效的措施规避、减少损失，而通过教学和训练能提高险境中处理问题的素质。在稳定情绪后应立即熟悉环境、了解周围情况，这是选择有效自救方法的前提。

虽然不同情况下逃生方式有所不同，概括起来常见的逃生方式有以下几种：

（1）利用疏散设施逃生。首先选择疏散设施逃生，如安全疏散楼梯、室外疏散楼梯、消防电梯等。其次可考虑利用建筑物构件逃生，如阳台、屋顶、落水管、避雷线等，但应注意构件是否牢固。

（2）借助工具进行自救。在穿过烟雾区时，用湿毛巾、湿口罩捂住口鼻避免吸入烟尘和毒气，无水时干毛巾、干口罩也可以，还应将身体尽量靠近墙角贴近地面或爬行穿过防区。烟火封锁时可向头部、身上浇些冷水或用湿毛巾等将头部包好，用湿棉被、湿毯子将身体裹好或穿上阻燃的衣服冲出。

（3）自制简易救生绳索，切勿跳楼。通道全部被烟火封死可利用各种结实的绳索，如无绳索可用被褥、衣服、窗帘等拧成绳，拴在牢固物体上逃生。

（4）创造避难场所。在火中被困，可以开辟避难场所，应关闭迎火门窗、打开背火通道，用湿毛巾、湿床单等物品堵上缝隙，并不断向封堵物体上洒水，淋湿可燃物。

（5）低层跳离，被火困在二层楼中，实在无其他方法自救，可以跳楼逃生。在跳楼之前，应向地面扔些柔软物品，以便软着陆，然后用手扒住窗台，身体下垂，头上脚下，自然下滑，但是只要有一线生机，就不要冒险跳楼。

（6）借助救人器材逃生，如缓降器、救生袋、救生网、救生气垫、救生滑梯、救生滑竿、救生滑台、导向绳、救生舷梯等。

【相关技能】

技能点1:灭火器的选择

灭火器是扑救初起火灾的重要消防器材,正确合理的选择灭火器是成功扑救火灾的关键,发现火灾应保持沉着冷静,首先判断火灾等级及类别,并选择适应的灭火器材,灭火的同时报警求助。灭火器的选择应考虑以下几种因素:

(1)灭火器配置场所的种类。

①固体物质火灾(A类)可选择水型灭火器、泡沫灭火器、磷酸铵盐干粉灭火器。

②液体和可融化固体物质火灾(B类)可选用泡沫灭火器、干粉灭火器、卤代烷灭火器。

③气体火灾(C类)可选择干粉灭火器、卤代烷灭火器、二氧化碳灭火器。

④金属火灾(D类)可选择粉状石墨灭火器或干沙、铸铁沫覆盖灭火。

⑤带电物质火灾(E类)可选择干粉灭火器、卤代烷灭火器、二氧化碳灭火器,但对于电动机、计算机、精密仪器等易损设备不宜选用使用干粉、干沙等固体灭火剂,避免灭火剂残留损害设备。

(2)灭火器的有效程度。同类火灾可能有多种灭火器适用,此时应考虑火灾的级别及灭火器的有效性,详细参见表4-17。

表4-17 灭火器适用灭火对象及灭火级别分类表

灭火器类型		灭火剂充装量		灭火级别及使用对象					
		容量,L	质量,kg	A	B	C	D	E	ABCDE
水	手提式	7 9		5A 8A	×	×	×	×	×
化学泡沫	手提式	6 9		5A 8A	2B 4B	×	×	×	
	推车式	40 65 90		13A 21A 27A	18B 25B 35B	×	×	×	
碳酸氢钠干粉	手提式		1 2 3 4 5 6 8 10	×	2B 5B 7B 10B 12B 14B 18B 20B	○	×	▲	×
	推车式		25 35 50 70 100	×	35B 45B 60B 90B 120B				

续表

灭火器类型		灭火剂充装量		灭火级别及使用对象					
		容量,L	质量,kg	A	B	C	D	E	ABCDE
磷酸氨盐干粉	手提式		1 2 3 4 5 6 8 10	3A 5A 5A 8A 8A 13A 13A 21A	2B 5B 7B 10B 12B 14B 18B 20B	○	×	▲	○
卤代烷(1211)	手提式		0.5 1 2 3 4 6	× × 3 5 8 8	1B 2B 4B 6B 8B 12B	○	×	○	○
	推车式		20 25 40	×	24B 30B 35B	○	×	○	
二氧化碳	手提		2 3 5 7		1 2 3 4	○	×	○	×
	推车		20 25		8 10	○	×	○	

注:○:适用;▲:精密仪器不适用;×:不适用;ABCDE:火灾类别;1~27:火灾级别。

(3)考虑设置点的环境温度。灭火器性能以及安全性受到环境温度的较大影响,因此在使用时应特别注意,较常见灭火器的使用温度范围见表4-18。

表4-18 常见灭火器的使用温度范围(固定消防设施)

灭火器类型	使用温度范围,℃
水型、泡沫型灭火器	4~55
储气瓶干粉型灭火器	-10~55
储压式干粉型灭火器	-20~55
卤代烷型灭火器	-20~55
二氧化碳型灭火器	-10~55

(4)选择灭火器应考虑是否能对保护物造成污染。泡沫、干粉、水灭火剂产生的污染较大,气体灭火剂相对较小。如果被保护对象为忌水物质,如布、纸等应尽量减少水渍所造成的损失,特别是珍贵图书、档案资料应选用二氧化碳、干粉火器灭火和卤代烷灭火器。而精密仪器等易损设备不宜选用固体灭火剂。

(5)在选择同一灭火器时，宜选用操作方法相同的灭火剂，两种以上灭火器应选择灭火剂相容的灭火器，否则会产生相互作用、泡沫消失等不利因素。

(6)使用灭火器的人员素质。所有灭火器材都需要人的操作，因此必须考虑操作人员的年龄、性别、职业、素养等因素。

常用灭火器使用方法见视频4－1。

视频4-1　常用灭火器使用方法

技能点2：小型泡沫灭火器的使用方法

一、手提式化学泡沫灭火器

这种灭火器使用方便、灵活，适用于扑救一般B类火灾，例如油制品、油脂等火灾，也可用于A类火灾，但不能扑救B类火灾中的水溶性可燃、易燃液体的火灾，如醇、脂、醚、酮等物质火灾。也不能扑救带电设备及C类和D类火灾。使用方法如下：

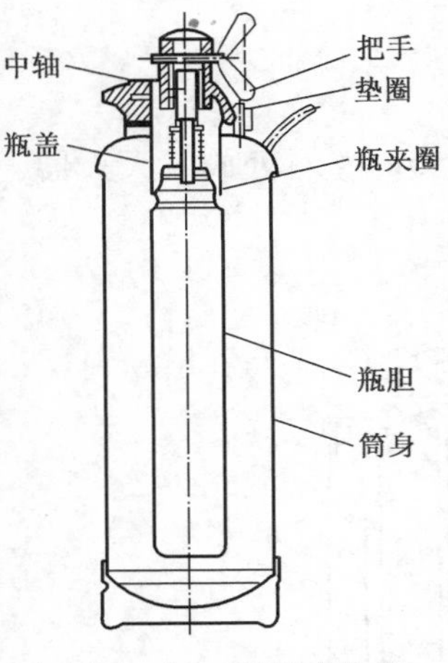

图4－11　手提式化学泡沫灭火器

(1)手提手提式化学泡沫灭火器(图4－11)的提环奔赴火场，不得使灭火器过分倾斜、横拿或颠倒，以免两种药剂混合而提前喷出。

(2)当距离着火点2m左右时，拔出保险销，一只手紧握提环，另一只手扶住筒体的底圈，把灭火器颠倒过来，轻抖几下，泡沫便会喷出。

(3)扑救可燃液体火灾时，泡沫应尽量射到燃烧的液体上，冲击的速度不能太急，避免着火的液体流散或溅出。如已呈流淌状燃烧，则应将泡沫由远而近喷射，使泡沫完全覆盖在燃烧液面上。如液体在容器内燃烧，应将泡沫射向容器的内壁，使泡沫沿着内壁流淌，逐步覆盖着火液面。

(4)在扑救固体物质火灾时，应将射流对准燃烧最猛烈处。灭火时将泡沫喷在燃烧物上，直到扑灭。使用时灭火器应保持倒置状态，否则喷射中断。

二、空气泡沫灭火器

空气泡沫灭火器的使用方法如下：

(1)使用时手握提环迅速奔到火场。在距燃烧物6m左右处拔出保险销，一手握住开启压把，另一手紧捏喷枪，用力捏紧开启压把，打开密封或刺穿储气瓶密封片，空气泡沫即可从喷枪口喷出。

(2)灭火方法与手提式化学泡沫火火器相同，但用时应使灭火器始终保持直立状态，并一直紧握开启压把，否则泡沫喷射中断。

技能点3：小型二氧化碳灭火器的使用方法

小型二氧化碳灭火器的使用方法如下：

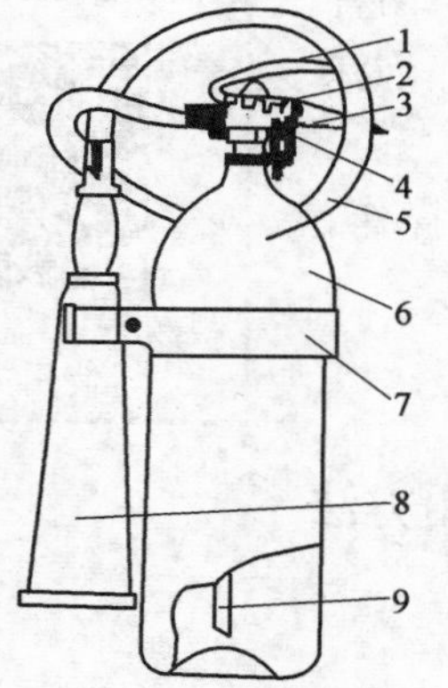

图 4-12　二氧化碳灭火器结构示意图

1—压把;2—保险销;3—提把;4—阀体;5—胶管;6—筒体;7—卡子;8—喷桶;9—虹吸管

(1)灭火时只要将二氧化碳灭火器(图 4-12)提到或扛到火场,在距燃烧物 5m 左右,放下灭火器,拔出保险销。对没有喷射软管的二氧化碳灭火器,将喇叭筒向上扳 70~90 度。

(2)一手握住手柄,一手紧握启闭压把,使用时不能直接用手抓喇叭筒外壁或金属连线管,防止冻伤。

(3)可燃液体呈流淌状燃烧时,将喷流由近而远向火焰喷射。

(4)容器内可燃液体燃烧,应提起喇叭筒,从容器的一侧上部向燃烧的容器中喷射,不能直接冲击燃烧的液面,防止可燃液体冲出容器而扩大火势。

(5)狭小空间使用后应迅速离开,以防窒息。

技能点 4:干粉灭火器使用方法

干粉灭火器使用方法如下:

(1)将手提式干粉灭火器(图 4-13)手提至火场,在距燃烧处 5m 左右处放下灭火器,室外应选择在上风方向喷射。

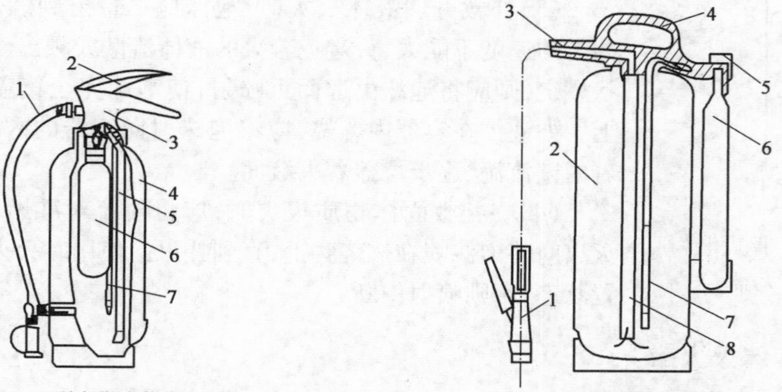

(a)储气瓶内装式

1—喷射胶管;2—压把;3—器头;4—本体;5—出粉管;6—储气瓶;7—出气管

(b)储气瓶外装式

1—喷枪;2—本体;3—胶管;4—提把;5—提环;6—储气瓶;7—气管;8—粉管

图 4-13　手提式干粉灭火器结构示意图

(2)外挂式储压式干粉灭火器应一手紧握喷枪,另一手提起储气瓶上的开启提环,手轮式储气瓶应将手轮逆时针旋到最高位置,随即提起灭火器,干粉喷出后,对准火焰根部扫射。

(3)内置式储气瓶或储压式干粉灭火器,先将开启把上的保险销拔下,然后握住喷射软管前端喷嘴部,另一只手压下开启压把,打开灭火器进行灭火。

(4)有喷射软管灭火器应始终压下压把不能放开,否则喷射中断。

(5)扑救可燃、易燃液体火灾时应对准火焰扫射,如果液体流淌燃烧应对准火焰根部由近而远并左右扫射，直至把火焰全部扑灭。

(6)容器内可燃液体燃烧应对准火焰根部左右晃动扫射，使干粉流覆盖整个容器开口表面；火焰被赶出容器后应继续喷射，直至将火焰全部扑灭，注意不能将喷嘴直接对准液面。

技能点5：卤代烷灭火器的使用（以手提式1211灭火器为例）

1211灭火器使用方法如下：

(1)通过手提提把或肩扛将手提式1211灭火器（图4－14）带到火场。

(2)距燃烧处5m左右，放下灭火器，拔掉铅封和安全销。

(3)手提灭火器上部（不要把灭火器放平或颠倒），用力紧捏压把，开启阀门，灭火剂喷出，松开压把，阀门封闭，喷射停止。灭火时须将喷嘴对准火源根部，左右扫射，并向前推进。

(4)无喷射软管灭火器，可双手分别握住开启压把和托住底部底圈，将喷嘴对准燃烧处，握紧压把喷射灭火。

(5)零星小火可重复开启灭火器阀门以点射灭火。

(6)可燃烧液体呈现流淌状燃烧时应对准火焰根部由近而远左右扫射，向前快速推进，直至将火焰全部扑灭。

(7)可燃性固体物质的初起火灾应将喷流对准燃烧最猛烈处喷射，火焰扑灭后及时采取措施，防止其复燃。

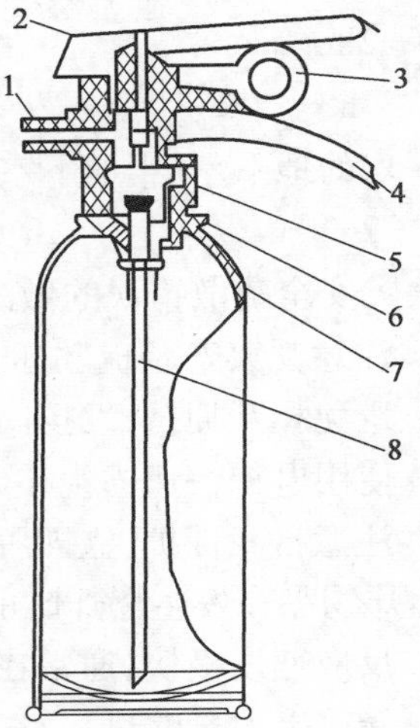

图4－14　手提式1211灭火器示意图

1—喷嘴；2—压把；3—保险卡；4—提把；5—器头；6—间歇喷射机构；7—筒体；8—虹吸管

技能点6：电气设备初期火灾带电灭火方法

(1)当情况紧急而不能立刻切断电源时，如遇需马上灭火、联电情况不明或其他仪器要求等情况，可考虑采取带电灭火的措施。

(2)在灭火时应注意在电器的安全距离范围内灭火。

(3)用水灭火时必须穿戴绝缘衣物、靴子、手套。

(4)对于电气设备的初起火灾，优先选用 CO_2、CCl_4、$CBrClF_2$（1211）以及干粉等不导电的灭火剂，也可视情况选用水蒸气、雾状水灭火剂。

练习题

一、单选题

1. 扑灭火灾的最佳时期是(　　)。

A. 初起阶段　　B. 发展阶段

C. 猛烈阶段　　D. 熄灭阶段

2. 不属于灭火原理的是(　　)。

A. 降低温度　　B. 断绝可燃物

C. 降低氧浓度　　D. 增加二氧化碳浓度

3. 以下防火墙的设置错误的做法是(　　)。

A. 应直接砌在基础上或框架结构的框架上

B. 防火墙上可开设门窗、孔洞等

C. 防火墙内不应设置排气道

D. 建筑物内的防火墙不应设在转角处

4. 防火墙的耐火极限时间为(　　)。

A. 2h　　B. 3h

C. 4h　　D. 5h

5. 库房的地下室、半地下室(冷库除外)的安全出口的数目应该不少于(　　)个。

A. 2　　B. 3　　C. 4　　D. 5

6. 火灾安全疏散错误的做法为(　　)。

A. 注意观察安全疏散标志

B. 避免相互拥挤,发扬团结友爱、舍己救人的精神

C. 使用电梯快速逃生

D. 注意自我保护,立即脱下着火衣服

7. 爆炸物品在发生爆炸时的特点有(　　)。

A. 反应速度极快,通常在万分之一秒以内即可完成

B. 释放出大量的热

C. 产生大量的气体

D. 以上都是

8. 实验大楼因出现火情发生浓烟已穿入实验室内时,以下哪种行为是正确的?(　　)

A. 沿地面匍匐前进,当逃到门口时,不要站立开门

B. 打开实验室门后不用随手关门

C. 从楼上向楼下外逃时可以乘电梯

D. 跳窗逃生

9. 如果实验出现火情,要立即(　　)。

A. 停止加热,移开可燃物,切断电源,用灭火器灭火

B. 打开实验室门,尽快疏散、撤离人员

C. 用干毛巾覆盖上火源,使火焰熄灭

D. 用水扑灭

10. 实验室仪器设备用电或线路发生故障着火时,应立即(　　),并组织人员用灭火器进行灭火。

A. 将贵重仪器设备迅速转移　　B. 切断现场电源

C. 将人员疏散　　D. 用湿毛巾覆盖上火源,使火焰熄灭

11. 身上着火后,下列哪种灭火方法是错误的?(　　)

A. 就地打滚　　B. 用厚重衣物覆盖压灭火苗

C. 迎风快跑　　D. 大量水冲或跳入水中

12. 采取适当的措施，使燃烧因缺乏或隔绝氧气而熄灭，这种方法称作（　　）。

A. 窒息灭火法　　B. 隔离灭火法

C. 冷却灭火法　　D. 缺氧灭火法

13. 窒息灭火法是将氧气浓度降低至最低限度，以防止火势继续扩大。其主要工具是（　　）。

A. 沙子　　B. 水

C. 二氧化碳灭火器　　D. 干粉灭火器

14. 下列选项中属于防爆的措施有（　　）。

A. 防止形成爆炸性混合物的化学品泄漏

B. 控制可燃物形成爆炸性混合物

C. 消除火源、安装检测和报警装置

D. 以上都是

15. 下列不是影响混合物爆炸极限的因素是（　　）。

A. 混合物的温度、压力　　B. 混合物的多少

C. 混合物的含氧量　　D. 容器的大小

16. 实验大楼安全出口的疏散门应（　　）。

A. 自由开启　　B. 向外开启

C. 向内开启　　D. 关闭，需要时可自行开启

17. 扑灭电器火灾不宜使用下列何种灭火器材？

A. 二氧化碳灭火器　　B. 干粉灭火器

C. 泡沫灭火器　　D. 灭火沙

18. 火灾蔓延的途径是（　　）。

A. 热传导　　B. 热对流

C. 热辐射　　D. 以上都是

19. 火灾发生时，湿毛巾折叠 8 层为宜，其烟雾浓度消除率可达（　　）。

A. 40%　　B. 60%　　C. 80%　　D. 95%

20. 由于行为人的过失引起火灾，造成严重后果，危害公共安全的行为，构成（　　）。

A. 纵火罪　　B. 失火罪

C. 玩忽职守罪　　D. 重大责任事故罪

21. 引起电器线路火灾的原因是（　　）。

A. 短路　　B. 电火花

C. 负荷过载　　D. 以上都是

22. 个人过失引起火灾，尚未造成严重损失的，将被处以（　　）。

A. 警告、罚款或十日以下拘留　　B. 拘留或劳动教养

C. 行政处分　　D. 开除处分

23. 火场中防止烟气危害最简单的方法是（　　）。

A. 跳楼或窗口逃生

B. 大声呼救

C. 用毛巾或衣服捂住口鼻低姿势沿疏散通道逃生

D. 憋气并快跑逃离火场

24. 化工原料电石或乙炔着火时，严禁用(　　)。

A. 二氧化碳灭火器　　B. 四氯化碳灭火器（化学试剂）

C. 干粉灭火器　　D. 干沙

25. 扑救爆炸物品火灾时，(　　)用沙土盖压，以防造成更大伤害。

A. 必须　　B. 禁止　　C. 可以　　D. 尽量

26. 遇水燃烧物质起火时，不能用(　　)扑灭。

A. 干粉灭火剂　　B. 泡沫灭火剂（含水成分）

C. 二氧化碳灭火剂　　D. 沙土

27. 在狭小地方使用二氧化碳灭火器容易造成(　　)事故。

A. 中毒　　B. 缺氧　　C. 爆炸　　D. 晕厥

28. 灭火器的检查周期是(　　)。

A. 半年　　B. 一年　　C. 二年　　D. 三年

29. 火灾中对人员威胁最大的是(　　)。

A. 火　　B. 烟气　　C. 可燃物　　D. 热辐射

30. 一般的易燃物质的闪点低于(　　)℃。

A. 88　　B. 76　　C. 66　　D. 50

31. 烟头的中心温度大概是(　　)。

A. 300～400℃　　B. 500～600℃

C. 700～800℃　　D. 900～1000℃

32. 下列灭火方法中，对电器着火不适用的是哪种？(　　)

A. 用四氯化碳进行灭火　　B. 用沙土灭火

C. 用水灭火　　D. 用 1211 灭火器进行灭火

33. 在室外灭火时应站在(　　)位置。

A. 上风向　　B. 下风向

C. 侧风向　　D. 左风向

34. 使用灭火器扑救火灾时要对准火焰(　　)喷射。

A. 上部　　B. 中部　　C. 中下部　　D. 根部

35. 灭火的四种方法是(　　)。

A. 隔离法、窒息法、冷却法、化学抑制法

B. 扑灭法、救火法、化学法、泡法

C. 捂盖法、扑灭法、浇水法、隔离法

D. 捂盖法、扑灭法、泡法、浇水法

36. 从火灾现场撤离时，应采取的方法为(　　)。

A. 乘坐电梯

B. 用湿毛巾捂住口鼻低姿从安全通道撤离

C. 破窗跳楼逃生

D. 憋气快跑逃生

37. 扑灭易燃液体火灾时，应采用的方法为(　　)。

A. 用灭火器　　B. 用水泼

C. 扑打　　D. 用湿毛巾压灭

38. 火灾使人致命的最主要的原因是(　　)。

A. 被人践踏　　B. 窒息

C. 烧伤　　D. 惊吓

39. 当被烧伤时,正确的急救方法应该是(　　)。

A. 以最快的速度用冷水冲洗烧伤部位

B. 立即用嘴吹灼伤部位

C. 包扎后去医院诊治

D. 涂抹烧伤膏

40. 在高温场所,作业人员出现体温在 39℃以上,突然昏倒、皮肤干热、无汗等症状,应该判 定其为(　　)。

A. 感冒　　B. 重症中暑

C. 中毒　　D. 晕厥

二、多选题

1. 火灾探测器主要分为(　　)。

A. 感温　　B. 感烟　　C. 感光　　D. 感波

2. 火灾发展大体上经历的阶段是(　　)。

A. 起初阶段　　B. 发展阶段

C. 猛烈阶段　　D. 熄灭阶段

3. 拨打火警电话时正确的做法有(　　)。

A. 电话打通后,讲清着火单位的详细地址

B. 讲清楚着火物质、起火部位、火势情况

C. 报出自己的真实姓名、工作单位和联系电话

D. 派专人在街道路口等候消防车,引导进入火场

4. 以下情况时,选择灭火器种类正确的是(　　)。

A. 珍贵图书、档案资料发生火灾时可使用二氧化碳、干粉灭火器

B. 煤油、酒精发生火灾时可使用干粉、二氧化碳、空气泡沫灭火器

C. 可燃性气体如氢气、甲烷、乙炔发生火灾时,可使用水型灭火器

D. 可燃金属如镁、钠、钾等发生火灾时,应使用专门的灭火器

5. 有毒、有害气体泄漏时的正确处置方式有(　　)。

A. 设置警戒区　　B. 消除引火源

C. 关阀断料　　D. 堵漏封口

6. 电气起火时,错误的做法为(　　)。

A. 断电灭火　　B. 用水扑救

C. 潮湿的衣物捂盖　　D. 用二氧化碳灭火器扑灭

7. 对水溶性物质如甲醇、乙醚、乙醇等可燃液体的初起火灾,用(　　)扑救。

A. 干粉灭火器　　B. 水型灭火器

C. 空气泡沫灭火器　　D. 二氧化碳灭火器

8. 火灾对人身的主要危害是(　　)。

A. 高温　　B. 缺氧

C. 烟尘　　D. 有毒气体

9. 以下处理烧伤的错误做法为(　　)。

A. 立即用清水冲洗或浸泡烧伤部位 10min 左右

B. 面积较大的烧伤面可用干净的纱布、被单等覆盖

C. 购买消炎、止痛类药水或药膏等涂抹于伤口处

D. 为口渴的伤员提供白开水

10. 火灾逃生的禁忌原则正确的是(　　)。

A. 切忌乘坐普通电梯　　B. 切忌跳楼

C. 切忌贪恋财物　　D. 切忌结绳逃生

三、判断题

1. 火灾发生时,必然会产生烟雾、火焰或高温,火灾探测器对这些都很敏感,会引起电流、电压或机械部分发生变化或位移。(　　)

2. 燃烧和化学性爆炸可随条件而转化。(　　)

3. 在火灾中,如果遇到遇水着火物质,不可用水或含有水的灭火剂灭火。(　　)

4. 燃烧必须具备可燃物、助燃物和点火源三大条件,缺一不可。因此,可以采取尽量隔离的方式来防止实验室火灾的发生。(　　)

5. 电气设备着火时,可以用水扑灭。(　　)

6. 电气线路着火,要先切断电源,再用干粉灭火器或二氧化碳灭火器灭火,不可直接泼水灭火,以防触电或电气爆炸伤人。(　　)

7. 实验室灭火的方法要针对起因选用合适的方法。一般小火可用湿布、石棉布或沙子覆盖燃烧物即可灭火。(　　)

8. 实验室内出现火情,若被困在室内时,应迅速打开水龙头,将所有可盛水的容器装满水,并把毛巾打湿。用湿毛巾捂嘴,可以遮住部分浓烟不被吸入。(　　)

9. 实验大楼出现火情时千万不要乘电梯,因为电梯可能因停电或失控,同时又因"烟囱效应"电梯井常常成为浓烟的流通道。(　　)

10. 实验室内出现火情逃到室外走廊时,要尽量做到随手关门,这样一来可阻挡火势随人运动而迅速蔓延,增加逃生的有效时间。(　　)

四、简答题

1. 爆炸极限的影响因素有哪些?

2. 对于火灾爆炸危险物质应该如何处理?

3. 简述石油化工原料及产品的火灾危险性。

4. 石油化工生产中,如何通过工艺参数的控制来保证安全生产?

5. 灭火的基本方法有哪些?

项目五　电气安全与防护

【应知】

(1)掌握电气安全事故类型及防护措施;

(2)掌握常用电气安全用具的使用方法;

(3)熟悉人身触电的预防与急救措施;

(4)掌握静电危害及静电安全防护措施;

(5)了解雷电危害及防雷技术与措施。

【应会】

(1)会正确使用各种电气安全用具;

(2)会正确预防各类电气安全事故;

(3)具备实施触电急救的能力;

(4)具备静电安全防护的能力。

【项目描述】

在石油化工生产过程中,由于涉及大量易燃、易爆危险化学品,使企业在生产、储存、装卸和运输过程中出现大量易燃、易爆高危场所,而电气设备和线路在运行过程中因短路、漏电、电火花、过载及静电积聚等产生的点火源已成为火灾爆炸事故的主要原因之一。因此,在石油化工厂复杂的环境下做好电气安全管理与防护尤为重要。

任务一　电气设备安全使用

【案例导入】

某石油化工公司"9·17"触电事故

2004 年 9 月 17 日 23 时左右,某石油化工公司建安总公司下属的抢修公司,在该石化分公司 60×10^4t/a 连续重整装置的抢修施工作业中,发生一起触电事故,造成 2 人死亡。

一、事故经过

2004 年 9 月 17 日 15 时左右,电气公司连续重整装置维护点点长邓某根据该石化分公司下达的设备抢修计划,安排本班电工秦某在下班前到连续重整装置内 E—107 换热器处,安装两台临时照明灯。秦某接到指令后，在本仓库内行灯变压器被别人取走的情况下，没有继续寻找，也没有请示点长，擅自将防爆型36V行灯的灯罩打开，换上230V/100W的灯泡。

16时左右，秦某带领刘某（实习生）到现场，通过现场配置的防爆开关箱，安装了一台220V固定式探照灯和一台220V手提式防爆行灯，没有在临时供电线路上安装漏电保护器。18时左右，抢修公司根据该石化分公司抢修计划，安排王某、孙某等4人，执行连续重整装置E—107换热器抢修作业。

22时30分左右，天降大雨，地面积水，抢修作业仍继续进行。23时左右，王某在水中移动手提式行灯时，忽然触电倒地。孙某发现其倒地后，没意识到其是触电，便上前扯拽行灯，也被电击倒。经送某医科大学附属二院抢救无效，2人于当日晚死亡。

二、事故原因

（一）直接原因

电气公司电工秦某安全意识淡薄，在安装临时照明灯时，违反了“用于临时照明的行灯，其电压不超过36V”、“临时供电设备或现场用电设施必须安装漏电保护器”及《电气安全工作规程》的有关规定，擅自决定将220V的交流电压接至照明行灯，既未安装漏电保护器，也未向在场的用电人员详细交待注意事项。当晚下雨后，由于电缆接头处浸于地面积水中发生漏电，致使行灯金属外壳带电，从而导致抢修公司作业人员王某、孙某相继触电死亡。

（二）间接原因

（1）电气公司夜间值班人员白某、张某2人，安全意识淡薄，工作责任心不强，在现场更换行灯灯泡时，没有认真检查，也没有对现场违规接电情况及时纠正，致使现场违规采用220V的行灯继续使用。

（2）电气公司维护点点长邓某，在没有受理临时用电票的情况下，即安排人员去现场安装临时照明，违反了“企业内各种临时用电，作业前必须按规定办理临时用电作业票，严禁无票作业”的规定。

（3）电气公司维护点没有严格执行设备保管使用制度，在缺少拉接安全行灯变压器的条件下，没及时采取补救措施，为事故的发生埋下了隐患。

（4）天气骤变，突降大雨，诱发了此次事故的发生。

三、事故教训

（1）现场安全生产管理混乱，基层单位安全生产责任制不落实，规章制度执行不到位。从上至下，应统一思想，强化执行，按照“谁主管、谁负责”的原则，落实安全管理职责。

（2）生产组织不严，工作中缺乏对施工现场的安全管理和施工作业票的监督管理。企业应进一步建立健全安全监督管理体制，完善各项规章制度，通过“四查”活动，严厉查处各类“三违”行为。

（3）对现场作业工作的危险性认识和安全防范意识不足，防范措施不到位，缺乏对作业现场的安全检查和监督，对作业现场的安全管理失查，使职工习惯性违章得不到及时纠正。

（4）作业人员风险意识不强，识险、避险能力差。在突降大雨的情况下，没有及时采取应对防范措施。采取不合理的施救手段，造成了事故的进一步扩大。

【相关知识】

知识点1：电气安全基本知识

现代石油化工生产已实现高度自动化，生产过程大量利用各种带电仪器仪表、自动化装置与设备替代人的直接劳动，因此，石油化工企业的安全用电是保证生产过程持续、稳定、高效运行的基本前提。

一、电气事故与电气安全

石油化工生产中常因对用电安全认识不足，电气设备使用、维护不当或设备存在本质安全问题而引发电气事故，电气事故已成为造成人身伤亡、燃烧、爆炸事故的重要原因。

（一）电气事故

电气事故是指由电流、电磁场、雷电、静电和某些电路故障等直接或间接造成建筑设施毁坏、电气设备毁坏、人或动物伤亡，以及引起火灾和爆炸等后果的事件。电气事故主要包括触电事故、静电事故、雷电事故、电磁场伤害事故、电气系统故障、电气火灾与爆炸事故。

（1）触电事故。触电事故是指人身触及带电体，电流能量施于人体造成的伤害事故。电流对人体的伤害可以分为电击和电伤。绝大部分触电伤亡事故都含有电击的成分。与电弧烧伤相比，电击致命的电流小得多，但电流作用时间较长，而且在人体表面一般不留下明显的痕迹。触电可分为单相触电、两相触电和跨步电压触电三种。某触电事故案例见视频5－1。

视频5-1　触电事故

（2）静电事故。静电事故是指生产工艺过程中及工作人员操作过程中，由于某些材料的相对运动、接触与分离而积累的相对静止的正、负电荷引发的事故。这些电荷储存的能量不大，不会直接使人致命。但是，静电电压可能高达数万乃至数十万伏，可能在现场发生放电，产生静电火花。静电最大的危险是引起火灾与爆炸，静电还会给人以电击和妨碍生产。

（3）雷电事故。雷电是大气电，是由大自然的力量分离和积累的电荷，也是在局部范围内暂时失去平衡的正、负电荷。雷电放电具有电流大、电压高等特点，其能量释放出来可产生极大的破坏力。雷击除可能毁坏设施和设备外，还可能直接伤及人、畜或引发火灾与爆炸。

（4）电磁场伤害事故。电磁场伤害即射频辐射伤害。人体在高频电磁场作用下吸收辐射能量，使人的中枢神经系统、心血管系统、眼睛及皮肤等器官受到不同程度的伤害。此外，在高强度的射频电磁场作用下，可能产生感应放电引发火灾爆炸事故。

（5）电气系统故障。电气系统故障是由电能传递、分配、转换失去控制造成的。断线、短路、异常接地、过载、漏电、误合闸、误掉闸、电气设备或电气元件损坏、电子设备受电磁干扰而发生误操作等都属于电气系统故障。石油化工生产过程中的电气线路或设备故障可能导致人身伤亡、设备毁坏、火灾、爆炸、停电等多种危险。

（6）电气火灾与爆炸事故。电气火灾与爆炸事故是指由于电气方面的原因引起的火灾与爆炸事故。在石油化工生产中电气火灾与爆炸事故在火灾爆炸事故中占很大比例。电气线路、电动机、油浸电力变压器、开关设备、电热设备、电灯等电气设备，由于其结构、运行特点或设备缺陷、安装不当，运行中电流的热量、电火花或电弧都是引发火灾爆炸最常见的原因。

（二）电气安全

电气安全是以安全为目标、以电气为研究领域的应用学科，主要包括人身安全与设备安全两个方面。人身安全是指在从事工作和电气设备操作使用过程中人员的安全；设备安全是指电气设备及有关其他设备、建筑的安全。

安全促进生产，生产必须安全。由于电气设备的特点及电气事故的特殊性，电气事故发生可能导致停电、停产、设备损坏，还可能造成火灾爆炸、人员伤亡，给石油化工生产造成很大的负面影响和难以估量的经济损失。因此，安全用电，掌握好电气安全知识，是石油化工企业安全生产的前提。

二、用电负荷与供电要求

（一）用电负荷分级

电力用户的用电设备在某一时刻向电力系统取用的电功率的总和称为用电负荷。根据用户对用电可靠性的要求及中断供电造成的危害或影响程度的不同，把用电负荷分为三个等级。

（1）一级负荷：中断供电将造成人身伤亡或在经济、政治上造成重大损失的用电负荷。如发生设备重大损坏，产品出现大量废品，引起生产混乱，重要交通枢纽、干线受阻，广播通信中断或城市水源中断，环境严重污染等。

（2）二级负荷：中断供电将造成严重减产、停工，局部地区交通阻塞，连续生产过程被打乱，需要较长时间才能恢复，在经济、政治上造成较大损失的用电负荷。

（3）三级负荷：除一、二级负荷之外的一般负荷。这级负荷短时停电造成的损失不大。

（二）石油化工企业供电要求

石油化工企业所用原料大多是易燃、易爆有机物，生产过程大多在高温、高压条件下连续运行，生产周期较长，对供电可靠性要求很高。生产一旦供电中断，大量成品、半成品报废，恢复生产需要很长时间。有些化工生产装置供电中断，会造成火灾爆炸，人员和建筑设备将造成伤亡和损害，故石油化工企业的供电大多是一级负荷或二级负荷。

三、电流对人体的伤害

触电所造成的各种伤害，都是由于电流对人体的作用而引起的。电流通过人体内部各器官与组织会造成各种伤害作用，如电流通过人体会引起针刺感、压迫感、打击感、痉挛、疼痛、心律不齐、血压升高、昏迷，甚至心室颤动等症状。

（一）人体允许电流

触电过程中，人体接触的电压越高，通过人体的电流就越大，对人体的损害也就越严重。人体允许电流又称安全电流，人体安全电流即通过人体电流的最低值。一般1mA的电流通过时即有感觉，25mA以上人体就很难摆脱，50mA即有生命危险，主要是可以导致心脏停止和呼吸麻痹。

触电时当电流增大到一定程度，触电者将因肌肉收缩痉挛而紧抓带电体，从而不能自行摆脱电源。触电后能自主摆脱电源的最大电流称为摆脱电流。在摆脱电流范围内，人若被电击后一般都能自主的摆脱带电体，从而摆脱触电危险。因此通常把摆脱电流看作是人体允许电流。成年男性的允许电流为16mA，成年女性的允许电流为10mA。在线路及设备装有防止触电的电流速断保护装置时，人体允许电流可按30mA考虑；在空中、水面可能因电击而导致坠落、溺水的场合，则应按不引起痉挛的5mA考虑。对于常用的工频交流电，按照通过人体的电流大小和通电时间长短，将会引起人体的不同生理反应，见表5-1。

表5-1　电流大小和通电时间长短对人体生理反应的影响

电流范围，mA	通电时间	人体生理反应
0～0.5	连续通电	没有感觉
0.5～5	连续通电	开始有感觉，手指、腕等处痛感，没有痉挛，可以摆脱带电体
5～30	数分钟以内	痉挛，不能摆脱带电体，呼吸困难，血压升高，是可忍受的极限
30～50	数秒到数分	心脏跳动不规则，昏迷，血压升高等
50～数百	低于心脏搏动周期	受强烈冲击，但未发生心室颤动
	超出心脏搏动周期	昏迷，心室颤动，接触部位留有电流通过的痕迹
超过数百	低于心脏搏动周期	发生心室搏动，昏迷，接触部位留有电流通过的痕迹
	超出心脏搏动周期	心脏停止跳动，昏迷，造成可能致命的电灼伤

（二）电击与电伤

人体触及带电体时，电流对人体造成的伤害主要包括电击和电伤两种类型。

（1）电击。电击是电流通过人体时所造成的身体内部伤害。电击致伤部位一般在人体内部，而人体外部不会留下明显痕迹。严重的电击会破坏人的血液循环系统、呼吸系统及神经系统的正常工作，乃至危及生命。电流引起人体的心室颤动是电击致死的主要原因，绝大多数的触电死亡事故都是由电击造成的。通常所说的触电事故基本上是指电击事故。按照电气设备的状态，电击可分为直接电击和间接电击。

（2）电伤。电伤是由电流的热效应、化学效应或机械效应等对人体造成的伤害。造成电伤的电流都比较大，电伤会在机体表面留下明显的伤痕，但其伤害作用也可能深入体内。与电击相比，电伤属局部性伤害。电伤的危险程度决定于受伤面积、受伤深度、受伤部位等因素。电伤包括电灼伤、电烙印、皮肤金属化、机械损伤、电光眼等多种伤害。

四、安全电压等级与选用

安全电压又称特低电压，是指使通过人体的电流不超过允许范围的电压。其保护原理是通过对系统中可能作用人体的电压进行限制，从而使触电时流过人体的电流受到抑制，将触电控制在没有危险的范围内。

（一）安全电压区段、限值与等级

根据生产和作业场所的特点，采用相应等级的安全电压，是防止发生触电伤亡事故的根本性措施。

（1）安全电压区段。所谓安全电压区段是指工频交流电在相对地或相对相之间的有效值均不大于50V；无纹波直流电在相对地或相对相之间均不大于120V。

（2）安全电压限值。限值是指任何运动条件下，任何两导体间不可能出现的最高电压值。我国的安全电压限值规定为：工频有效值的限值为50V，直流电压的限值为120V。

（3）安全电压等级。我国对安全电压额定值（工频有效值）的等级规定为42V、36V、24V、12V和6V。

（二）安全电压选用要求

安全电压在具体选用时，应根据作业场所、操作员条件、使用方式、供电方式、线路状况等因素综合分析后加以确定。

(1)特别危险环境中使用的手持电动工具应采用42V安全电压。

(2)有电击危险环境中使用的手持照明灯和局部照明灯应采用36V或24V安全电压。

(3)金属容器内,特别是潮湿处等特别危险环境中使用的手持照明灯应采用12V安全电压。

(4)水下作业等场所应采用6V安全电压。

采用安全电压并不意味着绝对安全,如人体在汗湿、皮肤破裂等情况下长时间触及电源,也可能发生电击伤害。我国标准还推荐,当接触面积大于 $1cm^2$,基础时间超过1s时,干燥环境中工频电压有效值的限值为33V,直流电压的限值为70V;潮湿环境中工频电压有效值的限值为16V,直流电压限值为35V。当电气设备采用24V以上安全电压时,必须采取防护直接接触电击的措施。电压高低对人体的影响及允许接近的最小安全距离见表5-2。

表5-2 电压对人体的影响及允许接近的最小安全距离

接触时的情况		允许接近的最小安全距离,m	
电压,V	对人体的影响	电压,V	设备不停电时的安全距离,m
10	全身在水中时跨步电压	10	0.7
20	为湿手的安全界限	20~35	1.0
30	为干燥的安全界限	44	1.2
50	对人体生命没有危险的安全界限	60~110	1.5
100~200	危险急剧增大	154	2.0
200以上	危及生命安全	220	3.0
3000	被带电体吸引	330	4.0
10000以上	有被弹开而脱离危险的可能	500	5.0

知识点2:电气安全技术措施

为预防触电、火灾、爆炸等事故,除了在思想上提高对安全用电的认识,树立“安全第一,预防为主”的思想,严格执行安全操作规程,以及采取必要的组织措施外,还必须依靠一些完善的技术措施。

电气安全技术措施是随着科学技术和生产技术的发展而发展的。目前,通用的电气安全技术措施主要包括绝缘防护、屏障防护、安全间距防护、接地接零保护、漏电保护等内容。

一、绝缘防护

所谓绝缘,就是使用不导电的物质将带电体隔离或包裹起来,以对触电起保护作用的一种安全措施。良好的绝缘是保证电气设备与线路安全运行,防止人身触电事故发生的最基本和最可靠的手段。

电工绝缘材料是指体积电阻率在 $10^7\Omega \cdot m$ 以上的材料。绝缘材料通常可分为气体、液体和固体绝缘材料三类。在实际应用中,固体绝缘材料应用最广泛,且是最为可靠的一种绝缘物质。常用的固体绝缘材料有绝缘漆胶、漆布、漆管、绝缘云母制品、聚四氟乙烯、瓷和玻璃制品等。固体绝缘材料按其化学性质不同,可分为无机绝缘材料、有机绝缘材料和混合绝缘材料,见表5-3。

表5-3 常用固体绝缘材料种类及用途

种类	常用绝缘材料	主要用途
无机绝缘材料	云母、石棉、大理石、瓷器、玻璃、硫磺等	电动机、电气设备的绕组绝缘，开关的底板和绝缘子
有机绝缘材料	树脂、橡胶、棉纱、纸、麻、蚕丝等	制造绝缘漆、绕组导线的被覆绝缘物
混合绝缘材料	由以上两种材料加工制成的各种成型绝缘材料	电器的底座、外壳等

二、屏障防护

屏障防护是采用遮栏、护罩、护盖、箱匣等装置将危险的带电体同外界隔绝开来的安全防护措施。屏障防护装置简称为屏护装置。

(一)屏护装置的分类

屏护装置按使用要求的不同可分为永久性屏护装置和临时性屏护装置。

(1)永久性屏护装置:如配电装置的遮栏、母线的护网及开关的罩盖等。

(2)临时性屏护装置:如检修工作中使用的临时遮栏和临时设备的屏障防护装置等。

屏护装置主要用在防护式开关电器的可动部分和高压设备上。为防止伤亡事故的发生，屏护安全措施应与其他安全措施配合使用。

(二)屏护装置的要求

屏障防护的特点是屏护装置不直接与带电体接触，因此对所用材料的电气性能无严格要求，但应有足够的机械强度和良好的耐火性能，使用过程中应满足以下要求：

(1)接地。凡用金属材料制成的屏护装置，为了防止其意外带电，必须接地或接零。

(2)尺寸。屏护装置本身应有足够的尺寸。户内栅栏高度不应低于1.2m，户外栅栏不应低于1.5m。遮栏高度不应低于1.7m，下部边缘离地面不应超过0.1m。

(3)距离。屏护装置与带电体之间必须保持足够的距离。对于低压设备，栅栏与裸露导体距离不宜小于0.8m，栅条间距不应超过0.2m。户外变电装置围墙高度一般不低于2.5m。

(4)标志。被屏护的带电部分应有明显的安全标志，使用通用的符号或涂上规定的具有代表意义的专门颜色。在遮栏、栅栏等屏护装置上，应根据被屏护对象挂上"止步，高压危险"或"当心有电"等警告牌。

(5)信号与联锁装置。使用灯光或仪表指示"此处有电"，或当人越过屏护装置时，被屏护的带电体自动断电。

(三)屏护装置的应用

石油化工生产中，屏护装置主要用于以下场合：

(1)开关电器的可动部分，如闸刀开关的胶盖、铁壳开关的铁壳等。

(2)人体可能接近或触及的裸线、行车划线或母线等。

(3)高压设备，无论其是否有绝缘。

(4)安装在人体可能接近或触及场所的变配电装置。

(5)在带电体附近作业时，作业人员与带电体之间、过道、入口等处应装设可移动临时性屏护装置。

三、安全间距防护

为防止人体及其他物品接触或过分接近带电体，以及防止触电、火灾、爆炸、过电压放电及各种短路事故，在人体与带电体之间、带电体与地面之间、带电体与带电体之间、带电体与其他物品或设施之间，都必须保持一定的距离，这种距离称为电气安全距离，简称间距。间距的大小取决于电压的高低、设备的类型、安装的方式和周围环境等因素。

（一）线路间距

架空线路导线与地面、水面、建筑物或树木之间的距离必须满足安全距离的要求。未经相关部门许可，架空线路不得跨越建筑物，架空线路与爆炸、火灾危险的厂房之间必须保持必要的防火距离，且不应跨越具有可燃材料层屋顶的建筑物。架空线路与铁道、道路、管道、索道及其他架空线路之间的距离应符合相关规程的规定。户内电气线路的各项间距也应符合有关规程的要求和安装标准。

几种线路同杆架设时，电力线路应位于通信线路上方，高压线路应位于低压线路上方。低压线路之间的近距离不得小于0.6m，10kV 高压线路之间的距离不得小于0.8m，10kV 高压线路与低压线路之间的距离不得小于1.2m。10kV 高压接户线对地距离不应小于4.0m，低压接户线对地距离不应小于2.5m。

（二）设备间距

工厂车间配电装置的布置应考虑设备搬运、检修、操作及试验的方便，为保证工作人员的安全，配电装置需保持必要的安全通道。低压配电装置正面通道的宽度，单列布置时不应小于1.5m，双列布置时不应小于2m。厂房车间室内灯具高度应大于2.5m，受条件限制可减为2.2m，如还要降低，必须采取适当安全措施。户外照明灯具一般不应低于3m，安装在墙上时可减为2.5m。直埋电缆与工艺设备的最小距离见表5－4。

表5－4　直埋电缆与工艺设备的最小距离　　单位：m

电缆铺设条件	平行铺设	交叉铺设
与电杆或建筑物地下基础之间，控制电缆与控制电缆之间	0.6	—
10kV 以下的电力电缆之间或控制电缆之间	1	0.5
10～50kV 的电力电缆之间或其他电缆之间	0.25	0.5
不同部门的电缆（包括通讯电缆）之间	0.5	0.5
与热力管沟之间	2	0.5
与可燃气体、可燃液体管道之间	1	0.5
与水管、压缩空气管道之间	0.5	0.5
与厂区道路之间	1.5	1
与普通铁路路轨之间	3	1

（三）检修间距

检修间距是指在生产检修中为了防止人体及所携带的工具触及或接近带电体而必须保持的最小距离。检修间距的大小取决于电压的高低、设备的类型以及安装的方式等。低压操作时，人体及其所携带的工具与带电体之间的距离不得小于0.1m。在架空线路附近进行起重工作时，起重机具及被吊物与低压线路导线的最小距离为1.5m。高压作业时，各种作业类别所要求的最小距离见表5－5。

表5－5　高压作业的最小距离　　单位：m

类　别	电压等级	
	10kV	35kV
无遮挡作业，人体及其所携带工具与带电体之间	0.7	1
无遮挡作业，人体及其所携带工具与带电体之间，用绝缘杆操作	0.4	0.6
线路作业，人体及其所携带工具与带电体之间	1	2.5
带电水冲洗，小型喷嘴与带电体之间	0.4	0.6
喷灯或气焊火焰与带电体之间	1.5	3

四、接地接零保护

电气设备在正常运行情况下是不带电的，但是当设备受潮或异常时，金属外壳可能会变成带电体。为了防止触电事故的发生，保护接地与接零是主要的防护措施，它直接关系到人员和设备的安全。

（一）保护接地

保护接地就是把在正常情况下不带电、在故障情况下可能呈现危险的对地电压的金属部分同大地紧密地连接起来，把设备上的故障电压限制在安全范围内的安全措施。

1. 保护接地原理

如图5－1所示，保护接地的原理是利用数值较小的接地装置电阻（低压系统一般控制在4Ω以下）与人体电阻并联，将漏电设备的对地电压大幅度地降低至安全范围内。此外，因人体电阻 R_r 远大于接地电阻 R_e，由于分流作用，通过人体的故障电流 I_r 将远比流进接地装置的电流 I'_e 要小得多，对人体的危害程度也就极大地减小了。

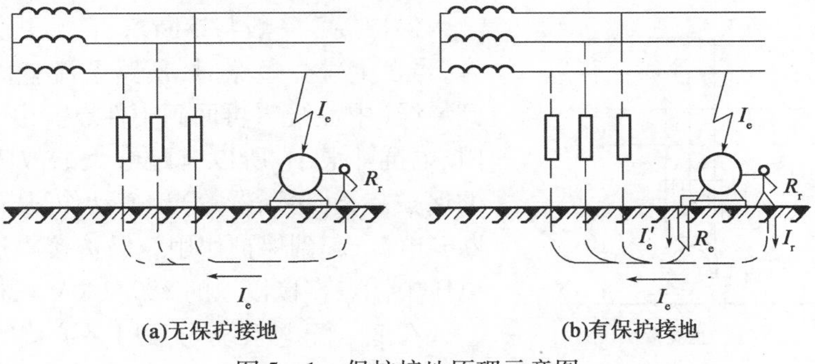

图5－1　保护接地原理示意图

2. 接地装置的组成

接地装置是由埋入大地的金属接地体和连接用的接地线组成。运行中电气设备的接地装置应始终保持良好的状态。接地体有自然接地体和人工接地体两种。自然接地体是指用于其他目的但与土壤紧密接触的金属导体，如埋设在地下的金属管道（有可燃或爆炸介质的管道除外）、与大地有可靠连接的建（构）筑物的金属结构等自然导体。人工接地体可采用钢管、圆钢、扁钢或废钢材制成。人工接地体宜垂直埋设，多岩石地区可水平埋设。接地线即连接接地体与电气设备应接地部分的金属导体，有自然接地线与人工接地线之分，还可分为接地干线与接地支线。

3. 接地装置的安装

人工接地体在地下的埋设深度不应小于 0.5m，人工接地体的长度宜为 2.5m，接地体与建筑物的距离不应小于 1.5m。接地体的安装应避开人行道、建筑物出入口附近及腐蚀性较强的地方。为了提高接地的可靠性，电气设备的接地支线应单独与接地干线或接地体相连，而不允许串联连接。接地干线应有两处与接地体相连接，以提高可靠性。除接地体外，接地体的引出线也应作防腐处理。接地线位置应便于检修，并不得妨碍设备的拆卸和检修。接地线的涂色和标志应符合国家标准。接地体与接地线的连接应采用焊接，不得有虚接和脱落现象。

4. 接地装置的应用

保护接地适用于各种中性点不接地电网。在这类电网中，凡由于绝缘破坏或其他原因而可能呈现危险电压的金属部分，除另有规定外，均应接地。主要包括：

(1)电动机、变压器、照明器具、携带式及移动式用电器具等的底座和外壳；

(2)电气设备的传动装置；

(3)配电屏与控制屏的框架；

(4)室内外配电装置的金属架、钢筋混凝土的主筋和金属围栏；

(5)穿线的钢管、金属接线盒；

(6)装有避雷线的电力线路杆塔；

(7)电缆头、盒的外壳与电缆支架；

(8)装在配电线路电杆上的开关设备及电容器的外壳。

此外，对所有高压电气设备，一般都应实施保护接地措施。

(二)保护接零

保护接零是指将电气设备在正常情况下不带电的金属部分(外壳)，用导线与低压电网的零线(中性线)相连接的技术防护措施，简称为接零(图 5－2)。

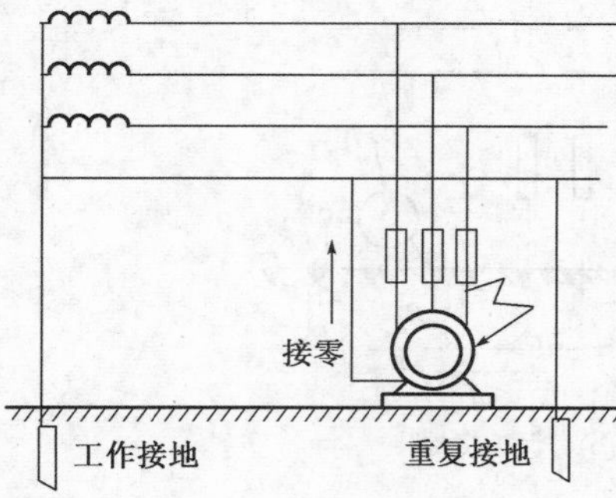

图 5－2　保护接零原理示意图

保护接零一般与熔断器、自动开关等保护装置配合，当发生碰壳短路时，短路电流就由相线流经外壳到零线(中性线)，再回到中性点。由于故障回路的电阻、电抗都很小，所以有足够大的故障电流使线路上的保护装叠(熔断器等)迅速动作，从而将故障的设备断开电源，起到保护作用。保护接零适用于这种配电电压中性点直接接地的 380/220V 三相四线制电网。

在低压配电系统内采用保护接零时应符合如下基本要求：

(1)三相四线制低压电源的中性点必须接地良好，工作接地电阻应符合要求。

(2)采用保护接零方式时必须装设足够数量的重复接地装置。

(3)在起保护作用的零线上绝不允许装设熔断器和开关。

(4)在同一供电系统中不允许个别设备接地不接零。

(5)线路的阻抗不宜过大，以保证发生漏电时有足够大的短路电流，迫使线路上的保护装置迅速动作。

(6)所有电气设备的保护零线应以并联方式连接到零干线上。

（三）保护接地与保护接零的区别

保护接地与保护接零的比较详见表5－6。

表5－6　保护接地与保护接零的比较

种类	保护接地	保护接零
作用原理	平时保持零电位不显作用，当发生碰壳或短路故障时降低对地电压，防止触电事故	平时保持零干线电位不显作用，且与相线绝缘；当发生碰壳或短路时能促使保护装置速动切断电源
适用范围	中性点不接地电网	中性点不接地的三相四线制电网
基本含义	用电设备的外壳接地装置	用电设备的外壳接电网的零干线
线路结构	可以无工作零线，只设保护接地线	必须设工作零线，利用零线作接零保护
注意事项	确保接地可靠。在中性点接地系统，条件许可时尽可能采用保护接零方式，在同一电源的低压配电网范围内，严禁混用接地与接零保护	禁止在零线上装设备种保护装置和开关等；采用保护接零时必须有重复接地才能保证人身安全，严禁出现零线断线的情况
必须消除接地线、零线并不重要的错误认识，而要树立零线、地线对于保证电气安全比相线更具重要意义的科学观念		

五、漏电保护

工作场所经常遇到设备受潮、负荷过大、线路过长、绝缘老化等造成的漏电（视频5－2）。这些漏电电流较小，以至于不能迅速切断保险，因此，故障不会自动消除而长时间存在。这种漏电电流对人身安全已构成严重威胁，同时保护接地和接零并不是万无一失的防护措施，所以，生产中还需加装灵敏度更高的漏电保护器对人员和设备进行补充保护。

漏电保护器也叫触电保安装置或残余电流保护装置，它主要用于防止单相触电事故，还可用于防止因电气设备漏电而造成的电气火灾爆炸事故，有的漏电保护器还具有过载保护、过压保护和欠压保护、缺相保护等功能。漏电保护器主要用于1000V以下的低压系统和移动电动设备的保护，也可用于高压系统的漏电检测。

漏电保护器按动作原理可分为电流型和电压型两大类，目前以电流型漏电保护器的应用为主。电流型漏电保护器的主要性能参数包括动作时间和动作电流，其基本结构组成如图5－3所示。正确合理地选择漏电保护器的额定漏电动作电流非常重要。一方面在发生触电或泄漏电流超过允许值时，漏电保护器可有选择地动作；另一方面，漏电保护器在正常泄漏电流作用下不应动作，防止供电中断而造成不必要的经济损失。

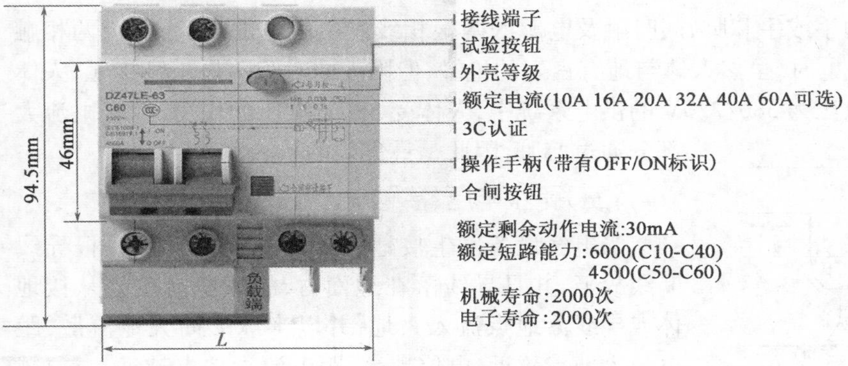

图5－3　漏电保护器结构示意图

视频5－2　潮湿环境造成漏电

漏电保护器的额定漏电动作电流应满足以下三个条件：

（1）为了保证人身安全，额定漏电动作电流应不大于人体安全电流值，国际上公认 30mA 为人体安全电流值。

（2）为了保证电网可靠运行，额定漏电动作电流应躲过低电压电网正常漏电电流。

（3）为了保证多级保护的选择性，下一级额定漏电动作电流应小于上一级额定漏电动作电流，各级额定漏电动作电流应有级差 112～215 倍。

知识点 3：触电与救治

一、触电的三种情形

发生触电事故主要有三种情形：单相触电，两相触电，跨步电压、接触电压和雷击触电。

（一）单相触电

在人体与大地互不绝缘的情况下，人体触及三相带电设备的中的一相，电流通过人体流入大地，这种触电称为单相触电。此外，站在高压设备或带电体附近的人员，虽未直接触碰带电体，但当人体距高压带电体的距离小于规定的安全距离时，将发生高压带电体对人体放电，造成单相接地而引起触电事故，这种触电情形也叫单相触电。

在电力系统的低压电网中，有中性点直接接地单相触电和中性点不接地单相触电两种情况（图 5－4）。

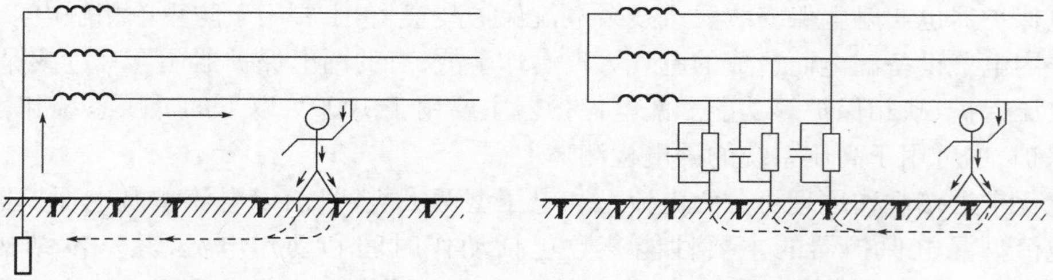

(a) 中性点直接接地单相触电　　(b) 中性点不接地单相触电

图 5－4　单相触电原理示意图

（二）两相触电

当人体的两处，如两手或手和脚，同时触及电源的两根相线发生触电的现象，称为两相触电（图 5－5）。在两相触电时，虽然人体与地有良好的绝缘，但因人同时和两根相线接触，人体处于电源线电压下，在电压为 380/220V 的供电系统中，人体受 380V 电压的作用，并且电流大部分通过心脏，因此是最危险的。

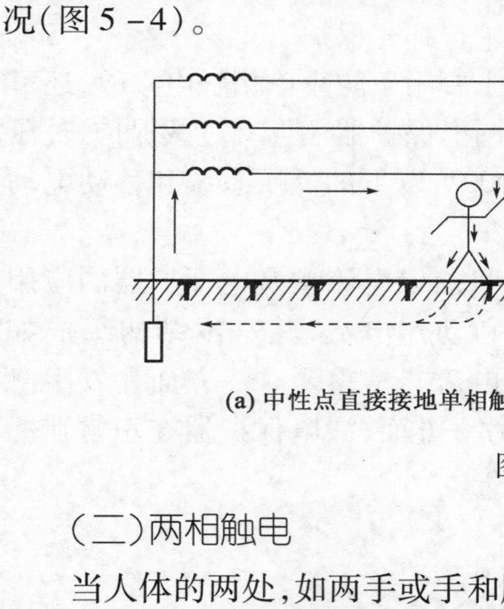

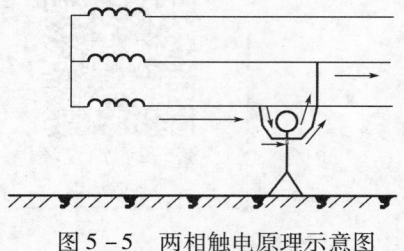

图 5－5　两相触电原理示意图

（三）跨步电压、接触电压和雷击触电

当电气设备发生接地故障或当线路发生一根导线断线故障，并且导线落在地面时，故障电流就会从接地体或导线落地点流入大地，并以半球形向大地流散，距电流入地点越近，电位越高，距电流入地点越远，电位越低，入地点 20m 以外处，地面电位近似零。如果此时有

人进入这个区域,其二脚之间的电位差就是跨步电压。由跨步电压引起触电,称为跨步电压触电(图5-6)。人体承受跨步电压时,电流一般是沿着人的下身,即从脚到胯部到脚流过,与大地形成通路,电流很少通过人的心脏重要器官,看起来似乎危害不大,但是,跨步电压较高时,人就会因脚抽筋而倒在地上,这不但会使作用于身体上的电压增加,还有可能改变电流通过人体的路径而经过人体的重要器官,因而大大增加了触电的危险性。

接触电压是指人站在发生接地短路故障设备的旁边,触及漏电设备的外壳时,其手、脚之间所承受的电压。由接触电压引起的触电称为接触电压触电(图5-7)。当人需要接近漏电设备时,为防止接触电压触电,应戴绝缘手套、穿绝缘鞋。

图5-6　跨步电压触电原理示意图

图5-7　接触电压触电原理示意图

雷电是自然界中的一种大规模静电放电现象,具有极大的破坏力,其破坏作用是综合的,包括电性质、热性质和机械性质的破坏,可以在瞬间击伤击毙人畜;毁坏发电机、电力变压器等电气设备绝缘,引起短路导致火灾或爆炸事故;可以在极短的时间内转换成大量的热能,造成易燃物品的燃烧或造成金属熔化飞溅而引起火灾。地球上任何时候都有雷电在活动。

二、触电伤害程度的影响因素

人体触电所受伤害程度取决于下述几个主要因素:

(1)流过身体的电流大小。它决定于外加电压以及电流进入和流出身体两点间的人体阻抗。流过身体的电流越大,人力体的生理反应越强烈,生命危险性就越大。20~25mA以上的工频电流都容易产生严重的后果。在电流小于数毫安时,电流主要引起心室颤动而窒息,数百毫安以上的电流,除了引起昏迷、心脏即刻停止跳动、呼吸停止外,还会留下致命的电伤。

(2)电流流经身体的途径。心脏、肺脏、中枢神经和脊髓等都是容易伤害的人体器官,因此,电流流经身体的途径,以胸部至手、手至脚最为危险,臀部或背部至手、手至手也很危险,脚至脚的危险性较小。此外,电流经过大脑也是相当危险的,会使人立即昏迷。

(3)电流通过人体的持续时间。人体通电时间越长,人体电阻会因出汗等而下降,导致电流增大,后果严重。另一方面,人的一个心脏搏动周期(约为750ms)中,有一个100ms的易损伤期,这段时间对电伤期相重合而造成很大的危险。

(4)电流频率高低。由实验得知,频率为30~300Hz的交流电最易引起人体心室颤动。工频交流电正处于这一频率范围。在此范围之外,频率超高或越低,对人体的危害程度反而会相对小一些。

三、触电事故规律及原因分析

触电事故往往发生得很突然，且常常是在刹那间就可能造成严重后果，因此找出触电事故的规律和原因，恰当地实施相关的安全措施、防止触电事故的发生、安排正常的生产生活，都具有重要的现实意义。根据对触电事故的分析，从触电事故的发生频率上看，有如下规律可循。

（1）有明显的季节性。一般每年以二、三季度事故较多，六至九月最集中。因为夏秋两季天气潮湿、多雨，降低了电气设备的绝缘性能；人体多汗皮肤电阻降低，容易导电；天气炎热，情绪急躁；电扇用电或临时线路增多，且操作人员不穿戴绝缘护具。

（2）低压触电事故多。因为低压设备多，低压电网广泛，与人接触机会多；低压设备简陋而且管理不严，思想麻痹，多数员工缺乏电气安全知识。触电事故发生在变压器出口总干线上的少，而发生在分支线上的多，且发生在远离总开关线路部分的更为普遍。

（3）携带式设备和移动式设备触电事故多。主要是由于这些设备需要经常移动，工作条件较差，设备及电源线容易发生故障，而且不少是在人的紧握之下工作，接触电阻小，一旦触电就很难摆脱电源。

（4）电气连接部位触电事故多。电气接头、插销、开关等连接部位机械牢固性较差，电气可靠性也较低，尤其是乱拉乱接更容易出现故障，造成人身触电。

（5）单相触电事故多。在各类触电方式中，单相触电占触电事故的70%以上。防止触电的技术措施也应重点考虑单相触电的危险。

（6）青年和中年触电多。一方面是因为中青年多数是主要操作者，经常接触电器设备。另一方面因这些人多数已有几年工龄，不再如初学时那么小心谨慎（视频 5－3）。

视频5-3　触电事故示意

四、触电急救

触电者往往会出现神经麻痹、呼吸中断、心脏停止跳动等症状，呈昏迷状态，此时必须迅速采取现场急救措施。

（一）触电急救的要点与原则

（1）触电急救的要点。触电急救的要点是动作迅速，救护得法。发现有人触电首先要尽快使触电者脱离电源，然后根据触电者的具体情况，进行相应的救治。根据统计材料统计提供，触电 1min 后开始救治的 90% 有良好效果，6min 后开始救治的 10% 有良好效果，而从触电 12min 后开始救治的，救活的可能性就很小了。因此，动作迅速是非常关键的。

（2）触电急救原则。触电急救应做到“八字原则”，即迅速（脱离电源）、就地（抢救）、准确（姿势）、坚持（抢救）。

（二）脱离电源

使触电者迅速脱离电源是触电急救有效的第一步。对于低压触电事故，可采取以下方法使触电者脱离电源：

（1）如果触电地点附近有电源开关或插销，可立即拉掉开关或拔出插销，切断电源。

（2）如果找不到电源开关或距离太远，可用有绝缘把的钳子或用木柄的斧子断开电源线；或用木板等绝缘物插入触电者身下，以隔断流经人体的电流。

（3）当电线搭落在触电者身上或被压在身下时，可用干燥的衣服、手套、绳索、木板、木桥等绝缘物作为工具，拉开触电者或挑开电线使触电者脱离电源。

(4)如果触电者的衣服是干燥的，又没有紧缠在身上，可以用一只手抓住他的衣服拖离电源；但因触电者身体带电，其鞋的绝缘可能遭到破坏，救护人员不得接触带电者的皮肤和鞋。

(三)现场救护

抢救触电者使其脱离电源后，应立即就近移至干燥通风场所，再根据不同情况进行对症救护。

1. 伤情判定

(1)触电者如神态清醒，只是心慌、四肢麻木、全身无力，但是没有失去知觉，则应使其就地平躺，严密观察，暂时不要站立或走动。

(2)触电者如若神志不清、失去知觉，但呼吸和心跳正常，应使其舒适平卧，保持空气流通，同时立即请医生或送医院诊治。

(3)如果触电者失去知觉，心跳呼吸停止，则应判定触电者是假死症状。触电者若无致命外伤，没有得到专业医务人员证实，不能判定触电者死亡，应立即进行心肺复苏。

判定触电者呼吸、心跳的情况可以用看、听、试的方法：

看——看伤员的胸部和腹部有无起伏动作；

听——用耳贴近伤员的口鼻处，听有无呼吸的声音；

试——试测口鼻有无呼气的气流，再用两手指轻试一侧喉结旁凹陷处的颈动脉有无搏动。

若看、听、试的结果既无呼吸又无动脉搏动，可判定呼吸心跳停止。

2. 对症救护

(1)如果触电者伤势不重，神志清醒，但有些心慌、四肢发麻、全身无力，或者触电者曾一度昏迷但已经清醒过来，这时应使触电者安静休息，不要走动，严密观察并请医生前来诊治或送往医院。

(2)如果触电者已失去知觉，但心脏跳动和呼吸还存在，应使触电者舒适、安静地平卧，周围不要围人，使空气流通，解开他的衣服以利呼吸。如天气寒冷，要注意保温，防止感冒或冻伤。同时，要速请医生救治或送往医院。如果发现触电者呼吸困难、稀少，或发生痉挛，应准备心跳或呼吸停止后立即作进一步的抢救。

(3)如果触电者伤势严重，呼吸停止或心脏跳动停止或都停止，应立即施行人工呼吸和胸外挤压，并速请医生诊治或送往医院。应当注意急救要尽快地不失时机地进行，不能等候医生到来，在送往医院途中，也不能终止急救。

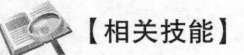

【相关技能】

技能点：正确使用防护用具

一、绝缘杆

绝缘杆是一种主要的基本安全工具，也称绝缘棒或操作杆，其结构如图 5－8 所示，在配电所里主要用于闭合或断开高压隔离开关、安装或拆除携带型接地线以及进行电气测量和试验等工作。在带电作业中,则是使用各种专用的绝缘杆。

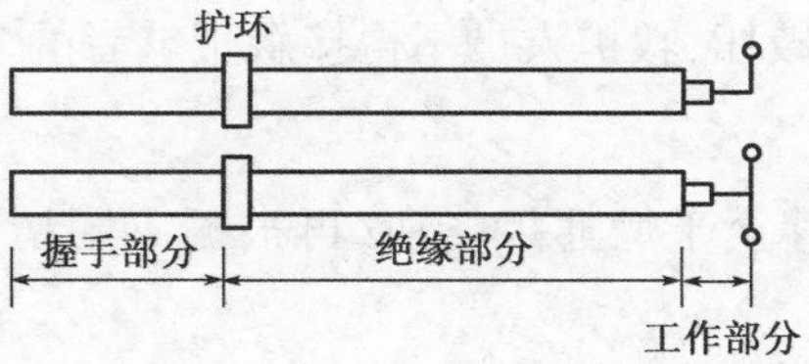

(a)结构图

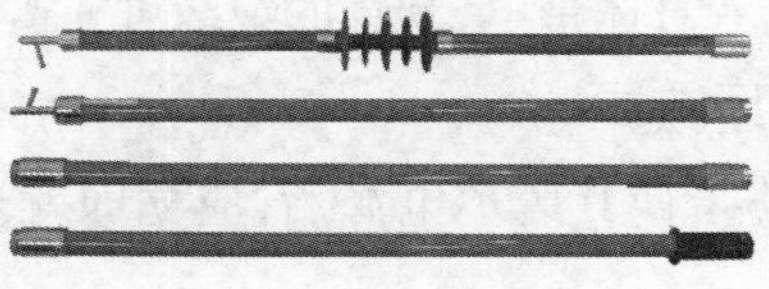
(b)实物图

图5－8　绝缘杆

绝缘杆的使用注意事项如下:

(1)使用绝缘杆时禁止装接地线。

(2)操作人员必须戴绝缘手套,穿绝缘靴(鞋),旁边应有专人监护。

(3)使用时手应握把手部分,不能超出护环。

(4)绝缘杆不许摔打损伤。无特殊防护装置的绝缘杆,不得在下雨或下雪天在室外使用。

(5)绝缘杆使用完毕,宜悬挂在干燥的室内保存,也可架在支架上,不要与墙接触,以免受潮。

(6)绝缘杆每年要进行一次定期试验。

(二)绝缘夹钳

绝缘夹钳结构如图5－9所示,使用注意事项如下:

(1)绝缘夹钳只允许在35kV及以下的设备上使用。

(2)使用绝缘夹钳夹熔断器时,工作人员的头部不可超过握手部分,并应戴护目镜、绝缘手套,穿绝缘鞋或站在绝缘台上。

(3)绝缘夹钳的定期检验为每年一次。

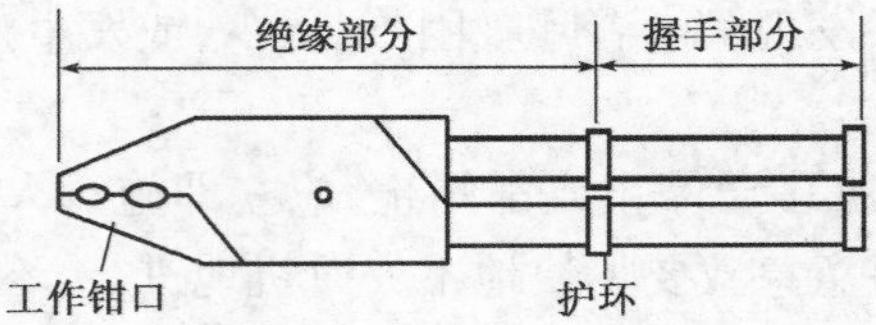

(a)结构图

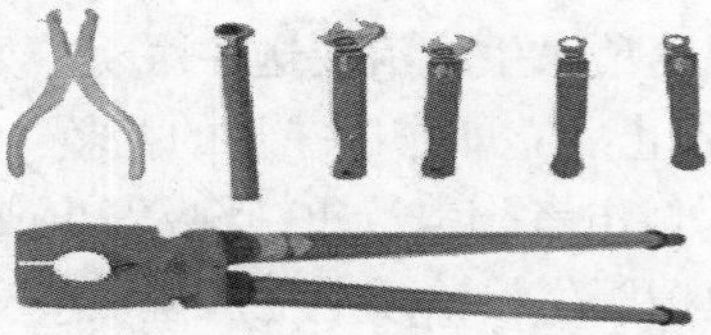
(b)实物图

图5－9　绝缘夹钳

(三)绝缘手套

绝缘手套是在电气设备上进行实际操作时的辅助安全用具,也是在低压设备的带电部分上工作时的基本安全用具,一般分为12kV和5kV两种,如图5－10所示。绝缘手套使用注意事项如下:

(1)使用前检查时可将手套朝手指方向卷曲,检查有无漏气或裂口等现象。

(2)戴手套时应将外衣袖放入手套的伸长部分。

(3)绝缘手套使用后必须擦干净,并且要与其他工具分开放置。

(4)绝缘手套每半年应检查一次。

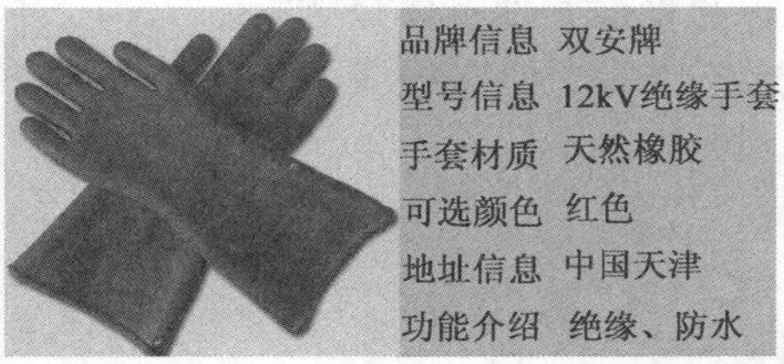

(a)12kV绝缘手套

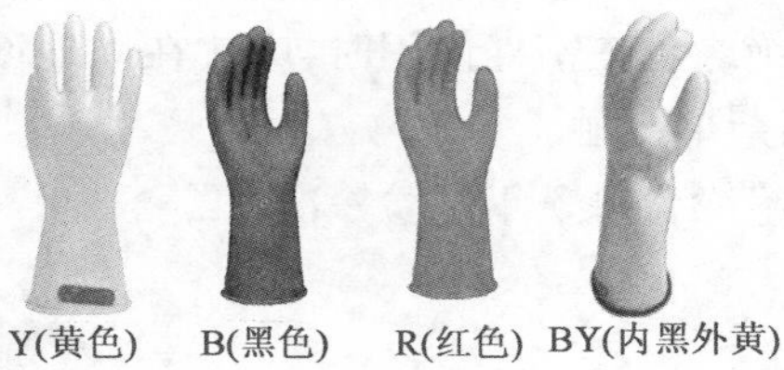

(b)5kV绝缘手套

图 5－10　绝缘手套

（四）绝缘靴

绝缘靴（鞋）是在任何等级的电气设备上带电工作时，用来与地面保持绝缘的辅助安全用具，也是防跨步电压的基本安全用具，如图 5－11 所示。绝缘靴使用注意事项如下：

（1）绝缘靴要放在柜子里，并与其他工具分开放置。

（2）绝缘靴使用期限，制造厂规定以大底磨光为止，即当大底露出黄色面胶（绝缘层）时就不适合在电气作业中使用了。

（3）绝缘靴每半年试验一次。

(a)耐压20～35kV绝缘靴

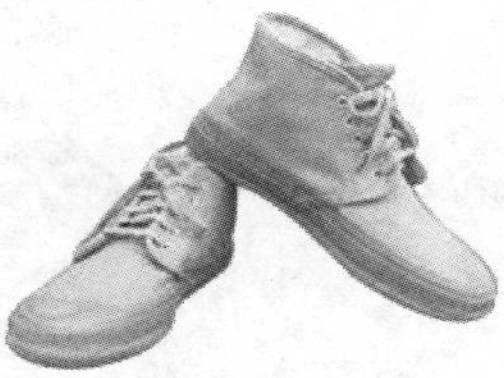

(b)耐压5～15kV绝缘靴

(c)耐压6kV绝缘皮靴

图 5－11　绝缘靴

（五）绝缘垫

绝缘垫是在任何等级的电气设备上带电工作时，用来与地面保持绝缘的辅助安全用具，如图 5－12 所示。使用电压在 1000V 及以上时，可作为辅助安全用具；1000V 以下时可作为基本安全用具。绝缘垫使用注意事项如下：

（1）注意防止绝缘垫与酸、碱、盐类及其他化学品和各种油类接触，一面受腐蚀后老化、龟裂或变黏，会降低绝缘性能。

（2）避免与热源直接接触使用，应在空气温度为 20～40℃的环境中使用。

（3）绝缘垫每 2 年试验一次。

图 5－12　绝缘垫

（六）绝缘台

绝缘台是在任何等级的电气设备上带电工作时的辅助安全用具。如图 5－13 所示，其台面用干燥的、漆过绝缘漆的木板或木条做成。绝缘台面的最小尺寸为 800mm × 800mm。为方便移动、清扫和检查，台面不宜做得太大，一般不超过 1500mm × 1000mm。绝缘台使用注意事项如下：

（1）绝缘台必须放在干燥的地方。

(2)绝缘台应置于硬实的地面上，台面板不得与地面其他物体接触。

(3)绝缘台在室外使用时，应放在硬地面，绝缘台的支持瓷绝缘子不得陷入泥中，台面板也不可与杂草接触。

(4)绝缘台每 3 年试验一次。

图 5－13　绝缘台

(七)携带型接地线

携带型接地线可用来防止设备因突然来电如错误合闸送电而带电，削除临近感应电压或放尽已断开电源的电气设备上的剩余电荷。携带型接地线如图 5－14 所示，使用注意事项如下：

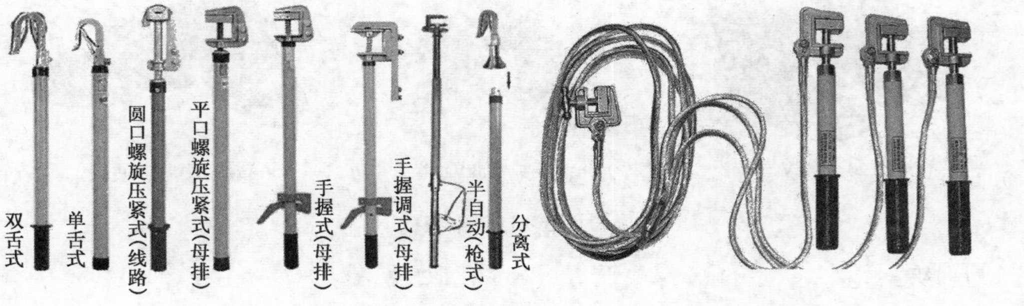

图 5－14　携带型接地线

(1)使用时，接地线的连接器(线卡或线夹)装上后接触应良好，并有足够的夹持力，以防短路电流幅值较大时，由于接触不良而熔断或因电动力的作用而脱落。

(2)应检查接地铜线和三根短接铜线的连接是否牢固，一般应由螺丝拴紧后，再加焊锡焊牢，以防因接触不良而熔断。

(3)装设接地线必须由两人进行，装、拆接地线均应使用绝缘棒和戴绝缘手套。

(4)接地线在每次装设以前应经过详细检查，损坏的接地线应及时修理或更换，禁止使用不符合规定的导线作接地线或短路线之用。

(5)接地线必须使用专用线夹固定在导线上，严禁用缠绕的方法进行接地或短路。

(6)每组接地线均应编号，并存放在固定的地点，存放位置也应编号。接地线号码与存放位置号码必须一致，以免在较复杂的系统中进行部分停电检修时，发生误拆或忘拆接地线而造成事故。

(7)接地线和工作设备之间不允许连接刀闸或熔断器，以防它们断开时，设备失去接地，使检修人员发生触电事故。

任务二　静 电 防 护

【案例导入】

静电引起甲苯装卸槽车爆炸起火事故

一、事故经过

2012 年 7 月 22 日,某化工厂租用某运输公司一辆汽车槽车,到铁路专线上装卸外购的 46.5t 甲苯,并指派仓库副主任、厂安全员及 2 名装卸工执行卸车任务。约 7 时 20 分,开始装卸第一车。由于火车与汽车槽车约有 4m 高的位差,装卸直接采用自流方式,即用 4 条塑料管(两头橡胶管)分别插入火车和汽车槽车,依靠高度差,使甲苯从火车罐车经塑料管流入汽车罐车。约 8 时 30 分,第一车甲苯约 13.5t 被拉回仓库。约 9 时 50 分,汽车开始装卸第二车。汽车司机将车停放在预定位置后与安全员到离装卸点 20m 的站台上休息,1 名装卸工爬上汽车槽车,接过地上装卸工递上来的装卸管,打开汽车槽车前后 2 个装卸孔盖,在每个装卸孔内放入 2 根自流式装卸管。4 根自流式装卸管全部放进汽车槽罐后,槽车顶上的装卸工因天气太热,便爬下汽车去喝水。人刚走离汽车约 2m 远,汽车槽车靠近尾部的装卸孔突然发生爆炸起火。爆炸冲击波将 2 根塑料管抛出车外,喷洒出来的甲苯致使汽车槽车周边一片大火,2 名装卸工当场被炸死。约 10min 后,消防车赶到。经 10 多分钟的扑救,大火全部扑灭,阻止了事故进一步的扩大,火车槽基本没有受损害,但汽车已全部烧毁。

二、事故原因

(一)直接原因

装卸作业没有按规定装设静电接地装置,使装卸产生的静电火花无法及时导出,造成静电积聚过高产生静电火花,引发事故。

(二)间接原因

高温作业未采取必要的安全措施,因而引发爆炸事故。事发时气温超过 35℃。当汽车完成第一车装卸任务并返回火车装卸站时,汽车槽罐内残留的甲苯经途中 30 多分钟的太阳暴晒,已挥发到相当高的浓度,但未采取必要的安全措施,直接灌装甲苯。

三、事故教训

(1)立即开展接地静电装置设施的检查和维护,加强安全防范,严防类似事故的发生。

(2)完善全公司安全规章制度。事故发生后,针对高温天气,公司明确要求,灌装易燃、易爆危险化学品,除做好静电设施接地外,在第二车装卸前,必须静置汽车槽车 5min 以上或采取罐外水冷却等方式,方可灌装。

(3)进一步健全全公司安全管理制度,充实安全管理力量,落实好安全责任制,强化安全管理手段和措施。

【相关知识】

知识点:静电的危害及特性

一、静电的产生与危害

静电是指相对静止的电荷。静电是由于两种不同的物体(物质)互相摩擦,或者物体与物体间紧密接触后又分离而产生的。此外,由于物体受热、受压、撕裂、剥离、拉伸、撞击、电解,以及物体受到其他带电体的感应等,也可能产生静电。一般说来,不管物体的种类和性质(固体、液体和气体)如何,均能产生静电。

石油化工生产中,静电的危害主要有三个方面。

(一)引起火灾与爆炸

爆炸和火灾是静电危害中最为严重的一种事故。静电的电量虽然不大,但因其电压很高,容易发生静电放电而产生火花。火灾爆炸是在一定条件下造成的,静电引起的爆炸一般也是燃烧爆炸,因而静电引起爆炸和火灾的条件可以归纳为以下几点:

(1)要具备产生静电电荷的条件;

(2)要具备产生火花放电的电压;

(3)有能引起火花放电的合适间隙;

(4)现场环境有爆炸性混合物;

(5)放电火花具有足够能量。

石油化工生产过程中经常接触酸、碱、有毒有害、易燃易爆的危险品。在生产过程中由于工艺、装置、人员的因素会产生静电,有时由于静电得不到有效的控制就有可能酿成重大事故。因此在石油化工生产中要注意分析静电产生的原因、危害,制定出切实可行的预防措施。

(二)静电电击

静电电击是由于带电体向人体或带电的人体向接地的导体,以及带静电的人体相互间发生静电放电,其产生的瞬间冲击电流通过人体而引起的病理生理效应。

由于静电造成的电击,可能发生在人体接近带电物体的时候,也可能发生在带静电电荷的人体接近接地体的时候。一般情况下,静电的能量较小,因此在生产过程中的静电电击不会直接使人致命,但是电击易引起坠落、摔倒等二次事故。电击还可引起职工紧张,影响工作。

(三)静电妨碍生产

在某些生产过程中,如不消除静电,将会妨碍生产或降低产品质量。

随着涤纶、腈纶和锦纶等合成纤维的应用,静电问题变得十分突出。例如,在抽丝过程中,每根丝都要从直径百分之几毫米的小孔挤出,产生较多静电,由于静电电场力的作用,使丝飘动、黏合、纠结等,妨碍工作。在粉体加工行业,生产过程中产生的静电除带来火灾爆炸危险外,还会降低生产效率,影响产品质量。例如,粉体筛分时,由于静电电场力的作用而吸附细微的粉末,使筛目变小,降低生产效率。在塑料和橡胶行业,由于制品和辊轴的摩擦及制品的挤压和拉伸,会产生较多静电,如果不能迅速消散会吸附大量灰尘。

二、静电的特性

(1)静电电压高。化工生产中产生的静电能量不大,但其电压很高,其放电火花的能量大大超过某些物质的最小点火能,易引起着火爆炸。

(2)静电泄漏慢。由于积累静电的材料电阻率都很高,其上静电泄漏很慢。这样使得带电体保留危险状态的时间也很长,危险程度相应增加。

(3)绝缘的静电导体所带的电荷平时无法导走,一有放电机会,全部自由电荷将一次经放电点放掉,因此带有相同数量静电荷和表观电压的绝缘的导体要比非导体危险大。

(4)远端放电。若厂房中一条管道或部件产生静电,其周围与地绝缘的金属设备就会在感应下降静电扩散到远处,并可在预想不到的地方放电,或使人受到电击,它的放电是发生在与地绝缘的导体上,自有电荷可一次全部放掉,因此危害性很大。

(5)尖端放电。静电电荷密度随表面曲率增大而升高,因此在导体尖端部分电荷密度最大,电厂最强,能够产生尖端放电。尖端放电可导致火灾、爆炸事故的发生,还可使产品质量受损。

(6)静电屏蔽。静电场可以用导体的金属元件加以屏蔽。如可以用接地的金属网、容器等将带静电的物体屏蔽起来,不使外界遭受静电危害。静电屏蔽在安全生产上被广泛利用。

技能点:静电防护

防止静电引起火灾、爆炸事故是化工静电安全的主要内容。为防止静电引起火灾、爆炸所采取的安全防护措施,对防止其他静电危害同样有效。

静电引起燃烧爆炸的基本条件有四个:

(1)有产生静电的来源;

(2)静电得以积累,并达到足以引起火花放电的静电电压;

(3)静电放电火花能量达到爆炸性混合物的最小点燃能量;

(4)静电火花周围有可燃性气体、蒸汽和空气形成的可燃性气体混合物。

因此,当采取适当措施,消除以上四个基本条件中的任何一个,就能防止静电引起火灾、爆炸。

一、场所危险程度的控制

静电引起爆炸和火灾的条件之一是有爆炸性混合物存在。为了防止静电的危害,可采取以下控制所在环境爆炸和火灾危险性的措施。

(1)取代易燃介质。在不影响工艺过程、产品质量和经济许可的情况下,尽量用不可燃介质代替易燃介质。

(2)降低爆炸性混合物的浓度。在爆炸和火灾危险环境,采用通风装置或抽气装置及时排出爆炸性混合物,使混合物的浓度不超过爆炸下限。

(3)减少氧化剂含量。这种方法实质上是充填氮、二氧化碳或其他不活泼的气体,使爆炸性混合物中氧的含量不超过8%,就不会引起燃烧。

二、工艺控制

工艺控制是从材料选择、工艺设计、设备结构等方面采取措施,控制静电的产生和积累,使其不超过危险程度。工艺控制是消除静电危害的重要方法之一。主要采取以下措施：

（1）限制摩擦速度或流速。

①烃类燃油在管道流动，其流速与管径应满足以下关系：$v^2D \leqslant 0.64$，式中 v 代表流速，m/s；D 代表管径，m。

②铁路槽车装油流速应满足以下关系：$vD \leqslant 0.8$，当油料电阻率大于 200Ω · m 时，最大流速不得超过 7m/s。

③汽车槽车装油流速应满足以下关系：$vD \leqslant 0.5$，当油料电阻率大于 200Ω · m 时，最大流速不得超过 7m/s。

④管径 12mm 的乙醚管道、管径 24mm 的二硫化碳管道，其流速不应大于 1～1.5m/s。

⑤酯类、酮类、醇类液体，在管道内的流速不应大于 9～10m/s。

（2）材料及设备的选用。

①带轮及输送带或皮带应选用导电性好的材料制作；

②用齿轮传动代替带轮传动；

③使物料与不同材料制成的设备或装置摩擦时产生不同极性的电荷，相互中和；

④搅拌工艺应适当安排加料顺序，以降低静电产生；

⑤选用导电性工具，增加泄漏途径等。

（3）增加静止时间。化工生产中将苯、二硫化碳等液体注入容器、储罐时，都会产生一定的静电荷。液体内的电荷将向器壁及液面集中并可慢慢泄漏消散，完成这个过程需要一定的时间。因此，刚停泵就进行检测或采样是危险的，易发生事故。应该静止一段时间，待静电基本消散后再进行有关的操作。

（4）改变灌注方式。往油箱、油罐注油时，应从底部压入。从顶部往油箱、油罐注油时，可改变管的形状或将注油管插道底部。

（5）清除油罐或管道内的杂质或积水，以利于减少静电。

（6）合理选用防爆设备和装设松弛容器。

三、接地

接地是消除静电危害最常见的方法，它主要是消除导体上的静电。接地又分为直接接地和间接接地。

（1）直接接地。直接接地就是电气接地，即用金属导线把带电体直接和接地干线连接起来。

（2）间接接地。间接接地就是使金属以外的物体进行静电接地，将其表面的全部或局部与接地体紧密相接的一种接地方式。或者说，通过具有一定电阻值的静电导体将带电体和接地体连接起来。

四、增湿

增湿适用于绝缘体上静电的消除。但增湿主要是增强静电沿绝缘体表面的泄漏，而不是增加通过空气的泄漏。因此，增湿对于表面容易形成水膜或表面容易被水润湿的绝缘体有效，如醋酸纤维、硝酸纤维素、纸张、橡胶等。而对于表面不能形成水膜、表面水分蒸发极快的绝缘体或孤立的带静电绝缘体，增湿也是无效的。从消除静电危害的角度考虑，保持相对湿度在70%以上为好。

五、加抗静电添加剂

抗静电添加剂是化学药剂，具有良好的导电性或较强的吸湿性。因此，在容易产生静电的高绝缘材料中加入抗静电添加剂，能降低材料的电阻，加速静电的泄漏。如在橡胶中导电炭黑、火药药粉中一般加入石墨，石油中一般加入环烷酸盐或合成脂肪酸盐，塑料行业一般采用内加型表面活性剂等。

六、采用静电消除器

静电消除器是利用产生电子或离子来中和物体上的静电电荷。静电消除器主要用来中和非导体上的静电。按照工作原理和结构的不同，大体上可以分为感应式、高压式、放射线式和离子流式四种。与抗静电添加剂相比，静电消除器不影响产品质量，使用也很方便。

（一）感应式静电消除器

感应式静电消除器是用一根或多根接地金属针作为离子极，将针尖对准带电体并距其表面1～2cm（图5－15）。由于带电体的静电感应，针尖会出现相反电荷，在附近形成强电场，并将气体电离。所产生的正、负离子在电场作用下，分别向带电体和针尖移动。与带电体电性相反的离子抵达带电体表面时，即与静电中和；而移到针尖的离子通过接地线把电荷导入大地。

（二）高压式静电消除器

高压式静电消除器是利用外接电源的高电压，在消除器针尖与接地极之间形成强电场，使空气电离。外接电源是直流的消除器，将产生与带电体电性相反的离子，直接中和带电体的静电。如果外接电源是交流装置，则在带电体周围由等量的正、负离子形成导电层，使带电体表面电荷传导出去。高压式静电消除器如图5－16所示。

图5－15　感应式静电消除器

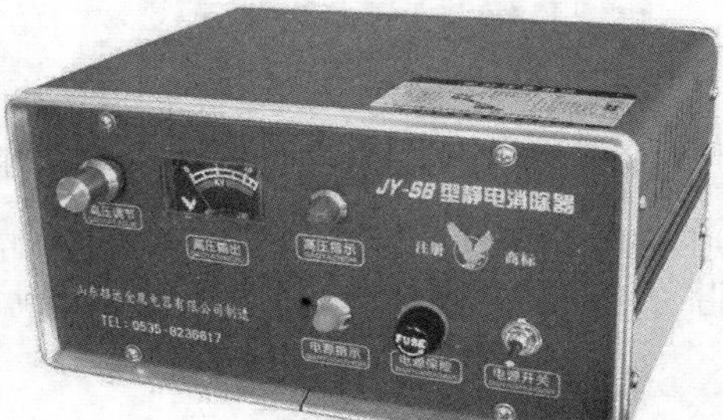

图5－16　高压式静电消除器

（三）放射线式静电消除器

放射线式静电消除器是利用放射性同位素使空气电离，从而中和带电体上的静电（图5－17）。

（四）离子流式静电消除器

离子流式静电消除器就工作原理来说属于外接电源式静电消除器。所不同的是利用干净的压缩空气通过离子极喷向带电体，把离子极产生的离子不断带到带电体表面，达到消除静电的效果。离子流式静电消除器如图5－18所示。

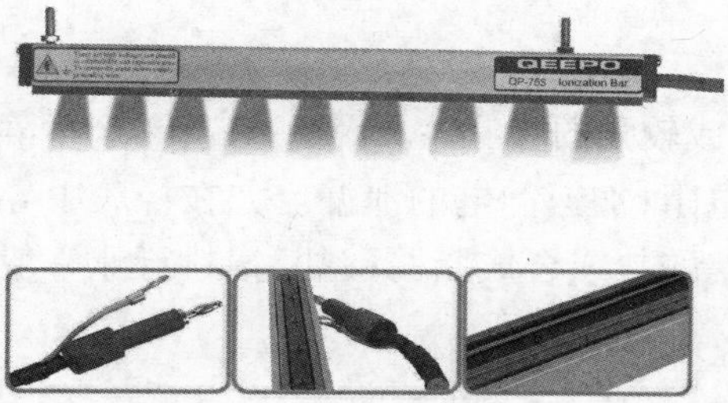

图 5－17　放射线式静电消除器

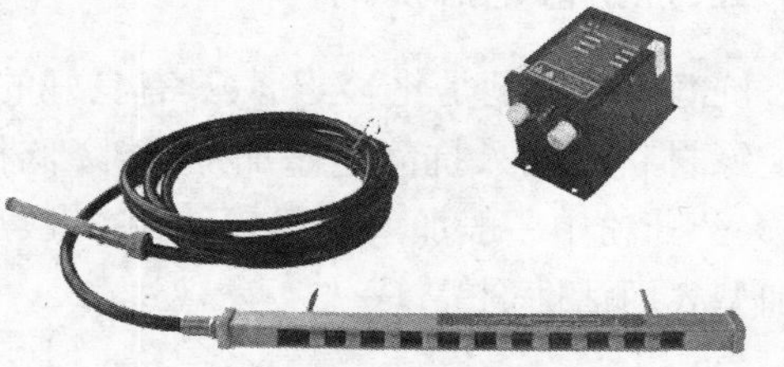

图 5－18　离子流式静电消除器

七、人体的防静电措施

可以通过接地、穿防静电鞋、穿防静电工作服(图 5－19)等具体措施,减少静电在人体上的积累。在静电产生严重的场所,不得穿化纤工作服,穿着以棉织品为宜。在人体必须接地的场所,应设金属接地棒(图 5－20),赤手接触即可导出人体静电。

图 5－19　化工防静电工作服

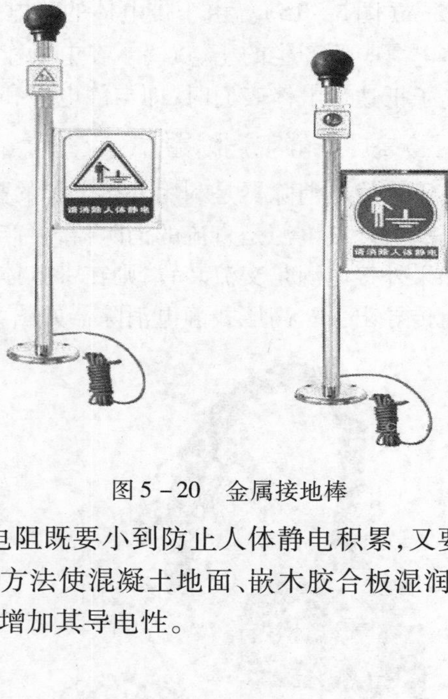

图 5－20　金属接地棒

产生静电的工作地面应是导电性的。其泄漏电阻既要小到防止人体静电积累,又要防止人体误触动力电而导致人体伤害。此外,用洒水的方法使混凝土地面、嵌木胶合板湿润,使橡皮、树脂、石板的黏合面或涂刷地面能够形成水膜,增加其导电性。

任务三　雷 电 防 护

【案例导入】

一、事故经过

某厂装置有 3 台甲醇罐,罐上安装了呼吸阀,旁边有一个检尺口,呼吸阀每年进行例行检查。7 月末的一天上午,操作工正从槽车往罐里卸甲醇。突然,狂风大作,雷声隆隆,暴雨顷刻即至。操作工立即关闭阀门，停止卸车。但雷击仍在管线和罐区肆虐。突然，一个火球在中间的甲醇罐顶上闪过，罐顶立即着火，引发一场火灾。

二、事故原因

防直击雷装置，对排放有爆炸危险蒸气或粉尘的放散管、呼吸阀、排风管等，罐顶或其附近避雷针针尖宜高出罐顶3m以上，保护范围应高出罐顶2m以上。另外，呼吸阀也应与罐体进行跨接，使其良好接地。

三、事故教训

(1)防雷装置的安装必须符合工业生产的规范要求；
(2)对化工生产工的易燃易爆危化品的防雷要严格要求；
(3)关键设备和部件接地措施不可少。

【相关知识】

知识点1:雷电的形成与危害

一、雷电的形成

雷电是大气中的一种放电现象。在雷雨季节，天空中的云受到地面上升的强烈气流的作用，使带正电的冰晶与带负电的水滴开始分离，形成一部分带正电荷、一部分带负电荷的雷云。由于异性电荷的不断积累，不同极性的云块之间电场强度不断增大，当某一处的电场强度超过空气可能承受的击穿强度时，就形成云间放电。不同符号的电荷通过一定的电离通道互相中和，产生强烈的光和热，光即电闪；热使附近空气突然膨胀，发出轰鸣声，即雷。

二、雷电的分类

雷电通常可分为直击雷和感应雷两种。

(一)直击雷

直击雷是指雷电直接击在建筑物构架、动植物上，因电效应、热效应和机械效应等造成建筑物等损坏以及人员的伤亡。一般防直击雷是通过避雷装置即接闪器(针、带、网、线、)引下线构成完整的电气通路后将雷电流泄入大地。然而接闪器、引下线和接地装置的导通只能保护建筑物本身免受直击雷的损毁，但雷电会透过多种形式及途径破坏电子设备。直击雷的电压峰值通常可达几万伏甚至几百万伏，电流峰值可达几十千安乃至几百千安，其之所以破坏性很强，主要原因是雷云所蕴藏的能量在极短的时间就释放出来，从瞬间功率来讲，是巨大的。

(二)感应雷

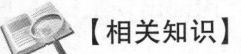

感应雷是指当雷云来临时，地面上的一切物体，尤其是导体，由于静电感应，都聚集起大量的雷电极性相反的束缚电荷，在雷云对地或对另一雷云闪击放电后，云中的电荷就变成了自由电荷，从而产生出很高的静电电压(感应电压)，其过电压幅值可达到几万伏到几十万伏，这种过电压往往会造成建筑物内的导线、接地不良的金属物导体和大型的金属设备放电而引起电

火花，从而引起火灾、爆炸，危及人身安全或对供电系统造成危害。

三、雷电的危害

雷电的危害是多方面的，按其破坏因素可归纳以下8类：

（1）电性质破坏。雷电产生高达数万伏甚至数十万伏的冲击电压，可毁坏发电机、变压器、断路器、绝缘子等电气设备的绝缘，烧断电线或劈裂电杆，造成大规模停电；绝缘损坏会引起短路，导致火灾或爆炸事故；巨大的雷电流流入地下，会在雷击点及其连接的金属部分产生极高的对地电压，可直接导致接触电压或跨步电压的触电事故。

（2）热性质破坏。当几十安至上千安的强大电流通过导体时，在极短的时间内将转换成大量热能。雷击点的发热能量约为500～2000J，故在雷电通道中产生的高温往往会酿成火灾。

（3）机械性质破坏。由于雷电的热效应，能使雷电通道中木材纤维缝隙和其他结构缝隙中的空气剧烈膨胀，同时使水分及其他物质分解为气体，因而在被雷击物体内部出现很大的压力，致使被击物遭受严重破坏或造成爆炸。

（4）静电感应。当金属物处于雷云和大地电场中时，金属物上会生出大量的电荷。雷云放电后，云和大地间的电场虽然消失，但金属物上所感应积聚的电荷却来不及逸散，因而产生很高的对地电压。这种对地电压，称为静电感应电压。

（5）电磁感应。雷电具有很高的电压和很大的电流，同时又是在极短暂的时间内发生的。因此在它周围的空间里，将产生强大的交变磁场，不仅会使处在这一电磁场的导体感应出较大的电动势，并且还会在构成闭合回路的金属物中感应电流，这时如果回路中有的地方接触电阻较大，就会局部发热或发生火花放电，这对于存放易燃、易爆物品的建筑物是非常危险的。

（6）雷电波入侵。雷电冲击波是由于雷击而在架空线路上或空中金属管道上产生的冲击电压沿线或管道迅速传播的雷电波，其传播速度为$3 \times 10^8 m/s$。雷电波入侵可毁坏电气设备的绝缘，使高压窜入低压，造成严重的触电事故。

（7）防雷装置上的高电压对建筑物的反击作用。当防雷装置受雷击时，在接闪器、引下线和接地体上都具有很高的电压。如果防雷装置与建筑物内外的电气设备、电气线路或其他金属管道的相隔距离很近，它们之间就会产生放电，这种现象称为反击。反击可能引起电气设备绝缘破坏、金属管道烧穿，甚至造成易燃、易爆物品着火和爆炸。

（8）雷电对人的危害。雷击电流迅速通过人体，可立即使呼吸中枢麻痹、心室纤颤或心跳骤停，以致使脑组织及一些主要脏器受到严重损害，出现休克或突然死亡，雷击时产生的电火花，还可使人遭到不同程度的烧伤。

知识点2：防雷装置的种类与作用

常用防雷装置主要包括避雷针、避雷线、避雷网、避雷带、保护间隙及避雷器。上述装置都是接闪器，完整的防雷装置包括接闪器、引下线和接地装置。

一、避雷针

避雷针用来保护工业与民用高层建筑以及发电厂、变电所的屋外配电装置、输电线路个别区段。在雷电先导电路向地面延伸过程中，由于受到避雷针畸变电场的影响，会逐渐转向并击中避雷针，从而避免了雷电先导向被保护设备，击毁被保护设备和建筑的可能性。由此可见，避雷针实际上是引雷针，它将雷电引向自己，从而保护其他设备免遭雷击。避雷针安装原理图和实物图如图 5－21 所示。

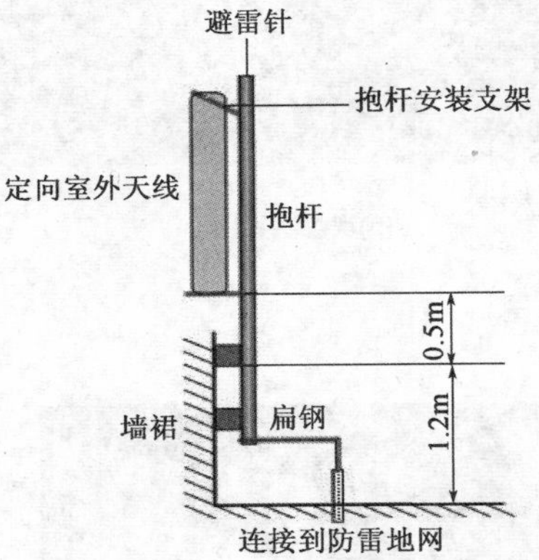

(a)安装原理图

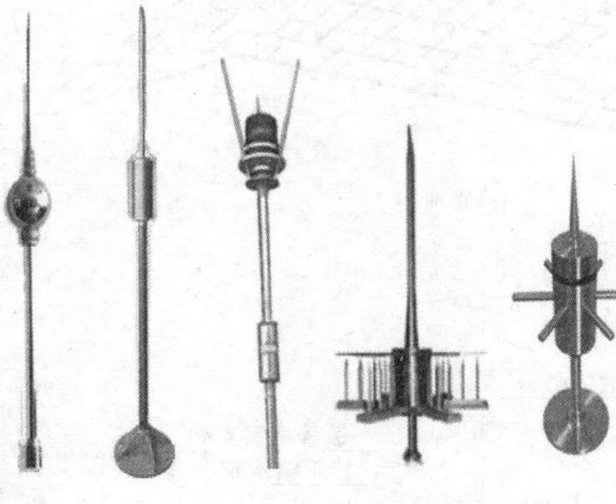
(b)实物图

图 5－21　避雷针

二、避雷线

避雷线也叫架空地线，它是沿线路架设在杆塔顶端，并具有良好接地的金属导线。避雷线是输电线路的主要防雷保护措施。避雷线安装原理图和实物图如图 5－22 所示。

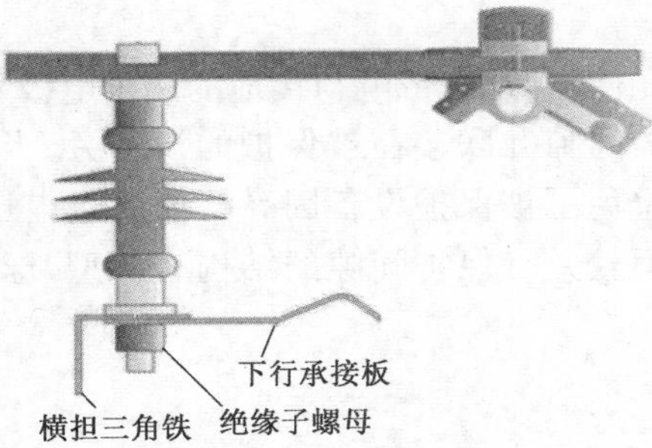

(a)安装原理图

(b)实物图

图 5－22　避雷线

三、避雷网和避雷带

避雷网是防雷装置的顶上部分，其作用同避雷针、避雷线一样，将雷电引向自己，再通过引下线使雷电流入地，主要用来保护建筑物。避雷网分为明装避雷网和笼式避雷网两大类。沿建筑物上部明装金属网格作为接闪器，沿外墙装引下线接到接地装置上，称为明装避雷网，一般建筑物中常采用这种方法。而把整个建筑物中的钢筋结构连成一体，构成一个大型金属网笼，称为笼式避雷网（图 5－23）。

如图 5－24 所示，避雷带是指沿屋脊、山墙、通风管道以及平屋顶的边沿等最可能受雷击的地方敷设的金属带。多用在民用建筑，特别是山区的建筑。

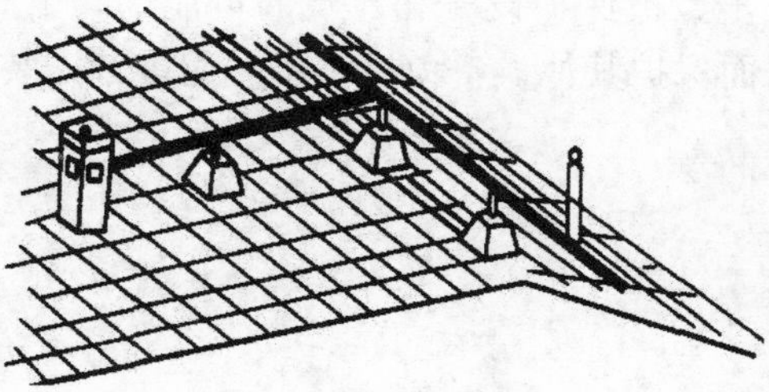

(a)原理图

(b)现场实物图

图 5－23　笼式避雷网

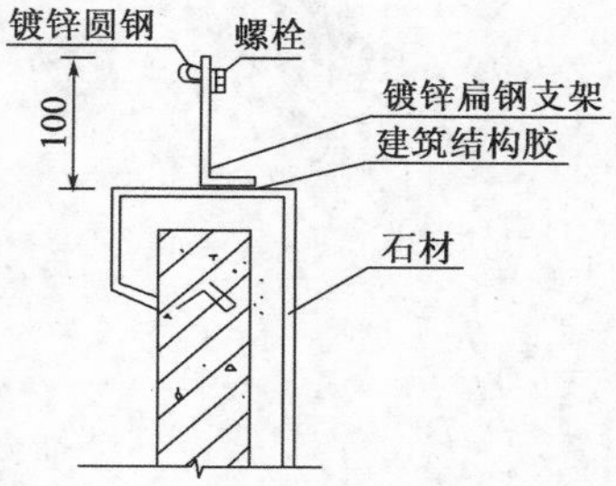

(a)安装原理图

(b)现场实物图

图 5－24　避雷带

四、保护间隙

保护间隙是一种简单而有效的过电压保护元件，它是由带电与接地的两个电极，中间间隔一定数值的间隙距离构成的（图 5－25）。将保护间隙并联接在被保护的设备旁，当雷电波袭来时，间隙先行击穿，把雷电流引入大地，从而避免了被保护设备因高幅值的过电压而击毁。保护间隙构造简单，维护方便，但其自行灭弧能力较差。保护间隙的结构有棒型、球型和角型三种。

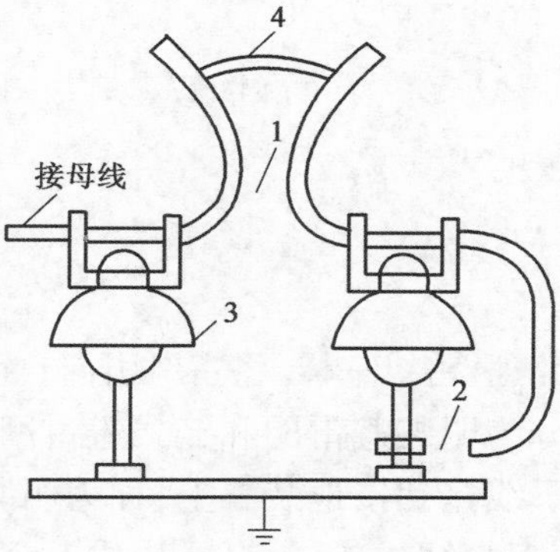

(a)保护间隙原理结构图

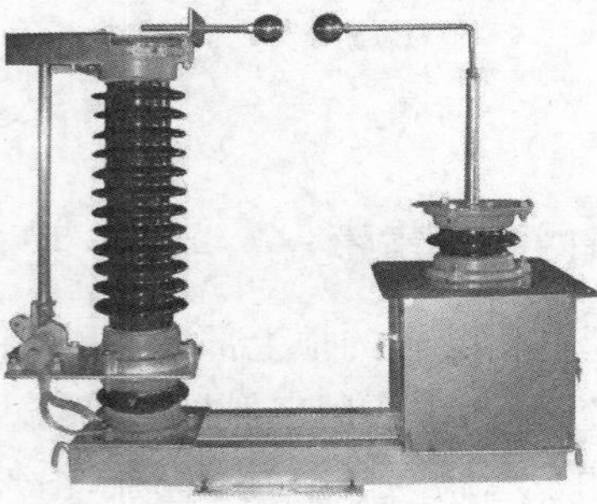

(b)实物图

图 5－25　避雷保护间隙

1—主间隙；2—辅助间隙；3—绝缘子；4—电弧

五、避雷器

避雷器能释放雷电或兼能释放电力系统操作过电压能量，保护电工设备免受瞬时过电压危害，又能截断续流，不致引起系统接地短路的电器装置。避雷器通常接于带电导线与地之间，与被保护设备并联。如图5－26所示，避雷器有管式和阀式两大类。管式避雷器主要用于变电所、发电厂的进线保护和线路绝缘弱点的保护。阀式避雷器分为碳化硅避雷器和金属氧化物避雷器（又称氧化锌避雷器）。

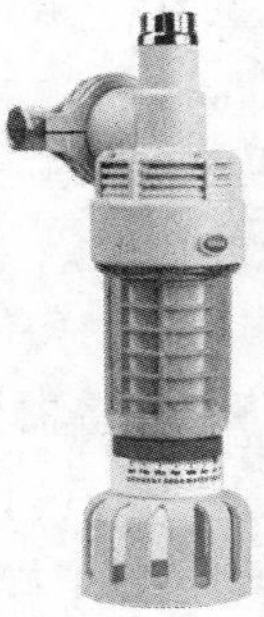
(a)管式避雷器

(b)阀式避雷器

图5－26　避雷器

技能点：化工设备防雷

一、化工设备防雷要求

（1）当罐顶钢板厚度大于4mm，且装有呼吸阀时，可不装设防雷装置。但油罐体应作良好的接地，接地点不少于2处，间距不大于30m，其接地装置的冲击接地电阻不大于30Ω。

（2）当罐顶钢板厚度小于4mm时，虽装有呼吸阀，也应在罐顶装设避雷针，且避雷针与呼吸阀的水平距离不应小于3m，保护范围高出呼吸阀不应小于2m。

（3）浮顶油罐（包括内浮顶油罐）可不设防雷装置，但浮顶与罐体应有可靠的电气连接。

（4）非金属易燃液体的储罐应采用独立的避雷针，以防止直接雷击。同时，还应有感应雷措施。避雷针冲击接地电阻不大于30Ω。

（5）覆土厚度大于0.5m的地下油罐，可不考虑防雷措施，但呼吸阀、量油孔、采气孔应做良好接地。接地点不少于2处，冲击接地电阻不大于10Ω。

（6）易燃液体的敞开储罐应设独立避雷针，其冲击接地电阻不大于5Ω。

（7）户外架空管道的防雷：

①户外输送可燃气体、易燃或可燃体的管道，可在管道的始端、终端、分支处、转角处以及直线部分每隔100m处，每处接地电阻不大于30Ω。

②当管道与爆炸危险厂房平行敷设的间距小于10m时，在接近厂房的一段，其两端及每隔30～40m应接地，接地电阻不大于20Ω。

③当管道连接点（弯头、阀门、法兰盘等），不能保持良好的电气接触时，应用金属线跨接。

④接地引下线可利用金属支架。若是活动金属支架，在管道与支持物之间必须增设跨接线；若是非金属支架，必须另作引下线。

⑤接地装置可利用电气设备保护接地的装置。

二、防雷装置的检查

为了使防雷装置具有可靠的保护效果，不仅要有合理的设计和正确的施工，还要建立必要的维护保养制度，进行定期和特殊情况下的检查。

(1)对于重要设施，应在每年雷雨季以前做定期检查；对于一般性设施，应每二、三年在雷雨季以前做定期检查；如有特殊情况，还要做临时性的检查。

(2)检查是否由于维修建筑物或建筑物本身变形，使防雷装置的保护情况发生变化。

(3)检查各处明装导体有无因锈蚀或机械损伤而折断的情况。如发现锈蚀在30%以上必须及时更换。

(4)检查接闪器有无因遭受雷击后而发生熔化或折断，避雷器瓷套有无裂纹、碰伤的情况，并应定期进行预防性试验。

(5)检查接地线在距地面2m至地下0.3m处一般保护处理有无被破坏的情况。

(6)检查接地装置周围的土壤有无沉陷现象。

(7)测量全部接地装置的接地电阻，如发现接地电阻有很大变化时，应对接地系统进行全面检查。必要时可补打接地极。

(8)检查有无因施工挖土、敷设其他管道或种植树木而挖断接地装置的情况。

练习题

一、单选题

1. 停电检修时，在一经合闸即可送电到工作地点的开关或刀闸的操作把手上，应悬挂如下哪种标示牌？(　　)

A. “在此工作”

B. “止步，高压危险”

C. “禁止合闸，有人工作”

2. 触电事故中，绝大部分是(　　)导致人身伤亡的。

A. 人体接受电流遭到电击　　B. 烧伤　　C. 电休克

3. 静电电压最高可达(　　)，可现场放电，产生静电火花，引起火灾。

A. 50V　　B. 数万伏　　C. 220V

4. 漏电保护器的使用是防止(　　)。

A. 触电事故　　B. 电压波动　　C. 电荷超负荷

5. 金属梯子不适于以下什么工作场所？(　　)

A. 有触电机会的工作场所　　B. 坑穴或密闭场所　　C. 高空作业

6. 使用手持电动工具时，下列注意事项哪个正确？(　　)

A. 使用万能插座　　B. 使用漏电保护器　　C. 身体或衣服潮湿

7. 使用电气设备时，由于维护不及时，当(　　)进入时，可导致短路事故。

A. 导电粉尘或纤维　　B. 强光辐射　　C. 热气

8. 检修电动机时,下列哪种行为错误?(　　)

A. 先实施停电安全措施,再在电动机及其附属装置的回路上进行检修。

B. 检修工作终结,需通电实验电动机及其启动装置时,先让工作人员撤离现场,再送电试运转。

C. 在运行的电动机的接地线上进行检修工作

9. 下列有关使用漏电保护器的说法,哪种正确?(　　)

A. 漏电保护器既可用来保护人身安全,还 可用来对低压系统或设备的对地绝缘状 况起到监督作用

B. 漏电保护器安装点以后的线路不可对地绝缘

C. 漏电保护器在日常使用中不可在通电状态下按动实验按钮来检验其是否灵敏可靠

10. 如果工作场所潮湿,为避免触电,使用手持电动工具的人应(　　)。

A. 站在铁板上操作

B. 站在绝缘胶板上操作

C. 穿防静电鞋操作

11. 为了防止跨步电压伤人,防直击雷接地装置距建筑物、构筑物出入口和人行道的距离不应少于(　　) m。

A. 6　　B. 4　　C. 3

12. 雷电放电具有(　　)的特点。

A. 电流大、电压高　　B. 电流小、电压高

C. 电流大、电压低　　D. 电流小、电压低

13. 装设避雷针、避雷线、避雷带和避雷网都是防护(　　)的主要措施。

A. 雷电侵入波　　B. 直击雷

C. 反击　　D. 二次放电

14. (　　)是各种变配电装置防雷电入侵波的主要措施。

A. 采用(阀型)避雷器　　B. 采用避雷针

C. 采用避雷线　　D. 采用避雷网

15. 雷电不会直接造成的危害和危险是(　　)。

A. 火灾、爆炸　　B. 垒启

C. 触电　　D. 设备设施损坏

16. 静电的特点是(　　)。

A. 电流大、电压高　　B. 电流小、电压高

C. 电流大、电压低　　D. 电流小、电压低

17. 不能消除静电的方法是(　　)。

A. 接地　　B. 增湿

C. 绝缘　　D. 加抗静电剂

18. 装油结束后保证(　　)min 以上的静止时间。

A. 30　　B. 60　　C. 90　　D. 120

19. 下列各种电伤中,最严重的是(　　)。

A. 电弧烧伤　　B. 皮肤金属化

C. 电烙印　　D. 电光眼

20. 一般情况下,人体电阻可按(　　)考虑。

A. 50 ~ 100Ω　　B. 800 ~ 1000Ω

C. 100 ~ 500Ω　　D. 1 ~ 5MΩ

21. 低压架空线路经过工业企业地区时,线路导线与地面的距离不应小于(　　)m。

A. 5　　B. 6　　C. 6.5　　D. 7

22. 在下列绝缘安全工具中,属于辅助安全工具的是(　　)。

A. 绝缘棒　　B. 绝缘挡板

C. 绝缘靴　　D. 绝缘夹钳

23. 采用特低安全电压是(　　)的措施。

A. 仅有直接接触电击保护　　B. 只有间接接触电击保护

C. 用于防止爆炸火灾危险　　D. 兼有直接接触电击和间接接触电击保护

24. 架空线路不应跨越(　　)。

A. 燃烧材料作屋顶的建筑物　　B. 道路

C. 航道河流　　D. 索道

25. 漏电保护装置主要用于(　　)。

A. 防止人身触电事故　　B. 防止中断供电

C. 减少线路损耗　　D. 减少漏电火灾事故

26. 漏电保护器其额定漏电动作电流在(　　)者属于高灵敏度型。

A. 30mA ~ 1A　　B. 30mA 及以下

C. 1A 以上　　D. 1A 以下

27. 行灯电压不得超过(　　)V,在特别潮湿场所或导电良好的地面上,若工作地点狭窄(如锅炉、金属容器内),行动不便,行灯电压不得超过(　　)V。

A. 36,12　　B. 50,42

C. 110,36　　D. 50,36

28. 从防止触电的角度来说,绝缘、屏护和间距是防止(　　)的安全措施。

A. 电磁场伤害　　B. 间接接触电击

C. 静电电击　　D. 直接接触电击

29. 国际规定,电压(　　)以下不必考虑防止电击的危险。

A. 36V　　B. 65V　　C. 25V

30. 三线电缆中的红线代表(　　)。

A. 零线　　B. 火线　　C. 地线

31. 如果触电者伤势严重,呼吸停止或心脏停止跳动,应竭力施行(　　)和胸外心脏按压。

A. 按摩　　B. 点穴　　C. 人工呼吸

32. 电器着火时下列不能用的灭火方法是哪种?(　　)

A. 用四氯化碳或 1211 灭火器进行灭火

B. 用沙土灭火

C. 用水灭火

33. 长期在高频电磁场作用下,操作者会有什么不良反应?(　　)

A. 呼吸困难　　B. 经神失常　　C. 疲劳无力

34. 下列哪种灭火器适于扑灭电气火灾？（　　）

A. 二氧化碳灭火器　B. 干粉灭火器　　　C. 泡沫灭火器

35. 在遇到高压电线断落地面时，导线断落点（　　）米内，禁止人员进入。

A. 10　　　B. 20　　　C. 30

二、多选题

1. 剩余电流保护装置主要用于（　　）。

A. 防止人身触电事故　　B. 防止供电中断
C. 减少线路损耗　　D. 防止漏电火灾事故
E. 防止人员接近带电体

2. 下列电源中可用做安全电源的是（　　）。

A. 自耦变压器　　B. 分压器
C. 蓄电池　　D. 安全隔离变压器
E. 独立供电的柴油发电机

3. 生产设备周围环境中，悬浮粉尘、纤维量足以引起爆炸；以及在电气设备表面会形成层积状粉尘、纤维而可能形成自燃或爆炸的环境。下列分区中属于粉尘、纤维爆炸危险区域的是（　　）。

A. 1 区　　B. 2 区
C. 10 区　　D. 11 区
E. 21 区

4. 下列电源可作为应急电源的有（　　）。

A. 独立于正常电源的发电机组
B. 蓄电池
C. 干电池
D. 供电网络中独立于正常电源的专用馈电线路
E. 安全隔离变压器

5. 电击对人体的效应是由通过的电流决定的. 而电流对人体的伤害程度除了与通过人体电流的强度有关之外，还与下列（　　）有关。

A. 电流的种类　　B. 电流的持续时间
C. 电流的通过途径　　D. 电流的初相位
E. 人体状况

6. 10kV 及以下变电所的位置，不宜设在多尘或有腐蚀性气体的场所；不宜设在有火灾危险环境的正上方或正下方；不应设在下列（　　）场所。

A. 有剧烈振动或高温的场所
B. 厕所的正上方或正下方
C. 浴室的正上方或正下方或其他经常积水场所的正上方或正下方
D. 地势低洼和可能积水的场所
E. 有爆炸危险环境的正上方或正下方

7. 10kV 及以下架空线路严禁跨越（　　）。

A. 燃烧材料作屋顶的建筑物　　B. 道路
C. 通航河流　　D. 索道

E. 爆炸性气体环境

8. 在下列绝缘安全用具中，属于基本安全用具的是（　　）。

A. 绝缘杆　　B. 绝缘手套

C. 绝缘靴　　D. 绝缘夹钳

E. 绝缘垫

9. 人体静电的危害包括（　　）方面。

A. 人体电击及由此引起的二次事故

B. 引发爆炸和火灾

C. 对静电敏感的电子产品的工作造成障碍

D. 引起电气装置能耗增大

E. 引起机械设备机械故障

10. 人体可以因为（　　）等几种起电方式而呈带静电状态。

A. 压电　　B. 感应　　C. 传导　　D. 沉降

E. 摩擦

三、判断题

1. 为了防止触电可采用绝缘、防护、隔离等技术措施以保障安全。（　　）

2. 对于容易产生静电的场所，应保持地面潮湿，或者铺设导电性能好的地板。（　　）

3. 电工可以穿防静电鞋工作。（　　）

4. 有人低压触电时，应该立即将他拉开。（　　）

5. 雷击时，如果作业人员孤立处于暴露区并感到头发竖起时，应该立即双膝下蹲，向前弯曲，双手抱膝。（　　）

6. 通常，女性的人体阻抗比男性的大。（　　）

7. 电流为 100mA 时，称为致命电流。（　　）

8. 移动某些非固定安装的电气设备时（如电风扇、照明灯），可以不必切断电源。（　　）

9. 在使用手电钻、电砂轮等手持电动工具时，为保证安全，应该装设漏电保护器。（　　）

10. 在照明电路的保护线上应该装设熔断器。（　　）

11. 对容易产生静电的场所，要保持空气潮湿；工作人员要穿防静电的衣服和鞋靴。（　　）

12. 电击伤害是指电流通过人体造成人体内部的伤害。（　　）

13. 电伤伤害是指电流对人体内部造成局部伤害。（　　）

14. 电气设备线路应定期进行绝缘试验，保证其处于不良状态。（　　）

15. 静电是指静止状态的电荷，它是由物体间的相互摩擦或感应而产生的。（　　）

16. 接地是消除静电危害最常见的措施。（　　）

17. 雷电通常可分为直击雷和感应雷两种。（　　）

18. 浮顶油罐（包括内浮顶油罐）可设防雷装置，但浮顶与罐体应有可靠的电气连接。（　　）

19. 非金属易燃液体的储罐应采用独立的避雷针，以防止直接雷击。（　　）

20. 接地装置可利用电气设备保护接地的装置。（　　）

21. 在充满可燃气体的环境中，可以使用手动电动工具。（　　）

22. 家用电器在使用过程中，可以用湿手操作开关。（　　）

23. 在距离线路或变压器较近，有可能误攀登的建筑物上，必须挂有“禁止攀登，有电危

险”的标示牌。 (　　)

24. 在潮湿或高温或有导电灰尘的场所，应该用正常电压供电。 (　　)

25. 雷击时，如果作业人员孤立处于暴露区并感到头发竖起时，应该立即双膝下蹲，向前弯曲，双手抱膝。 (　　)

26. 清洗电动机械时可以不用关掉电源。 (　　)

27. 低压设备或做耐压实验的周围栏上可以不用悬挂标示牌。 (　　)

28. 一般人的平均电阻为5000～7000Ω。 (　　)

29. 对于在易燃、易爆、易灼烧及有静电发生的场所作业的工人，可以发放和使用化纤防护用品。 (　　)

30. 电动工具应由具备证件合格的电工定期检查及维修。 (　　)

31. 人体触电致死，是由于肝脏受到严重伤害。 (　　)

四、简答题

1. 什么是电气事故？电气事故有何特点？

2. 在何种情形下容易产生静电，如何避免？

3. 简述电流对人体的作用。

4. 化工生产中应采用哪些防触电措施？

5. 静电具有哪些特点？

6. 化工生产中的静电危害主要发生在哪些环节？

项目六　压力容器安全管理

【应知】

(1)掌握压力容器的含义及基本概念,压力容器的分类,压力、温度、介质等主要工艺参数;

(2)掌握压力容器的结构形式和组成及典型的安全附件;

(3)掌握压力容器验收、使用管理要求、安全等级划分、检验周期及检验内容、常见缺陷及修理等;

(4)了解与压力容器相关的法规、制度等。

【应会】

(1)能够判断压力容器类型及其主要工艺参数;

(2)能够认识并选择压力容器主要附件;

(3)能够对使用中的压力容器进行风险识别;

(4)能够正确的维护保养压力容器;

(5)能够正确的处理压力容器相关的事故。

【项目描述】

在石油化工生产过程中需要用容器来储存和处理大量的物料。由于物料的状态、物理及化学性质不同以及采用的工艺方法不同,所用的容器也是多种多样的。其中压力容器的数量多,工作条件复杂,危险性很大,对实现石油化工安全生产至关重要。必须加强压力容器的安全管理,并设有专门机构进行监察。相关标准和规程有《特种设备安全监察条例》《固定式压力容器安全技术检查规程》《移动式压力容器安全技术监察规程》等。本项目内容主要包括压力容器安全运行、压力容器维护与保养、气瓶的安全使用以及工业锅炉的安全操作四个任务,涵盖了压力容器的相关知识及安全操作能力。

任务一　压力容器安全运行

【案例导入】

“6·28”压力容器爆炸较大生产安全事故

一、事故经过

2015年6月28日早,某化工公司脱硫脱碳工序三气换热器发生泄漏,事态严重但未能及时通知相关人员进行紧急停车，正当检维修作业人员进行维修作业时发生爆炸。

此次事故造成3人死亡，6人受伤，直接经济损失人民币812.4万元，被认定为一起压力容器爆炸较大生产安全事故。

某压力容器爆炸见动画6-1。

动画6-1 压力容器爆炸

二、事故原因

（一）直接原因

该三气换热器曾出现四次裂纹泄漏，存在明显质量问题。此次爆炸是由于存在贯通的陈旧型裂纹，引发低应力脆断导致脱硫气瞬间爆出。因脱硫气中氢气含量较高，爆出瞬间引起氢气爆炸着火。

（二）间接原因

（1）换热器生产厂家未按相关要求对事故设备的生产制造等各环节进行严格把控。各相关技术文件内容不全面，设备制造材料不符合相关规定。对事故设备长期存在的隐患未按照法律法规进行处理。该三气换热器前后四次检修，均未引起足够重视，未对该设备质量安全进行整体检查，未查明原因进行修复，特别是同一缺陷反复出现，生产厂家应当主动召回。

（2）事故单位安全管理混乱，安全生产主体责任不落实，未按照国家相关要求对事故压力容器进行维护管理，在发现泄漏后，处置措施不当，导致众多人员伤亡事故发生。

（3）其他监管部门监督检查不够，未督促企业消除特种设备事故隐患。

三、事故教训

（1）压力容器作为一种特种设备应严格依据相关法律法规进行设计、生产和及时维护检修；

（2）加强企业安全生产管理，提高企业安全责任意识；

（3）加强事故防范意识，提高事故应急处理能力。

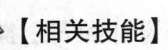

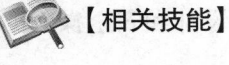

【相关技能】

知识点1：压力容器的分类及其主要工艺参数

压力容器广义上是指所有承受压力的密闭容器，又称受压容器。而作为特种设备的压力容器，主要是指那些容易发生事故，而且事故危害比较大，须专门机构进行监督，并按规定的技术管理规范进行设计、制造和使用的压力容器。

中华人民共和国国务院令第549号《特种设备安全监察条例》规定：

（1）压力容器是指盛装气体或者液体，承载一定压力的密闭设备，其范围规定为最高工作压力大于或者等于0.1MPa（表压）；

（2）压力与容积的乘积大于或者等于2.5MPa·L的气体、液化气体和最高工作温度高于或者等于标准沸点的液体的固定式容器和移动式容器；

（3）盛装公称工作压力大于或者等于0.2MPa（表压），且压力与容积的乘积大于或者等于1.0MPa·L的气体、液化气体和标准沸点等于或者低于60℃液体的气瓶、氧舱等。

一、压力容器的分类

在石油化工生产过程中，为有利于安全技术监督和管理，根据容器的压力高低、介质的危害程度以及在生产中的重要作用，将压力容器进行分类。压力容器的分类方法很多，一般分类情况见表6－1。

表6－1　压力容器的一般分类

分类方法	分类情况
按壳体承压方式	内压容器指壳体内部承压的容器； 外压容器指壳体外部承压的容器
按设计压力等级	低压（代号L）容器：$0.1MPa \leqslant p < 1.6MPa$； 中压（代号M）容器：$1.6MPa \leqslant p < 10.0MPa$； 高压（代号H）容器：$10MPa \leqslant p < 100MPa$； 超高压（代号U）容器：$p \geqslant 100MPa$
按生产中的作用	反应压力容器（R）：用于完成介质的物理、化学反应，如反应器、反应釜等； 换热压力容器（E）：用于完成介质的热量交换，如废热锅炉、冷却器等； 分离压力容器（S）：用于完成介质的流体压力平衡缓冲和气体净化分离，如分离器、吸收塔等； 储存压力容器（C，其中球罐B）：用于储存、盛装气体、液体、液化气体等介质
按安装方式	固定式压力容器：有固定安装和使用地点，工艺条件和操作人员也较固定的压力容器，如合成塔、球罐等； 移动式压力容器：使用时不仅承受内压或外压载荷，搬运过程中还会受到由于内部介质晃动引起的冲击力，以及运输过程带来的外部撞击和振动载荷，因而在结构、使用和安全方面均有其特殊的要求
按安全技术管理	TSG 21—2016《固定式压力容器安全技术监察规程》采用既考虑容器压力与容积乘积大小，又考虑介质危险性以及容器在生产过程中的作用的综合分类方法

二、压力容器的主要工艺参数

压力容器的工艺参数是根据生产工艺的要求确定的，是进行压力容器设计和安全操作的主要依据，其主要的工艺参数有压力、温度和介质。

（一）压力（p）

在物理学上，压力的概念是指垂直作用于物体表面的力，而垂直作用于物体表面单位面积上的力则称为压力强度或压强，在压力容器或一般工程技术上，人们习惯称为压力。国际标准单位是"帕斯卡"，简称"帕"，用"Pa"表示。在压力容器使用过程中，主要涉及的有关压力概念有以下几种。

工作压力：又称操作压力，指压力容器在正常工艺操作时，容器顶部的正常压力，是用各种压力表测量得到的，又称表压力。

最高工作压力：压力容器在正常运行时，容器顶部的可能产生的最大压力。

设计压力：指设定的容器顶部的最大压力，与相应的设计温度一起作为设计载荷条件，其值不低于工作压力。

计算压力:在相应设计温度下,用以确定元件厚度的压力,包括液柱静压力等附加载荷。

试验压力:进行耐压试验或泄漏试验时,容器顶部的压力。

最高允许工作压力:在指定的相应温度下,容器顶部所允许承受的最大压力。该压力是根据容器各受压元件的有效厚度,考虑了该元件承受的所有载荷而计算得到的,且取最小值。当压力容器的设计文件没有给出最高允许工作压力时,则可以认为该容器的设计压力即是最高允许工作压力。

压力是压力容器最主要载荷,由压力而产生的应力是确定容器壁厚的主要因素,应力增大达到材料的屈服极限时,容器产生塑性变形,应力的继续增大,导致容器变形破坏。

(二)温度(t)

使用温度:指压力容器运行时,用测温仪表测得工作介质的温度。

设计温度:容器在正常工作情况下,设定的元件的金属温度(沿元件金属截面的温度平均值)。设计温度与设计压力一起作为设计载荷条件。

试验温度:进行耐压试验或泄漏试验时,容器壳体的金属温度。

温度是压力容器的又一主要载荷,容器在使用过程中,温度的变化会引起应力。(原因:热胀冷缩是物体固有特性;不同材料热膨胀系数不同)

(三)介质

介质是指压力容器内盛装的物料,有液态、气态、气液混合态。按其性质又可分为易燃、易爆、毒性介质、腐蚀性。

(1)易燃、易爆介质:指气体或者液体的蒸气、薄雾与空气混合形成的爆炸混合物,并且爆炸下限小于10%,或者爆炸上限和爆炸下限的差值大于或者等于20%的介质,如甲烷、乙烷、环氧乙烷、环丙烷、乙烯、丙烯等。

(2)毒性介质:具有职业性毒性危害的物质或流体。参照 GBZ 230—2010《职业性接触毒物危害程度分级》的规定,将毒性介质划为极度危害、高度危害、中度危害和轻度危害四级。

(3)腐蚀介质。常见的腐蚀性介质有硝酸、硫酸、盐酸、环烷酸、强碱等。介质的腐蚀性很复杂,介质的种类和性质不同,加上工艺条件不同,介质的腐蚀性也不同。

知识点2:压力容器的安全管理

一、压力容器安全管理的基础工作

压力容器安全管理的基础工作主要包括:选购与验收、安装与调试、技术档案管理、使用登记和统计报表等。

(一)选购与验收

(1)选用压力容器的总体要求是满足生产工艺需要、技术上先进、检修方便、安全性能可靠,同时也要考虑到经济性和安装位置的适应性。注意根据用途与工作压力确定主体结构形式和压力等级;按照生产工艺和介质特性、操作温度、产品质量等要求选用主体材质;依据生产能力确定压力容器的容积;选用合适的安全泄压装置,测温、测压仪器(表)等保障使用安全。

(2)验收工作主要有两方面内容:一是验收制造单位出厂技术资料是否齐全、正确,且符合购置要求;二是验收压力容器产品质量。

（二）安装与调试

压力容器使用前需要进行安装就位。安装时应注意接管的方位与安装螺栓的对应，尽量做到一次吊放就位。做好容器内部构件安装质量，固定螺栓的紧固，管线及梯子、平台等与容器相接部件的施焊质量，保温层施工质量及安全附件调试、装设正确与否的检查记录。

（三）技术档案管理

压力容器技术档案是压力容器设计、制造、使用、检修全过程的文字记载，通过它可以使容器的管理人员和操作人员掌握设备的结构特征、介质参数和缺陷的产生及发展趋势，防止由于盲目使用而发生事故。另外，档案还可以用于指导容器的定期检验以及修理、改造工作，也是容器发生事故后，用以分析事故原因的重要依据之一。压力容器的技术档案包括：容器的原始技术资料（容器的设计资料和容器的制造资料）、容器使用情况记录资料（容器运行情况记录、容器检验和修理记录、安全附件技术资料）。

（四）使用登记

压力容器使用登记是指使用单位，向地、市级锅炉压力容器安全监察机构申请和办理使用登记手续。

（五）统计报表

压力容器统计报表主要有三种：(1)压力容器年报表，统计当年某一确定时间处于使用状态的压力容器具体数量、类别及用途情况；(2)反映压力容器检验和修理情况的统计报表；(3)反映压力容器利用情况的统计报表。

二、压力容器安全管理制度

压力容器的使用单位应根据单位的生产特点制定相应的压力容器安全管理制度，主要包括以下方面：

(1)各级岗位责任制。

(2)基础工作管理制度：诸如压力容器选购与验收、安装与调试、使用登记、备件管理、操作人员培训及考核、技术档案管理和统计报表等制度，称为基础工作管理制度。

(3)使用过程中的管理制度。

①压力容器定期检验制度；

②压力容器修理、改造、检验、报废的技术审查和报批制度；

③压力容器安装、改造、移装的竣工验收制度；压力容器安全检查制度；

④(操作岗位)交接班制度；

⑤压力容器维护保养制度；

⑥安全附件校验与修理制度；

⑦压力容器紧急情况处理制度；

⑧压力容器事故报告与处理制度。

三、安全操作规程

压力容器安全操作规程的主要内容如下：

(1)压力容器的操作工艺控制指标，包括最高工作压力、最高或最低工作温度、压力及温度波动幅度的控制值、介质成分特别是有腐蚀性的成分控制值等。

(2)压力容器岗位操作方法，开、停车的操作程序和注意事项。

(3)压力容器运行中日常检查的部位和内容要求。

(4)压力容器运行中可能出现的异常现象的判断和处理方法以及防范措施。

(5)压力容器的防腐措施和停用时的维护保养方法。

(6)压力容器常见事故紧急救援预案。

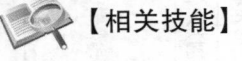

【相关技能】

技能点1:压力容器在生产中的风险识别

压力容器的工作条件(如工作压力、工作温度、介质毒性和爆炸危害程度等)决定了其固有的危险性，其危险程度取决于压力容器蕴含的能量和介质的危害性，也就是说，压力容器作为危险源具有潜在的危险性或固有的危险因素:化学介质的毒性、化学介质对金属和非金属材料的腐蚀性、火灾危害性、物理性爆炸和化学性爆炸、噪声等危险因素，引发人员伤亡、财物损毁、环境污染、能源浪费等风险事件。

压力容器危险源的种类主要有:毒物释放、火灾、爆炸、泄漏窒息等四类。压力容器的失效主要是由于压力或其他载荷超过许用极限而丧失工作能力。失效主要表现为强度、刚度、稳定性和腐蚀失效四种失效形态。

(1)毒物释放。作业人员与毒性介质接触的可能性、时间长短和介质的毒性程度导致压力容器失效后产生的风险程度，一旦压力容器本体断裂、安全附件意外泄漏、接头泄漏、超压泄放装置失灵、通风设施失效、设备布置不当、违背操作规程都有可能造成作业人员中毒危害。

(2)火灾和爆炸。压力容器出现的任何一种或多种形式的失效都可能引起火灾或爆炸。如安全附件之一的温度计失灵，使得容器内的温度升高超过介质的自燃点；压力表出现故障，压力容器内部压力骤升，引起其本体或安全附件出现断裂导致断裂泄漏；压力容器本体先天性强度不足，或因腐蚀、磨损、机械疲劳、材料性能恶化等因素造成使用过程的强度或刚度逐步降低等。压力容器火灾和爆炸特性可以从以下几个方面进行分析:容器内部的单一或混合易爆介质的易燃和易爆特性；容器内部反应热引起燃烧；容器外部遇火源引起燃烧；腐蚀减薄引起介质泄漏；环境开裂引起介质泄漏；机械磨损引起燃烧；内部压力升高或外来热源引起超压；容器设计性能不足；容器使用性能不足；安全附件失灵；违背操作规程等。

(3)泄漏窒息。对于压力容器内部的液化气体，一旦泄漏造成的作业人员窒息现象，已经得到高度重视，这种风险往往与前三种风险特征相伴而生。如易爆介质泄漏不仅仅引起火灾或爆炸事故，还因环境缺氧致使现场作业人员窒息或死亡。

以上特征不是孤立存在的，往往因压力容器内介质的特点引发若干危险特征。

技能点2:压力容器风险控制

为了更好地控制压力容器可能的发生的风险，企业可以建立一套完整的管理体系，或将其囊括在 HSE 管理体系当中，严格按照体系当中的条款科学地使用压力容器，有效的预防和控制风险。以反应罐为例，压力容器的风险见表6－2。

表 6-2　反应罐的风险识别

序号	作业活动	事故的基本要素	危险源	可能直接导致的后果	可能导致的事故	作业条件危险性评价				危险级别	现有控制措施	备注
						L	E	C	D			
1	反应罐作业（搪玻璃反应釜、不锈钢反应罐）	物的不安全状态	压力容器设备未定期检测	反应釜设备损坏	爆炸	0.2	10	15	30	Ⅲ	制定压力容器定期检测计划，并按时实施	
2			安全阀、压力表、真空表不在有效期内	数值读出不准确	器具失效	0.5	10	1	5	Ⅰ	制定校验计划，并按时实施	
3			蒸汽主管路的减压阀，安全阀失效	—	车间设备损坏，爆炸	0.5	10	7	35	Ⅲ	蒸汽使用前进行检查，安全阀定期校验	
4			反应罐减速器润滑油不足（缺油）	减速器损坏	—	0.5	10	3	15	Ⅱ	定期进行设备维护保养	
5			各紧固件的螺栓出现松动	设备损坏	—	0.5	10	3	15	Ⅱ	按照操作在SOP上进行操作	
6			反应罐的相关阀门关闭不严	物料泄漏、跑料	烫伤	3	10	1	30	Ⅲ	设备开机前进行检查	
7			反应罐电动机电源相序接反	电动机反转，搅拌反转	搅拌脱落，破坏反应罐	0.2	10	7	14	Ⅱ	确认电动机旋转方向为顺时针方向	
8			反应罐搅拌连接销子、键断裂（脱落）	搅拌脱落	反应罐搪瓷损坏	0.1	10	7	7	Ⅰ	定期维保检查	
9			反应罐密封垫坏	物料泄露	烫伤，中毒	1	10	1	10	Ⅱ	定期维保，并储备适量的密封垫	
10			减速器漏油	油脂污染设备	减速器损坏	1	10	3	30	Ⅲ	定期维保加油	
11		人的不安全行为	投料、加热、回流、倒料、蒸馏、冷却过程未佩戴相应的劳动防护用品	轻微中毒，烫伤，冻伤	职业中毒危险	1	10	3	30	Ⅲ	穿戴相应的防护用品	

续表

序号	作业活动	事故的基本要素	危险源	可能直接导致的后果	可能导致的事故	作业条件危险性评价				危险级别	现有控制措施	备注
						L	E	C	D			
12		人的不安全行为	投料前,未按照工艺规程中的相应程序配制(准备)需使用的物料	物料损失	烫伤	1	3	1	3	Ⅰ	按照工艺规程进行操作	
13			反应罐内的投料量超过罐内体积的85%	物料跑料	设备损坏	1	10	3	30	Ⅲ	严格按照工艺进行操作	
14			加热回流过程中,反应罐的安全阀未打开	反应罐夹套压力增大	冲料	3	10	1	30	Ⅲ	反应罐使用蒸汽的过程中,安全阀前端阀门应开启	
15			回流冷却过程中,冷却介质阀门不应开启过大,冷却介质流通压力应控制在0.3MPa内	冷却介质泄露	冷凝器损坏,溅伤员工	1	10	3	30	Ⅲ	控制阀门开度,使冷却介质压力控制在0.3MPa范围内	
16			冷却过程、回压乙二醇过程中反应罐安全阀的DN20球阀未关闭	乙二醇或冷却介质泄露	冻伤,污染环境	1	3	1	3	Ⅰ	反应罐使用蒸汽的过程中,安全阀前端阀门应关闭	
17			加热回流切换至冷却过程时速度过快	反应罐的搪瓷掉落	—	0.5	3	7	10.5	Ⅱ	缓慢切换冷热介质的使用	
18			加热回流过程中,蒸汽压力开启过大(阀门突然故障)	冲料事故	烫伤	3	10	1	30	Ⅲ	使用前需确认阀门及压力表均能正常使用,加热回流过程中操作人员不得离开现场	

续表

序号	作业活动	事故的基本要素	危险源	可能直接导致的后果	可能导致的事故	作业条件危险性评价				危险级别	现有控制措施	备注
						L	E	C	D			
19		人的不安全行为	未办理相应的措施，进入反应罐内进行作业（作业证、空气置换、罐及相关管道清洁）	人员中毒	死亡	0.5	1	40	20	Ⅱ	进入反应罐内需办理危险作业证，并对反应罐进行通风及罐内空气进行检测	
20			反应罐开盖作业前未撤除电源线	线路损坏	触电	0.5	1	40	20	Ⅱ	联系电器维修工程师进行处理	
21			反应罐开盖作业前需确认所使用的工器具均完好无损	反应罐损坏	受伤	1	1	7	7	Ⅰ	使用前进行检查	
22			反应罐开盖作业前需排净或清洁罐内或相关的连接管道	—	中毒	0.5	1	7	3.5	Ⅰ	进罐作业前进行检查	
23			反应罐进罐清洁需佩戴相应的劳动防护用品	—	中毒	1	1	3	3	Ⅰ	佩戴相应的劳动防护用品，现场监护，员工轮流在罐内进行作业	
24			反应罐中掉入异物	—	电动机烧毁	1	1	3	3	Ⅰ	使用前对设备的各零部件进行检查	

注：反应罐作业过程中危险源共24项，其中高度危险0项，重要危险0项；一般危险9项；稍有危险7项；轻微危险8项。

L—事件发生的可能性；E—暴露于危险环境的频繁程度；C—发生事故的后果；D—危险级别。

【技能演练】压力容器——储罐检查及开停车操作

一、储罐检查

(一)储罐开车前准备工作

(1)检查储罐主要受压元件是否完好;

(2)检查安全附件压力表、安全阀等是否完好(如安全阀、压力表是否在校验有效期内,铅封是否完好,压力表是否回零,压力表上是否画红线,红线是否正确,安全阀的整定压力是否正确等);

(3)检查阀门是否完好;

(4)检查基础是否稳固。

(二)储罐检查操作程序

(1)检查安全附件安全阀、压力表是否正常,重点检查压力表是否超红线运行;

(2)检查存储容器的主要受压元件(包括封头、筒体等)是否发生裂缝、鼓包、变形、泄漏等;

(3)检查接管、坚固件、阀门等是否完好;

(4)检查容器、管道是否发生严重振动。

二、储罐开车、停车

(一)储罐开车

开车前准备工作完成后,根据生产工艺对压力储罐进行操作,正常操作顺序是:缓慢打开进料阀,观察压力表和液位计,当压力超过0.1MPa时,全开进料阀进料;待液位达到工艺要求的上限时,关闭进料阀,再根据工艺要求打开出料阀给下级生产工艺供料;当液位低于储罐下限时,需要给储罐补充原料,再次打开进料阀进料。

开车操作程序:(1)打开储罐入口阀;(2)关闭储罐入口阀;(3)打开储罐出口阀;(4)打开储罐物料出口泵;(5)打开储罐入口阀。

(二)储罐停车

关闭储罐所有进口和出口阀门,观察压力表和液位计,看是否关严,是否有泄漏。

停车操作程序:(1)关闭储罐入口阀;(2)关闭储罐物料出口泵;(3)关闭储罐出口阀。

任务二　压力容器维护与保养

【案例导入】

某炼化设备有限公司换热器爆炸

一、事故经过

2008 年 5 月 6 日 17 时 40 分,某炼化设备有限公司装配车间在对一台编号为 3231 的管壳式换热器进行水压试验时,管程接管与封头的焊缝突然迸裂,造成在该设备上察看试验压力表的 3 名工人当场死亡。

二、事故原因

(一)直接原因

设备管程、壳程接管的密封结构,不符合要求;球形封头与接管的组对装配尺寸精度不够;缺少专用的水压试验工艺。在水压试验工艺设施使用上,缺少试验设备空气排空装置和压力表远程瞭望装置。水压试验发现漏水时,没有按《固定式压力容器安全技术检查规程》要求,分析原因,制定方案经审批后,严格执行返修工艺,再进行补焊。

(二)间接原因

(1)制造单位安全管理混乱。缺少必要的检查工艺和工序验收见证资料,工人焊接记录、装配记录不清。工艺纪律执行不严格,未严格执行返修工艺,随意多次补焊。安全意识淡薄,在试验压力下,检查人员到设备顶部检查试验压力。

(2)检验单位驻厂监检站未能严格执行《固定式压力容器安全技术检查规程》,对工厂的质量体系运行缺乏必要的控制。对于违规进行返修焊接不加制止。

三、事故预防措施

(1)制造压力容器材质必须符合要求,制造工艺符合《固定式压力容器安全技术检查规程》标准;

(2)严格执行压力容器检验标准;

(3)加强设计、制造、安装、检验人员的技术培训,严格执行规章制度。

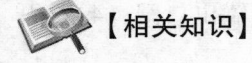

【相关知识】

知识点 1:压力容器的维护保养

压力容器使用单位应当对压力容器及其安全附件、安全保护装置、测量调控装置、附属仪器仪表进行日常维护保养,对发现的异常情况,应当及时处理并记录。

(一)使用期间的维护保养

压力容器使用期间日常维护保养工作的重点是防腐、防漏、防振以及对仪表、仪器、管线、阀门、安全装置等的日常维护。

(1)消除跑、冒、滴、漏现象。压力容器的连接部位及密封部位往往由于磨损或密封面损坏,或因热胀冷缩、设备振动等原因使紧固件松动或预紧力减小,出现跑、冒、滴、漏现象。

(2)保持防腐层和保温层完好。腐蚀是压力容器的一大危害,做好容器的防腐工作是压力容器日常维护保养的一项重要内容。

(3)维护保养好安全装置,保持安全装置灵敏可靠,定期检查、试验和校正安全装置和计量仪表,发现不准确或不灵敏时,应及时检修和更换。

(4)消除或减小振动。振动不但会使压力容器上的紧固螺钉松动,影响连接效果,还会使压力容器接管根部产生附加应力，引起应力集中，特别是当振动频率与压力容器的固有频率相同时，会发生共振现象，造成压力容器的倒塌。

（二）停用期间的保养

对于长期停用或临时停用的压力容器，也应加强维护保养工作。停用期间保养不善的容器甚至比正常使用的容器损坏得更快，有些容器恰恰是忽略了停用期间的维护保养而造成了日后的事故。停用容器的维护保养措施主要有以下几条：

（1）一定要将其内部介质排放干净，清除内壁的污垢、附着物和腐蚀产物；

（2）要经常保持容器的干燥和清洁；

（3）要保持压力容器外表面的防腐油漆完好无损，发现油漆脱落或刮落时要及时补涂。

知识点2：压力容器的定期检验

压力容器的检验分为年度检查和定期检验两种。

一、年度检验

年度检验是为了确保压力容器在检验周期内的安全而实施的运行过程中的在线检查，每年至少一次。固定式压力容器的年度检查可由使用单位的压力容器专业人员进行，也可由国家质量监督检验检疫总局核准的检验检测机构持证的压力容器检验人员进行。

二、定期检验

定期检验是指在压力容器停机时进行的检验和安全状况等级评定。压力容器的定期检验包括全面检验和耐压试验。定期检验工作的一般程序，包括检验方案制定、检验前的准备、检验实施、缺陷及问题的处理、检验结果汇总、出具检验报告等。使用单位应当于压力容器定期检验有效期届满前1个月向特种设备检验机构提出定期检验，要求压力容器一般应当于投用后3年内进行首次定期检验。下次检验周期，由检验机构根据压力容器的安全状况等级，按照以下要求确定：

（1）安全状况等级为1、2级的，一般每6年检验一次；

（2）安全状况等级为3级的，一般每3年至6年检验一次；

（3）安全状况等级为4级的，监控使用，其检验周期由检验机构确定，累计监控使用时间不得超过3年，在监控使用期间，使用单位应当采取有效的监控措施；

（4）安全状况等级为5级的，应当对缺陷进行处理，否则不得继续使用。

其中，压力容器的安全状况分为1级至5级。对在用压力容器，应当根据检验情况，按TSG 21—2016《固定式压力容器安全技术监察规程》进行评级。

知识点3：压力容器的安全装置

压力容器的安全装置是指为了使压力容器能够安全运行而装设在设备上的一种附属机构，又常称之为安全附件。

压力容器的安全装置，按其使用性能或用途可以分为以下四大类型：

（1）联锁装置——为了防止人为操作失误而设置的控制机构，如紧急切断装置、联锁开关、联动阀等。

(2)警报装置——容器在运行过程中出现不安全因素而使容器处于危险状态时能自动给出声响或其他明显报警信号的仪器,如压力报警器、温度监测仪、液位报警器等。

(3)计量装置——能自动显示容器运行中与安全有关的工艺参数的器具,如压力表、温度计、液位计等。

(4)超压泄放装置——容器或系统内介质压力超过额定压力时,能自动地泄放部分或全部介质,以防止容器压力持续升高而威胁到容器正常使用的自动装置,如安全阀、爆破片等。

在压力容器的安全装置中,最常用且最关键的是超压泄放装置。

一、安全阀

压力容器在正常工作压力运行时,安全阀保持严密不漏,当压力超过设定值时,安全阀在压力作用下自行开启,使容器泄压,以防止容器或管线的破坏。当容器压力泄至正常值时,它又能自行关闭,停止泄放。

(一)安全阀的种类与工作原理

安全阀按其整体结构及加载机构的不同可以分为重锤杠杆式、弹簧式和脉冲式三种。此外,根据安全阀阀体构造又可分全封闭式、半封闭式和敞开式。全封闭式即排出的介质不外泄,全部沿着规定的出口排出,一般用于有毒和有腐蚀性的介质;敞开式一般用于无毒或无腐蚀性的介质。

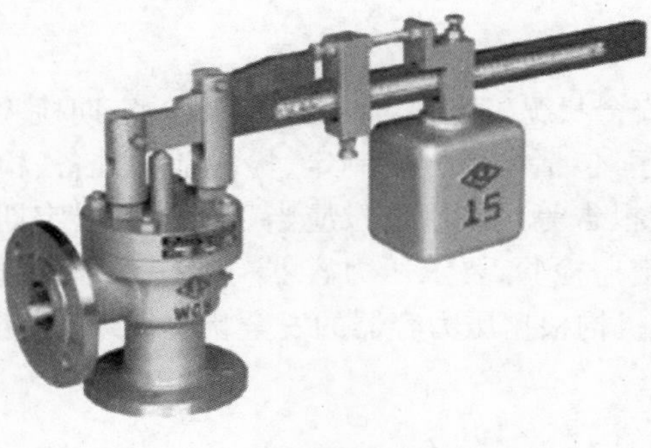

图 6-1　重锤式杠杆式安全阀

1. 重锤杠杆式安全阀

重锤杠杆式安全阀(图 6-1)工作原理是利用重锤和杠杆来平衡作用在阀瓣上的力,通过调整重锤在杠杆上的位置或改变重锤的质量来调整校正安全阀的开启压力。重锤杠杆式安全阀的特点:结构简单、调整容易、准确、所加载荷不会随阀瓣的升高而显著增大、动作与性能不受高温的影响。重锤杠杆式安全阀用于高温场合下,特别是锅炉和高温容器上。

重锤杠杆式安全阀缺点:结构比较笨重;加载机构容易振动,并常因振动而产生泄漏;其回座压力较低,开启后不易关闭及保持严密。

2. 弹簧式安全阀

弹簧式安全阀(图 6-2)指依靠弹簧的弹性压力而将阀的瓣膜或柱塞等密封件闭锁,一旦当压力容器的压力异常后产生的高压将克服安全阀的弹簧压力,所以闭锁装置被顶开,形成了一个泄压通道,将高压泄放掉。弹簧式安全阀根据阀瓣开启高度不同又分为全起式和微起式两种。全起式泄放量大,回弹力好,适用于液体和气体介质,微起式只宜用于液体介质。

3. 脉冲式安全阀

脉冲式安全阀由主安全阀、脉冲阀和连接管道组成。主安全阀由小脉冲阀控制。在正常情况下,主阀被高压蒸汽压紧,严密关闭。当汽压超过规定值时,小脉冲阀先打开,蒸汽经导汽管引入主阀活塞上面,蒸汽在活塞上的压力可以克服弹簧压紧的作用力,故将主阀打开排汽泄压;当压力下降到一定数值后,小脉冲阀关闭,活塞上的汽流切断,因此主安全阀又关闭。而活塞上的余汽可以起缓冲作用，使主阀缓慢关闭，以免阀瓣与阀座因撞击而损伤。

（二）安全阀的选用

安全阀的选用应根据容器的工艺条件及工作介质的特性，从安全阀的安全泄放量、加载机构、封闭机构、气体排放方式、工作压力范围等方面考虑。

安全阀的排放量是选用安全阀的关键因素，安全阀的排放量必须大于或等于容器的安全泄放量。

选用安全阀时，要注意它的工作压力范围，要与压力容器的工作压力范围相匹配。

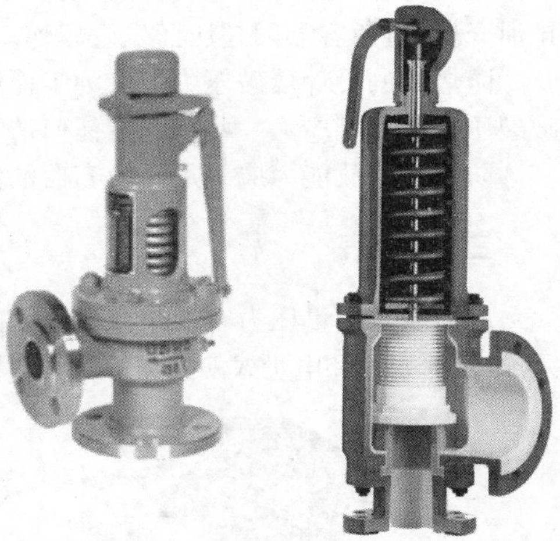

图6－2　弹簧式安全阀

（三）安全阀的安装

安全阀应垂直向上安装在压力容器本体液面以上的气相空间部位，或与连接在压力容器气相空间上的管道相连接。安全阀确实不便装在容器本体上，而用短管与容器连接时，则接管的直径必须大于安全阀的进口直径，接管上一般禁止装设阀门或其他引出管。压力容器一个连接口上装设数个安全阀时，则该连接口入口的面积，至少应等于数个安全阀的面积总和。压力容器与安全阀之间，一般不宜装设中间截止阀门，对于盛装易燃，毒性程度为极度、高度、中高度危害或黏性介质的容器，为便于安全阀更换、清洗，可装截止阀，但截止阀的流通面积不得小于安全阀的最小流通面积，并且要有可靠的措施和严格的制度，以保证在运行中截止阀保持全开状态并加铅封。

（四）安全阀的调整、维护和检验

安全阀在安装前应由专业人员进行水压试验和气密性试验，经试验合格后进行调整校正。安全阀的开启压力，一般应为容器最高工作压力的1.05～1.10倍。对压力较低的低压容器，可调节到比工作压力高0.98MPa，但不得超过容器的设计压力。校正调整后的安全阀应进行铅封。

要使安全阀动作灵敏可靠和密封性能良好，必须加强日常维护检查。安全阀应经常保持清洁，防止阀体弹簧等被油垢粘住或被锈蚀，还应经常检查安全阀的铅封是否完好，气温过低时，有无冻结的可能性，检查安全阀是否有泄漏。对杠杆式安全阀，要检查其重锤是否松动或被移动等。如发现缺陷，要及时校正或更换。

《固定式压力容器安全技术检查规程》规定，安全阀要定期检验，每年至少检验一次。定期检验工作包括清洗、研磨、试验和校正。

二、防爆片

防爆片又称防爆膜、防爆板、爆破片，是一种断裂型的安全泄压装置。防爆片具有密封性能好、反应动作快以及不易受介质中粘污物的影响等优点。但它是通过膜片的断裂来泄压的，所以泄后不能继续使用，容器也被迫停止运行。因此它只是在不宜装设安全阀的压力容器上使用。

防爆片的结构比较简单（图6－3）。它的主零件是一块很薄的金属板，用一副特殊的管法兰夹持着装入容器的引出短管中，也有把膜片直接与密封垫片一起放入接管法兰的。容器在正常运行时，防爆片虽可能有较大的变形，但它能保持严密不漏。当容器超压时，膜片即断裂排泄介质，避免容器因超压而发生爆炸。

防爆片的设计爆破压力一般为工作压力的1.25倍，对压力波动幅度较大的容器，其设计破裂压力还要相应大一些。但在任何情况下，防爆片的爆破压力都不得大于容器设计压力。

防爆片泄放能力应满足压力容器的泄压要求。

三、压力表

压力表是测量压力容器中介质压力的一种计量仪表。压力表的种类较多，有液柱式、弹性元件式、活塞式和电量式四大类。压力容器大多使用弹性元件式的单弹簧管压力表（图6-4）。

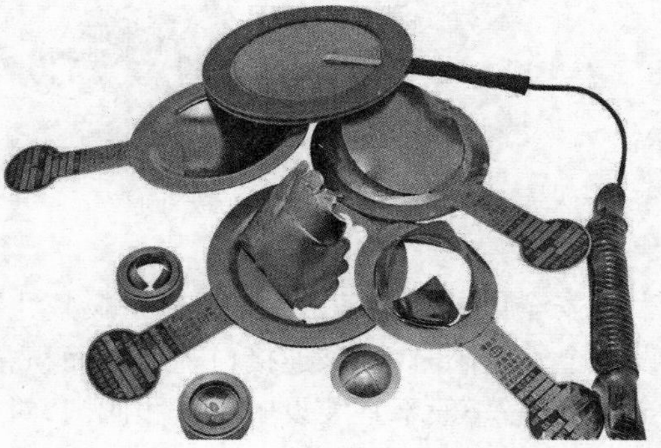

图6-3　防爆片

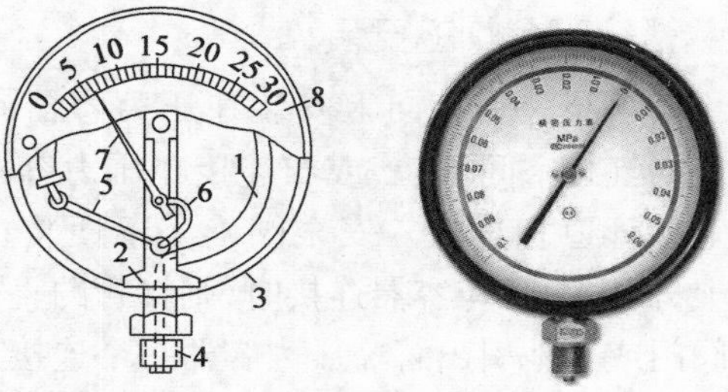

图6-4　单弹簧管压力表

1—弹簧弯管；2—支座；3—表壳；4—接头；5—拉杆；6—弯曲杠杆；7—指针；8—刻度盘

装在压力容器上的压力表，其表盘刻度极限值应为容器最高工作压力的1.5~3倍，最好的为2倍。压力表量程越大，允许误差的绝对值也越大，视觉误差也越大。选用压力表，还要根据容器的压力等级和工作需要。按容器的压力等级要求，低压容器一般不低于2.5级；中压及高压容器不应低于1.5级。为便于操作人员能清楚准确地看出压力指示，压力表盘直径不能太小。在一般情况下，表盘直径不应小于100mm。如果压力表距离观察地点远，表盘直径增大，距离超过2m时，表盘直径最好不小于150mm，距离越过5m时，不要小于250mm。超高压容器压力表的表盘直径应不小于150mm。

安装压力表时，为便于操作人员观察，应将压力表安装在最醒目的地方，并要有充足的照明，同时要注意避免受辐射热、低温及震动的影响；装在高处的压力表应稍微向前倾斜，但倾斜角不要超过30°。压力表接管应直接与容器本体相接，为了便于卸换的校验压力表，压力表与容器之间应装设三通旋塞，旋塞应装在垂直的管段上，并要有开启标志，以便核对与更换。蒸气容器，在压力表与容器之间应装有存水弯管。盛装高温、强腐蚀及凝结性介质的容器，在压力表与容器之间应装有隔离缓冲装置。

使用中的压力表，应根据设备的最高工作压力，在它的刻度盘上划明警戒红线，但不要涂画在表盘玻璃上，以免玻璃转动使操作人员产生错觉，造成事故。

未经检验合格和无铅封的压力表均不准安装使用。

压力表应保持洁净，表盘上玻璃要明亮透明，使表内指针指示的压力值能清楚易见。压力表的接管要定期吹洗。在容器运行期间，如发现压力表指示失灵、刻度不清、表盘玻璃破裂、泄压后指针不回零位、铅封损坏等情况，应立即校正或更换。

压力表的维护和校验应符合国家计量部门的有关规定。压力表上应有校验标记，注明下次校验日期或校验有效期。校验后的压力表应加铅封。

四、液面计

液面计是用来观察设备内部液面位置的装置，液面计结构有多种型式，常见的液面计有玻璃板液面计（图6－5）、玻璃管液面计（图6－6）、浮子式液面计和磁性液面计等多种种类型，尤其以玻璃管液面计最为常用。玻璃板液面计是利用连通器原理。

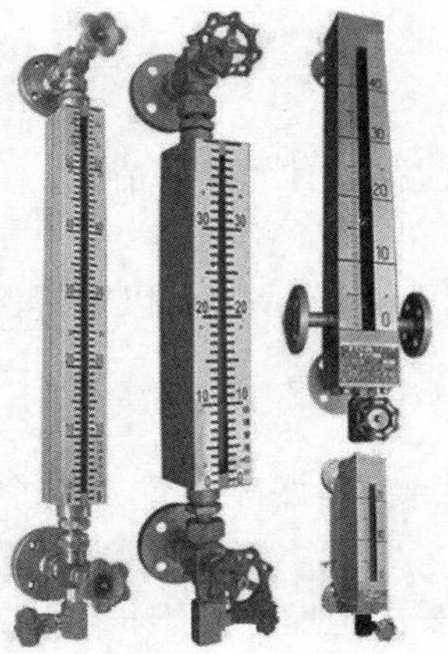

图6－5　玻璃板液面计

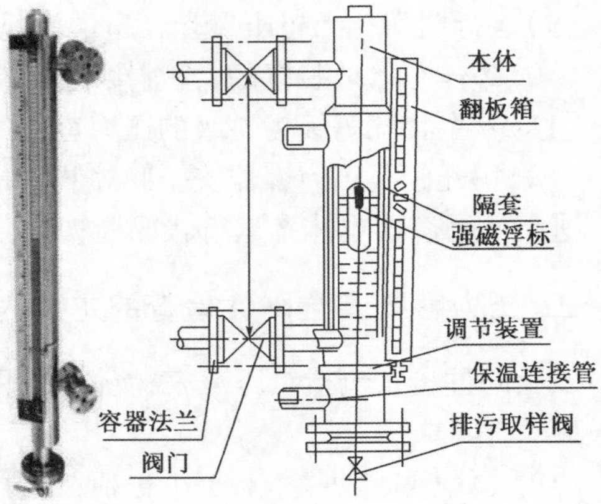

图6－6　玻璃管液面计

【相关技能】

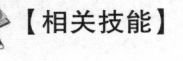

技能点1：填写压力容器现场安全检查样表

压力容器年度检查包括使用单位的压力容器安全管理情况检查、压力容器本体及运行状况检查和压力容器安全附件检查等。年度检查方法以宏观检查为主，必要时可进行测厚、壁温检测和腐蚀介质含量测定、真空度测试等。

一、压力容器安全管理情况检查的主要内容

（1）压力容器的安全管理规章制度和安全操作规程，运行记录是否齐全、真实，查阅压力容器台账（或者账册）与实际是否相符；

（2）压力容器图样、使用登记证、产品质量证明书、使用说明书、监督检验证书、历年检验报告以及维修、改造资料等建档资料是否齐全并且符合要求；

（3）压力容器作业人员是否持证上岗；

（4）上次检验、检查报告中所提出的问题是否解决。

二、压力容器本体及运行情况检查的主要内容

（1）压力容器的铭牌、漆色、标志及喷涂的使用证号码是否符合有关规定；

(2)压力容器的本体、接口(阀门、管路)部位、焊接接头等是否有裂纹、过热、变形、泄漏、损伤等;

(3)外表面有无腐蚀,有无异常结霜、结露等;

(4)保温层有无破损、脱落、潮湿、跑冷;

(5)检漏孔、信号孔有无漏液、漏气,检漏孔是否畅通;

(6)压力容器与相邻管道或者构件有无异常振动、响声或者相互摩擦;

(7)支承或者支座有无损坏,基础有无下沉、倾斜、开裂,紧固螺栓是否齐全、完好;

(8)排放(疏水、排污)装置是否完好;

(9)运行期间有无超压、超温、超量等现象;

(10)罐体有接地装置的,检查接地装置是否符合要求;

(11)安全状况等级为4级的压力容器的监控措施执行情况和有无异常情况;

(12)快开门式压力容器安全联锁装置是否符合要求。

进行压力容器本体及运行状况检查时,除非检查人员认为必要,一般可以不拆保温层。

三、压力容器安全附件检查的主要内容

安全附件检查包括对压力表、液位计、测温仪表、防爆片装置(爆破装置)、安全阀的检验和校验。

(1)压力表的年度检查,至少包括:压力表的选型;压力表的定期检修维护制度,检定有效期及其封印;压力表外观、精度等级、量程、表盘直径;在压力表和压力容器之间装设三通旋塞或者针形阀的位置、开启标记及锁紧装置;同一系统上各压力表的读数是否一致。

(2)液位计的年度检查,至少包括:液位计的定期检修维护制度;液位计外观及附件;寒冷地区室外使用或者盛装0℃以下介质的液位计选型;用于易燃、毒性程度为极度、高度危害介质的液化气体压力容器时,液位计的防止泄漏保护装置。

(3)测温仪表的年度检查,至少包括:测温仪表的定期检测和检修制度;测温仪表的量程与其检测的温度范围的匹配情况;测温仪表及其二次仪表的外观。

(4)爆破片装置的年度检查,至少包括:检查爆破片是否超过产品说明书规定的使用期限;检查爆破片的安装方向是否正确,核实铭牌上的爆破压力和温度是否符合运行要求;爆破片单独做泄压装置的,检查爆破片和容器间的截止阀是否处于全开状态,铅封是否完好;爆破片和安全阀串联使用,如果爆破片装在安全阀的进口侧,应当检查爆破片和安全阀之间装设的压力表有无压力显示,打开截止阀检查有无气体排出;爆破片和安全阀串联使用,如果爆破片装在安全阀的出口侧,应当检查爆破片和安全阀之间装设的压力表有无压力显示,如果有压力显示应当打开截止阀,检查能否顺利疏水、排气;爆破片和安全阀并联使用时,检查爆破片与容器间装设的截止阀是否处于全开状态,铅封是否完好。

(5)安全阀的年度检查,至少包括:安全阀的选型是否正确;校验有效期是否过期;对杠杆式安全阀,检查防止重锤自由移动和杠杆越出的装置是否完好,对弹簧式安全阀检查调整螺钉的铅封装置是否完好,对静重式安全阀检查防止重锤飞脱的装置是否完好;如果安全阀和排放口之间装设了截止阀,检查截止阀是否处于全开位置及铅封是否完好;安全阀是否泄漏。

年度检查时,凡发现安全附件有不符合要求的,要求使用单位限期改正并且采取有效措施确保改正期间的安全,如果逾期仍未改正则该压力容器暂停使用。

年度检查工作完成后，检查人员根据实际检查情况出具检查报告，得出结论，包括允许运行、监督运行、暂停运行、停止运行。年度检查一般不对压力容器安全状况等级进行评定，但如果发现严重问题，应当由检验机构持证的压力容器检验人员按相关规定进行评定，适当降低压力容器安全状况等级。压力容器现场安全检查样表见表6-3。

表6-3　压力容器现场安全检查样表

序号	检查项目	检查内容	检查结果	依据标准
1	容器及运行	使用证及检验资料齐全		
2		容器本体、接口部位、焊接接头等无裂纹、过热、变形、泄露等现象		
3		外表面腐蚀程度在允许范围内		
4		保温无破损、脱落、潮湿、跑冷现象		
5		检漏孔、信号孔无漏液、漏气现象		
6		容器与相邻管道或构件间相连无异常振动、响声、相互摩擦		
7		支撑或支座牢固、齐全，基础完整、无严重裂纹、无不均匀下沉，紧固螺栓完好		
8		生产运行平稳，容器无超压、超温、超负荷运行现象		
9	安全阀	安全阀排放量大于工艺所需的安全排放量		
10		安装符合规定		
11		安全阀的定压符合规范或设计要求，且最高定压值不得超过设计压力		
12		动作灵敏、可靠，无泄漏		
13		铅封完好，并进行了定期校验		
14		安全阀与容器之间的隔离阀应全开		
15		安全阀随带的产品质量证明书应齐全		
16	压力表	低压容器压力表的精度不应低于2.5级，中压及高压容器压力表的精度不应低于1.5级；压力容器压力表表盘刻度极限值应是最高工作压力的1.5~3倍，表盘直径不应小于100mm		
17		刻度盘清晰，无破损		
18		压力表安装前应进行校验，在刻度盘上应划出指示最高工作压力的红线，注明下次校验日期，并铅封		
19		安装正确，便于观察		
20		压力表指示正确无误		
21		表内无泄漏		
22		压力表与压力容器之间应装设三通旋塞或针形阀，三通旋塞或针形阀上应有开启标记和锁紧装置；用于水蒸气介质的压力表，在压力表与压力容器之间应装有存水弯管		
23	液位计	安装位置正确，便于观察		
24		液位显示清晰，无假液位		
25		有指示最高与最低安全液位的明显标志		
26		损坏后有可能伤人的，应有防护装置，但不能影响观察		
27	安全设施	按规定安装防雷装置，并定期检验		
28		防静电接地装置完好，可靠		
29		设置必要的安全警示标志		

【技能演练】压力容器——储罐安全事故处理

一、储罐安全阀起跳，如压力仍得不到有效控制

当安全阀起跳，压力仍得不到有效控制时，需要将容器的入口、出口阀全部关闭。

操作程序：(1)关闭储罐入口阀；(2)关闭储罐物料出口泵；(3)关闭储罐出口阀。

二、储罐主要受压元件发生裂缝、鼓包、变形等危及安全运行

储罐主要受压元件发生裂缝、鼓包、变形、泄漏等危及安全运行时，应打开出口阀将储罐内的原料排放至安全位置，关闭入口阀和出口阀，停止储罐运行。

操作程序：(1)关闭储罐入口阀；(2)关闭储罐物料出口泵；(3)关闭储罐出口阀。

三、储罐超压，安全阀失灵

压力容器超压，安全阀失灵时，应打开出口阀将储罐内的原料排放至安全位置，关闭入口阀和出口阀，停止储罐运行。

操作程序：(1)关闭储罐入口阀；(2)关闭储罐物料出口泵；(3)关闭储罐出口阀；(4)按下储罐安全阀拆卸按钮。

四、储罐超压，压力表失灵

压力表失灵，关闭进口阀和出口阀，迅速通知有关部门更换压力表后再重新投入使用。

操作程序：(1)关闭储罐入口阀；(2)关闭储罐物料出口泵；(3)关闭储罐出口阀；(4)按下储罐安全阀拆卸按钮。

五、储罐的接管、紧固件、阀门等损坏，难以保证安全运行

存储压力容器的接管、紧固件、阀门等损坏，难以保证安全运行时，应打开出口阀将储罐内的原料排放至安全位置，关闭入口阀和出口阀，停止储罐运行。

操作程序：(1)关闭储罐入口阀；(2)关闭储罐物料出口泵；(3)关闭储罐出口阀。

六、储罐、管道发生严重振动，危及安全运行

储罐、管道发生严重振动，危及安全运行时，应关闭储罐入口阀、储罐出口阀。

操作程序：(1)关闭储罐入口阀；(2)关闭储罐物料出口泵；(1)关闭储罐出口阀

任务三　气瓶的安全使用

【案例导入】

氮气瓶地面滚动遭撞击，发生爆炸致人死亡

一、事故经过

2007 年 7 月 6 日上午，某单位将一台锌合金压铸机送至某五金制造厂进行维修、补充氮

气时，工作人员将氮气瓶从皮卡车上卸下并滚运到车间内待修的锌合金压铸机旁。之后在充氮气时，气瓶突然发生爆炸，造成两名维修工死亡、两人受伤。

二、事故原因

（一）直接原因

该爆炸事故为气瓶缺陷引发的脆性断裂事故。气瓶遭受局部强烈撞击且存在表面裂纹缺陷，并在使用过程中逐渐扩展；该气瓶在运输过程中承受烈日暴晒时间达30min以上，滚运至锌合金压铸机旁边后又受熔融状态锌合金的环境温度影响，致使瓶内气体压力逐渐上升；该气瓶滚运过程中，不可避免受到震动影响，相当于对气瓶增加能量，致使气瓶内应力增大，裂纹相应扩展。当瓶内气体压力超过裂纹尺寸的临界压力后，在内应力作用下产生突然断裂，导致气瓶爆炸。

（二）间接原因

（1）物的不安全状态：气瓶腐蚀严重，使用超长服役，气瓶残体瓶肩部有一处明显的撞击凹坑，说明气瓶曾遭受过局部强烈撞击，外表产生裂纹缺陷，并在使用过程中逐步扩展。

（2）人的不安全行为：气瓶运输和搬运的过程中，未按照气瓶运送的相关要求操作，运输气瓶时未遮盖，搬运气瓶时采取滚运等方式，野蛮装卸。

（3）管理上的缺陷：气瓶使用单位和五金制造厂安全生产责任制不落实，未按照特种设备管理的要求对气瓶进行定期检查和管理。

三、事故教训

（1）在充装、运输、使用气瓶时，必须严格遵守国家的有关要求，发现气瓶可能受损时应当及时进行检测。

（2）发现设备受损或可能受损时，应当及时对特种设备进行检验，检验合格后方可继续使用。

（3）对气瓶的重装、运输和使用人员要定期加强安全培训教育，强化其安全生产责任意识。

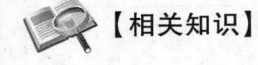

【相关知识】

知识点1：气瓶的基本知识

一、气瓶的定义

气瓶是指在正常环境温度（$-40\sim600$℃）下可重复充气使用的，公称工作压力大于或等于0.2 MPa（表压），且压力与容积的乘积大于或等于1.0MPa · L的盛装气体、液化气体和标准沸点等于或低于60℃的液体的移动式压力容器。气瓶应用非常广泛，无论是在生产领域，还是在生活领域，几乎都离不开气瓶。

气瓶是一种承压设备，具有爆炸危险，且其承装介质一般具有易燃、易爆、有毒、强腐蚀等性质，使用环境又因其移动、重复充装、操作使用人员不固定和使用环境变化的特点，其作业环境比其他压力容器更为复杂、恶劣。气瓶一旦发生爆炸或泄漏，往往发生火灾或中毒，甚至引起灾难性事故，带来严重的财产损失、人员伤亡和环境污染。

二、气瓶的分类

要保证气瓶的安全使用，除了要求它符合压力容器的一般要求外，还需要有一些专门的规定和要求。气瓶的一般分类见表6－4。

表6－4　气瓶的一般分类

项目	分类情况
按充装介质的性质分类	(1)永久气体气瓶。临界温度小于－10℃，常温下呈气态，所以称为永久气体(压缩气体)，如氢、氧、氮、空气、煤气及氩、氦、氖、氪等。这类气瓶一般都以较高的压力充装，目的是增加气瓶的单位容积充气量，提高气瓶利用率和运输效率，常见的充装压力有15 MPa和12.5 MPa，也有的充装20～30MPa
	(2)液化气体气瓶。液化气体气瓶充装时都以低温液态灌装。有些液化气体的临界温度较低，装入瓶内后受环境温度的影响而全部汽化。有些液化气体的临界温度较高，装瓶后在瓶内始终保持气液平衡状态因此，可分为高压液化气体和低压液化气体： ①高压液化气体。临界温度大于或等于－10℃，且小于或等于70℃。常见的有乙烯、乙烷、二氧化碳、氯化氢、三氟甲烷、六氟乙烷等。常见的充装压力有15 MPa和12.5 MPa。 ②低压液化气体。临界温度大于70℃。如溴化氢、硫化氢、氨、丙烷、丙烯、异丁烯、液化石油气、环氧乙烷等，这类气瓶的充装压力一般都不高于10MPa
	(3)溶解气体气瓶。指专门用于盛装乙炔的气瓶。由于乙炔气体极不稳定，必须把它溶解在溶剂(常见的为丙酮)中。气瓶内装满多孔性材料，以吸收溶剂
	(4)其他气瓶。指气瓶所盛装的气体性质的特性、制造工艺、结构形式、使用要求等不同于上述三类的气瓶。最常用的是空分行业中的低温、超低温液化气体的气瓶，它的外壳包裹着绝热夹套或绝热保温层。此外，液氧、液氮瓶(罐)等均属此一类
按制造方法分类	(1)钢制无缝气瓶。以钢坯为原料，经冲压拉伸制造或以无缝钢管为材料，经热旋压收口收底制造的钢瓶。用于盛装永久气体和高压液化气体。常用的无缝气瓶为凹形和凸形带底座无缝气瓶，凹形气瓶没有底座，常用的氧气瓶就是此类。凸形瓶底的外面装有一个上圆下方的底座圈
	(2)钢制焊接气瓶。以钢板为原料，冲压卷焊制造的钢瓶。用于盛装液氯、液氨及二氟氯甲烷等低压液化气体、液化石油气、溶解乙炔等
	(3)玻璃纤维缠绕气瓶。以玻璃纤维加黏结剂缠绕或碳纤维制造的气瓶，一般有一个铝制内筒，其作用是保证气瓶的气密性，承压强度则依靠玻璃纤维缠绕的外筒。玻璃纤维气瓶多用于盛装呼吸用压缩空气，供消防、毒区或缺氧区域作业人员随身背挎并配以面罩使用。一般容积较小(1～10L)，充气压力多为15～30MPa
按公称工作压力分类	(1)高压气瓶。公称工作压力有30MPa、20MPa、15MPa、12.5MPa、8MPa
	(2)低压气瓶。公称工作压力有5MPa、3MPa、2MPa、1MPa

三、气瓶的主要技术参数

(一)公称工作压力

我国对气瓶的公称工作压力规定如下：对于盛装永久气体的气瓶，是指在基准温度时(一般为20℃)所盛装气体的限定充装压力；对于盛装液化气体的气瓶，是指温度为60℃时，瓶内气体压力的上限值；对于盛装溶解乙炔气的气瓶，是指在充装量下，温度为60℃时，瓶内乙炔气的压力。根据《气瓶安全监察规程》的规定，气瓶的公称工作压力已经系列化，见表6－5、表6－6。

表6－5 气瓶公称工作压力系列规定 单位：MPa

压力类别	高压				低压			
公称工作压力	30	20	15	12.5	8	5	3	2	1
水压试验压力	45	30	22.5	18.8	12	7.5	4.5	3	1.5

表6－6 常用气体气瓶的公称工作压力

气体类别		公称工作压力，MPa	常用气体
永久气体		30	空气、氧、氢、氮、氩、甲烷、煤气、天然气等
		20	
		15	空气、氧、氢、氮、氩、甲烷、煤气、一氧化碳、一氧化氮等
		20	二氧化碳、乙烷、乙烯、硅烷等
		15	
液化气体	高压液化气体	12.5	氙、六氟化硫、氯化氢、氟乙烯（R－1141）、乙烷、乙烯等
		8	六氟化硫、三氟氯甲烷（R－13）、六氟乙烷等
	低压液化气体	5	溴化氢、硫化氢、碳酰二氯（光气）等
		3	氨、二氟氯甲烷（R－22）、三氟乙烷（R－143a）等
		2	氯、二氧化硫、环丙烷、六氟丙烯、二氟二氯甲烷（R－12）等
		1	正丁烷、异丁烷、异丁烯、四氟二溴乙烷、氯乙烷、环氧乙烷等

（二）公称容积

我国将气瓶的公称容积划分为大、中、小三类：0.4～1.2L为小容积，100～1000L为大容积，其余为中容积。

四、气瓶的附件

气瓶的附件指气瓶的超压泄放装置、瓶阀、瓶帽和防震圈。气瓶的附件是气瓶的重要组成部分，对气瓶的安全使用起着非常重要的作用。

（一）超压泄放装置

气瓶常见的超压泄放装置有爆破片、易熔塞和安全阀。

（1）爆破片。爆破片装在瓶阀上，其爆破压力略高于瓶内气体的最高温升压力。爆破片多用于高压瓶上，有的气瓶不装爆破片。

（2）易熔塞。易熔塞一般装在低压气瓶的瓶肩上，当周围环境温度超过气瓶的最高使用温度时，易熔塞的易熔合金熔化，瓶内气体排出，避免气瓶爆炸。

（3）安全阀。这种泄放装置中有一弹簧，弹簧顶着网状托环，托环压着密封垫。当瓶内压力升高至气瓶水压试验压力的0.8倍时，就将密封垫向外推出，并通过网状托环压缩弹簧，气体便从泄放装置的小孔中排出；当压力降至弹簧的动作压力时，弹簧又通过网状托坏将密封垫推回原位，堵住排气孔。这种泄放装置具有自行关闭的优点，但结构较为复杂、弹簧易锈蚀、网状托环和密封垫磨损较快，一般用于少数无毒、低压液化气体的气瓶上。

（二）其他附件

其他附件有瓶阀、瓶帽、防震圈等。

(1)瓶阀。瓶阀是气瓶的主要附件,是控制气体出入的一种装置,一般用黄铜或钢制造。气瓶瓶阀的国家标准有七种:《液化石油气瓶阀》《氧气瓶阀》《溶解乙炔气瓶阀》《氩气瓶阀》《液氯瓶阀》《液氨瓶阀》《压缩天然气瓶阀》。在标准体系表上已列项的还有《汽车用压缩天然气钢瓶阀》、《分析式车用 LPG 钢瓶阀》和《丙烯、丙烷瓶》。

充装可燃气体的气瓶的瓶阀,其出气口螺纹为左旋;盛装助燃气体的气瓶,其出气口螺纹为右旋。瓶阀的这种结构可有效地防止可燃气体与非可燃气体的错装。

(2)瓶帽。瓶帽是防护瓶阀用的帽罩式安全附件的统称,其功能在于避免气瓶在搬运和使用过程中,由于碰撞而损伤瓶阀,保护出气口螺纹不被损坏,防止灰尘、水分或油脂等杂物落入阀内。瓶帽分固定式和拆卸式两种。

(3)防震圈。防震圈是指套装在气瓶上的两个橡胶圈(也有用其他弹性物质制作的),其主要功能是使气瓶免受直接冲撞,气瓶在充装、使用、搬运过程中,常常会因滚动、震动、碰撞而损伤瓶壁,以致发生脆性破坏。这是气瓶发生爆炸事故常见的一种直接原因。

《气瓶安全监察规定》强调,气瓶在运输、装卸中必须佩戴好瓶帽(有防护罩的气瓶除外)和防震圈(集装气瓶除外)。

知识点2:气瓶的安全技术

储存气瓶的单位,必须根据《气瓶安全监察规程》和有关标准、规范的要求,按照储存气体的性质制定相应的安全管理制度和安全技术操作规程,并对气瓶仓库管理人员进行专业技术培训。

一、气瓶的储存与保管

(一)气瓶的储存场所

(1)气瓶应置于专用仓库储存,气瓶库房的建设必须经环保、公安消防和劳动安全监察部门的批准,并应符合《建筑设计防火规范》的有关规定。

(2)仓库内不得有地沟、暗道,严禁明火和其他热源,仓库内应通风、干燥、避免阳光直射。

(3)盛装易起聚合反应或分解反应气体的气瓶,必须根据气体的性质控制仓库内的最高温度、规定储存期限,并应避开放射源。

(4)空瓶与实瓶应分开放置,并有明显标志,毒性气体气瓶和瓶内气体相互接触能引起燃烧、爆炸、产生毒物的气瓶,应分室存放,并在附近设置防毒用具或灭火器材。

(5)气瓶放置应整齐,佩戴好瓶帽。立放时,要妥善固定;横放时,头部朝同一方向。

(二)入库储存前的检查

气瓶安全储存与及时准确的供应工作,很大程度上取决于气瓶入库前的检查。因此,气瓶入库储存前,应认真做好气瓶入库前的检查验收工作。检查包括以下内容:

(1)对入库的气瓶,必须细致地逐瓶检查其外表面的瓶色、字样、字色、色环是否与入库单据相符。

(2)安全附件是否完整,气瓶外表面有无影响气瓶安全使用的缺陷,例如严重的腐蚀、机械损伤、凸起变形等。

(3)检查瓶阀有无泄漏、受损或型号不符。

(4)检查氧气瓶和氧化性气体的瓶体和瓶阀是否沾染油脂。

在检查中发现来历不明的气瓶,禁止入库储存。对有缺陷的气瓶,应随时用粉笔写在瓶体上,以便事后分别处理。对检查验收合格的气瓶,应逐个进行登记。对于储存多种气体的气瓶储存库,应按气体种类分别建立登记簿。

(三)入库储存

入库储存气瓶入库储存,应符合下列要求:

(1)气瓶的储存应有专人负责管理,管理人员、操作人员、消防人员应经过安全技术培训,了解气瓶、气体的安全知识。

(2)入库的空瓶与实瓶应分别放置,并有明显标志。

(3)毒性气体气瓶及瓶内气体相互接触能引起燃烧、爆炸、产生毒物的气瓶,应分室存放,并在附近设置防毒用具或灭火器材。

(4)气瓶入库后,一般应直立储存于指定的栅栏内,并用链条等物将气瓶加以固定,以防气瓶倾倒;对于卧放的气瓶,应妥善固定,防止其滚动;如需堆放,其堆放层数不应超过 5 层,且气瓶的头部朝向同一方向。堆放气瓶时,如果气瓶上无防震圈,则必须在上下两层气瓶间垫上双槽垫木或特制橡胶带 2 根。

(5)为使先入库或临近定期检验日期的气瓶优先发放,应尽量将这些气瓶存放在一起,并在栅栏的牌子上注明入库或定期检验的日期。

(6)对于限期储存的气体及不宜长期存放的气体,如氯乙烯、氯化氢、甲醚等,均应注明存放期限。对于容易起聚合反应或分解反应的气体,必须规定储存期限,并予以注明,同时应避免放射性放射源。这类气瓶限期存放到期后,要及时处理。

(7)气瓶在存放期间,特别是在夏季,应定时测试库内的温度和湿度,并作记录。库房最高允许温度视瓶装气体性质而定;库房的相对湿度应控制在 8000 以下。

(8)气瓶在库房内应摆放整齐,数量、号位的标志要明显。要留有适当宽度的通道。

(9)毒性气体或可燃性气体气瓶入库后,要连续 2 ~ 3 天定时测定库内空气中毒性或可燃性气体的浓度。如果浓度有可能达到危险值,则应强制换气,并查出库内危险气体浓度增高的原因,予以彻底解决。如果测定结果表明无危险时,则以后的检查可改为定期性检查。

(10)发现气瓶漏气,首先应根据气体性质做好相应的人体保护,在保证安全的前提下,关闭瓶阀,如果瓶阀失控或漏气不在瓶阀上,则必须采取紧急处理措施。

(11)定期对库房内外的用电设备和库房通风设备,以及气瓶搬运工具和栅栏的牢固性进行检查,发现问题及时修理。对库房用的防火和防毒器具也应定期进行检查。

(四)气瓶出库

气瓶的储存单位应建立并执行气瓶进出库制度,并做到瓶库账目清楚,数量准确,按时盘点,账物相符。

气瓶发放时,库房管理员必须认真填写气瓶发放登记表,内容包括:气体名称、序号、气瓶编号、入库日期、发放日期、气瓶检验日期、领用单位、领用者姓名、发放者姓名,备注等。

二、气瓶的搬运与运输

气瓶运输、供应、使用单位应制定相应的安全管理制度(包括事故应急救援预案)和负责对从事气瓶搬运、装卸、押运和驾驶的工作人员进行专业安全技术教育(包括气体、气瓶安全知识,消防器材和防毒面具用法等)。

（1）搬运气瓶以前，操作人员必须了解瓶内气体的名称、性质和安全搬运注意事项，并备齐相应器具和防护用品，如介质为有害、有毒、腐蚀、放射性和自燃气体时，应在组织管理、技术措施、个人防护、卫生保健等方面制订相应措施。

（2）圆底、凹底气瓶在车间、仓库、工地、装卸场地内搬运时，可用徒手滚动，即用一手托住瓶帽，使瓶身倾斜，另一手推动瓶身沿地面旋转、用瓶底边走边滚，也可用两手各握一个气瓶的瓶帽，使两个气瓶在胸前交叉滚动，这要根据搬运距离远近和搬者熟练程度而定。但不准拖曳，随地平滚，顺坡竖滑或用脚蹬踢。

（3）方形底座气瓶最好是使用稳妥、省力的专用小车（单瓶或双瓶位置，衬有软垫的手推车），并用铁链固定。严禁用肩扛、背驮、怀抱、臂挟、托举或两人抬运的方式搬运，以避免损伤身体和摔坏气瓶酿成事故。

（4）气瓶应戴瓶帽，最好是戴固定式瓶帽，以避免在搬运过程中瓶阀因受力而损坏，甚至瓶阀飞出等事故的发生。

（5）气瓶运到目的地后，放置气瓶的地面必须平整。放置时将气瓶竖直放稳，方可松手脱身，以防气瓶摔倒酿成事故。

（6）当需要用人工将气瓶向高处举放或需把气瓶从高处放落地面时，必须两人同时操作，并要求提升与降落的动作协调一致，姿势正确，严禁在举放时抛、扔，在放落时滑、摔。

（7）装卸气瓶应轻装轻卸，严禁用抛、滑、摔、滚、碰等方式装卸气瓶，以避免因野蛮装卸而发生爆炸事故。

（8）气瓶搬运中如需吊装时，严禁使用电磁起重设备。用机械起重设备吊运散装气瓶时，必须将气瓶装入集装箱、坚固的吊笼或吊筐内，并妥善加以固定。

严禁使用链绳、钢丝绳捆绑或钩吊瓶帽等方式吊运气瓶，以避免吊运过程中气瓶脱落而造成事故。

（9）严禁使用叉车、翻斗车或铲车搬运气瓶。

知识点3：气瓶的定期检验

气瓶的定期检验，是指气瓶在使用过程中，每间隔一定时间对气瓶（包括瓶阀和超压泄放装置）进行必要检查和试验的一种技术手段，目的是借以早期发现气瓶存在的缺陷，以防止气瓶在运输和使用过程中发生事故。

各类气瓶的检验周期如下：

（1）盛装腐蚀性气体的气瓶、潜水气瓶以及常与海水接触的气瓶每 2 年检验一次。

（2）盛装一般性气体的气瓶，每 3 年检验一次。

（3）盛装惰性气体的气瓶，每 5 年检验一次。

（4）液化石油气钢瓶，对在用的 YSP－0.5、YSP－2.0、YSP－10、YSP－15 型钢瓶，第一次至第三次检验的周期为 4 年，第四次检验有效期为 3 年；对在用的 YSP－50 型钢瓶，每 3 年检验一次。

（5）溶解乙炔气瓶，每 3 年检验一次。

（6）低温绝热气瓶，每 3 年检验一次。

（7）车用液化石油气钢瓶，每 5 年检验一次；车用压缩天然气钢瓶，每 3 年检验一次；汽车报废时，车用气瓶同时报废。

以上检验周期均是指气瓶在正常条件和环境下的检验年限。如果在使用过程中，发现气瓶有严重腐蚀、损伤或对其安全可靠性有怀疑时，应提前进行检验。库存和停用时间超过一个检验周期的气瓶，启用前应进行检验。发生交通事故后，应对车用气瓶、瓶阀及其他附件进行检验，检验合格后方可重新使用。

气瓶检验单位，对要检验的气瓶，必须逐只进行，并按规定出具检验报告。未经检验和检验不合格的气瓶不得使用。

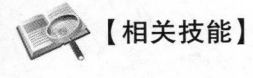

【相关技能】

技能点：气瓶的标志识别

气瓶的主要标志有钢印标志和颜色标志两种。

一、气瓶的钢印标志

气瓶的钢印标志包括制造钢印标志和检验钢印标志，是识别气瓶的依据。气瓶的制造钢印标志一般用机械方法打印，以永久标记的形式打印在瓶肩或护罩等不可拆卸件上。钢印标记的内容必须准确、清晰、完整。

检验钢印标志是气瓶定检后，由检验单位用钢印由机械或人工打印在气瓶肩部、筒体、瓶阀护罩上，或打印在套于瓶阀尾部金属标记环上的印章。在检验钢印标记上还应按年份涂检验色标。

二、气瓶的颜色标志

气瓶的颜色标志是指气瓶外表面涂敷的颜色、字样、字色和色环，是识别充装气体的标志。

气瓶颜色是指喷涂（或印制）在气瓶外表面的颜色。气瓶喷涂颜色标志的目的是从颜色上迅速地辨别盛装某种气体的气瓶和瓶内气体的性质（可燃性、毒性），避免错装和错用的可能性，防止气瓶外表面生锈、反射阳光和热量。气瓶的颜色应符合《气瓶颜色标志》的要求，如：氢气瓶的外表面喷涂淡绿色；氧气瓶涂淡蓝色；氯气瓶涂深绿色等，气瓶颜色标志见表6－7。

表6－7　气瓶颜色标志

充装气体类别		气瓶涂膜配色类型		
		瓶色	字色	环色
烃类	烷烃	棕	白	淡黄
	烯烃		淡黄	白
稀有气体类		银灰	深绿	
氟氯烷类		铝白	可燃气体：大红 不燃气体：黑	深绿
剧毒类		白		
其他气体		银灰		无机气体：深绿 有机气体：淡黄

任务四　工业锅炉的安全操作

【案例导入】

蒸汽采暖锅炉重大缺水事故

一、事故经过

2016 年 2 月 16 日，某厂动力车间 2#锅炉 SZZ10－1.25 蒸汽采暖锅炉发生重大缺水事故，造成炉膛内 71 根水冷壁管变形，其中严重变形 21 根，锅筒部分脱碳，直接经济损失 39000 元。

二、事故原因

(1)交接班不清，甲班已知道双色水位计失灵，不能再用，但没有将此情况交待给乙班，交接班记录也未填写。

(2)司炉工未认真执行操作规程，锅炉启动前未认真检查水位。

(3)乙班司炉发现水位连续长时间报警却不作认真检查，长时间排污却不去核查实际水位。

(4)领导管理不力，规章制度不落实。

三、事故教训

(1)严格执行交接班制度，并认真填写交接班记录。

(2)水位计失灵应有标记，可有助于接班人员注意。接班人员在接班时应全面检查锅炉运行状态。

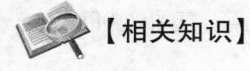

【相关知识】

知识点：锅炉的基本知识

锅炉是一种利用燃料燃烧后释放的热能或工业生产中的余热传递给容器内的水，使水达到所需要的温度(热水)或一定压力蒸汽的热力设备。它是由“锅”(即锅炉本体水压部分)、“炉”(即燃烧设备部分)、附件仪表及附属设备构成的一个完整体。

“锅”是指锅炉中盛放水和蒸汽的密封受压部分，是锅炉的吸热部分，主要包括汽包、对流管、水冷壁、联箱、过热器、省煤器等。“锅”再加上给水设备就组成锅炉的汽水系统。

“炉”是指锅炉中燃料进行燃烧、放出热能的部分，是锅炉的放热部分，主要包括燃烧设备、炉墙、炉拱、钢架和烟道及排烟除尘设备等。

锅炉的附件和仪表很多，如安全阀、压力表、水位表及高低水位报警器、排污装置、汽水管道及阀门、燃烧自动调节装置、测温仪表等。

锅炉的附属设备也很多,一般包括给水系统的设备(如水处理装置、给水泵);燃料供给及制备系统的设备(如给煤、磨粉、供油、供气等装置);通风系统设备(如鼓、引风机)和除灰排渣系统设备(除尘器、出渣机、出灰机)。

总之,锅炉是一个复杂的组合体。尤其在化工企业中使用的大、中容量锅炉,除了锅炉本体庞大、复杂外,还有众多的辅机、附件和仪表,运行时需要各个部分、各个环节密切协调,任何一个环节发生了故障,都会影响锅炉的安全运行。所以,作为特种设备的锅炉的安全监督应特别予以重视。

一、锅炉安全附件

(一)安全阀

安全阀是锅炉设备中的重要安全附件之一,它能自动开启排汽以防止锅炉压力超过规定限度。安全阀通常应该具有的功能是:当锅炉中介质压力超过允许压力时,安全阀自动开启,排汽降压,同时发出鸣叫声向工作人员报警;当介质压力降到允许工作压力之后,自动"回座"关闭,使锅炉能够维持运行;在锅炉正常运行中,安全阀保持密闭不漏。

安全阀应该在什么压力之下开启排汽,是根据锅炉受压元件的承压能力人为规定的。一般说来,在锅炉正常工作压力下,安全阀应处于闭合状态,在锅炉压力超过正常工作压力时,安全阀才应开启排汽。但安全阀的开启压力不允许超过锅炉正常工作压力太多,以保证锅炉受压元件有足够的安全裕度,安全阀的开启压力也不应太接近锅炉正常工作压力,以免安全阀频繁开启,损伤安全阀并影响锅炉的正常运行。

安全阀必须有足够的排放能力,在开启排汽后才能起到降压作用。否则,即使安全阀排汽,锅炉内的压力仍会继续不断上升。因此,为保证在锅炉用汽单位全部停用蒸汽时也不致锅炉超压,锅炉上所有安全阀的总排汽量,必须大于锅炉的最大连续蒸发量。

安全阀应该垂直地装在汽包、联箱的最高位置。在安全阀和汽包、安全阀和联箱之间应装设取用蒸汽的出汽管和阀门。并且安装安全阀时应该装设排汽管,防止排汽时伤人。排汽管应尽量直通室外,并有足够的截面积,以减少阻力,保证排汽畅通。安全阀排汽管底部应该接到地面的泄水管,在排汽管和泄水管上都不允许装设阀门。安全阀每年至少做一次定期检验,每天人为排放一次,排放压力最好为规定最高工作压力的80%以上。

(二)压力表

压力表是测量和显示锅炉汽水系统压力大小的仪表。严密监视锅炉各受压元件实际承受的压力,将它控制在安全限度之内,是锅炉实现安全运行的基本条件和基本要求,因而压力表是运行操作人员必不可少的耳目。锅炉没有压力表、压力表损坏或压力表的装设不符合要求,都不得投入运行或继续运行。

锅炉中应用得最为广泛的压力表是弹簧管式压力表,它具有结构简单、使用方便、准确可靠、测量范围大等优点。

压力表的量程应与锅炉工作压力相适应,通常为锅炉工作压力的1.5~3倍,最好为2倍。压力表度盘上应该划红线,指出最高允许工作压力。压力表每半年至少应校验一次,校验后应该铅封。压力表的连接管不应有漏汽现象,否则会降低压力指示值。

压力表应该装设在便于观察和吹洗的位置,应防止受到高温、冰冻和震动的影响。为避免蒸汽直接进入弹簧弯管影响其弹性,压力表下边应该装设存水弯管。

（三）水位表

水位表是用来显示汽包内水位高低的仪表。操作人员可以通过水位表观察和调节水位，防止发生锅炉缺水或满水事故，保证锅炉安全运行。

水位表是按照连通器内液柱高度相等的原理装设的。水位表的水连管和拽连管分别与汽包的水空间和汽空间相连，水位表和汽包构成连通器，水位表显示的水位即是汽包内的水位。

锅炉上常用的水位表，有玻璃管式和玻璃板式两种。玻璃管式水位表结构简单，价格低廉，在低压小型锅炉上应用得十分广泛；但玻璃管的耐压能力有限，使用工作压力不宜超过1.6MPa。为防止玻璃管破碎喷水伤人，玻璃管外通常装设有耐热的玻璃防护罩。玻璃板水位表比起玻璃管式水位表，能耐更高的压力和温度，不易泄漏，但结构较为复杂，多用于高压锅炉。

水位表应装在便于观察、冲洗的位置，并有充足的照明；水连接管和汽连接管应水平布置，以防止造成假水位；连接管的内径不得小于18mm，连接管应尽可能的短，如长度超过500mm或有弯曲时，内径应适当放大；汽水连接管上应避免装设阀门，如装有阀门，则在正常运行时必须将阀门全开，水位表应有放水旋塞和接到安全地点放水管，汽旋塞、水旋塞、放水旋塞的内径，以及水位表玻璃管的内径，不得小于8mm。水位表应有指示最高、最低安全水位的明显标志。水位表玻璃板（管）的最低可见边缘应比最低安全水位低25mm，最高可见边缘应比最高安全水位高5mm。

水位报警器用于在锅炉水位异常（高于最高安全水位或低于最低安全水位）时发出警报，提醒运行人员采取措施，消除险情。额定蒸发量≥2t/h的锅炉，必须装设高低水位报警器，警报信号应能区分高低水位。

二、锅炉水质处理

（一）锅炉给水处理的重要性

锅炉给水，不管是地面或地下水，都含有各种杂质。这些杂质分为三类：(1)固体杂质，如悬浮固体、胶溶固体、溶解于水的盐类和有机物等；(2)气体杂质，如氧气和二氧化碳；(3)液态杂质，如油类、酸类、工业废液等。这些含有杂质的水如不经过处理就进入锅炉，就会威胁锅炉的安全运行。例如，溶解在水中的钙、镁的碳酸盐、碳酸氢盐、硫酸盐，在加热的过程中能在锅炉的受热面上沉积下来结成坚硬的水垢，水垢会给锅炉运行带来很多害处。由于水垢的导热系数很小，是金属的几十分之一到百分之一，使受热面传热不良。水垢不但浪费燃料，而且使锅炉壁温升高，强度显著下降。这样，在内压力的作用下，管子就会发生变形，或者鼓包，甚至会引起爆管。另外一些溶解的盐类，在锅炉里会分解出氢氧根，氢氧根的浓度过高，会使锅炉某些部位发生苛性脆化而危害锅炉安全。溶解在水中的氧气和二氧化碳会导致金属的腐蚀，从而缩短锅炉的寿命。

所以，为了确保锅炉的安全，使其经济可靠地运行，就必须对锅炉给水进行必要的处理。

（二）水质标准

对水质的要求，随炉型的不同而不同：低压锅炉主要水质指标有悬浮物含量、溶解盐类含量、硬度、碱度、酸度、pH值、溶解氧含量等；中、高压锅炉，除上述指标外，还有电导率、二氧化硅含量、铜含量、铁含量等。

为了保证锅炉安全、经济运行，使用锅炉的单位要根据锅炉的型式、生产要求、本地区水质情况，按照国家现行的有关《低压锅炉水质标准》或水汽质量监督规程，制定本单位的锅炉水质和管理制度并严格执行。

（三）水处理方法

因为各地水质不同，锅炉炉型较多，因此水处理方法也各不相同。在选择水处理方法时要因炉、因水而定。目前水处理方法从两方面进行，一种是炉内水处理，另一种是炉外水处理。

炉内水处理也叫锅内水处理，就是将自来水或经过沉淀的天然水直接加入，向汽包内加入适当的药剂，使之与锅水中的钙、镁盐类生成松散的泥渣沉降，然后通过排污装置排除。这种方法较适于小型锅炉使用，也可作为高、中压锅炉的炉外水处理补充，以调整炉水质量。常用的几种药剂有：碳酸钠、氢氧化钠、磷酸钠、六偏磷酸钠、磷酸氢二钠和一些新型有机防垢剂。

炉外水处理就是在给水进入锅炉前，通过各种物理和化学的方法，把水中对锅炉运行有害的杂质除去，使给水达到标准，从而避免锅炉结垢和腐蚀。常用的方法有：离子交换法，能除去水中的钙、镁离子，使水软化（除去硬度），可防止炉壁结垢，中小型锅炉已普遍使用；阴阳离子交换法，能除去水中的盐类，生产脱盐水（也称纯水），高压锅炉均使用脱盐水，直流锅炉和超高压锅炉的用水要经二级除盐；电渗析法，能除去水中的盐类，常作为离子交换法的前级处理。另外，有些水在软化前要经机械过滤或石灰法除碱。

溶解在锅炉给水中的氧气、二氧化碳，会使锅炉的给水管道和锅炉本体腐蚀，尤其当氧气和二氧化碳同时存在时，金属腐蚀会更加严重，除氧的方法有：喷雾式热力除氧、真空除氧和化学除氧。使用最普遍的是热力除氧。

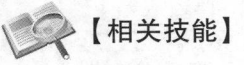

【相关技能】

技能点：锅炉的安全运行

一、锅炉启动的安全要点

（1）全面检查。

锅炉启动前一定要进行全面检查，符合启动要求后才能进行下一步的操作。检查的内容有：检查汽水各级系统、燃烧系统、风烟系统、锅炉本体和辅机是否完好；检查人孔、手孔、看火门、防爆门及各种类阀门、接板是否正常；检查安全附件是否齐全、完好并使之处于启动要求的位置；检查各种测量仪表是否完好。

（2）上水。

为防止产生过大应力，上水水温最高不应超过 90～100℃；上水速度要缓慢，全部上水时间在夏季不小于 1h，在冬季不小于 2h。冷炉上水至最低安全水位时间应停止上水，以防受热膨胀后水位过高。

（3）烘炉和煮炉。

烘炉应根据事先制定的烘炉升温曲线进行，整个烘炉时间根据锅炉大小、型号不同而定，一般为 3～14 天。烘炉后期可以同进进行煮炉。

煮炉时在锅水中加入碱性药剂，步骤为：上水至最高水位；加入适量药剂（2～4kg/t）；燃烧加热锅水至沸腾但不升压，维持 10 ~ 12h；减弱燃烧，排污之后适当放水；加强燃烧并使锅炉升压到 25% ~ 100% 工作压力，运行 12 ~ 24h；停炉冷却，排除锅水并清洗受热面。

（4）点火与升压。

一般锅炉上水后即可点火升压；进行烘炉煮炉的锅炉，待煮炉完毕，排水清洗后再重新上水，然后点火升压。

应注意的问题有：①防止炉膛内爆炸；②防止热应力和热膨胀造成破坏；③监视和调整各种变化。

（5）暖管与并汽。

暖管就是用蒸汽缓慢加热管道三阀门、法兰等元件，使其温度缓慢上升，避免向冷态或较低温度的管道突然供入蒸汽，以防止热应力过大而损坏管道、阀门等元件。同时将管道中的冷凝水驱出，防止在供汽时发生水击。冷态蒸汽管道的暖管时间一般不少于 2h，热态蒸汽管道的暖管一般为 0.5 ~ 1h。

并汽也叫并炉、并列，即投入运行的锅炉向共用的蒸汽供汽。并汽时应燃烧稳定、运行正常、蒸汽品质合格以入蒸汽压力稍低于蒸汽总管内气压。

二、锅炉运行中的安全要点

（1）锅炉运行中，保护装置与联锁不得停用。需要检验或维修时，应经有关主要领导批准。

（2）锅炉运行中，安全阀每天人为排汽试验一次。电磁安全阀电气回路试验每月应进行一次。安全阀排汽试验后，其起座压力、回座压力、阀瓣开启高度应符合规定，并做记录。

（3）锅炉运行中，应定期进行排污试验。

三、锅炉停炉时的安全要点

（1）正常停炉（计划内停炉）。

停炉中应注意的主要问题是：防止降压降温过快，以避免锅炉部件因降温收缩不均匀而产生过大的热应力。

锅炉正常停炉应是先停燃料供应，随之停止送风，降低引风；同时逐渐降低锅炉负荷，相应地减少锅炉上水，但应维持锅炉水位稍高于正常水位。锅炉停止供汽后，应隔绝与蒸汽母管的连接，排汽降压。同时应继续收视锅炉，待锅内无汽压时，开启空气阀，以免锅内因降温形成真空。

（2）紧急停炉。

锅炉运行中出现以下情况时需要紧急停车：锅炉水位低于水位表的下部可见边缘；不断加大向锅炉给水及采取其他措施，但水位仍下降；锅炉水位超过最高可见水位（满水），放水仍见不到水位；给水泵全部失效或给水系统故障，不能向锅炉进水；水位表或安全阀全部失效；锅炉部件损坏，危及运行人员安全；燃烧设备损坏，炉墙倒塌或锅炉构架被烧红等严重威胁锻炉安全运行；其他异常情况危及锅炉安全运行。

紧急停炉的操作顺序：立即停止添加燃料和送风，减弱引风，同时设法熄灭炉膛内的燃料，对于一般层燃炉可以用沙土或湿灰灭火，链条炉可以开快挡使炉排快速运转，把红火送入灰坑；灭火后即把炉门、灰门及烟道挡板打开，以加强通风冷却，锅内可以较快降压并更换锅水，锅水冷却至 70℃左右允许排水。但因缺水紧急停炉时，严禁给锅炉上水，并不得开启空气阀及安全阀快速降压。

紧急停炉是为防止事故扩大产生更为严重的后果而采取的必要措施，但紧急停炉操作本身势必导致锅炉部件快速降温降压，产生较大的热应力，以致损害锅炉部件。

四、锅炉停炉时保养

锅炉停炉后，为防止腐蚀必须进行保养。常用的方法有干法、湿法和热法三种。

（1）干法保养。干法保养只用于长期停用的锅炉。正常停炉后，水放净，清除锅炉受热面及锅筒内外的水垢、铁锈和烟灰，用微火将锅炉烘干，放入干燥剂。而后关闭所有的门、孔，保持严密。一月之后打开人孔、手孔检查，若干燥剂成粉状、失去吸潮能力，则更换新干燥剂。视检查情况决定缩短或延长下次检查时间。若停用时间超过三个月，则在内外部清扫后，受热面内部涂以防锈漆，锅炉附件也应维修检查，涂油保护，再按上述方法保养。

（2）湿法保养。湿法保养也适用于长期停用的锅炉。停用后清扫内外表面，然后进水（最好是软水），将适量氢氧化钠或磷酸钠溶于水后加入锅炉，生小火加热使锅炉外壁面干燥，内部由于对流使各部位碱浓度均匀，锅内水温达 80～100℃时即可熄火。每隔 5 天对锅内水化验一次，控制其碱度在 5～12mg/L 范围。

（3）热法保养。停用时间在 10 天左右宜用热法保养。停炉后关闭所有风、烟道阀门，使炉温缓慢下降，保持锅炉气压在大气压以上（即水温在 100℃以上）即可。若气压保持不住，可生小火或用运行锅炉的蒸汽加热。

练习题

一、单选题

1. 压力表的最大量程最好为压力容器最高工作压力的（　　）。

A. 2 倍　　B. 1.1 倍　　C. 1.5 倍

2. 压力容器受压元件按计算公式计算得到的，满足强度、刚度和稳定性所要求的必须厚度称为（　　）。

A. 设计厚度　　B. 计算厚度　　C. 有效厚度

3. 弹簧式压力表工作原理是利用（　　）显示其压力值。

A. 弯管受内压变形，产生径向位移放大后

B. 压力变化

C. 机械装置

4. 压力容器的液位计应当安装在（　　）的位置。

A. 容器最高　　B. 容器最低　　C. 便于观察

5. 压力容器压力的法定单位采用（　　）。

A. 公斤　　B. 兆帕　　C. 巴

6. 安全阀与压力容器之间一般（　　）装设截止阀门。

A. 应该　　B. 不宜　　C. 禁止

7. 在安装使用前，设计压力小于 10MPa 的压力容器用得液位计应进行（　　）倍液位计公称压力的液压试验。

A. 1.0　　B. 1.25

C. 1.5　　D. 2

8. 特种设备事故造成 10 人以上 50 人以下重伤，按照《特种设备安全监察条例》的规定，该事故属于(　　)。

A. 特别重大事故　B. 重大事故　C. 较大事故　D. 一般事故

9. 液化石油气、丙烷、氯、氨、硫化氢和氟利昂是(　　)。

A. 高压液化气体　B. 中压液化气体

C. 低压液化气体气体　D. 永久性气体

10. 一台新投入的压力容器满 3 年后，在该年度最先进行的检验类别是(　　)。

A. 年度检查　B. 全面检验　C. 耐压试验　D. 以上都是

11. 压力容器内外壁发生点腐蚀的原因基本上是由(　　)所引起的。

A. 化学腐蚀　B. 电化学腐蚀　C. 氢腐蚀

12. 液化气体的饱和蒸气压力随温度的上升而(　　)。

A. 升高　B. 降低　C. 不变

13. 我国压力容器压力的法定计量单位是(　　)。

A. kg/cm^2　B. 牛顿　C. MPa

14. 安全阀与压力容器之间装设截断阀门的压力容器正常运行期间阀门必须保证(　　)。

A. 关闭　B. 半开　C. 全开

二、多选题

1. 氮气是一种(　　)。

A. 惰性气体　B. 无毒气体

C. 有毒气体　D. 窒息性气体

E. 可燃气体

2. 压力容器介质腐蚀的主要防护措施是(　　)。

A. 正确选材　B. 合理设计、合理施工

C. 注意设备维护　D. 更换设备

3. 储存容器的操作要点是(　　)。

A. 严格控制液位　B. 运行中严格控制工艺参数

C. 熟悉容器的结构、类别　D. 控制明火静电

4. 为了正确处理紧急情况，压力容器的操作人员应该了解操作容器的(　　)。

A. 危险点　B. 紧急情况处理预案

C. 事故报告制度

5. 表面损伤失效主要表现为(　　)及其他损伤。

A. 表面鼓凸　B. 表面凹陷

C. 表面磨损　D. 表面腐蚀

6. 存在(　　)情况的压力容器，不得继续使用。

A. 未办理使用登记的　B. 二手的

C. 判废的　D. 超过检验期限

E. 转让

7. 压力容器封头按其形状可以分为(　　)封头。

A. 球形　B. 凸形

C. 平板　D. 椭圆

E. 锥形

8. 压力容器法兰密封面型式主要有(　　)。

A. 平密封面　　B. 金属密封面

C. 凹凸密封面　　D. 强制密封面

E. 榫槽密封面

9. 压力容器点腐蚀的发生一般与容器的(　　)有关。

A. 材料　　B. 载荷

C. 介质　　D. 流速

10. 压力容器的按其结构截面形状可分为(　　)三大类。

A. 球形截面容器　　B. 圆形截面容器

C. 锥形容器　　D. 非圆形截面容

E. 箱形容器

11. 移动式压力容器常用的液位计是(　　)。

A. 滑管式液位计　　B. 玻璃板式液位计

C. 浮球式液位计　　D. 旋转管式液位计

12. 按照《特种设备作业人员监督管理办法》(国家质检总局令第70号)的规定,下列关于申请《特种设备作业人员证》说法正确的是(　　)。

A. 年龄在18周岁以上　　B. 初中以上文化程度

C. 有三个月以上的工作经历　　D. 具有相应的安全技术知识和技能

三、判断题

1. 储存液化气体的容器的压力高低与温度无关。(　　)

2. 对于压力较低的场合,应当采用静重式安全阀。(　　)

3. 我国大多数的压力容器采用椭圆封头。(　　)

4. 压力容器操作人员应定期对液面计进行定期冲洗、清理和保养。(　　)

5. 减压阀的主要作用,一是将较高的介质压力自动降低到所需压力,二是当高压侧压力波动时,自动调节使低压侧的压力稳定。(　　)

6.《安全生产法》规定,对于有可能一次造成10人死亡事故的,各县级以上人民政府均需组织制定事故应急救援预案。(　　)

7. 压力容器的日常维护保养中,发现防腐层损坏时,应在定期检验时进行修补。(　　)

8. 压力容器液压试验时,一般都采用水作为试验介质。(　　)

9. 压力容器的最高工作压力就是容器的操作压力。(　　)

10. 压力表应装在便于操作人员观察和清洗的地方。(　　)

11. 经调校的压力表应在合格证上注明校验日期。(　　)

12. 安全阀的公称压力表示安全阀在常温下的最高许用压力,也即生产时按压力区间设定压力的等级系列。(　　)

13. 压力表的定期校验应由使用单位定期进行。(　　)

14. 爆破片只要不破裂可以一直使用下去。(　　)

15. 临界温度处于环境温度变化范围内的液化气体充装入容器后,始终处于液体状态。(　　)

16. 储存液氯罐表面出现结霜现象,是由于液氯汽化而降温造成。(　　)

四、简答题

1. 压力容器工艺控制的三要素是什么？
2. 压力容器操作人员的职责是什么？
3. 压力容器作为危险源具有潜在的危险性或固有的危险因素有哪些？
4. 压力容器使用期间的维护保养应主要注意哪些方面？
5. 简述弹簧式安全阀的工作原理和其优缺点。
6. 简述压力容器安全管理情况检查的主要内容。
7. 压力容器运行期间应该做哪些检查？
8. 气瓶检验钢印上主要有哪些内容？
9. 锅炉给水杂质有哪些？对锅炉正常运行有哪些影响？

项目七　石油化工装置安全检修

【应知】

(1)了解石油化工装置检修安全管理的主要内容;

(2)掌握石油化工生产装置检修的安全操作程序;

(3)掌握石油化工生产装置停车检修的安全注意事项;

(4)掌握石油化工装置特殊作业的安全要点;

(5)掌握石油化工装置特殊作业的安全规范。

【应会】

(1)能准确分析石油化工装置检修期间的危险因素;

(2)能制定检修期间的个人防护措施、安全预案及应急处置办法;

(3)能读懂安全检修操作规程;

(4)具备一定的急救常识及救助方法;

(5)具备进行特殊作业的风险防控及操作技能;

(6)会大修结束后清理现场相关技能。

【项目描述】

石油化工生产中所使用的物料多具有易燃、易爆及腐蚀性强的特性,且生产条件较差,尤其是石油化工装置在长周期运行中,由于外部负荷、内部应力和相互磨损、腐蚀、疲劳以及自然侵蚀等因素影响,使个别部件或整体改变原有尺寸、形状,机械性能下降,强度降低,造成隐患或缺陷,威胁着安全生产。因此,必须定期进行装置停车检修,检修期间又是事故多发期,一旦发生事故,会给人们生命财产造成重大损失,因此掌握安全检修的相关知识和技能是十分必要的。

本项目内容主要包括装置检修准备、装置安全停车、检修作业风险控制以及装置安全开车四个任务,通过本项目的学习,了解石油化工生产装置检修安全管理的主要内容,掌握石油化工生产装置检修的基本知识、检修的主要程序及注意事项,具备特殊作业的基本技能,初步具备石油化工生产装置安全停车、检修及开车的安全操作的能力。

任务一　装置检修准备

【案例导入】

为赶进度不置换检修时煤气管道爆炸

一、事故经过

2015 年 3 月 11 日 23 时 20 分，某化肥厂原料气车间，因检修 10000m^3 大气柜，倒换 5000m^3 小气柜，在煤气管道抽加盲板过程中，由于煤气管线内存有残余煤气，管道置换不彻底，发生一起煤气管道爆炸事故，造成全厂 2 个系统（合成氨、甲醇）停车数小时，2 名检修工重伤，3 名轻伤。

二、事故原因

（一）直接原因

按照化工抽加盲板作业规定，在易燃易爆系统抽加盲板，可以不置换作业，但必须系统卸压并保持正压，以防空气吸入。此次抽加盲板，因气柜破裂，无法保持正压，因此必须进行置换，但因氮气紧张不够用，没有将管道置换合格，消除部分残余煤气，是事故发生的主要直接原因。其次，当法兰口打开后，由于夜间气温较低，管道内残余煤气冷却，体积缩小，将空气吸入管道，在法兰口附近形成混合爆炸气体。随后由于检修作业人员使用铁质工具碰撞产生火星，引爆管道内爆炸气体。

（二）根本原因

（1）检修方案中，各项安全检修措施没有严格认真落实，由于时间紧工作量大，检修中忽视安全，把“安全第一，预防为主”的思想抛之脑后，当成一句空话，各种动火证、登高证没有起到监督作用，缺乏安全检修意识。

（2）检修作业人员，多年习惯性违章作业（石油化工易燃易爆设备检修时，严禁使用铁质工具，应使用铜质工具，避免产生火星）。检修人员安全知识缺乏，在没有安全措施做保障时，为了赶进度，盲目进行作业。

三、事故教训

（1）召开事故分析会，按照“四不放过”原则，查清事故发生原因，落实责任，用活生生的典型案例在全厂开展“遵章守纪，安全检修”大讨论，吸取事故经验教训，学习安全知识，掌握安全规章制度，严格禁止忽视安全的习惯性违章作业，树立安全自我防范意识。

（2）抽加盲板检修作业时，必须制定管道联系和盲板流程图，制定详细的安全措施，落实具体事项，明确责任人，办理抽加盲板动火分析，管道置换残余煤气必须合格。

（3）不许用铁器敲打存有易燃易爆物质的管道，以防产生火星，必须用铜质工具，如无此防爆工具，必须涂以黄油、甘油杜绝产生火星。

（4）检修作业人员要穿戴防毒面具，严禁穿带钉鞋和携带火种，架空登高作业应系好安全带。

【相关知识】

知识点1:石油化工装置检修的分类及特点

一、装置检修的分类

石油化工装置检修目前主要有计划检修和非计划检修两种。

计划检修是指企业根据设备管理、使用的经验以及设备状况,制定装置检修计划,对装置进行有组织、有准备、有安排的检修。计划检修又可分为大修、中修、小修。由于装置为设备、机器、公用工程的综合体,因此装置检修比单台设备(或机器)检修要复杂得多。

非计划检修是指因突发性的故障或事故而造成设备或装置临时性停车进行的抢修。非计划检修事先无法预料,无法安排计划,而且要求检修时间短,检修质量高,检修的环境及工况复杂,故难度较大。

二、装置检修的特点

石油化工装置检修与其他行业的检修相比,具有频繁性、复杂性、危险性大等特点。

(1)检修作业的频繁性。石油化工生产具有高温、高压、腐蚀性强的特点,因而石油化工设备及其管道、阀门等附件在运行中腐蚀、磨损严重,石油化工检修任务繁重。除了计划小修、中修和大修外,非计划小修和临时停工抢修的作业也不少,检修作业极为频繁。

(2)检修作业的复杂性。由于石油化工生产装置中使用的炉(如裂解炉、加热炉、煅烧炉,焦炉、电石炉、焚烧炉等)、塔(如合成塔、萃取塔、分馏塔等)、釜(如反应釜、高压釜等)、器(如换热器、分离器、转化器、蒸发器、干燥器等)、机(如压缩机、汽轮机、粉碎机、压滤机、皮带运输机等)、泵(如蒸汽往复泵、轴流泵、离心泵等)及罐、槽、池等大多是非定型设备,种类繁多,规格不一,要求从事检修作业的人员具有丰富的知识和技术,熟悉掌握不同设备的结构、性能和特点;石油化工检修频繁,而非计划检修又无法预测,即便是计划检修,人员的作业形式和作业人数也在经常变动,不易管理;检修时往往上下立体交错,设备内外同时并进,加上石油化工设备不少是露天或半露天布置,检修工作受到环境、气候的制约,从而决定了石油化工装置检修的复杂性。

(3)检修作业危险性大。由于石油化工生产的危险性大,决定了生产装置检修的危险性也大。加之石油化工生产装置和设备复杂,设备和管道中的易燃、易爆、有毒物质,尽管在检修前做过充分的吹扫置换,但是易燃、易爆、有毒物质仍有可能存在。检修作业又离不开动火、动土、限定空间等作业,客观上具备了发生火灾、爆炸、中毒、化学灼伤、高处坠落、物体打击等事故的条件。

石油化工装置检修所具有的频繁性、复杂性和危险性大的特点,决定了石油化工安全检修的重要地位。实现石油化工安全检修不仅可以确保检修中的安全,防止重大事故发生,保护职工的安全和健康,而且可以促进检修工作按质按量按时完成,确保设备的检修质量,使设备投入运行后操作稳定,运转效率高,杜绝事故和环境污染,为安全生产创造良好条件。

知识点2:石油化工装置停车检修前的准备工作

石油化工装置停车检修前的准备工作是保证装置停好、修好、开好的主要前提条件,必须做到集中领导、统筹规划、统一安排，并做好“五定”（定检修方案、定检修人、定安全措施、定检修质量、定检修进度）、“八落实”（组织、思想、任务、物资包括材料与备品备件、劳动力、工器具、施工方案、安全措施落实）工作。除此以外，准备工作还应做到以下几点。

一、设置检修指挥部

为了加强停车检修工作的集中领导和统一计划、统一指挥，形成一个信息灵、决策迅速的指挥核心，以确保停车检修的安全顺利进行，检修前要成立以厂长（经理）为总指挥，主管设备、生产技术、人事保卫、物资供应及后勤服务等的副厂长（副经理）为副总指挥，机动、生产、劳资、供应、安全、环保、后勤等部门参加的指挥部。检修指挥部下设施工检修组、质量验收组、停开车组、物资供应组、安全保卫组、政工宣传组、后勤服务组。针对装置检修项目及特点，明确分工，分片包干，各司其职，各负其责。

二、制定安全检修方案

装置停车检修必须制定停车、检修、开车方案及其安全措施。安全检修方案由检修单位的机械员或施工技术员负责编制。

安全检修方案，按设备检修任务书中的规定格式认真填写齐全，其主要内容应包括：检修时间、设备名称、检修内容、质量标准、工作程序、施工方法、起重方案、采取的安全技术措施，并明确施工负责人、检修项目安全员、安全措施的落实人等。方案中还应包括设备的置换、吹洗、盲板流程示意图，尤其要制定合理工期，确保检修质量。

方案编制后，经编制人检查确认无误并签字，经检修单位的设备主任审查并签字，然后送机动、生产、调度、消防队和安技部门逐级审批，经补充修改使方案进一步完善。重大项目或危险性较大项目的检修方案、安全措施，由主管厂长或总工程师批准，书面公布，严格执行。

三、制定检修安全措施

除了已制定的动火、动土、罐内空间作业、登高、电气、起重等安全措施外，应针对检修作业的内容、范围，制定相应的安全措施，安全部门还应制定教育、检查、奖罚的管理办法。

四、进行技术交底，做好安全教育

检修前，安全检修方案的编制人负责向参加检修的全体人员进行检修方案技术交底，使其明确检修内容、步骤、方法、质量标准、人员分工、注意事项、存在的危险因素和由此而采取的安全技术措施等，做到分工明确、责任到人。同时还要组织检修人员到检修现场，了解和熟悉现场环境，进一步核实安全措施的可靠性。技术交底工作结束后，由检修单位的安全负责人或安全员，根据本次检修的难易程度、存在的危险因素、可能出现的问题和工作中容易疏忽的地方，结合典型事故案例，进行全面系统的安全技术和安全思想教育，以提高执行各种规章制度的自觉性和落实关于安全技术措施重要性的认识，使其从思想上、劳动组织上、规章制度上、安全技术措施上进一步落实，从而为安全检修创造必要的条件。对参加关键部位或特殊技术要求的项目检修人员，还要进行专门的安全技术教育和考核，身体检查合格后方可参加装置检修工作。

五、全面检查，消除隐患

装置停车检修前，应由检修指挥部统一组织，分组对停车前的准备工作进行一次全面细致的检查。检修工作中，使用的各种工具、器具、设备，特别是起重工具、脚手架、登高用具、通风设备、照明设备、气体防护器具和消防器材，要有专人进行准备和检查。检查人员要将检查结果认真登记，并签字存档。

任务二　装置安全停车

【案例导入】

加氢精制装置停工过程中硫化氢中毒事故

一、事故经过

2015 年 5 月 11 日，某石化公司炼油厂加氢精制联合车间对柴油加氢装置进行停工检修。14:50，停反应系统新氢压缩机，切断新氢进装置新氢罐边界阀，准备在阀后加装盲板（该阀位于管廊上，距地面 4.3m）。15:30，对新氢罐进行泄压。18:30，新氢罐压力上升，再次对新氢罐进行泄压。18:50，检修施工作业班长带领四名施工人员来到现场，检修施工作业班长和车间一名岗位人员在地面监护。19:15，作业人员在松开全部八颗螺栓后拆下上部两颗螺栓，突然有气流喷出，在下风侧的一名作业人员随即昏倒在管廊上，其他作业人员立即进行施救。一名作业人员在摘除安全带施救过程中，昏倒后从管廊缝隙中坠落。两名监护人员立刻前往车间呼救，车间一名工艺技术员和两名操作工立刻赶到现场施救，工艺技术员在施救过程中中毒从脚手架坠地，两名操作工也先后中毒。其他赶来的施救人员佩戴空气呼吸器爬上管廊将中毒人员抢救到地面，送往职工医院抢救均无效死亡。

二、事故原因

（一）直接原因

当拆开新氢罐边界阀法兰和大气相通后，与低压瓦斯放空分液罐相连的新氢罐底部排液阀门没有关严或阀门内漏，造成高含硫化氢的低压瓦斯进入新氢罐，从断开的法兰处排出，造成作业人员和施救人员中毒。

（二）间接原因

在出现新氢罐压力升高的异常情况后，没有按生产受控程序进行检查确认，就盲目安排作业；施工人员在施工作业危害辨识不够的情况下，盲目作业；施救人员在没有采取任何防范措施的情况下，盲目应急救援，造成次生人员伤害和事故后果扩大。

三、事故教训

（1）应严格按照操作规程操作，对现场发生的异常情况要高度警惕，待排查出隐患，采取相应安全措施后，方能安排下一步作业。

（2）施工单位在拆卸管道、设备附件时，必须采取有效的隔离措施，作业前认真进行作业风险识别并落实相关安全措施,对可能存在危险介质的死角、盲端的拆卸必须佩戴好相应的劳动保护用品、使用安全工具、控制施工人数并保持逃生通道畅通。

(3)必须杜绝盲目作业、盲目施救情况的发生。

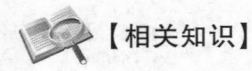

【相关知识】

知识点1:停车操作及注意事项

停车方案一经确定,应严格按照停车方案确定的停车时间、停车步骤、工艺变化幅度以及确认的停车操作程序进行有序操作。

一、主要设备停车操作

(1)制定停车和物料处理方案,并经车间主管领导批准认可,停车操作前,要向操作人员进行技术交底,告知注意事项和应采取的防范措施;

(2)停车操作时,车间技术负责人要在现场监视指挥,有条不紊,忙而不乱,严防误操作;

(3)停车过程中,对发生的异常情况和处理方法,要随时做好记录;

(4)对关键性操作,要采取监护制度。

二、停车操作注意事项

在停车操作过程中需要注意以下几点:

(1)降温降压的速度应严格按工艺规定进行。高温部位要防止设备因温度变化梯度过大使设备产生泄漏。石油化工装置,多为易燃、易爆、有毒、腐蚀性介质,这些介质漏出会造成火灾爆炸、中毒窒息、腐蚀、灼伤事故。

(2)停车阶段执行的各种操作应准确无误,关键操作采取监护制度。必要时,应重复指令内容,克服麻痹思想。执行每一种操作时都要注意观察是否符合操作意图。例如,开关阀门动作要缓慢等。

(3)装置停车时,所有的机、泵、设备、管线中的物料要处理干净,各种油品、液化石油气、有毒和腐蚀性介质严禁就地排放,以免污染环境或发生事故。可燃、有毒物料应排至火炬烧掉,对残留物料排放时,应采取相应的安全措施。停车操作期间,装置周围应杜绝一切火源。

知识点2:隔绝操作——抽堵盲板

装置停车后的安全处理主要包括以下步骤:隔绝,置换、吹扫与清洗,以及检修前生产部门与检修部门办理安全检修交接手续等。由于隔绝不可靠致使有毒、易燃易爆、有腐蚀、令人窒息和高温介质进入检修设备而造成的重大事故时有发生,因此检修设备必须进行可靠隔绝。

目前操作方便、广为采用的隔绝办法是抽堵盲板。虽然抽堵盲板对于检修是一种可靠的隔绝办法,能够保障检修人员的安全,但抽堵盲板作业属于危险作业,应落实各项安全措施。

一、盲板的选择及要求

盲板选材要适宜、平整、光滑，经检查无裂纹和孔洞，高压盲板应经探伤检测合格。盲板的材料应依据管道内的介质性质、压力、温度选用合适的材料，其直径应依据管道法兰密封面直径来制作，厚度要经强度计算，原则上盲板厚度不低于管壁厚度。通常制作或选用的盲板应有一个或两个手柄，便于辨识、抽堵。

二、抽堵盲板的安全要求

盲板抽堵作业的安全要求如下：

(1)确认系统物料排尽，压力、温度降至规定要求。

(2)绘制盲板位置图，对盲板进行编号，按图作业，盲板位置图存档备查。

(3)每个抽堵盲板处设标牌表明盲板位置。

(4)盲板抽堵作业需专人监护，作业结束前监护人不得离开作业现场。

(5)严禁在同一管道上同时进行两处及两处以上抽堵盲板作业。

(6)抽堵多个盲板时，要按盲板位置图及盲板编号，由检修负责人统一指挥作业。

(7)在易燃易爆场所作业时，作业地点 30 m 内不得有动火作业。

(8)工作照明应使用防爆灯具，所使用的工具应为防爆工具，禁止用铁器敲打管线、法兰等。

(9)在有毒气体的管道、设备上抽堵盲板时，非刺激性气体的压力应小于 27kPa (200mmHg)，刺激性气体的压力应小于 7kPa(50mm Hg)，气体温度应小于 60℃。

(10)作业复杂、危险性大的场所，除监护人外，还需消防队、医务人员等到场。

(11)操作人员在抽堵盲板连续作业中，时间不宜过长，应轮流休息。

三、盲板抽堵作业票

根据《化学品生产单位盲板抽堵作业安全规范》(AQ 3027—2008)的要求，在盲板抽堵作业前，必须办理盲板抽堵安全作业证，没有盲板抽堵安全作业证不能进行盲板抽堵作业。盲板抽堵作业票的格式见表 7－1。

表 7－1　盲板抽堵作业票

作业内容、地点										
设备管线名称	介质	温度	压力	盲板			时间		负责人	
				材质	规格	编号	装	拆	装	拆
盲板位置图：										
安全措施： 车间负责人：										
施工(检修)单位意见： 施工(检修)单位负责人：										
车间主任意见：						厂长意见：				
安全消防处审核意见：						副总审批意见：				

知识点3:置换、吹扫与清洗

石油化工设备、管线的置换、吹扫、清洗作业的好坏,是关系到检修工作能否顺利进行和人身、设备安全的重要条件之一。

一、置换作业

为保证检修动火和进入设备内作业安全,在检修范围内的所有设备和管线中的易燃易爆、有毒有害气体应进行置换。置换操作时,通常采用水蒸气、氮气等作为置换介质,将易燃易爆、有毒有害气体排出,以防止检修人员发生窒息事故。

置换作业的安全注意事项如下:

(1)被置换的设备、管道等必须与系统进行可靠隔绝。

(2)置换前应制订置换方案,编制置换程序,根据置换和被置换介质密度不同,合理选择置换介质入口、被置换介质取样点和排出口 ,防止出现盲区。

(3)用惰性气体作为置换介质时,必须保证惰性气体用量。置换是否彻底,不能只根据置换时间长短或置换介质的用量进行判断,而应以取样分析是否合格为判断依据。

(4)按照置换程序规定的取样点取样、分析,并应达到合格。

这里还需要注意的是:

(1)对于存放酸碱介质的设备、管线,应先予以中和或加水冲洗。如硫酸储罐(铁质)用水冲洗,残留的浓硫酸变成强腐蚀性的稀硫酸,与铁作用,生成氢气与硫酸亚铁,氢气与明火会发生着火爆炸。所以硫酸储罐用水冲洗以后,还应用氮气吹扫,氮气保留在设备内,对着火爆炸起抑制作用。如果进罐作业,则必须再用空气置换。

(2)对于丁二烯生产系统,停车后不宜用氮气吹扫,因氮气中有氧的成分,容易生成丁二烯自聚物。丁二烯自聚物很不稳定,遇明火和氧、受热、受撞击可迅速自行分解爆炸。检修这类设备前,必须认真确认是否有丁二烯过氧化自聚物存在,要采取特殊措施破坏丁二烯过氧化自聚物。目前多采用氢氧化钠水溶液处理法直接破坏丁二烯过氧化自聚物。

二、吹扫作业

对设备和管道内没有排净的易燃、有毒液体,一般采取水蒸气或惰性气体进行吹扫的方法清除。

吹扫作业安全注意事项如下:

(1)吹扫时要注意选择吹扫介质。炼油装置的瓦斯线、高温管线以及闪点低于130℃的油管线和装置内物料爆炸下限低的设备、管线,不得用压缩空气吹扫。空气容易与这类物料混合达到爆炸性混合物,吹扫过程中易产生静电火花或其他明火,发生着火爆炸事故。

(2)吹扫时阀门开度应小(一般为2扣)。稍停片刻,使吹扫介质少量通过,注意观察畅通情况。采用蒸汽作为吹扫介质时,有时需用胶皮软管,胶皮软管要绑牢,同时要检查胶皮软管承受压力情况,禁止这类临时性吹扫作业使用的胶管用于中压蒸汽。

(3)设有流量计的管线,为防止吹扫蒸汽流速过大及管内带有铁渣、锈、垢,损坏计量仪表内部构件,一般经由副线吹扫。

(4)机泵出口管线上的压力表阀门要全部关闭,防止吹扫时发生水击把压力表震坏。压缩机系统倒空置换原则,以低压到中压再到高压的次序进行,先倒净一段,如未达到目的而压力不足时,可由二、三段补压倒空,然后依次倒空,最后将高压气体排入火炬。

(5)管壳式换热器、冷凝器在用蒸汽吹扫时,必须分段处理,并要放空泄压,防止液体汽化,造成设备超压损坏。

(6)吹扫时,要按系统逐次进行,再把所有管线(包括支路)都吹扫到,不能留有死角,吹扫完应先关闭吹扫管线阀门,后停汽,防止被吹扫介质倒流。

(7)精馏塔系统倒空吹扫,应先从塔顶回流罐、回流泵倒液、关阀,然后倒塔釜、再沸器、中间再沸器液体,保持塔压一段时间,待盘板积存的液体全部流净后,由塔釜再次倒空放压。塔、容器及冷换设备吹扫之后,还要通过蒸汽在最低点排空,直到蒸汽中不带油为止,最后停汽,打开低点放空阀排空,要保证设备打开后无油、无瓦斯,确保检修动火安全。

(8)对低温生产装置,考虑到复工开车系统内对露点指标控制很严格,所以不采用蒸汽吹扫,而要用氮气分片集中吹扫,最好用干燥后的氮气进行吹扫置换。

(9)吹扫采用本装置自产蒸汽,应首先检查蒸汽中是否带油。装置内油、汽、水等有互窜的可能,一旦发现互窜,蒸汽就不能用来灭火或吹扫。

三、清洗作业

对置换和吹扫都无法清除的黏结在设备内壁的易燃、有毒物质的沉积物及结垢等,还必须采用清洗的办法进行处理,避免因动火时沉积物或结垢遇高温迅速分解或挥发,使空气中可燃物质或有毒有害物质浓度增大而发生燃烧、火灾、爆炸或中毒事故。

清洗一般有蒸煮法和化学清洗法两种。

(一)蒸煮法

一般较大的设备和容器在清除物料后,都应用蒸汽、高压热水喷扫或用氢氧化钠通入蒸汽煮沸。蒸汽应采用低压饱和蒸汽,被喷吹的设备应有静电接地,防止产生静电火花引起火灾、爆炸事故,防止烫伤及碱液灼伤检修人员。

一般说来,较大的设备和容器在物料退出后,都应进行蒸煮水洗,如炼化厂塔、容器、油品储罐等。乙烯装置、分离热区脱丙烷塔、脱丁烷塔,由于物料中含有较高的双烯烃、炔烃,塔釜、再沸器提馏段物料极易聚合,并且有重烃类难挥发油,最好也采用蒸煮方法。处理时间视设备容积的大小、附着易燃或有毒介质残渣或油垢多少、清除难易、通风换气快慢而定,通常为8 ~24h。

(二)化学清洗法

化学清洗法一般采用碱洗法、酸洗法和碱洗与酸洗交替使用等方法。酸洗法和碱洗与酸洗交替使用法适于单纯对设备内氧化铁沉积物的清洗,如果设备内有油垢,应先用碱洗法去油垢,然后用清水洗涤,接着进行酸洗,氧化铁即可溶解。采用化学清洗后的废液应予以处理,符合排放标准后方可排放。

对某些设备内的沉积物,也可用人工铲刮的方法予以清除。进行此项作业时,应符合进行设备作业安全规定。特别应注意的是,对于可燃物的沉积物的铲刮应使用铜质、木质等不产生火花的工具,并对铲刮下来的沉积物妥善处理。

四、其他要求

(1)清理检修现场和通道,设立相应的安全标志。

(2)切断待检设备的电源,经启动复查确认无电后,在电源开关处悬挂“有人作业,禁止启动”的安全标志。

(3)及时与公用工程系统(风、水、电、气)联系并妥善处置。

(4)检修前生产部门与检修部门必须办理安全检修交接手续。

知识点4:装置环境安全标准

通过各种处理工作,生产车间在设备交付检修前,必须对装置环境进行分析,达到下列标准:

(1)在设备内检修、动火时,氧含量应为19%～21%,燃烧爆炸物质浓度应低于安全值,有毒物质浓度应低于最高容许浓度。

(2)设备外壁检修、动火时,设备内部的可燃气体含量应低于安全值。

(3)检修场地水井、沟,应清理干净,加盖砂封,设备管道内无余压、无灼烫物、无沉淀物。

(4)设备、管道物料排空后,加水冲洗,再用氮气、空气置换至设备内可燃物含量合格,氧含量在19%～21%。

【相关技能】

技能点1:盲板抽堵作业

一、盲板抽堵作业的定义

在设备抢修或检修过程中,设备、管道内存有物料(气、液、固态)及一定温度、压力情况时的盲板抽堵,或设备、管道内物料经吹扫、置换、清洗后的盲板抽堵,如图7－1所示。

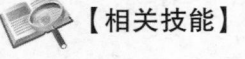

视频7-1　盲板抽堵作业

图7－1　盲板抽堵作业

二、准备工作

(1)劳保着装符合要求;

(2)组织得当,分工明确,办理各项安全作业票证;

(3)监护人按照安全作业票证要求对检维修工的安全进行监护;

(4)明确技术人员提供的相应技术交底。

三、工具准备

(1)一般普通作业:普通扳手、大锤、撬棍、相应的盲板及垫片。

(2)含有易燃易爆、有毒有害介质的作业:防爆扳手、防爆大锤、防爆撬棍或普通扳手、大锤、撬棍上涂润滑脂,根据不同介质的性质配备不同材质的盲板和垫片、防护手套、防护面罩或防化服、长管式防毒面具,密闭空间作业时应配备安全绳。

四、作业内容(流程)

(1)由作业负责人联系办理好相关安全作业票证,并根据作业现场环境对作业过程进行风险辨识;

(2)根据不同的作业性质做好个人防护和使用相应的作业工具;

(3)确认泄压后缓慢拆松螺栓,不要全部松掉,至少留均匀的 4 颗对角不拆;

(4)缓慢的松开最后 4 颗螺栓,螺栓不要一次性拆掉,待最后全部松完后用撬棍撬开法兰;

(5)待无介质后全部松掉螺栓,并拆下插盲板方向的大部分螺栓;

(6)清理法兰密封面,缓慢的插入盲板,盲板两边分别放好垫片,注意要确保与系统相连的一方垫片要放好;

(7)盲板和垫片装好后穿好螺栓;

(8)用扳手拧紧螺栓,第一颗不要拧得过紧,再拧紧对角的螺栓,两颗对角螺栓拧紧后再错开 90 度拧紧另外两颗对角螺栓;

(9)待 4 颗对角螺栓紧固好后依次对角的拧紧螺栓;

(10)第一遍紧固完后依照原来的顺序再紧固一至两遍;

(11)确认所有螺栓全部拧紧后联系操作人员试压试漏。

五、作业安全要求

(一)盲板要求

盲板及垫片应符合以下要求:

(1)盲板应按管道内介质的性质、压力、温度选用适合的材料。高压盲板应按设计规范设计、制造并经超声波探伤合格。

(2)盲板的直径应依据管道法兰密封面直径制作,厚度应经强度计算。

(3)一般盲板应有一个或两个手柄,便于辨识、抽堵,8 字盲板可不设手柄。

(4)应按管道内介质性质、压力、温度选用合适的材料做盲板垫片。

(二)盲板抽堵作业安全要求

(1)盲板抽堵作业实施作业证管理,作业前应办理盲板抽堵安全作业证(以下简称作业证)。

(2)盲板抽堵作业人员应经过安全教育和专门的安全培训,并经考核合格。

(3)生产车间(分厂)应预先绘制盲板位置图,对盲板进行统一编号,并设专人负责。盲板抽堵作业单位应按图作业。

(4)作业人员应对现场作业环境进行有害因素辨识并制定相应的安全措施。

(5)盲板抽堵作业应设专人监护,监护人不得离开作业现场。

(6)在作业复杂、危险性大的场所进行盲板抽堵作业,应制定应急预案。

(7)在有毒介质的管道、设备上进行盲板抽堵作业时,系统压力应降到尽可能低的程度,作业人员应穿戴适合的防护用具。

(8)在易燃易爆场所进行盲板抽堵作业时,作业人员应穿防静电工作服、工作鞋;距作业地点30m内不得有动火作业;工作照明应使用防爆灯具;作业时应使用防爆工具,禁止用铁器敲打管线、法兰等。

(9)在强腐蚀性介质的管道、设备上进行抽堵盲板作业时,作业人员应采取防止酸碱灼伤的措施。

(10)在介质温度较高、可能对作业人员造成烫伤的情况下,作业人员应采取防烫措施。

(11)高处盲板抽堵作业应按《化学品生产单位高处作业安全规范》的规定进行。

(12)不得在同一管道上同时进行两处及两处以上的盲板抽堵作业。

(13)抽堵盲板时,应按盲板位置图及盲板编号,由生产车间(分厂)设专人统一指挥作业,逐一确认并做好记录。

(14)每个盲板应设标牌进行标识,标牌编号应与盲板位置图上的盲板编号一致。

(15)作业结束,由盲板抽堵作业单位、生产车间(分厂)专人共同确认。

六、盲板抽堵作业风险分析及控制措施

盲板抽堵作业风险分析及控制措施见表7-2。

表7-2 盲板抽堵作业风险分析及控制措施

序号	风险分析	控制措施
1	盲板有缺陷	盲板材质要适宜,厚度应经强度计算,高压盲板应经探伤合格,盲板应有一个或两个手柄,便于辨识、抽堵,应选用与之相配的垫片
2	危险有害物质(能量)突出	(1)在拆装盲板前,应将管道压力泄至常压或微正压; (2)严禁在同一管道上同时进行两处及两处以上抽堵盲板作业; (3)气体温度应小于60℃; (4)作业人员严禁正对危险有害物质(能量)可能突出的方向,作好个人防护
3	明火及其他火源	(1)在易燃易爆场所作业时,作业地点30m内不得有动火作业; (2)工作照明使用防爆灯具; (3)使用防爆工具,禁止用铁器敲打管线、法兰等
4	操作失误	(1)抽堵多个盲板时,应按盲板位置图及盲板编号,由作业负责人统一指挥; (2)每个抽堵盲板处应设标牌表明盲板位置
5	通风不良	(1)将门窗打开,加强自然通风; (2)采用局部强制通风

续表

序号	风险分析	控制措施
6	监护不当	(1)作业时应有专人监护,作业结束前监护人不得离开作业现场; (2)监护人应熟悉现场环境和检查确认安全措施落实到位,具备相关安全知识和应急技能,与岗位保持联系,随时掌握工况变化
7	应急不足	作业复杂、危险性大的场所,除监护人外,其他相关部门人员应到现场,作好应急准备
8	涉及危险作业组合,未落实相应安全措施	若涉及动火、受限空间、高处等危险作业时,应同时办理相关作业许可证
9	作业条件发生重大变化	作业条件发生重大变化,应重新办理抽堵盲板作业证

七、验收

由设备管理人员、工艺技术员进行验收,合格后在作业票证上签字后投入使用。

技能点2:阀门的更换

(1)劳保穿戴符合规定:安全帽、劳保服、手套。

(2)手持作业票,确认现场环境相符。

(3)确认需要更换阀门的位置,检查流程是否正确,确认相关联阀门关闭,确认管线已泄压彻底、置换干净,确认放空阀全开。

注意:①进行泄压操作,观察压力指示,确认压力显示回零;如果压力未泄除,停止检修作业,向项目负责人汇报,查明原因,进行处理,处理正常后,再次确认。在整个阀门检修过程中,放空阀应保持全开状态。②如阀门使用介质为易燃、易爆介质,管线应进行置换吹扫。③如果介质为易燃、易爆物质,建议使用防静电胶皮管。④作业时,严禁带压操作。

(4)根据阀门型号、螺栓规格、介质,选取合适的防爆工具、垫片。

(5)根据现场确认结果,选取合适的阀门。

(6)拆卸法兰,对称松开法兰上的螺栓,根据阀门螺栓数量,对称预留2~4个。确定无介质,再拆除剩余螺栓。注意:作业人员不能正对法兰面。用撬杠轻轻撬开法兰面。

(7)取出垫片,挪出旧阀门,清理两边管线法兰面,检查法兰面有无损伤,确认是否更换。

(8)更换阀门,放入新阀门。注意:如果是截止阀或单向阀等有方向要求的阀门,须按阀体上标示方向安装。更换垫片,对称穿上螺栓,对称上紧螺栓。再将螺栓均匀预紧一遍。注意:工作温度高于250℃的螺栓及垫片,应涂抹防咬合剂。

视频7-2　阀门识别

视频7-3　安全阀的拆装步骤

（9）清理现场卫生，联系负责人，现场确认，销除作业票。

技能点3：阀门填料的更换检修

（1）劳保穿戴符合规定：安全帽、劳保服、手套。

（2）确认所需检修的阀门。

（3）选取合适的防爆工具：活动扳手、梅花扳手、填料钩、卡尺。

（4）将阀门开启4～5扣。

（5）将填料压盖螺母对称卸松并拆除。

（6）用填料钩将旧填料一圈一圈钩出：检查填料函底部有无填料底套。

（7）检查阀门丝杠的光洁度和弯曲度是否符合要求，确认阀门丝杠光杆处应粗细均匀，否则联系作业人员进行现场处理。若不符合要求，原则上应更换阀门。

（8）用外卡钳测量填料压盖外径、填料外径、丝杠外径、填料内径，领取石墨填料。

（9）更换填料，有切口的填料要一圈一圈地压入，每圈接缝错开180°，每两圈接缝错开90°。无切口时，用砂轮机将钢锯条两面打成刀刃型，切割填料口成45°，填料压到快满时，用压盖压紧。根据空间再添加填料。

（10）放入压盖，对称上紧压盖螺栓。

（11）转动手轮，检查丝杠是否灵活。

（12）清理现场卫生。

技能点4：法兰垫片的更换步骤

（1）劳保穿戴符合规定。

（2）手持作业票，确认现场环境相符。

（3）确认更换垫片的位置，流程正确。确认相关联阀门关闭，放空阀打开，管线已泄压。观察压力指示，确认压力显示回零。注意：①如果压力未泄除，停止检修作业，向项目负责人汇报，查明原因，进行处理，处理正常后，再次确认。在整个阀门检修过程中，放空阀应保持全开状态。②如阀门使用介质为易燃、易爆介质，管线应进行置换吹扫。③如果介质为易燃、易爆的轻烃类介质，建议使用防静电胶皮管。④作业时要做好防护措施，防止带压操作以及其他安全人身中毒事故发生。

（4）选取合适的防爆工具、垫片。

（5）拆卸法兰，对称松开法兰上的螺栓，并对称预留两个。用撬杠轻轻撬开法兰面，确认无介质，注意作业人员不能正对法兰面。

视频7-4　阀门填料的更换检修步骤

视频7-5　法兰垫片的更换

(6)取出垫片,清理法兰面,检查法兰面和垫片有无损伤,确认是否更换。

(7)更换垫片,放入垫片,对称上紧螺栓,在将螺栓均匀预紧一遍。

(8)清理现场卫生,联系负责人,现场确认,销除作业票。

任务三　检修作业风险控制

【案例导入】

加氢反应器检修人员窒息伤亡事故

一、事故经过

某炼油厂加氢装置检修收尾,施工人员在反应器内回装分布板。生产人员发现反应器入口管道有积碳和尘埃,需要用气体吹扫。安排保运人员拆除界区氮气管道的盲板,带领操作员打通流程进行吹扫作业。氮气通过未关严的冷氢阀门窜入反应器内,造成施工人员一死一伤。

二、事故原因

众所周知,检修期间是以整个装置作为隔断目标,在界区加盲板。在装置检修结束验收合格后,才能拆除盲板。如工艺确实需要,引进氮气或者瓦斯等有毒有害物质,必须对作业区间进行局部隔断。此案例是典型的责任事故,在既没有经过安全评估,也没有编制作业方案的情况下,仓促随意的实施氮气吹扫作业,酿成人员窒息伤亡事故。

三、事故教训

装置检修期间施工作业多、人员多,在受限空间作业尽量选择局部盲板隔断,盲板要设专人管理,盲板的加装和拆除要做好风险分析,盲板及垫片的选择要满足压力口径要求。

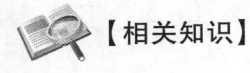

【相关知识】

知识点1:检修作业

一、检修作业许可证制度

石油化工生产装置停车检修,尽管经过全面吹扫、蒸煮水洗、置换、抽堵盲板等工作。但检修前仍需对装置系统内部进行取样分析、测爆,进一步核实空气中可燃或有毒物质是否符合安全标准,认真执行安全检修票证制度。

(1)生产装置检修实行作业许可制度,检修项目按其工作任务大小、危险和复杂程度分为大修、中修和小修。大修是情况复杂危险性较大的检修项目,《装置检修作业许可证》须经厂

（公司）安全管理部门审查批准；一般性中修和小修项目，《装置检修作业许可证》须经检修装置所在单位负责人审查批准。

（2）检修项目负责单位提出检修施工安全技术措施，并填写《装置检修作业许可证》相关栏目。

（3）《装置检修作业许可证》中安全技术措施必须认真制定填写，在作业中严格执行，不得任意改变。检修过程中发现执行的措施有问题，必须经原批准人确定方可改变。

（4）检修作业的负责人，作业前必须全面检查《装置检修作业许可证》的安全技术措施的完成情况，得到完全确认方可改变。

（5）《装置检修作业许可证》是装置检修作业的依据，不得涂改、代签，应妥善保存。《装置检修作业许可证》保存期限为一年。

二、检修作业安全要求

为保证检修安全工作顺利进行，应做好以下几个方面的工作：

（1）开好检修班前会，向参加检修的人员进行“五交”，即交施工任务、交安全措施、交安全检修方法、交安全注意事项、交遵守有关安全规定，认真检查施工现场，落实安全技术措施。

（2）所有检修人员进入施工现场，必须按规定穿戴好工作服、安全帽等个人防护用品，在施工中必须严格遵守检修规程和安全技术规程。

（3）凡进入有毒、有害部位作业，必须选佩适用的防毒面具、氧气呼吸器、空气呼吸器等特殊防护用品，以防中毒、窒息。

（4）检修作业中必须严格遵守公司各项安全生产规章制度，严格执行动火作业许可制度、进入有限空间作业许可制度等相关危险作业许可制度。

（5）特种作业人员必须持政府主管部门颁发的有效操作证上岗作业。

（6）在进行立体交叉作业的检修现场，参加检修施工的单位必须有具体的安全保障措施和方案。

（7）检修期间，要加强保卫工作，24 小时派专人值班巡逻检查，控制无关人员随便出入。

（8）在检修期间要保证厂区消防通道畅通无阻，消防水压充足，各种消防器材完备好用。

（9）严格贯彻谁主管谁负责的检修原则和安全监察制度。

知识点 2：特种作业与特殊作业

一、特种作业

根据国家安全生产监督管理局与国家煤矿安全监察局《关于特种作业人员安全技术培训考核工作的意见》（安监管人字〔2002〕124 号），文件第二条规定：特种作业是指容易发生人员伤亡事故，对操作者本人、他人及周围设施的安全（包括国家财产损失）可能造成重大危害的作业。直接从事特种作业的人员称为特种作业人员。

《中华人民共和国安全生产法》第二十七条规定：生产经营单位的特种作业人员必须按照国家有关规定经专门的安全作业培训，取得相应资格，方可上岗作业。因为特种作业有着不同的危险因素，容易损害操作人员的安全和健康，因此对特种作业需要有必要的安全保护措施，包括技术措施、保健措施和组织措施。

特种作业包括：（1）电工作业；（2）焊接与热切割作业；（3）高处作业；（4）制冷与空调作

业；(5)煤矿安全作业；(6)金属非金属矿山安全作业；(7)石油天然气安全作业；(8)冶金(有色)生产安全作业；(9)危险化学品安全作业；(10)烟花爆竹安全作业；(11)工地升降货梯升降作业；(12)安全监管总局认定的其他作业。

二、特殊作业

根据《化学品生产单位特殊作业安全规范》(GB 30871—2014)，特殊作业是指化学品生产单位设备检修过程中可能涉及的动火、进入受限空间、抽堵盲板、高处作业、吊装、临时用电、动土、断路等对操作者本人、他人及周围建(构)筑物、设备、设施的安全可能造成危害的作业。

特殊作业包括：(1)动火作业；(2)受限空间作业；(3)盲板抽堵作业；(4)高处作业；(5)吊装作业；(6)临时用电作业；(7)动土作业；(8)断路作业。

知识点3：动火作业

石油化工行业检修过程中免不了要进行动火作业，动火作业过程中，如防范措施不到位，就容易发生火灾、爆炸、中毒等事故。

一、动火作业的定义

如图7－1所示，在禁火区进行焊接与切割作业及在易燃易爆场所使用喷灯、电钻、砂轮等进行可能产生火焰、火花和赤热表面的临时性作业称为动火作业。

图7－1　动火作业

二、动火作业分级

固定动火区外的动火作业一般分为一级动火作业、二级动火作业、特殊动火作业三个级别，遇节假日或其他特殊情况，动火作业应升级管理。

一级动火作业是指在易燃易爆场所进行的除特殊动火作业以外的动火作业。厂区管廊上的动火作业按一级动火作业管理。

二级动火作业是指除特殊动火作业和一级动火作业以外的动火作业。凡生产装置或系统全部停车，装置经清洗、置换、取样分析合格并采取安全隔离措施后，可根据其火灾、爆炸危险性大小，经厂安全管理部门批准，动火作业可按二级动火作业管理。

特殊动火作业是指在生产运行状态下的易燃易爆生产装置、输送管道、储罐、容器等部位上及其他特殊危险场所进行的动火作业。带压不置换动火作业按特殊动火作业管理。

三、动火作业安全要求

(一)一级、二级动火作业安全要求

(1)动火作业必须办理动火安全作业证。

(2)动火作业应有专人监火,作业前应清除动火现场及周围的易燃物品,或采取其他有效安全防火措施,并配备消防器材,满足作业现场应急需求。

(3)动火点周围或其下方的地面如有可燃物、空洞、窨井、地沟、水封等,应检查分析并采取清理或封盖等措施;对于动火点周围有可能泄漏易燃、可燃物料的设备,应采取有效的隔离措施。

(4)凡在盛有或盛装过危险化学品的设备、管道等生产、储存设施及处于 GB 50016—2014、GB 50160—2008、GB 50074—2014 规定的甲、乙类区域的生产设备上动火作业,应将其与生产系统彻底隔离,并进行清洗、置换,取样分析合格后方可作业;因条件限制无法进行清洗、置换而确需动火作业时按特殊动火作业规定执行。

(5)拆除管线进行动火作业时,应先查明其内部介质及其走向,并根据所要拆除管线的情况制定安全防火措施。

(6)在有可燃物构件和使用可燃物做防腐内衬的设备内部进行动火作业时,应采取防火隔绝措施。

(7)在生产、使用、储存氧气的设备上进行动火作业时,设备内氧含量不应超过23.5%。

(8)动火期间距动火点30m 内不应排放可燃气体;距动火点15m 内不应排放可燃液体;在动火点10m 范围内及用火点下方不应同时进行可燃溶剂清洗或喷漆等作业。

(9)铁路沿线25m 以内的动火作业,如遇装有危险化学品的火车通过或停留时,应立即停止。

(10)使用气焊、气割动火作业时,乙炔瓶应直立放置,氧气瓶与之间距不应小于5m,二者与作业地点间距不应小于10m,并应设置防晒设施。

(11)作业完毕应清理现场,确认无残留火种后方可离开。

(12)五级风以上(含五级)天气,原则上禁止露天动火作业。因生产确需动火,动火作业应升级管理。

(二)特殊动火作业安全要求

特殊动火作业在符合一级、二级动火作业基本要求的同时,还应符合以下规定:

(1)在生产不稳定的情况下不应进行带压不置换动火作业;

(2)应预先制定作业方案,落实安全防火措施,必要时可请专职消防队到现场监护;

(3)动火点所在的生产车间(分厂)应预先通知工厂生产调度部门及有关单位,使之在异常情况下能及时采取相应的应急措施;

(4)应在正压条件下进行作业;

(5)应保持作业现场通排风良好。

3.动火分析及合格标准

(一)动火分析

动火作业前应进行动火分析,要求如下:

(1)动火分析的监测点要有代表性,在较大的设备内动火,应对上、中、下各部位进行检测分析;在较长的物料管线上动火,应在彻底隔绝区域内分段取样。

(2)在设备外部动火,应在不小于动火点10m 范围内进行动火分析。

(3)动火分析与动火作业间隔不应超过30min,如现场条件不允许,间隔时间可适当放宽,但不应超过60min。

（4）作业中断时间超过60min，应重新分析，每日动火前均应进行动火分析；特殊动火作业期间应随时进行监测。

（5）使用便携式可燃气体检测仪或其他类似手段进行分析时，检测设备应经标准气体样品标定合格。

（二）动火分析合格标准

动火分析合格标准为：

（1）当被测气体或蒸气的爆炸下限大于等于4%时，其被测浓度应不大于0.5%（体积分数）；

（2）当被测气体或蒸气的爆炸下限小于4%时，其被测浓度应不大于0.2%（体积分数）。

四、动火作业风险分析及控制措施

动火作业风险分析及控制措施见表7－2。

表7－2 动火作业风险分析及控制措施

序号	风险分析	控制措施
1	易燃易爆有害物质	（1）将动火设备、管道内的物料清洗、置换，经分析合格。 （2）储罐动火，清除易燃物，罐内盛满清水或惰性气体保护。 （3）设备内通氮气、水蒸气保护。 （4）塔内动火，将石棉布浸湿，铺在相邻两层塔盘上进行隔离。 （5）进入受限空间动火，必须办理《受限空间作业证》
2	火星窜入其他设备或易燃物侵入动火设备	切断与动火设备相连通的设备管道并加盲板可靠隔断，挂牌，并办理《抽堵盲板作业证》
3	动火点周围有易燃物	（1）清除动火点周围易燃物，动火附近的下水井、地漏、地沟、电缆沟等清除易燃后予封闭。 （2）电缆沟动火，清除沟内易燃气体、液体，必要时将沟两端隔绝
4	泄漏电流（感应电）危害	电焊回路线应搭接在焊件上，不得与其他设备搭接，禁止穿越下水道（井）
5	火星飞溅	（1）高处动火办理《高处作业证》，并采取措施，防止火花飞溅。 （2）注意火星飞溅方向，用水冲淋火星落点
6	气瓶间距不足或放置不当	（1）氧气瓶、溶解乙炔气瓶间距不小于5m，二者与动火地点之间均不小于10m。 （2）气瓶不准在烈日下曝晒，溶解乙炔气瓶禁止卧放
7	电、气焊工具有缺陷	动火作业前，应检查电、气焊工具，保证安全可靠，不准带病使用
8	作业过程中，易燃物外泄	动火过程中，遇有跑料、串料和易燃气体，应立即停止动火
9	通风不良	（1）室内动火，应将门窗打开，周围设备应遮盖，密封下水漏斗，清除油污，附近不得有用溶剂等易燃物质的清洗作业。 （2）采用局部强制通风
10	未定时监测	（1）取样与动火间隔不得超过30min，如超过此间隔或动火作业中断时间超过30min，必须重新取样分析。 （2）采样点应有代表性，特殊动火的分析样品应保留至动火结束。 （3）动火过程中，中断动火时，现场不得留有余火，重新动火前应认真检查现场条件是否有变化，如有变化，不得动火
11	监护不当	（1）监火人应熟悉现场环境和检查确认安全措施落实到位，具备相关安全知识和应急技能，与岗位保持联系，随时掌握工况变化，并坚守现场。 （2）监火人随时扑灭飞溅的火花，发现异常立即通知动火人停止作业，联系有关人员采取措施
12	应急设施不足或措施不当	（1）动火现场备有灭火工具（如蒸汽管、水管、灭火器、沙子、铁锹等）。 （2）固定泡沫灭火系统进行预启动状态
13	涉及危险作业组合，未落实相应安全措施	若涉及下釜、高处、抽堵盲板、管道设备检修作业等危险作业时，应同时办理相关作业许可证
14	施工条件发生重大变化	若施工条件发生重大变化，应重新办理《二级动火作业证》

★**动火作业六大禁令**

动火证未经批准，禁止动火；不与生产系统可靠隔绝，禁止动火；
不清洗或置换不合格，禁止动火；不消除周围易燃物，禁止动火；
不按时作动火分析，禁止动火；没有消防措施，禁止动火

知识点4:受限空间作业

一、受限空间作业的定义

所谓受限空间作业是指进入或探入生产单位的各种设备内部（塔、釜、槽、罐、炉膛、锅筒、管道、容器等）和下水道、沟、坑、井、池、涵洞、阀门间、污水处理设施等封闭、半封闭的设施及场所进行的作业。受限空间作业举例如图7－2所示。

图7－2　受限空间作业

二、受限空间作业安全要求

（1）作业前，应对受限空间进行安全隔绝，具体要求如下：

①与受限空间连通的可能危及安全作业的管道应采用插入盲板或拆除一段管道进行隔绝；

②与受限空间连通的可能危及安全作业的孔、洞应进行严密地封堵；

③受限空间内的用电设备应停止运行并有效切断电源，在电源开关处上锁并加挂警示牌。

（2）作业前，应根据受限空间盛装（过）的物料特性，对受限空间进行清洗或置换，并达到如下要求：

①氧含量一般为18%～21%，在富氧环境下不应大于23.5%；

②有毒气体（物质）浓度应符合规定；

③可燃气体浓度符合相关要求。

（3）应保持受限空间空气流通良好，可采取如下措施：

①打开人孔、手孔、料孔、风门、烟门等与大气相通的设施进行自然通风；

②必要时，应采用风机强制通风或管道送风，管道送风前应对管道内介质和风源进行分析确认。

(4)应对受限空间内的气体浓度进行严格监测，监测要求如下：

①作业前 30 min 内，应对受限空间进行气体采样分析，分析合格后方可进入，如现场条件不允许，时间可适当放宽，但不应超过60min；

②监测点应有代表性，容积较大的受限空间，应对上、中、下各部位进行监测分析；

③分析仪器应在校验有效期内，使用前应保证其处于正常工作状态；

④监测人员深入或探入受限空间监测时应采取规定的个体防护措施；

⑤作业中应定时监测，至少每 2h 监测一次，如监测分析结果有明显变化，应立即停止作业，撤离人员，对现场进行处理，分析合格后方可恢复作业；

⑥对可能释放有害物质的受限空间，应连续监测，情况异常时应立即停止作业，撤离人员，对现场进行处理，并取样分析合格后方可恢复作业；

⑦涂刷具有挥发性溶剂的涂料时，应做连续分析，并采取强制通风措施；

⑧作业中断时间超过60min 时，应重新进行取样分析。

(5)进入下列受限空间作业应采取如下防护措施：

①缺氧或有毒的受限空间经清洗或置换达不到要求的，应佩戴隔绝式呼吸器，必要时应拴带救生绳；

②易燃易爆的受限空间经清洗或置换达不到要求的，应穿防静电工作服及防静电工作鞋，使用防爆型低压灯具及防爆工具；

③酸碱等腐蚀性介质的受限空间，应穿戴防酸碱防护服、防护鞋、防护手套等防腐蚀护品；

④有噪声产生的受限空间，应佩戴耳塞或耳罩等防噪声护具；

⑤有粉尘产生的受限空间，应佩戴防尘口罩、眼罩等防尘护具。

⑥高温的受限空间，进入时应穿戴高温防护用品，必要时采取通风、隔热、佩戴通信设备等防护措施；

⑦低温的受限空间，进入时应穿戴低温防护用品，必要时采取供暖、佩戴通信设备等措施。

(6)照明及用电安全要求如下：

①受限空间照明电压应小于等于 36V，在潮湿容器、狭小容器内作业电压应小于等于12V；

②在潮湿容器中，作业人员应站在绝缘板上，同时保证金属容器接地可靠。

(7)作业监护要求如下：

①在受限空间外应设有专人监护，作业期间监护人员不应离开；

②在风险较大的受限空间作业，应增设监护人员，并随时与受限空间内作业人员保持联络。

(8)应满足的其他要求如下：

①受限空间外应设置安全警示标志，备有空气呼吸器(氧气呼吸器)、消防器材和清水等相应的应急用品。

②受限空间出入口应保持畅通。

③作业前后应清点作业人员和作业工器具。

④作业人员不应携带与作业无关的物品进入受限空间；作业中不应抛掷材料、工器具等物品；在有毒、缺氧环境下不应摘下防护面具；不应向受限空间充氧气或富氧空气；离开受限空间时应将气割(焊)工器具带出。

⑤难度大、劳动强度大、时间长的受限空间作业应采取轮换作业方式。

⑥作业结束后，受限空间所在单位和作业单位共同检查受限空间内外，确认无问题后方可封闭受限空间。

⑦最长作业时限不应超过24h，特殊情况超过时限的应办理作业延期手续。

三、受限空间作业风险分析及控制措施

受限空间作业风险分析及控制措施见表7－3。

表7－3 受限空间作业风险分析及控制措施

序号	风险分析	控制措施
1	隔绝不可靠	(1)与该设备连接的物料、蒸汽、氮气管线使用盲板隔断，并办理《抽堵盲板作业证》。 (2)拆除相关管线
2	机械伤害	办理设备停电手续，切断设备动力电源，挂“禁止合闸”警示牌，专人监护
3	置换不合格	置换完毕后，取样分析至合格
4	氧气不足	设备内氧含量达18%～21%
5	通风不良	(1)打开设备通风孔进行自然通风。 (2)采用强制通风。 (3)佩戴空气呼吸器或长管面具。 (4)采用管道空气送风，通风前必须对管道内介质和风源进行分析确认，严禁通入氧气补氧。 (5)设备内温度需适宜人员作业
6	未定时监测	(1)作业前30min内，必须对设备内气体采样分析，合格后方可进入设备。 (2)采样点应有代表性。 (3)作业中应加强定时监测，情况异常立即停止作业
7	触电危害	(1)设备内照明电压应小于等于36V，在潮湿容器、狭小容器内作业应小于等于12V。 (2)使用超过安全电压的手持电动工具，必须按规定配备漏电保护器
8	防护措施不当	(1)在有缺氧、有毒环境中，佩戴隔离式防毒面具。 (2)在易燃易爆环境中，使用防爆型低压灯具及不发生火花的工具，不准穿戴化纤织物。 (3)在酸碱等腐蚀性环境中，穿戴好防腐蚀护具：扒渣服、耐酸靴、耐酸手套、护目镜
9	通道不畅	设备进出口通道，不得有阻碍人员进出的障碍物
10	监护不当	(1)进入设备前，监护人应会同作业人员检查安全措施，统一联系信号。 (2)监护人随时与设备内取得联系，不得脱离岗位。 (3)监护人用安全绳拴住作业人员进行作业
11	应急设施不足或措施不当	(1)设备外备有空气呼吸器、消防器材和清水等相应的急救用品。 (2)设备内事故抢救时，救护人员必须做好自身防护方能进入设备内实施抢救
12	涉及危险作业组合，未落实相应安全措施	若涉及动火、高处、抽堵盲板等危险作业时，应同时办理相关作业许可证
13	施工条件发生重大变化	若施工条件发生重大变化，应重新办理《受限空间作业证》
14	设备内遗留异物	设备内作业结束后，认真检查设备内外，不得遗留工具及其他物品

知识点5:高处作业

一、高处作业的定义

如图7－3所示,凡在坠落高度基准面2m以上(含2m)有可能坠落的高处进行的作业均称高处作业。

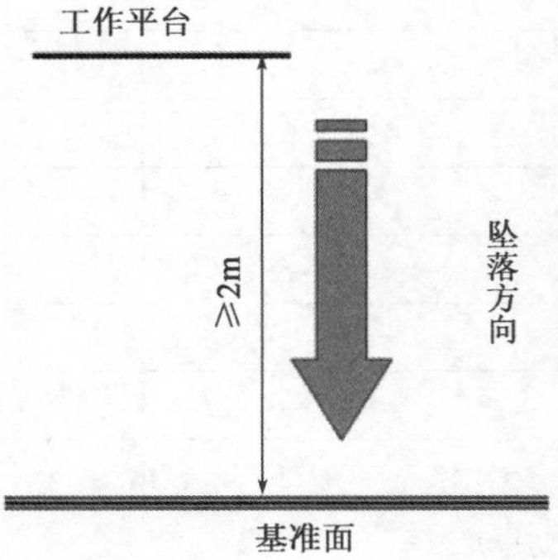

图7－3　高处作业

二、高处作业分级

一般情况下,高处作业按作业高度可分为四个等级:作业高度在2～5m时,称为一级高处作业;作业高度在5～15m时,称为二级高处作业;作业高度在15～30m时,称为三级高处作业;作业高度在30m以上时,称为特级高处作业。

发生高处坠落事故的原因主要是:洞、坑无盖板或检修中移去盖板;平台、扶梯的栏杆不符合安全要求,临时拆除栏杆后没有防护措施,不设警告标志;高处作业不挂安全带、不戴安全帽、不挂安全网;梯子使用不当或梯子不符合安全要求;不采取任何安全措施,在石棉瓦之类不坚固的结构上作业;脚手架有缺陷;高处作业用力不当、重心失稳;工器具失灵,配合不好,危险物料伤害坠落;作业附近对电网设防不妥而导致触电坠落等。一名体重为60kg的工人,从5m高处滑下坠落地面,经计算可产生300kg冲击力,会致人死亡。

三、高处作业安全要求

(1)作业人员:患有精神病等职业禁忌证的人员不准参加高处作业。检修人员饮酒、精神不振时禁止登高作业。作业人员必须持有作业证(票)。高处安全作业票证见表7－4。

表7－4　高处安全作业票证

申请单位		申请人		作业证编号	
作业时间	自　年　月　日　时　分始至　年　月　日　时　分止				
作业地点					
作业内容					
作业高度			作业类别		
作业单位			监护人		

续表

作业人		涉及的其他特殊作业	
危害辨识			
序号	安全措施		确认人
1	作业人员身体条件符合要求		
2	作业人员着装符合工作要求		
3	作业人员佩戴合格的安全帽		
4	作业人员佩戴安全带,安全带高挂抵用		
5	作业人员携带有工具袋及安全绳		
6	作业人员佩戴:A、过滤式防毒面具或口罩　B、空气呼吸器		
7	现场搭设的脚手架、防护网、围栏符合安全规定		
8	垂直分层作业中间有隔离设施		
9	梯子、绳子符合安全规定		
10	石棉瓦等轻型棚的承重梁、柱能承重负荷的要求		
11	作业人员在石棉瓦等不承重物作业所搭设的承重板稳定牢固		
12	采光、夜间作业照明符合作业要求,(需采用并以采用/无需采用)防爆灯		
13	30m 以上高处作业配备通信联络工具		
14	其他安全措施 编制人:		
实施安全教育人			
生产单位作业负责人意见 签字:　年　月　日　时　分			
作业单位负责人意见 签字:　年　月　日　时　分			
审核部门意见 签字:　年　月　日　时　分			
审批部门意见 签字:　年　月　日　时　分			
完工验收 签字:　年　月　日　时　分			

(2)作业条件:高处作业必须戴安全帽、系安全带。作业高度 2m 以上应设置安全网,并根据位置的升高随时调整。高度超 15m 时,应在作业位置垂直下方 4m 处,架设一层安全网,且安全网数不得少于 3 层。

(3)现场管理：高处作业现场应设有围栏或其他明显的安全界标，除有关人员外，不准其他人在作业点的下面通行或逗留。

(4)防止工具材料坠落：高处作业应一律使用工具袋。较粗、重工具用绳拴牢在坚固的构件上，不准随便乱放；在格栅式平台上工作，为防止物件坠落，应铺设木板；递送工具、材料不准上下投掷，应用绳系牢后上下吊送；上下层同时进行作业时，中间必须搭设严密牢固的防护隔板、罩棚或其他隔离设施；工作过程中除指定的、已采取防护围栏处或落料管槽可以倾倒废料外，任何作业人员严禁向下抛掷物料。

(5)防止触电和中毒：脚手架搭设时应避开高压电线，无法避开时，作业人员在脚手架上活动范围及其所携带的工具、材料等与带电导线的最短距离要大于安全距离（电压≤110kV，安全距离为2m；110kV＜电压≤220kV，安全距离为3m；220kV＜电压≤330kV，安全距离为4m）。高处作业地点靠近放空管时，事先与生产车间联系，保证高处作业期间生产装置不向外排放有毒有害物质，并事先向高处作业的全体人员交代明白，万一有毒有害物质排放时，应迅速采取撤离现场等安全措施。

(6)气象条件：六级以上大风、暴雨、打雷、大雾等恶劣天气，应停止露天高处作业。

(7)注意结构的牢固性和可靠性：在槽顶、罐顶、屋顶等设备或建筑物、构筑物上作业时，除了临空一面应装安全网或栏杆等防护措施外，事先应检查其牢固可靠程度，防止失稳或破裂等可能出现的危险；严禁直接站在油毛毡、石棉瓦等易碎裂材料的结构上作业。为防止误登，应在这类结构的醒目处挂上警告牌；登高作业人员不准穿塑料底等易滑的或硬性厚底的鞋子；冬季严寒作业应采取防冻防滑措施或轮流进行作业。

四、脚手架的安全要求

高处作业使用的脚手架和吊架必须能够承受站在上面的人员、材料等的重量。禁止在脚手架和脚手板上放置超过计算荷重的材料。一般脚手架的荷重量不得超过270kg/m²。脚手架使用前，应经有关人员检查验收，认可后方可使用。脚手架及工作平台的正确使用如图7－4、图7－5所示。

图7－4　规范使用脚手架

图7－5　正确使用工作平台

（1）脚手架材料：脚手架的杆柱可采用竹、木或金属管，木杆应采用剥皮杉木或其他坚韧的硬木，禁止使用杨木、柳木、桦木、油松和其他腐朽、折裂、枯节等易折断的木料；竹竿应采用坚固无伤的毛竹；金属管应无腐蚀，各根管子的连接部分应完整无损，不得使用弯曲、压扁或者有裂缝的管子。木质脚手架踏脚板的厚度不应小于4cm。

（2）脚手架的连接与固定：脚手架要与建筑物连接牢固。禁止将脚手架直接搭靠在楼板的木楞上及未经计算荷重的构件上，也不得将脚手架和脚手架板固定在栏杆、管子等不十分牢固的结构上；立杆或支杆的底端宜埋入地下。遇松土或者无法挖坑时，必须绑设地杆子。

金属管脚手架的立竿应垂直地稳固放在垫板上，垫板安置前需把地面夯实、整平。立竿应套上由支柱底板及焊在底板上管子组成的柱座，连接各个构件间的铰链螺栓一定要拧紧。

（3）脚手板、斜道板和梯子：脚手板和脚手架应连接牢固；脚手板的两头都应放在横杆上，固定牢固，不准在跨度间有接头；脚手板与金属脚手架则应固定在其横梁上。

斜道板要满铺在架子的横杆上；斜道两边、斜道拐弯处和脚手架工作面的外侧应设1.2m高的栏杆，并在其下部加设18cm高的挡脚板；通行手推车的斜道坡度不应大于1.7，其宽度单方向通行应大于1m，双方向通行大于1.5m；斜道板厚度应大于5cm。

脚手架一般应装有牢固的梯子，以便作业人员上下和运送材料。使用起重装置吊重物时，不准将起重装置和脚手架的结构相连接。

（4）临时照明：脚手架上禁止乱拉电线。必须装设临时照明时，木、竹脚手架应加绝缘子，金属脚手架应另设横担。

（5）冬季、雨季防滑：冬季、雨季施工应及时清除脚手架上的冰雪、积水，并要撒上沙子、锯末、炉灰或铺上草垫。

（6）拆除：脚手架拆除前，应在其周围设围栏，通向拆除区域的路段挂警告牌；高层脚手架拆除时应有专人负责监护；敷设在脚手架上的电线和水管先切断电源、水源，然后拆除，电线拆除由电工承担；拆除工作应由上而下分层进行，拆下来的配件用绳索捆牢，用起重设备或绳子吊下，不准随手抛掷；不准用整个推倒的办法或先拆下层主柱的方法来拆除；栏杆和扶梯木应先拆掉，而要与脚手架的拆除工作同时配合进行；在电力线附近拆除应停电作业，若不能停电应采取防触电和防碰坏电路的措施。

（7）悬吊式脚手架和吊篮：悬吊式脚手架和吊篮应经过设计和验收，所用的钢丝绳及大绳的直径要由计算决定。使用吊篮作业时应系安全带，安全带拴在建筑物的可靠处。

根据《化学品生产单位高处作业安全规程》（AQ 3025—2008）的规定，高处作业必须办理“高处安全作业证”，持证作业。

五、高处作业风险分析及控制措施

高处作业风险分析及控制措施见表7－5。

表7－5　高处作业风险分析及控制措施

序号	风险分析	控制措施
1	作业人员不熟悉作业环境或不具备相关安全技能	作业人员必须经安全教育，熟悉现场环境和施工安全要求，按《高处作业证》内容检查确认安全措施落实到位后，方可作业
2	作业人员未佩戴防坠落防滑用品或使用方法不当或用品不符合相应安全标准	作业人员必须戴安全帽，拴安全带，穿防滑鞋。作业前要检查其符合相关安全标准，作业中应正确使用

续表

序号	风险分析	控制措施
3	未派监护人或未能履行监护职责	作业监护人应熟悉现场环境和检查确认安全措施落实到位，具备相关安全知识和应急技能，与岗位保持联系，随时掌握工况变化，并坚守现场
4	跳板不固定，脚手架、防护围栏不符合相关安全要求	搭设的脚手架、防护围栏应符合相关安全规程
5	登石棉瓦、瓦檩板等轻型材料作业	在石棉瓦、瓦檩板等轻型材料上作业，应搭设承重板并站在固定承重板上作业
6	登高过程中人员坠落或工具、材料、零件高处坠落伤人	高处作业使用的工具、材料、零件必须装入工具袋，上下时手中不得持物。不准空中抛接工具、材料及其他物品。易滑动、易滚动的工具、材料堆放在脚手架上时，应采取措施防止坠落
7	高处作业下方站位不当或未采取可靠的隔离措施	高处作业正下方严禁站人，与其他作业交叉进行时，必须按指定的路线上下，禁止上下垂直作业。若必须垂直进行作业时，应采取可靠的隔离措施
8	与电气设备（线路）距离不符合安全要求或未采取有效的绝缘措施	在电气设备（线路）旁高处作业应符合安全距离要求。在采取地（零）电位或等（同）电位作业方式进行带电高处作业时，必须使用绝缘工具
9	作业现场照度不良	高处作业应有足够的照明
10	无通信、联络工具或联络不畅	30m以上高处作业应配备通信、联络工具，指定专人负责联系，并将联络相关事宜填入《高处作业证》安全防范措施补充栏内
11	作业人员患有高血压、心脏病、恐高症等职业禁忌证或健康状况不良	患有职业禁忌证和年老体弱、疲劳过度、视力不佳、酒后人员及其他健康状况不良者，不准高处作业
12	大风大雨等恶劣气象条件下从事高处作业	如遇暴雨、大雾、六级以上大风等恶劣气象条件应停止高处作业
13	涉及动火、抽堵盲板等危险作业，未落实相应安全措施	若涉及动火、抽堵盲板等危险作业时，应同时办理相关作业许可证
14	作业条件发生重大变化	若作业条件发生重大变化，应重新办理《高处作业证》

知识点6：临时用电作业

一、临时用电作业的定义

因施工、检修需要，凡在正式运行的供电系统上加接或拆除如电缆线路、变压器、配电箱等设备以及使用电动机、电焊机、潜水泵、通风机、电动工具、照明器具等一切临时性用电负荷，通称为临时用电作业，如图7－7所示。

二、临时用电作业安全要求

（1）在运行的生产装置、罐区和具有火灾爆炸危险场所内不应接临时电源，确需时应对周围环境进行可燃气体检测分析，分析结果应符合相应的要求。

（2）各类移动电源及外部自备电源，不应接入电网。

视频7-6　临时用电作业

图 7－7　临时用电作业

(3)动力和照明线路应分路设置。

(4)在开关上接引、拆除临时用电线路时，其上级开关应断电上锁并加挂安全警示标牌。

(5)临时用电应设置保护开关，使用前应检查电气装置和保护设施的可靠性。所有的临时用电均应设置接地保护。

(6)临时用电设备和线路应按供电电压等级和容量正确使用，所用的电器元件应符合国家相关产品标准及作业现场环境要求。临时用电电源施工、安装应符合 JGJ 46—2005 的有关要求，并有良好的接地，临时用电还应满足如下要求：

①火灾爆炸危险场所应使用相应防爆等级的电源及电气元件，并采取相应的防爆安全措施。

②临时用电线路及设备应有良好的绝缘，所有的临时用电线路应采用耐压等级不低于500V 的绝缘导线。

③临时用电线路经过有高温、振动、腐蚀、积水及产生机械损伤等区域，不应有接头，并应采取相应的保护措施。

④临时用电架空线应采用绝缘铜芯线，并应架设在专用电杆或支架上。其最大弧垂与地面距离，在作业现场不低于 2.5m，穿越机动车道不低于 5m。

⑤对需埋地敷设的电缆线线路应设有走向标志和安全标志。电缆埋地深度不应小于0.7m，穿越道路时应加设防护套管。

⑥现场临时用电配电盘、箱应有电压标识和危险标识，应有防雨措施，盘、箱、门应能牢靠关闭并能上锁。

⑦行灯电压不应超过 36V，在特别潮湿的场所或塔、釜、槽、罐等金属设备内作业，临时照明行灯电压不应超过 12V。

⑧临时用电设施应安装符合规范要求的漏电保护器，移动工具、手持式电动工具应逐个配置漏电保护器和电源开关。

(7)临时用电单位不应擅自向其他单位转供电或增加用电负荷，以及变更用电地点和用途。

(8)临时用电时间一般不超过 15 天，特殊情况不应超过一个月。临时用电结束后，用电单位应及时通知供电单位拆除临时用电线路。

三、临时用电作业风险分析及控制措施

临时用电作业风险分析及控制措施见表 7－7。

表 7－7　临时用电作业风险分析及控制措施

序号	风险分析	控制措施
1	违章作业	(1)作业人员必须持有电气安全作业证。 (2)临时用电线路架空高度在装置内不低于 2.5m,道路不低于 5m。 (3)所有临时用电线路,不得采用裸线。 (4)临时用电线路架空线,不得在树上或脚手架上架设
2	电缆损坏	暗管埋设及地下电缆线路应设有走向标志和安全标志,电缆埋设深度大于 0.7m
3	配电盘、配电箱短路	现场临时用电配电盘、箱应有防雨措施
4	设施损坏	(1)临时用电设施应有漏电保护器。 (2)用电设备、线路容量、负荷应符合要求
5	火灾爆炸	所使用的临时电气设备和线路须达到相应的防爆要求
6	作业条件发生重大变化	若作业条件发生重大变化,应重新办理《临时用电作业证》

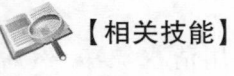

【相关技能】

技能点 1:安全带的使用

一、检查

在每次使用之前,必须检查确定:

(1)安全带没有开始出现断裂;

(2)“D”环没有变形;

(3)扣环工作正常;

(4)接合牢靠而且金属部件处于适用状态;

(5)吊带没有切口或磨损。

视频 7-7　安全带的使用

二、佩戴全身安全带

为了方便戴上安全带,建议遵照以下详细说明:

(1)抓住后部“D”环,拿起安全带。

(2)把安全带套在头上,就好像穿 T 恤衫一样。

(3)把腿带套在双腿上,以便接到位于每一侧臂部上的扣环中确保腿带没有交叉。

(4)拉紧或松开吊带末端,以调整腿带。

(5)对于配有肩带调整装置的安全带,可拉紧或松开吊带末端来进行调整,若要使安全带完全可靠,就必须正确调整(既不太紧,也不太松)。在调整安全带后,检查确定吊带没有扭曲或交叉,所有扣环都连接正确,而且后部“D”环位于肩胛骨处。为了安全,请务必寻求帮助,确保安全穿戴正确。

三、维护

(1)每次使用安全带时,应查看标牌及合格证,检查尼龙带有无裂纹,缝线处是否牢靠,金属件有无缺少、裂纹及锈蚀情况,安全绳应挂在连接环上使用。

(2)安全带应高挂低用,并防止摆动、碰撞,避开尖锐物质,不能接触明火。

(3)作业时应将安全带的钩、环牢固地挂在系留点上。

(4)在低温环境中使用安全带时,要注意防止安全带变硬割裂。

(5)使用频繁的安全绳应经常做外观检查,发生异常时应及时更换新绳,并注意加绳套的问题。

(6)不能将安全带打结使用,以免发生冲击时安全绳从打结处断开,应将安全挂钩挂在连接环上,不能直接挂在安全绳上,以免发生坠落时安全绳被割断。

(7)安全带使用两年后,应按批量购入情况进行抽检,围杆带做静负荷试验,安全绳做冲击试验,无破裂可继续使用,不合格品不予继续使用,对抽样过的安全绳必须重新更换安全绳后才能使用,更换新绳时注意加绳套。

(8)安全带应储藏在干燥、通风的仓库内,不准接触高温、明火、强酸、强碱和尖利的硬物,也不要暴晒。搬动时不能用带钩刺的工具,运输过程中要防止日晒雨淋。

(9)安全带应该经常保洁,可放入温水中用肥皂水轻轻擦,然后用清水漂净,然后晾干。

(10)安全带上的各种部件不得任意拆除。更换新件时,应选择合格的配件。

(11)安全带使用期为 3 ~5 年,发现异常应提前报废。在使用过程中,也注意查看,在半年至 1 年内要试验一次,以主部件不损坏为要求,如发现有破损变质情况及时反映,并停止使用,以保操作安全。

四、注意事项

(1)高挂低用。

(2)不得打结。

(3)在固定牢靠的部位固定安全系绳。

【考考你】

任务四　装置安全开车

【案例导入】

催化装置拆除火炬盲板硫化氢中毒事故

一、事故经过

某炼油厂催化装置检修后准备开车，安排保运人员拆除界区火炬管道的盲板。由于界区阀门内漏，导致火炬管道内含硫化氢瓦斯溢出，造成现场施工人员一重伤一轻伤。

二、事故原因

此案例是在检修后准备开车时发生的。随着含硫和高硫原油加工能力的增加，炼油厂火炬放空系统不可避免地存在硫化氢。原火炬放空线界区阀都是单阀，盲板直接加在阀门的内侧法兰，没有手段判断阀门是否内漏。另外，界区阀门大多都是在高空管排，作业空间小，躲闪不及，也不方便急救。

三、事故教训

盲板的加装和拆除过程要充分考虑到管线内温度、压力和介质性质情况，对可能含有高温高压、有毒有害、易燃易爆介质的盲板或其他设备仪表部件的拆除过程前，要充分做好风险分析并准备好有效的应急措施，如个体防护用品和施工器具的选择，控制现场作业人员数量并保持逃生路线的畅通。

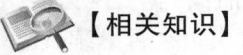

【相关知识】

知识点1:装置开车前安全检查

生产装置经过停工检修后，在开车运行前要进行一次全面的安全检查验收，目的是检查检修项目是否全部完工，质量全部合格，职业安全卫生设施是否全部恢复完善，设备、容器、管道内部是否全部吹扫干净、封闭，盲板是否按要求抽加完毕，确保无遗漏，检修现场是否工完料尽地清，检修人员、工具是否撤出现场，达到了完全开工的条件。

检修质量检查和验收工作，必须组织责任心强，有丰富实践经验的设备、工艺管理人员和一线生产工人进行。这项工作，既是评价检修施工效果，又是为安全生产奠定基础，一定要消除各种隐患，未经验收的设备不许开车投产。

一、焊接检验

凡石油化工装置使用易燃、易爆、剧毒介质以及特殊工艺条件的设备、管线及经过动火检修的部位，都应按相应的规程要求进行 X 射线拍片检验和残余应力处理。如发现焊缝有问题，必须重焊，直到验收合格，否则将导致严重后果。某厂焊接气分装置脱丙烯塔与再沸器之间一条直径 80mm 丙烷抽出管线，因焊接质量问题，开车后断裂跑料，发生重大爆炸事故。事故的直接原因是焊接质量低劣，有严重的夹渣和未焊透现象，断裂处整个焊缝有三个气孔，其中一个气孔直径达 2mm，有的焊缝厚度仅为 1～2mm。

二、试压和气密试验

任何设备、管线在检修复位后，为检验施工质量，应严格按有关规定进行试压和气密试验，防止生产时跑、冒、滴、漏，造成各种事故。

一般来说，压力容器和管线试压用水作介质，不得采用有危险的液体，也不准用工业风或氮气作耐压试验。气压试验危险性比水压试验大得多，曾有用气压代替水压试验而发生事故的教训。安全检查要点如下：

(1)检查设备、管线上的压力表、温度计、液面计、流量计、热电偶、安全阀是否调校安装完毕，灵敏好用。

(2)试压前所有的安全阀、压力表应关闭，有关仪表应隔离或拆除，防止起跳或超程损坏。

(3)对被试压的设备、管线要反复检查流程是否正确，防止系统与系统之间相互串通，必须采取可靠的隔离措施。

(4)试压时，试压介质、压力、稳定时间都要符合设计要求，并严格按有关规程执行。

(5)对于大型、重要设备和中压、高压及超高压设备、管道，在试压前应编制试压方案，制定可靠的安全措施。

(6)情况特殊，采用气压试验时，试压现场应加设围栏或警告牌，管线的输入端应装安全网。

(7)带压设备、管线，在试验过程中严禁强烈机械冲撞或外来气串入，升压和降压应缓慢进行。

(8)在检查受压设备和管线时，法兰、法兰盖的侧面和对面都不能站人。

(9)在试压过程中，受压设备、管线如有异常响声，如压力下降、表面油漆剥落、压力表指针不动或来回不停摆动，应立即停止试压，并卸压查明原因，视具体情况再决定是否继续试压。

(10)登高检查时应设平台围栏，系好安全带，试压过程中发现泄漏，不得带压紧固螺栓、补焊或修理。

三、吹扫、清洗

在检修装置开工前，应对全部管线和设备彻底清洗，把施工过程中遗留在管线和设备内的焊渣、泥沙、锈皮等杂质清除掉，使所有管线都贯通。如吹扫、清洗不彻底，杂物易堵塞阀门、管线和设备，对泵体、叶轮产生磨损，严重时还会堵塞泵过滤网。如不及时检查，将使泵抽空，造成泵或电动机损坏的设备事故。

一般处理液体管线用水冲洗，处理气体管线用空气或氮气吹扫，蒸气等特殊管线除外。如仪表风管线应用净化风吹扫，蒸气管线按压力等级不同使用相应的蒸气吹扫等。吹扫、清洗中应拆除易堵卡物件（如孔板、调节阀、阻火器、过滤网等），安全阀加盲板隔离，关闭压力表手阀及液位计联通阀，严格按方案执行；吹扫、清洗要严格按系统、介质的种类、压力等级分别进行，并应符合现行规范要求；在吹扫过程中，要有防止噪声和静电产生的措施，冬季用水清洗应有防冻结措施,以防阀门、管线、设备冻坏;放空口要设置在安全的地方或有专人监视;操作人员应配齐个人防护用具,与吹扫无关的部位要关闭或加盲板隔绝;用蒸气吹扫管线时,要先慢慢暖管,并将冷凝水引到安全位置排放干净,以防水击,并有防止检查人烫伤的安全措施;对低点排凝、高点放空,要顺吹扫方向逐个打开和关闭,待吹扫达到规定时间要求时,先关阀后停气;吹扫后要用氮气或空气吹干,防止蒸气冷凝液造成真空而损坏管线;输送气体管线如用液体清洗时,核对支撑物强度能否满足要求;清洗过程要用最大安全体积和流量。

四、烘炉

各种反应炉在检修后开车前,应按烘炉规程要求进行烘炉:

(1)编制烘炉方案,并经有关部门审查批准。组织操作人员学习,掌握其操作程序和应注意的事项。

(2)烘炉操作应在车间主管生产的负责人指导下进行。

(3)烘炉前,有关的报警信号、生产联锁应调校合格,并投入使用。

(4)点火前,要分析燃料气中的氧含量和炉膛可燃气体含量,符合要求后方能点火。点火时应遵守"先火后气"的原则。点火时要采取防止喷火烧伤的安全措施以及灭火的设施。炉子熄灭后重新点火前,必须再进行置换,合格后再点火。

五、传动设备试车

石油化工生产装置中机、泵起着输送液体、气体、固体介质的作用,由于操作环境复杂,一旦单机发生故障,就会影响全局。因此要通过试车,对机、泵检修后能否保证安全投料一次开车成功进行考核。传动设备试车要点如下:

(1)编制试车方案,并经有关部门审查批准。

(2)专人负责进行全面仔细的检查,使其符合要求,安全设施和装置要齐全完好。

(3)试车工作应由车间主管生产的负责人统一指挥。

(4)冷却水、润滑油、电动机通风、温度计、压力表、安全阀、报警信号、联锁装置等,要灵敏可靠,运行正常。

(5)查明阀门的开关情况,使其处于规定的状态。

(6)试车现场要整洁干净,并有明显的警戒线。

六、联动试车

装置检修后的联动试车,重点要注意做好以下几个方面的工作:

(1)编制联动试车方案,并经有关领导审查批准。

(2)指定专人对装置进行全面认真的检查,查出的缺陷要及时消除。检修资料要齐全,安全设施要完好。

(3)专人检查系统内盲板的抽加情况,登记建档,签字认可,严防遗漏。

(4)装置的自保系统和安全联锁装置,调校合格,正常运行灵敏可靠,专业负责人要签字认可。

(5)供水、供气、供电等辅助系统要运行正常,符合工艺要求。整个装置要具备开车条件。

(6)在厂部或车间领导统一指挥下进行联动试车工作。

知识点2:装置开车的安全技术

装置开车要在开车指挥部的领导下,统一安排,并由装置所属的车间领导负责指挥开车。岗位操作工人要严格按工艺卡片的要求和操作规程操作。

一、贯通流程

用蒸汽、氮气通入装置系统,一方面扫去装置检修时可能残留部分的煤渣、焊条头、铁屑、氧化皮、破布等,防止这些杂物堵塞管线,另一方面验证流程是否贯通。这时应按工艺流程逐个检查,确认无误,做到开车时不窜料、不憋压。按规定用蒸汽、氮气对装置系统置换,分析系统氧含量达到安全值以下的标准。

二、装置进料

进料前,在升温、预冷等工艺调整操作中,检修工与操作工配合做好螺栓紧固部位的热把、冷把工作,防止物料泄漏。岗位应备有防毒面具。油系统要加强脱水操作,深冷系统要加强干燥操作,为投料奠定基础。

装置进料前,要关闭所有的放空、排污等阀门,然后按规定流程,经操作工、班长、车间值班领导检查无误,启动机泵进料。进料过程中,操作工沿管线进行检查,防止物料泄漏或物料走错流程;装置开车过程中,严禁乱排乱放各种物料。装置升温、升压、加量,按规定缓慢进行;操作调整阶段,应注意检查阀门开度是否合适,逐步提高处理量,使达到正常生产为止。

练习题

一、单选题

1. 在高空作业时,工具必须放在哪里?(　　)

A. 工作服口袋里　　B. 手提工具箱或工具袋里

C. 握住所有工具

2. 进入设备内动火,同时还需分析测定空气中有毒有害气体和氧含量,有毒有害气体含量不得超过《工业企业设计卫生标准》中规度的最高容许含量,氧含量应为(　　)。

A. 10% ~20%　　B. 18% ~20%　　C. 18% ~30%　　D. 18% ~21%

3. 设备内作业安全要点错误的是(　　)。

A. 设备内作业必须办理“设备内安全作业证”,并要严格履行审批手续

B. 进入有腐蚀、窒息、易燃易爆、有毒物料的设备内作业时,必须按规定佩戴合适的个体防护用品、器具

C. 在设备内动火,必须按规定办理动火证和履行规定的手续分析测定空气中有毒有害气体和氧含量,有毒有害气体含量不得超过《工业企业设计卫生标准》(GBZ 1—2010)中规定的最高容许浓度,氧含量应为18% ~21%

D. 应有足够的照明,设备内照明电压应不大于50V,在潮湿容器、狭小容器内作业应小于等于36V,灯具及电动工具必须符合防潮、防爆等安全要求

4.(　　)必须接受专门的培训,经考试合格取得特种作业操作资格证书的,方可上岗作业。

A. 岗位工人　　B. 班组长　　C. 特种作业人员

5. 根据国家规定,凡在坠落高度离基准面(　　)以上有可能坠落的高处进行的作业,均称为高处作业。

A. 2m　　B. 3m　　C. 4m

6. 停电检修作业必须严格执行(　　)制度。

A. 监控　　B. 监护　　C. 备案

7. 安全带的正确挂扣应该是(　　)。

A. 同一水平　　B. 低挂高用　　C. 高挂低用

8. 氧气瓶和乙炔瓶工作间距不应少于(　　)。

A. 2m　　B. 3m　　C. 5m

9. 在潮湿的工作场地使用手持电动工具时,为避免触电,应(　　)。

A. 站立在绝缘胶板上　　B. 站在铁板上

C. 不穿任何鞋具　　D. 普通鞋子

10.(　　)工作环境是不适合进行电焊的。

A. 空气流通　　B. 干燥寒冷　　C. 炎热而潮湿

11. 在易燃易爆区显眼的地方要设有(　　)的标志。

A. 严禁携带香烟　　B. 严禁吸烟和明火

C. 严禁逗留　　D. 严禁携带火种

12. 当操作打磨工具时,必须使用(　　)。

A. 围裙　　B. 防潮服　　C. 护眼罩

13. 用火作业监护一般由(　　)。

A. 车间和施工单位各派一人,以车间人员为主

B. 车间派两人担任

C. 车间和施工单位各派一人,以施工单位人员为主

D. 施工单位派两人担任

14. 取样与动火时间间隔最多是(　　)min。

A. 20　　B. 30　　C. 60

15. 进入塔、罐、槽、管道等工作时,必须按(　　)和气体防护技术规程进行。

A. 登高作业票　　B. 气体分析

C. 动火证　　D. 安全生产检修制度

16. 凡是操作人员的工作位置在坠落基准面(　　)以上时,则必须在生产设备上配置供站立的平台和防坠落的防护栏杆。

A. 0.5m　　B. 1m　　C. 2m　　D. 3m

17. 安全带的寿命一般为3～5年。使用(　　)年后,按批量抽检。

A. 3　　B. 4　　C. 5　　D. 6

18. 需要办理许可证的作业以下哪一项不符合?(　　)

A. 受限空间作业　　B. 开挖作业

C. 射线探伤　　D. 以上各类均不需办证

19. 具有爆炸危险性的生产区域,通常禁止车辆驶入。但是,在人力难以完成而必须机动车辆进入的情况下,允许进入该区域的车辆是(　　)。

A. 装有灭火器或水的汽车　　B. 两轮摩托车

C. 装有生产物料的手扶拖拉机　　D. 尾气排放管装有防火罩的汽车

20. 检修作业时,对待检设备的电源必须切断,并经启动复查确认无电后,在电源开关箱处挂上"禁止启动"的安全标志并(　　)。

A. 派人职守　　B. 加设锁头

C. 摆放路障　　D. 划定禁区

21. 化工装置检修前,应对检修范围内的所有设备中的易燃易爆、有毒有害气体进行置换。若置换介质的密度大于被置换介质的密度,应由设备的(　　)送入置换介质。

A. 最低点　　B. 最高点

C. 上半部　　D. 下半部

22. 化工装置停车后,对设备内可燃物的沉积物,可以用人工铲刮的方法予以清除。清除作业应使用(　　)工具。

A. 铜质或木质　　B. 铜质或铁质

C. 铁质或木质　　D. 铁质或铝质

23. 化工装置、设施检修过程中,动火作业属于高危险作业。下列作业中,不属于动火作业的是(　　)。

A. 焊接作业　　C. 使用砂轮打磨

B. 切割作业　　D. 喷漆作业

24. 某化工企业装置检修过程中,因设备内残存可燃气体,在动火时发生爆炸。按照爆炸反应物质的类型,该爆炸最有可能属于(　　)。

A. 简单分解爆炸　　B. 闪燃

C. 爆炸性混合物爆炸　　D. 复杂分解爆炸

25. 石油化工装置停车检修过程中,为做好检修设备隔绝,下列做法中,不正确的是(　　)。

A. 拆除部分管线并插入盲板　　B. 关闭相关的阀门

C. 插入相关的盲板　　D. 用铁皮代替盲板

26. 石油化工管路在投入运行之前,必须保证其强度与严密性符合设计要求。当管路安装完毕后,必须进行压力试验,称为试压。除特殊情况外,试压主要采用(　　)试验。

A. 冲击　　B. 负压　　C. 气压　　D. 液压

27. 石油化工企业大型设备停车操作的顺序是(　　)。

A. 卸压、降温、排净　　B. 增压、降温、排净

C. 排净、卸压、增温　　D. 增压、排净、增温

28. 在一些可能产生缺氧的场所,特别是人员进入设备作业时,必须进行氧含量的监测,氧含量低于(　　)时,严禁入内,以免造成缺氧窒息事故。

A. 14%　　B. 16%　　C. 18%　　D. 20%

29. 特殊动火作业和一级动火作业的《动火安全作业证》有效期不超过(　　)h。

A. 7　　B. 8　　C. 9　　D. 10

30. 动火期间距动火点(　　)m 内不得排放各类可燃气体,距动火点(　　)m 内不得排放各类可燃液体。

A. 20、10　　　　B. 20、15

C. 30、15　　　　D. 30、20

31. 检修前,设备停车后安全处理过程(隔绝、置换、吹扫与清洗等)不当的是(　　)。

A. 盲板应有大的突耳并涂上特别颜色,用于挂牌编号和识别

B. 凡在禁火区或抽插易燃易爆介质窗口或管道盲板时,应使用防爆工具和防爆灯具,在规定范围内严禁用火,作业中应有专人巡回检查及监护

C. 设备经置换后,若需要进入其内部工作还必须再用空气置换惰性气体,以防止检修人员窒息

D. 若置换介质的密度大于被置换介质的密度时,应由设备或管道最高点送入置换介质,由最低点排出被置换介质,取样点宜在顶部位置及宜产生死角的部位

32. 下列不符合进入设备内安全作业要求的是(　　)。

A. 设备内作业必须办理"设备内安全作业证",并要严格履行审批手续

B. 在进入设备前60min必须取样分析,严格控制可燃气体、有毒气体浓度及氧含量在安全指标范围内,分析合格后才允许进入设备内作业。如在设备内作业时间长,至少每隔2h各分析一次,如发现超标,应立即停止作业,迅速撤出人员

C. 应有足够的照明,设备内照明电压应不大于36V,在潮湿容器、狭小容器内作业应不大于12V,灯具及电动工具必须符合防潮、防爆等安全要求

D. 在检修作业条件发生变化,并有可能危及作业人员安全时,必须立即撤出;若需继续作业,必须重新办理进入设备内作业审批手续

33. 受限空间作业时,发生自身安全无法保障时,可以(　　)。

A. 等待处理　　B. 停工并撤离　　C. 坚守岗位

34. 进入受限空间作业必须采取通风措施,下列说法错误的是(　　)。

A. 打开人孔、手孔、料孔等与大气相通的设施进行自然通风

B. 必要时,可采取强制通风

C. 氧含量不足时,可以向受限空间充纯氧气或富氧空气

D. 在条件允许的情况下,尽可能采取正向通风即送风方向可使作业人员优先接触新鲜空气

35. 受限空间与其他系统连通的可能危及安全作业的管道应采取有效隔离措施,管道安全隔离措施应该(　　)。

A. 插入盲板或拆除一段管道　　B. 水封

C. 关闭阀门　　D. 止逆阀

36. 带压不置换动火作业距动火点(　　)内不得有低闪点易燃液体泄露;(　　)内不得有其他可燃物泄露和暴露。

A. 30m　15m　　B. 20m　10m

C. 25m　15m　　D. 30m　10m

37. 安装、巡检、维修或拆除临时用电设备和线路,必须由(　　)完成,并应有人监护。

A. 当班员工　　B. 当班班长　　C. 电工

38. 哪些人员可担任动火作业监护人(　　)。

A. 1名作业人员兼任监护人　　B. 未经相关培训的现场负责人

C. 任意指定人员　　D. 接受监护培训、考试合格的人员

39. 在作业证有限期内，特级、一级动火作业中断超过30min的，继续动火前，应(　　)。

A. 重新办理作业许可证　　B. 继续作业

C. 重新确认安全条件　　D. 申请再次审批作业许可证

二、多选题

1. 进入受限空间作业前，进行清洗或置换达到下列要求(　　)。

A. 氧含量一般为18%～21%，在富氧环境下不得大于23.5%

B. 有毒气体(物质)浓度应符合GBZ 2.1—2007的规定

C. 可燃气体浓度：当被测气体或蒸气的爆炸下限≥4%时，其被测浓度不大于0.5%(体积分数)；当被测气体或蒸气的爆炸下限<4%时，其被测浓度不大于0.2%

D. 氧含量低时可通入氧气

2. 在生产过程中，应根据可燃、易燃物质的爆炸持续性，以及生产工艺和设备等条件，采取有效措施，预防在设备和系统里或在其周围形成爆炸性混合，这些措施主要有(　　)。

A. 设备密封　　B. 厂房通风

C. 惰性介质保护　　D. 危险品隔离储存

E. 装设报警装置

3. 在工业生产过程中，存在着多种引起火灾和爆炸的因素。因此，在易发生火灾和爆炸的危险区域进行动火作业前，必须采取的安全措施有(　　)。

A. 严格执行动火工作票制度

B. 动火现场配备必要的消防器材

C. 将现场可燃物品清理干净

D. 对附近可能积存可燃气的管沟进行妥善处理

E. 利用与生产设备相连的金属构件作为电焊地线

4. 生产工艺过程中所产生静电的最大危险是引起爆炸。因此，在爆炸危险环境必须采取严密的防静电措施。下列各项措施中，属于防静电措施的有(　　)。

A. 安装短路保护和过载保护装置

B. 将作业现场所有不带电的金属连成整体并接地

C. 限制流速

D. 增加作业环境的相对湿度

E. 安装不同类型的静电消除器

5. 密闭作业的作业空间是指(　　)的有限空间。

A. 与外界相对隔离

B. 进口受限，出口不受限

C. 自然通风不良

D. 足够容纳一人进入从事非常规作业

E. 可容纳多人进入从事常规作业

6. 为防止作业现场缺氧，做根本的方法是采取机械通风。但要求(　　)。

A. 风量足够大　　B. 通风不应中断

C. 不留死角　　D. 只能送风，不能排风

7. 检查反应釜等密闭工作场所内的有毒气体，可以使用的方法有(　　)。

A. 化学分析法

B. 快速检气法

C. 闻味法

D. 放入小动物

8. 受限空间作业过程，发生中毒的原因有（　　）。

A. 温度太高　　B. 通风不好

C. 监护不到位　　D. 未进行安全检测

E. 未加盲板可靠切断　　F. 空间内空气湿度大

9. 为防止受限空间含有易燃气体或蒸汽液在开启时形成有爆炸性的混合物，可用惰性气体（　　）清洗。

A. 氧气　　B. 二氧化碳

C. 氮气　　D. 氢气

10. 夜间实施危险作业，应（　　）。

A. 设有足够亮度的照明装置　　B. 加强监护

C. 加强现场巡视　　D. 与白天作业保持一致的管理强度

三、判断题

1. 使用电钻或手持电动工具时必须戴绝缘手套，可以不穿绝缘鞋。（　　）

2. 帮助触电者脱离电源时，不可直接用人的肢体或其他金属及潮湿的物体作为救护工具。（　　）

3. 特殊作业人员只要按安环保卫部的指定要求进行入场安全培训，就可以进厂施工。（　　）

4. 用火作业许可证有效时间一般不超过五天。（　　）

5. 风力五级以上应停止室外的高处用火，六级以上应停止室外一切用火。（　　）

6. 高处用火只要办理《用火作业许可证》就可以进行动火作业。（　　）

7. 只有架子工才可以进行脚手架搭设和修改。（　　）

8. 开挖作业，沟体的两边 1m 内不准堆放挖掘出来的泥土。（　　）

9. 周围没有可燃材料时动火可以没有灭火器。（　　）

10. 不经常上下的坑体不用放置上下用的梯子或设置通道。（　　）

11. 脚手架必须由专业的架子工来搭设。（　　）

12. 只有作业指挥人员才有危险作业拒绝权，其他人员无权要求停止作业。（　　）

13. 进入设备内作业，设备上所有与外界连通的管道、孔洞均应与外界有效隔离。设备上与外界连接的电源应有效切断。（　　）

14. 对于骨折伤员可以给其口服止痛片等以减轻伤者的痛苦。（　　）

15. 特殊动火作业和一级动火作业的《作业证》有效期不超过 24h。（　　）

16. 二级动火作业的作业证有效期不超过 72h，每日动火前应进行动火分析。（　　）

17. 特种作业人员未经专门的安全作业培训，未取得特种作业操作资格证书，上岗作业导致事故的，应追究生产经营单位有关人员的责任。（　　）

18. 使用台钻，禁止戴手套。（　　）

19. 不许在钻孔时用棉纱清除铁屑，也不许用嘴吹或用手擦拭，应使用专用工具、毛刷。（　　）

20. 使用千斤顶时，下端必须加平垫木，受力必须垂直。（　　）

四、简答题

1. 石油化工装置检修具有什么特点？
2. 停车检修有哪些安全要求？
3. 石油化工装置开工前为什么要进行吹扫、气密和置换？
4. 受限空间作业安全注意事项？
5. 什么是高处作业？高处作业级别是如何划分的？高处作业的主要安全措施有哪些？
6. 根据自己今后工作岗位性质，描述装置开车前自己应进行的工作？

【知识拓展】

安全检修歌

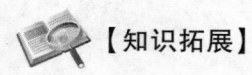

检修之前预备会，项目交底重落实；
该人该己讲到位，该添该减先预备；
班组长和安全员，工作之前讲安全；
安全措施早制订，逐个项目应具体；
抽堵盲板严隔离，吹净置换要彻底；
动火之前票据全，安排合格看火员；
容器作业要化验，分析合格咱再干；
别大概也别可能，准确无误再执行；
施工作业别三违，否则迟早要后悔；
安全关系你和我，进厂不要带烟火；
进入易燃易爆区，别忘提前关手机；
检修戴好安全帽，防止万一受创伤；
工具零件随身带，不准上抛和下掷；
吊装设备须把稳，是吊是落听指挥；
间断作业须牢记，勿将器具滞留内；
电气检修须挂牌，谨记票证填仔细；
项目安排到了位，加强配合少推诿；
安全第一重预防，消除隐患安稳长；
全厂上下齐努力，年年才有好效益。

项目八　应急救援与事故处置

【应知】

(1)了解应急预案编制的程序、主要内容及应急预案管理方面的知识，掌握应急演练相关知识；

(2)掌握应急处置的程序及典型事故的应急处置措施；

(3)熟悉事故管理制度规范与事故分析方法。

【应会】

(1)能够根据应急预案组织应急演练及应急演练的评估；

(2)能够针对典型危险化学品制定应急处置对策及事故应急处置方案；

(3)能够根据给定事故案例材料，分析其产生的原因，并给出具体的防范和整改措施。

【项目描述】

石油化工是我国国民经济的支柱型产业，在石油化工生产过程中，由于涉及大量易燃、易爆危险化学品，生产过程危险因素多，安全操作至关重要。石化企业在为国家创造价值、为百姓提供服务的同时，在运作过程中难免会出现一些安全事故，这不仅影响了企业的正常运转，也降低了企业积极的社会影响力。为了尽量降低事故造成的损失，制定应急预案是贯彻落实“安全第一、预防为主、综合治理”方针，规范生产经营单位应急管理工作，提高应对风险的防范事故的能力，保证职工安全健康和公众生命安全，最大限度地减少财产损失、环境损害和社会影响的重要措施。

该项目主要讲述如何制定应急预案及应急演练，出现事故后地采取的应急处置技术及事故调查处理相关内容。旨在做好事故预防与事后整改工作，减少或杜绝同类事故的重复发生。

任务一　应急预案的制定和应急演练

【案例导入】

某气体公司“7·16”爆炸火灾生产安全事故

一、事故经过

2015 年 7 月 16 日凌晨 2 点 01 分，某气体公司当班操作人员在中控室听到爆炸声响，窗外有火光。当班班长立即派外操去现场了解情况,发现加氢脱硫装置电加热器 E0901 起火,火势较大。班长了解情况之后立即安排主操报火警,同时电话通知了生产主管、公司相关负责人,联系石化调度停送四合一原料气,关闭原料气进凯美特装置总阀和加氢脱硫装置出口到 TSA 总阀,装置紧急停车。班长带领剩余人员到现场将加氢脱硫装置周围 4 个消防水炮全部打开对电加热器周围设备进行降温保护,同时压制火势。2 时 30 分左右,石化消防队赶到现场进行灭火。4 时左右,残余的工艺物料燃烧干净,明火扑灭。事故造成直接经济损失约人民币 59 万元,未造成人员伤亡。

二、事故原因

(一)直接原因

E0901 加热器筒体失效的焊缝开裂,造成原料气泄漏而导致产生火灾爆炸。

(二)间接原因

(1)E0901 加热器操作存在超温、超压等大幅波动的现象,加剧了有缺陷的焊缝失效。

(2)职工培训不到位。操作现场无操作规程和工艺卡片,职工均未发放操作规程,加氢脱硫岗位为临时操作规程。现场询问操作人员工艺参数等问题,不能正确回答。

(3)压力控制方式不合理,调整压力会导致加热器温度超标。

(4)部分压力参数设置不合理。加热器出口安全阀设定压力为 2.75MPa,高于加热器设计压力 2.6MPa。

三、事故教训

(1)加强设备管理,设备采购要以“比质优先,兼顾比价”为原则,严格对到现场的设备进行验收。对 DCS 系统进行优化和升级,以方便操作。

(2)加强工艺管理,完善操作规程和工艺卡片,加强对操作人员的技术指导,提高平稳操作能力,最大限度地降低系统波动频率和幅度。

(3)加强技术管理力量的配备,强化管理人员专业能力培训,提高管理人员素质。

(4)举一反三,全面梳理和排查隐患,仔细排查其他压力容器是否存在类似缺陷,排查各压力、温度等参数设置是否合理,排查温度、压力、流量控制手段是否合理。

【相关知识】

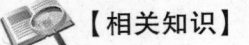

知识点 1:应急预案体系分类、编制要求及程序

一、应急预案体系分类

应急预案体系分为综合应急预案、专项应急预案和现场处置方案。

(1)综合应急预案。生产经营单位风险种类多、可能发生多种类型事故的,应当组织编制综合应急预案。综合应急预案是针对各种生产安全事故而制定的综合性工作方案,是各生产单位应对生产安全事故的总体工作程序、措施和应急预案体系的总纲。

(2)专项应急预案。专项应急预案是指针对具体的事故类别(如瓦斯爆炸、危险化学品泄漏等事故)，对某一种或者多种类型生产安全事故，或者针对重要生产设施、重大危险源、重大活动防止生产安全事故而制定的专项性工作方案。专项应急预案重点强调专业性，应根据可能的事故类别和特点，明确相应的专业指挥机构、响应程序及针对性的处置措施。

(3)现场处置方案。现场处置方案是指根据不同生产安全事故类型，在专项应急预案的基础上，针对具体场所、装置或者设施所制定的应急处置措施。现场处置方案应具体、简单、针对性强。现场处置方案应当规定应急工作职责、应急处置措施和注意事项等内容，做到事故相关人员应知应会、熟练掌握，并通过应急演练，做到迅速反应、正确处置。

事故风险单一、危险性小的生产经营单位，可以只编制现场处置方案。

二、应急预案编制的基本要求

应急预案的编制应当遵循以人为本、依法依规、符合实际、注重实效的原则，以应急处置为核心，明确应急职责，规范应急程序，细化保障措施。应急预案的编制应当符合下列基本要求：

(1)有关法律、法规、规章和标准的规定；

(2)本地区、本部门、本单位的安全生产实际情况；

(3)本地区、本部门、本单位的危险性分析情况；

(4)应急组织和人员的职责分工明确，并有具体的落实措施；

(5)有明确、具体的应急程序和处置措施，并与其应急能力相适应；

(6)有明确的应急保障措施，满足本地区、本部门、本单位的应急工作需要；

(7)应急预案基本要素齐全、完整，应急预案附件提供的信息准确；

(8)应急预案内容与相关应急预案相互衔接。

三、应急预案编制的程序

生产经营单位应急预案编制程序包括成立应急预案编制工作组、资料收集、风险评估、应急资源调查、应急预案编制、推演论证、应急预案评审和批准实施8个步骤。

知识点2:应急预案的主要内容

一、综合应急预案的主要内容

(一)应急组织机构及职责

明确生产经营单位的应急组织形式及组成单位(部门)或人员(可用图示)，明确构成单位(部门)的应急处置。根据事故类型和应急处置工作需要，应急组织机构可设置相应的工作小组，各小组具体构成及职责任务建议作为附件。

(二)预警及信息报告

(1)预警。对于可以预警的生产安全事故、明确预警分级条件、预警信息发布、预警行动以及预警级别调整和解除的程序及内容。

(2)信息报告。信息报告可用电话口头初报。应急信息报送以书面报告为主，必要时和有条件的可采用影音、影像等形式。按照有关规定，明确事故及事故险情信息报告程序。

（三）应急响应

1. 响应分级

结合事故可能危及人员的数量、影响范围以及单位处置层级等因素综合划定本单位应急响应级别，可分为Ⅰ级、Ⅱ级、Ⅲ级，一般不超过Ⅳ级。

Ⅰ级：事故后果超出本单位处置能力，需要外部力量介入方可处置。

Ⅱ级：事故后果超出基层单位处置能力，需要本单位采取应急响应行动方可处置。

Ⅲ级：事故后果仅限于本单位的局部区域，基层单位采取应急响应行动即可处置。

2. 响应程序

确定应急响应程序主要包括：

(1)应急响应启动。明确应急响应启动的程序和方式。可由有关领导作出应急响应启动的决策并宣布，或者依据事故信息是否达到应急响应启动的条件自动触发启动。若未达到应急响应启动条件，应做好应急响应准备，实时跟踪事态发展。

(2)应急响应内容。明确应急响应启动后的程序性工作，包括紧急会商、信息上报、应急资源协调、后勤保障、信息公开等工作。

3. 应急处置

明确事故现场的警戒疏散、医疗救治、现场监测、技术支持、工程抢险、环境保护及人员防护等工作要求。

4. 扩大应急

明确当事态无法控制情况下，向外部力量请求支援的程序及要求。

5. 响应终止

明确应急响应结束的基本条件和要求。经应急处置后，现场应急指挥部确认满足应急预案终止条件时，向分公司应急指挥中心报告，由总指挥下达应急结束指令。

（四）后期处置

应急处置结束后，事发单位应及时组织现场清理，对废弃物和污染物进行妥善处置，具备条件的尽快恢复生产和经营；对受影响的人员及家属进行合理安置，公共关系与后勤组、资金保险组配合做好善后工作；按照国家法律法规、规定开展事故调查；应急指挥中心办公室对事故应急救援工作进行总结，形成文字材料。

（五）应急保障

(1)通信与信息保障：明确可为本单位提供应急保障的相关单位及人员通信联系方式和方法，并确保应急期间信息通畅。

(2)应急队伍保障：明确相关的应急人力资源，包括应急专家、专业应急队伍、兼职应急队伍等。

(3)物资装备保障：明确本单位的应急物资和装备的类型、数量、性能、存放位置、运输及使用条件、更新及补充时限、管理责任人及其联系方式等内容，并建立档案。

(4)其他保障：根据应急工作需求而确定的其他相关保障措施（如经费保障、交通运输保障等）。

二、专项应急预案的主要内容

(1)适用范围。说明专项应急预案适用的范围，以及与综合应急预案的关系。

（2）应急组织机构及职责。根据事故类型，明确应急组织机构以及各成员单位或人员的具体职责。应急指挥机构可以设置相应的应急工作小组，明确各小组的工作任务及主要负责人职责。

（3）处置措施。针对可能发生的事故风险、危害程度和影响范围，明确应急处置指导原则，制定相应的应急处置措施。

三、现场处置方案的主要内容

现场处置方案是按照事故类型，针对具体的装置、场所或设施、岗位所制定的应急处置措施，具体很强的针对性和可操作性。现场处置方案应根据风险评估及危险性控制措施逐一编制，其主要内容有：

（1）事故风险描述。事故风险描述主要包括：事故类型；事故发生的区域、地点或装置的名称；事故发生的可能时间、危害程度及其影响范围；事故前可能出现的征兆；可能引发的次生、衍生事故。

（2）应急工作职责。针对具体场所、装置或者设施，明确应急组织分工和职责。

（3）应急处置。应急处置主要包括以下内容：

①事故应急响应程序。结合现场实际，明确事故报警、自救互救、初期处置、警戒疏散、人员引导、扩大应急等程序。

②现场初期处置措施。针对可能的事故风险，制定人员救援、工艺操作、事故控制、消防等方面的初期处置措施，以及现场恢复、现场证据保护等方面的工作方案。基层单位可依据初期处置措施，针对事故现场处置工作需要，灵活制定现场工作方案。

四、应急处置卡的主要内容

（1）岗位名称。明确应急组织机构功能组的名称（含组成）或重点岗位的名称。

（2）行动程序及内容。明确应急组织机构功能组或重点岗位人员预警及信息报告、应急响应、后期处置中所采取的行动步骤及措施。

（3）联系电话。列出应急工作中主要联系的部门、机构或人员的联系方式。

知识点3：应急演练

一、演练的类型

可采用不同规模的应急演练方法对应急预案的完整性和周密性进行评估，如桌面演练、功能演练和全面演练等。

（1）桌面演练。桌面演练是指由应急组织的代表或关键岗位人员参加的，针对事故情景，利用图纸、沙盘、流程图、计算机、视频等辅助手段，依据应急预案及其标准工作程序而进行交互式讨论或模拟紧急情况时应采取行动的演练活动。桌面演练的特点是对演练情景进行口头演练，一般是在会议室内举行。其主要目的是锻炼参演人员解决问题的能力，以及解决应急组织相互协作和职责划分的问题。

（2）功能演练。功能演练是指针对某项应急响应功能或其中某些应急响应行动举行的演练活动，一般在应急指挥中心或现场指挥部举行，并可同时开展现场演练，调用有限的应急设备，主要目的是针对应急响应功能，检验应急人员以及应急体系的策划和响应能力。功能演练比桌面演练规模要大,需动员更多的应急人员和机构。

(3)全面演练。全面演练指针对应急预案中全部或大部分应急响应功能,检验、评价应急组织应急运行能力的演练活动。全面演练一般要求持续几个小时,采取交互式方式进行,演练过程要求尽量真实,调用更多的应急人员和资源,并开展人员、设备及其他资源的实战性演练,以检验相互协调的应急响应能力。与功能演练类似,演练完成后,除采取口头评论、书面汇报外,还应提交正式的书面报告。

无论采取何种演练方法,应急演练方案必须与辖区重大事故应急管理的需求和资源条件相适应。

二、应急演练的参与人员

按照应急演练过程中扮演的角色和承担的任务,将应急演练参与人员分为参演人员、控制人员、模拟人员、评价人员和观摩人员。这5类人员在演练过程中都有着重要的作用,并且在演练过程中都应佩戴能表明其身份的识别符。

三、应急演练的基本过程

综合性应急演练的过程可划分为演练准备、演练实施和演练总结3个阶段,各阶段的基本任务如图8-1所示。建立应急演练策划小组(或领导小组)是成功组织开展应急演练工作的关键。策划小组应由多种专业人员组成,包括来自消防、公安、医疗急救、应急管理、市政、学校、气象部门的人员,以及新闻媒体、企业、交通运输单位的代表等;必要时,军队、核事故应急组织或机构也可派出人员参加策划小组。参演人员不得参加策划小组,更不能参与演练方案的设计。

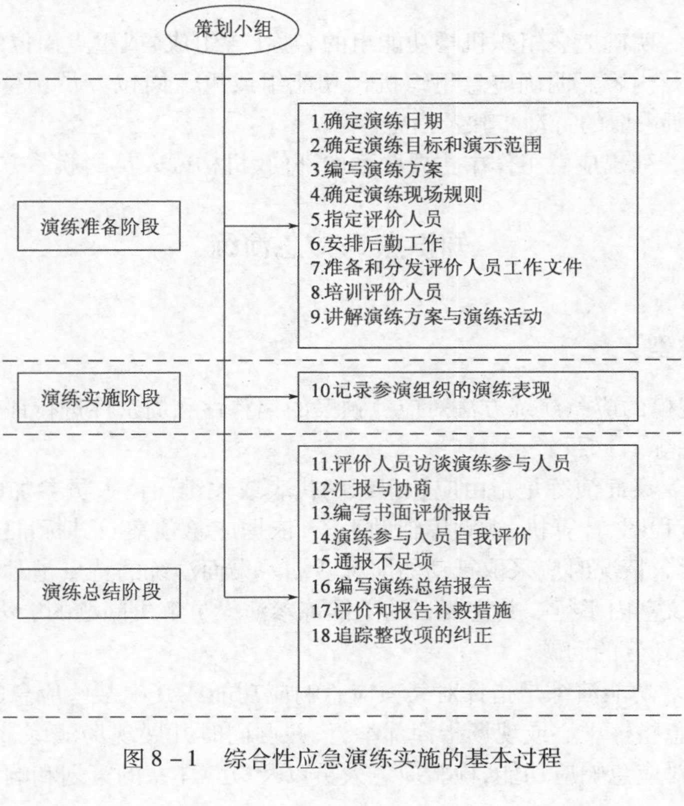

图8-1 综合性应急演练实施的基本过程

四、应急演练总结与追踪

评价组人员根据在演练过程中通过观察、记录和收集演练信息和相关数据等编写演练评估报告。评估组针对应急预案、应急组织、应急人员、应急机制、应急保障等方面存在的问题或不足，提出改进意见或建议，总结演练中好的做法和主要优点，并对演练组织实施情况给出优、良、中、差等评估结论。演练组织单位应根据评估报告中提出的不足项和整改项，制定整改计划、整改措施，直到问题解决为止。

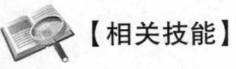

【相关技能】

配合完成化工装置事故应急救援实战演练

以苯乙烯装置事故应急救援实战演练为例，配合完成化工装置事故应急救援实战演练，演练步骤见表 8－1。

表 8－1　苯乙烯装置事故应急救援实战演练步骤

项目	演练内容
开始	策划组长宣布应急演练开始
火灾发生	苯乙烯装置氧含量仪表报警，班长安排调整工艺操作及现场检查，并通知总调外操现场发现乙苯泄漏，两人受困，火势蔓延，危及生命
报警	火灾情况上报
	启动公司级应急预案，操作人员按紧急停车，设立警戒区
接警、现场施救	公司相关部门接警后，相关负责人、消防队赶往现场组织救援，抢救受困人员； 市安监总局、市政府接报后，启动市政府三级预警，通告各相关部门，做好应急响应准备
紧急撤离	救助受困人员；临时交通管制； 火场出现爆炸迹象，事故升级，救援人员撤离，1 名受伤，1 名昏迷； 建立警戒区
事态升级	市政府启动应急响应，各相关部门赶赴现场，实施救援； 人员救出，现场急救并送医院； 检测周边环境、水体、土壤
	事态扩大，发生连环爆炸，邀请专家，成立企业和地方政府现场指挥部； 召开新闻发布会，通告事故及处置情况； 疏散周边群众
	事态继续扩大，受伤人员增加； 应急响应升级，上报省安监总局、省政府，启动省级应急预案
	省安监总局、省政府，相关部门赶赴现场，实施救援； 再次发生连续爆炸，事态升级，抢险人员后撤
专职消防队实施灭火	火势得到控制
	事故发生地点内烟雾逐渐减少，经过紧张战斗专职消防队将火灾完全扑灭
事态控制	火灾被扑灭，清点人员，救出所有受困人员
	现场继续进行清理，污水排至污水处理厂进行无害化处理
现场恢复	应急抢险人员及设施洗消，人员清点，对应急抢险人员进行预防性医学处理
	实施堵漏成功
	应急救援领导小组组长发布命令：应急状态结束，解除警报

续表

项目	演练内容
现场恢复	加强现场监控，召开新闻发布会
应急结束	应急领导小组组长讲话
演练结束	策划组长宣布演练结束，召开总结会

视频8-1 苯乙烯装置事故应急救援实战演练

任务二　应急救援与应急处置

【案例导入】

某公司爆炸事故

一、事故经过

2015年8月31日23时18分，某公司新建年产2×10^4t改性型胶黏新材料联产项目二胺车间混二硝基苯装置在投料试车过程中发生重大爆炸事故，造成13人死亡，25人受伤，直接经济损失4326万元。

二、应急处置

地方政府主要领导接报后立即启动应急预案，迅速赶赴事故现场，成立现场救援指挥部，设立警戒保卫、抢险救灾、技术保障、医疗救护、新闻宣传、后勤保障、善后工作七个专项工作小组，由市长任总指挥，组织指挥救援工作。9月1日4时，明火扑灭后，现场指挥部迅速组织专家认真分析、研判现场情况，制定失联人员搜救和应急处置方案，全力展开援救工作，先后调集化工、环保、消防、武警等专业技术人员70余人，调用消防搜救犬9只，24小时不间断进行现场拆解和大范围、地毯式搜寻。组织医护、公安刑警、法医等人员进行甄别鉴定和DNA比对，截至9月5日12时，全部确定了遇难者身份。

三、事故原因分析

（一）直接原因

车间负责人违章指挥，安排操作人员违规向地面排放硝化再分离器内含有混二硝基苯的物料，混二硝基苯在硫酸、硝酸以及硝酸分解出的二氧化氮等强氧化剂存在的条件下，自高处排向一楼水泥地面，在冲击力作用下起火燃烧，火焰炙烤附近的硝化机、预洗机等设备，使其中含有二硝基苯的物料温度升高，引发爆炸，是造成本次事故发生的直接原因。

（二）间接原因

（1）违章指挥。在工艺条件、安全生产条件不具备的情况下，该企业主要负责人擅自决定投料试车。

（2）强令冒险作业。车间和工段负责人，违反相关规定，强令操作人员卸开硝化再分离器物料排净管道法兰，打开放净阀，向地面排放含有混二硝基苯的物料。

（3）安全防护措施不落实。事故装置相关配套设施未建成，安全设施设备未全部投用，投用的安全设施设备未处于正常运行状态。

（4）违规投料试车。未严格对事故装置进行“三查四定”，未组织试车方案审查和安全条件审查，未成立试车管理组织机构，在装置运行温度等重要工艺指标不稳定的原因未查明、未采取有效措施解决的情况下，先后两次违规组织进行投料试车。

【相关知识】

知识点1：应急救援的基本任务和基本形式

一、基本任务

事故应急救援的总目标是通过有效的应急救援行动，尽可能地降低事故的后果，包括人员伤亡、财产损失和环境破坏等。事故应急救援的基本任务包括下述几个方面：

（1）立即组织营救受害人员，组织撤离或者采取其他措施保护危害区域内的其他人员。

（2）迅速控制事态，并对事故造成的危害进行检测、监测，测定事故的危害区域、危害性质及危害程度。

（3）消除危害后果，做好现场恢复。

（4）查清事故原因，评估危害程度。

二、基本形式

根据事故的涉及范围和危害程度，通常可采取生产经营单位自救和社会力量救援2种应急救援形式。

（1）生产经营单位自救。

发生事故的生产经营单位最了解事故现场的具体情况，即使事故危害已涉及生产经营单位以外的区域，发生事故的生产经营单位仍需按照自己制定的应急救援预案全力组织自救，特别是尽快控制危险源。

化学品生产、使用、储存、运输等单位必须成立应急救援专业队伍，负责本单位发生事故时的应急救援。

（2）社会力量救援。

对于重大或灾难性事故，以及依靠生产经营单位自身的应急救援力量不能控制或不能及时消除事故后果的情况，必须通过应急救援网络，尽早争取社会力量救援，控制事故的发展。

特大生产事故应急救援体系的建立由县级以上地方各级人民政府负责。建立省、市、县3级特大生产事故应急救援体系时，要统筹兼顾、全面规划、明确分工、相互协调，做到应急救援人力、物力、资源的合理配置和有效使用。

知识点2:事故应急处置

一、应急处置程序

事故应急处置一般包括事故报警、出动应急救援队伍、划定安全区和事故现场控制、紧急疏散、现场指挥与控制、现场急救、人员安全防护、现场清理和洗消等8个方面。

(一)事故报警

当发生事故时,现场人员必须根据各自企业制定的事故预案立即采取抑制措施,尽量减少事故的蔓延,同时向有关部门报告。事故发生单位领导人应根据事故地点、事态的发展决定应急救援形式是单位自救还是采取社会救援。

(二)出动应急救援队伍

公司应急指挥中心总指挥根据事故的性质、严重程度、影响范围和可控性,对事故进行研判,若符合应急准备条件,按照公司应急响应程序(图8－2),指令二级单位进行应急处置。根据事故的发展动态及现场应急处置情况,若预警升级,则启动应急响应,出动应急救援队伍,并确定向地方政府及集团公司报告事件发生相关情况及请求地方政府部门协调、支援等事项。

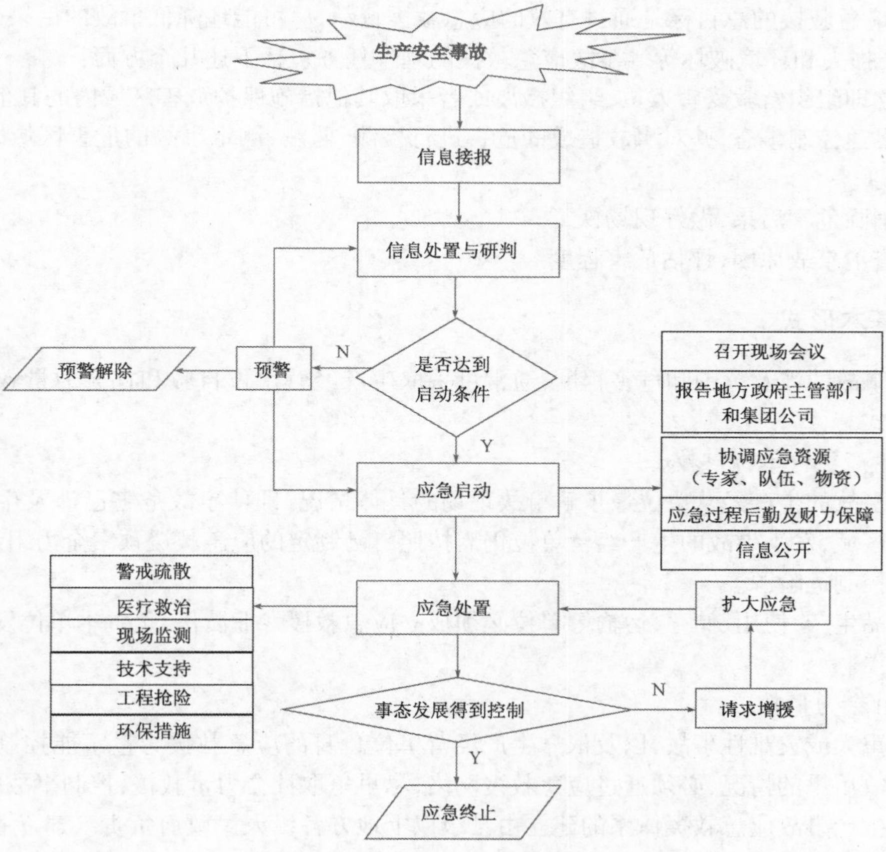

图8－2　应急响应程序

（三）划定安全区和事故现场控制

根据事故模拟结果和专家建议，并考虑危险化学品对人体的不同伤害程度，同时结合事故发生的不同时期，可以将现场分为初始安全区、事故现场控制等区域。

(1)初始安全区。

危险化学品泄漏后，若接触泄漏物或吸入其蒸气可能会危及生命，则有必要确定初始安全区，以供现场应急人员在专业人员到达事故现场前作应急参考。

(2)事故现场控制。

根据确定的初始安全距离，可以疏散现场的人员，禁止人员进入隔离区。应急处置人员到达现场后，应进一步细化安全区域，确定应急处置人员、洗消人员和指挥人员分别所处的区域。

一旦确定警戒范围，必须在警戒区设置警戒标志，消除区内火种。设置警戒标志可使用警戒标志牌、警戒绳，夜间可以拉防爆灯光警戒绳。在警戒区周围布置一定数量的警戒人员，防止无关人员和车辆进入警戒区。主要路口必须布置警戒人员，必要时实行交通管制。

（四）紧急疏散

(1)建立警戒区域并迅速将事故应急处理无关人员撤离，将相邻的危险化学品疏散，以减少不必要的人员伤亡。

(2)紧急疏散时应注意：

①如事故物质有毒时，需要佩戴个体防护用品或采用简易有效的防护措施。

②应向上风方向转移；明确专人引导和护送疏散人员到安全区，并在疏散或撤离的路线上设立哨位，指明方向。

③不要在低洼处滞留。

④要查清是否有人留在污染区与着火区。

为使疏散工作顺利进行，每个车间应至少有两个畅通无阻的紧急出口，并有明显标志。

（五）现场指挥与控制

(1)现场应急指挥责任主体及指挥权交接。突发事故发生后，事发单位要立即启动应急预案，先期成立本单位现场指挥部，由事发现场最高职位者担任现场指挥部指挥员，在确保安全的前提下采取有效措施组织抢救遇险人员，控制危险源、封锁危险场所、划定警戒隔离区，防止事故扩大。

事故升级，在市、区相关负责人赶到现场后，事发单位应立即向市、区现场应急指挥部正式移交应急指挥权，并汇报事故情况、进展、风险以及影响控制事态的关键因素和问题。调动本单位所有应急资源，服从政府和上级现场应急指挥部的指挥。

(2)组建现场指挥部。由市生产安全事故应急指挥部办公室牵头，组建现场指挥部，成立现场应急处置工作组。

(3)现场指挥协调。现场指挥部成立后，及时将现场指挥部人员名单、通信方式等报告上一级应急指挥机构，根据现场指挥需要，按规定配备必要的指挥设备及通信手段等，具备迅速搭建现场指挥平台的能力；现场指挥部要悬挂或喷写醒目的标志，现场总指挥和其他人员要佩戴相应标识。

(4)跟踪进展。一旦发现事态有进一步扩大的趋势，可能超出自身的控制能力时，指挥部应报请市生产安全事故应急指挥部协调调度其他应急资源参与处置工作。及时向事故可能波及的地区通报有关情况，必要时可通过媒体向社会发出预警。

（六）现场急救

在事故现场，化学品对人体可能造成的伤害为中毒、窒息、冻伤、化学灼伤、烧伤等，进行急救时，不论患者还是救援人员都需要进行适当的防护。急救之前，救援人员应确信受伤者所在环境是安全的。另外，口对口的人工呼吸及冲洗污染的皮肤或眼睛时，要避免进一步受伤。

（七）人员安全防护

（1）应急救援人员防护。应急救援指挥人员、医务人员和其他不进入污染区域的应急人员一般配备过滤式防毒面罩、防护服、防毒手套、防毒靴等；工程抢险、消防和侦检等进入污染区域的应急人员应配备密闭型防毒面罩、防酸碱型防护服和空气呼吸器等；采取相应安全防护措施后，方可进入现场救援。

（2）遇险人员救护。救援人员应携带救生器材迅速进入现场，将遇险受困人员转移到安全区。将警戒隔离区内与事故应急处理无关人员撤离至安全区，撤离时要选择正确方向和路线。对救出人员进行现场急救和登记后，移交专业医疗卫生机构救护。

（3）群众的安全防护。根据不同危险化学品事故特点，组织和指导群众就地取用毛巾、湿布、口罩等物品，采用简易有效措施自救互救。根据实际情况，制定切实可行的疏散程序。进入安全区域后，应尽快去除受污染的衣物，防止继发性伤害。

（八）现场清理和洗消

事故现场清理是为了防止进一步危害的过程。在现场危险分析的基础上，应对现场可能产生的进一步的危害和破坏采取及时的行动，使二次事故的可能性尽可能小。这类工作包括防止有毒有害气体的生成或蔓延、释放，防止易燃易爆物质或气体的生成与燃烧爆炸，防止由火灾引起的爆炸等。

二、典型事故应急处置技术

（一）火灾、爆炸事故应急处置

1. 火灾爆炸事故应急处置原则

（1）救人第一；

（2）先控制，再消灭，迅速关闭火灾部位的上下游阀门，切断危险物料；

（3）扑救人员应处于上风或侧风向，并采取针对性地自我防护措施；

（4）正确选择最适当的灭火剂和灭火方法；

（5）对可能发生再次爆炸危险时，应按照统一的撤退信号和撤退方法及时撤退。

2. 火灾爆炸事故应急处置措施

火灾爆炸一般处置措施见表 8 -2。

表 8 -2　火灾爆炸一般处置措施

序号	任务	主要工作内容
1	侦察、检测	（1）侦察事件现场，确认以下情况： ①被困人员情况； ②容器储量、燃烧时间、部位、形式、蔓延方向、火势范围与阶段、对毗邻威胁程度； ③生产装置、控制路线、建（构）筑物损坏程度； ④确定攻防路线、阵地； ⑤现场及周边污染情况。 （2）检测人员在不同方位从火场外围向内检测有害物质的扩散范围，特别注意对周边暗渠、管沟、管井等相对密闭空间进行检测。 （3）了解周边单位、居民、地形等情况

续表

序号	任务	主要工作内容
2	隔离、疏散	根据现场侦检情况确定警戒区域,进行警戒、疏散、交通管制: (1)确定警戒区域,并设立警戒标志,在安全区外设立隔离带; (2)合理设置出入口,严格控制各区域进出人员、车辆、物资,并进行安全检查、逐一登记; (3)设立警戒区的同时,有序组织警戒区内的无关人员疏散
3	救生与救护	(1)采取正确的救助方式,将所有遇险人员移至无污染地区; (2)对救出人员进行登记、标识和现场急救; (3)将伤情较重者送医疗急救部门救治; (4)对于中毒者要使用特效药物对症治疗
4	火场控制	在实施灭火前,要对火场现场进行控制,以达到灭火条件: (1)控险: ①对周围受火灾威胁的设施及时采取冷却保护措施; ②利用工艺措施倒罐或排空; ③转移受火势威胁的物资和移动设施。 (2)排险: ①向泄漏点、主火点进攻之前,应将外围火点彻底扑灭; ②有的火灾可能造成易燃液体外流,这时可用沙袋或其他材料筑堤拦截飘散流淌的液体,或挖沟导流将物料导向安全地点; ③用毛毡、海草帘堵住下水井、阴井口等处,防止火焰蔓延。 (3)堵漏:所有堵漏行动必须采取防爆措施,确保安全。 (4)点燃:对于气体火灾,当罐内气压减小,火焰自动熄灭,或火焰被冷却水流扑灭,但还有气体扩散且无法实施堵漏,仍能造成危害时,要果断采取措施点燃
5	火灾扑救	(1)要达到以下灭火条件时才能实施灭火: ①周围火点已彻底扑灭、外围火种等危险源已全部控制; ②着火罐或设施已得到充分冷却; ③兵力、装备、灭火剂已准备就绪; ④物料源已被切断,且内部压力明显下降; ⑤堵漏准备就绪,并有把握在短时间内完成。 (2)灭火:选择正确的灭火剂和灭火方法控制火灾,当已具备灭火条件时,可实施灭火
6	洗消	(1)根据现场危险化学品的毒性,考虑设立洗消站, 使用相应的洗消药剂; (2)洗消的对象:中毒的人员在送医院治疗之前、现场医务人员、消防和其他抢险人员及群众互救人员、抢救及染毒器具等; (3)洗消污水的排放必须经过环保部门的检测,以防造成次生灾害
7	清理	(1)用喷雾水、蒸气、惰性气体清扫现场内事故罐、管道、低洼、沟渠等处,确保不留残气(液); (2)小量残液,用干沙土、水泥粉、煤灰、干粉等吸附;大量残液,用防爆泵抽吸或使用无火花盛器收集,集中处理; (3)在污染地面洒上中和或洗涤剂浸洗,然后用大量直流水清扫现场,特别是低洼、沟渠等处,确保不留残液; (4)清点人员、车辆及器材, 撤除警戒,做好移交,安全撤离
8	环境保护措施	(1)对场内灭火后的残留物料和消防废水,立即进行回收、挖坑、引流、处理,关闭清污分流切换阀,同时对装置区域清净下水总排放口进行截堵,在水质突变的情况下,紧急投用事故污水调节罐或污水池; (2)对场外残留物料和消防废水和污水总排放口,加强监测,对外排的污染物进行围堵和截堵

根据危险物料不同、发生场景不同,火灾爆炸事故的处置措施略有不同,其注意事项详见表8－3。

表8－3　典型设施和场景火灾爆炸事故处置注意事项

序号	典型设施或场景	注意事项
1	装置类发生火灾爆炸时	对于扑救装置类火灾要立体围控,全面控制: (1)组织良好的供水路线,确保水枪的用水量; (2)能喷到一定高度的器材装备,充分利用装置的操作平台,框架结构的孔洞、设备观察孔等架设水枪,指挥层次清楚、指挥关系明确; (3)关阀断料,对空间燃烧液体流经部位予以充分冷却,采取上下立体夹攻的方法消灭空间液体流淌火,对流到地面的燃烧液体,筑堤导流,泡沫覆盖; (4)明沟类流淌火,要筑堤分割,分段堵截;暗沟类流淌火,要泡沫灌注,封闭窒息
2	大型原油储罐发生火灾爆炸时	(1)扑救原油和重油等具有沸溢和喷溅危险的液体火灾,如有条件,可采用取放水、搅拌等防止发生沸溢和喷溅的措施; (2)在灭火时必须注意计算可能发生沸溢、喷溅的时间和观察是否有沸溢、喷溅的征兆; (3)指挥员发现危险征兆时应迅速及时下达撤退命令,避免造成人员伤亡和装备损失; (4)扑救人员看到或听到统一撤退信号后,应立即撤至安全地带
3	液化烃储罐发生火灾爆炸时	(1)扑救液化气体火灾切忌盲目扑灭火势,在没有采取堵漏措施的情况下,必须保持稳定燃烧;如果意外扑灭了泄漏处的火焰,也必须立即点燃。 (2)如果确认泄漏口非常大,根本无法堵漏,只需冷却着火容器及其周围容器和可燃物品,控制着火范围,直到燃气燃尽,火势自动熄灭。 (3)采用封堵暗渠盖板、管孔等措施防止泄漏液态烃流入相对密闭空间。对可能已存在液态烃或可燃(有毒)气体积聚的相对密闭空间,应根据现场情况立即采取注水(泡沫液)、强风吹扫等方式进行处置。 (4)应密切注意各种危险征兆,当出现以下征兆时,必须及时做出准确判断,下达撤退命令。现场人员看到或听到事先规定的撤退信号后,应迅速撤退至安全地带。 ①可燃气体继续泄漏而火种较长时间没有恢复燃烧,现场可燃气体浓度达到爆炸极限; ②受辐射热的容器裂口或安全阀出口处火焰变得白亮耀眼、泄漏处气流发出尖叫声、容器发生晃动等现象。 (5)扑救液化烃储罐火灾时应注意防止未挥发液化烃造成人员冻伤,进入液化烃泄漏区域作业必须穿戴专用服装
4	扑救特殊危险化学品火灾时	(1)对于爆炸物品火灾,切忌用沙土盖压,以免增强爆炸物品爆炸时的威力; (2)对于遇湿易燃物品火灾,绝对禁止用水、泡沫、酸碱等湿性灭火剂扑救; (3)扑救毒害品和腐蚀品的火灾时,应尽量使用低压水流或雾状水,避免腐蚀品、毒害品溅出,遇酸类或碱类腐蚀品最好调制相应的中和剂稀释中和; (4)易燃固体、自燃物品一般都可用水和泡沫扑救;对易升华的易燃固体,受热发出易燃蒸气,能与空气形成爆炸性混合物,尤其在室内,易发生爆燃,在扑救过程应不时向燃烧区域上空及周围喷射雾状水,并消除周围一切火源

（二）油气管道泄漏事故应急处置技术

(1)泄漏事故处置原则。一旦发生泄漏事故,要迅速采取有效措施消除或减少泄漏的危害。应急处置的首要任务为:迅速撤离泄漏污染区人员至安全区并进行隔离,严格限制出入,切断火源,切断泄漏源。

(2)油气管道泄漏一般处置措施及典型设施和场景应急处置时注意事项见表8－4。

表 8－4　油气管道泄漏一般处置措施

序号	任务	工作内容
1	现场确认并报警	(1)通过现场勘查、工艺参数分析、管道泄漏报警系统定位等手段确定泄漏点位置。 (2)关闭泄漏点两端线路截断阀,切断泄漏管段油气源供应。 (3)立即向地方政府报警
2	地方联动	(1)立即向当地政府应急机构报告,请求并配合封闭现场,对警戒区周边实施交通管制。 (2)协调地方供电部门切断警戒区内电源。 (3)配合地方政府开展人员疏散、消防、抢险救援等应急工作
3	现场检测	对泄漏油气浓度、风向、风力、土壤或水体污染面积范围等污染物扩散情况进行持续检测
4	现场警戒、人员疏散	(1)根据现场监测结果,确定泄漏现场警戒区范围。 (2)引导或告知警戒区内需疏散人员尽快疏散至安全区域。 (3)对受伤、中毒人员进行转移、救护。 (4)在确保救援人员个人防护完善的情况下对警戒区内失踪人员进行搜救。 (5)对警戒区内车辆就地熄火
5	泄漏点介质处理	(1)对泄漏的油品采取开挖引流沟、开挖集油池、布设围油栏、筑坝等措施进行围堵、引流、集中、回收。 (2)对无法回收的污染油品,采取用沙土、干粉、泡沫覆盖事故现场地面等方式收集、清理污染物。 (3)采用强制通风设备对现场泄漏(挥发)的可燃(有毒)气体进行吹扫,吹扫方向应朝向安全扩散区域,并结合现场风向、风力、湿度等情况确定。 (4)采用在警戒区域布设水幕,向关键工艺设备、建(构)筑物、植被等喷水(泡沫)降温等方式
6	抢险作业	(1)应严格控制火源,保持现场持续通风或吹扫,待可燃(有毒)气体浓度低于警戒值后,方可进场实施抢险作业。 (2)清理进场道路上障碍物,同时考虑正常通行道路和紧急逃生通道设置。 (3)在可燃气体的区域内应使用防爆设备,车辆进入警戒区须安装防火罩。 (4)根据抢险作业要求,组织清理作业区间内障碍物。对泄漏管道实施开挖,应采取人工方式清理开挖管道上方的覆土或堆积体,必要时应采取喷水(泡沫液)方式进行监护。 (5)对泄漏点管道进行封堵或更换,涉及用火作业前须严格进行安全条件确认

(三)急性中毒事故应急处置技术

(1)急性中毒的应急处置原则。

①救护者在进入毒区抢救之前,要做好个人呼吸系统和皮肤的防护。

②尽快切断毒物来源。救护人员进入事故现场后,除对中毒者进行抢救外,同时应采取果断措施(如关闭管道阀门、堵塞泄漏的设备等)切断毒源,防止毒物继续外逸。对于已经扩散出来的有毒气体或蒸气应立即启动通风排毒设施或开启门、窗等,降低有毒物质在空气中的含量,为抢救工作创造有利条件。

③采取有效措施,尽快阻止毒物继续侵入人体。

④在有条件的情况下,采用特效药物解毒或对症治疗,维持中毒者主要脏器的功能。

⑤出现成批急性中毒病员时,应立即成立临时抢救指挥组织,以负责现场指挥。

⑥立即通知医院做好急救准备。通知时应尽可能说清是什么毒物中毒、中毒人数、侵入途径和大致病情。

(2)急性中毒事故一般处置措施见表 8－5。

表 8－5 急性中毒事故一般处置措施

序号	任务	工作内容
1	搜救中毒人员	（1）组成救生小组，携带救生器材迅速进入危险区域； （2）采取正确的救助方式，将所有遇险人员移至安全区域； （3）需要时，为伤员戴上呼吸防护装备，防止继续吸入染毒
2	登记分类	（1）对救出人员进行登记； （2）根据伤情对伤员进行分类，佩戴医标牌戴，需要紧急处理和转运的伤员戴红色标牌，不严重、可以随后处理和转运的伤员戴黄色标牌，轻微中毒的伤员戴绿色标牌
3	现场急救	（1）对呼吸困难者，立即给氧，对呼吸、心跳停止者，立即进行心肺复苏； （2）存在化学性眼灼伤者，立即用大量流动清水彻底冲洗； （3）对皮肤污染者，立即脱去污染的衣服，用流动清水冲洗； （4）当人员发生冻伤时，应迅速复温，复温的方法是采用 40～42℃恒温热水浸泡，使其温度提高至接近正常，在对冻伤的部位进行轻柔按摩时，应注意不要将伤处的皮肤擦破，以防感染； （5）当人员发生烧伤时，应迅速将患者衣服脱去，用流动清水冲洗降温，用清洁布覆盖创伤面，避免伤面污染，不要任意把水疱弄破，患者口渴时，可适量饮水或含盐饮料； （6）经口中毒者，漱口，饮一杯水，立即催吐（神志不清者禁止催吐），或用洗胃以及导泻的办法使毒物尽快排出体外，或给服活性炭阻止毒物吸收，但腐蚀性毒物中毒时，一般不提倡用催吐与洗胃的方法
4	医院救治	（1）经现场处理后应迅速护送至医院救治； （2）有特效解毒剂的中毒应及时给予解毒治疗

【相关技能】

储罐、热水器火灾事件应急处置

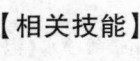

请根据视频描述写出事件应急处置基本步骤。

视频8-2 大型储罐火灾爆炸事件应急救援

视频8-3 常减压换热器泄漏着火事故

任务三 事故管理与分析

【案例导入】

某公司爆炸着火重大事故

一、事故经过

2015 年 4 月 6 日 18 时 56 分，某公司二甲苯装置在停产检修后开车时，二甲苯装置加热炉区域发生爆炸着火事故，导致二甲苯装置西侧607号、608号重石脑油储罐和609、610号轻重整液储罐爆裂燃烧。造成6人受伤，另有13名周边群众陆续到医院检查留院观察，直接经济损失9457万元。

二、事故原因

(一)直接原因

在二甲苯装置开工引料操作过程中出现压力和流量波动，引发液击，存在焊接质量问题的管道焊口作为最薄弱处断裂。管线开裂泄漏出的物料扩散后被鼓风机吸入风道，经空气预热器后进入炉膛，被炉膛内高温引爆，此爆炸力量以及空间中泄漏物料形成的爆炸性混合物的爆炸力量撞裂储罐，爆炸火焰引燃罐内物料，造成爆炸着火事故。

(二)间接原因

(1)重效益、轻安全。“7·30”事故后，该公司拒不执行省安监局下发的停产指令，违规试生产；超批准范围建设与试生产。

(2)工程建设质量管理不到位。未落实施工过程安全管理责任，对施工过程中的分包、无证监理、无证检测等现象均未发现；工艺管道存在焊接缺陷，留下重大事故隐患。

(3)工艺安全管理不到位。一是二甲苯单元工艺操作规程不完善，未根据实际情况及时修订，操作人员工艺操作不当产生液击。二是工艺联锁、报警管理制度不落实，解除工艺联锁未办理报批手续。三是试生产期间，事故装置长时间处于高负荷甚至超负荷状态运行。

三、事故教训

(1)切实落实企业主体责任，全面开展隐患排查治理。要建立健全隐患排查治理制度，落实企业主要负责人的隐患排查治理第一责任，实行谁检查、谁签字、谁负责。

(2)切实落实部门监管责任，严格行政许可审批。要健全完善“党政同责、一岗双责、齐抓共管”的安全生产责任体系，推动实现责任体系“三级五覆盖”，进一步落实地方属地管理责任。

(3)明确石油化工建设工程质量监管职责，消除监管缺失。

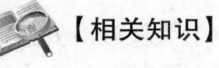

【相关知识】

知识点1:事故的分类及等级

一、事故的分类

事故是指在进行有目的的行动过程中发生的意外的突发性事件的总称，通常会使正常活动中断，造成人员伤亡或财产损失。根据《生产安全事故报告和调查处理条例》，生产安全事故是指“生产经营活动中发生的造成人身伤亡或者直接经济损失的”事故，不包括环境污染事故、核设施事故、国防科研生产事故。

《企业职工伤亡事故分类》(GB 6441—1986)按照事故起因物和致害物将事故分为20类：物体打击事故、车辆伤害事故、机械伤害事故、起重伤害事故、触电事故、火灾事故、灼烫事故、淹溺事故、高处坠落事故、坍塌事故、冒顶片帮事故(顶部坍塌叫冒顶，侧壁垮塌叫片帮，两者同时发生叫冒顶片帮)、透水事故、放炮事故、火药爆炸事故、瓦斯爆炸事故、锅炉爆炸事故、容器爆炸事故、其他爆炸事故、中毒和窒息事故、其他伤害事故。

二、事故的等级划分

根据事故造成的人员伤亡或者直接经济损失或社会影响的严重程度,事故划分为特别重大事故、重大事故、较大事故和一般事故4个等级,见表8-6。

表8-6 事故的等级划分

事故类别	死亡人数	重伤(包括急性工业中毒)人数	直接经济损失
一般事故	3人以下	10人以下	1000万以下
较大事故	3~9人	10~49人	1000万~5000万以下
重大事故	10~29人	50~99人	5000万~1亿以下
特别重大事故	30人以上	100人以上	1亿以上

知识点2:事故管理相关规定

事故管理的最终目的,一方面是查清事故发生的原因,采取防范措施,消事故隐患;另一方面,要进行有针对性的教育,提高员工安全素质,从而预防同类事故的发生。

一、事故上报

(一)事故报告的程序和时限

事故报告要遵循以下原则:

时限性原则——及时、立即;

全面性原则——准确、完整、补报;

禁止性原则——任何单位和个人不得迟报漏报、谎报瞒报;

逐级上报原则——接到事故报告后,应当逐级上报事故情况。

事故发生后,事故现场有关人员应当立即向本单位负责人报告,县级以上人民政府安监部门和有关部门接到事故报告后向上一级人民政府安监部门和有关部门报告,同时向本级人民政府报告,并通知同级的公安机关、劳动保障行政部门、工会和人民检察院。按照事故等级,一般事故和较大事故分别上报至县级和市级人民政府安监部门,重大事故和特别重大事故均上报至国务院安监部门。

必要时,事故现场有关人员可以越级向事故发生地县级以上人民政府安监部门和有关部门报告,安监部门和有关部门可以越级上报事故情况。

(二)事故报告的内容

(1)事故发生单位概况;

(2)事故发生的时间、地点以及事故现场情况;

(3)事故的简要经过;

(4)事故已经造成或者可能造成的伤亡人数(包括下落不明的人数)和初步估计的直接经济损失;

(5)已经采取的措施；

(6)其他应当报告的情况。

自事故发生之日起30日内，事故造成的伤亡人数发生变化的，应当及时补报。道路交通事故、火灾事故自发生之日起7日内，事故造成的伤亡人数发生变化的，应当及时补报。

二、事故调查

事故调查应当坚持政府领导、分级负责的原则，及时、准确地查清事故经过、事故原因和事故损失，查明事故性质，认定事故责任，总结事故教训，提出整改措施，并对事故责任者依法追究责任。任何单位和个人不得阻挠和干涉对事故的报告和依法调查处理。

（一）事故调查组的分级

事故调查是由事故调查组独立完成的，根据事故种类和严重程度的不同，有不同部门组织调查组。不同等级的事故的调查组的级别见表8－7。

表8－7　事故的调查组的级别

事故等级	调查组级别
一般事故	无人员伤亡：事故发生地县级人民政府或授权、委托相关部门，也可委托事故发生单位 县级人民政府或授权、委托相关部门
较大事故	事故发生地市级人民政府或授权或者委托有关部门
重大事故	事故发生地省级人民政府或授权或者委托有关部门
特别重大事故	国务院或授权有关部门

（二）事故调查组的组成

根据事故的具体情况，事故调查组由有关人民政府、安监部门和有关部门、监察机关、公安机关以及工会派人组成，并应当邀请人民检察院派人参加。也可以聘请有关专家参与调查。

（三）事故调查组的成员条件

(1)应当具有事故调查所需要的知识和专长；

(2)应与所调查的事故没有直接利害关系；

(3)应实事求是、认真负责、坚持原则；

(4)在事故调查工作中应当诚信公正、恪尽职守，遵守纪律，保守事故调查的秘密。

事故调查实行组长负责制，事故调查组组长由负责事故调查的人民政府指定，主持事故调查组的工作。

（四）事故调查组的职责

(1)要查明事故经过、原因、人员伤亡情况及经济损失情况；

(2)认定事故性质和确定事故者责任；

(3)提出对事故相关责任单位和责任人员的处理建议；

(4)总结事故教训，提出防范整改措施建议；

(5)提交事故调查报告。

（五）事故调查组的权力

(1)有权向有关单位和个人了解与事故有关的情况，并要求其提供相关文件、资料，有关单位和个人不得拒绝；

(2)有权要求事故发生单位的负责人和有关人员在事故调查期间不得擅离职守，并应当随时接受事故调查组的询问，如实提供有关情况；

(3)事故调查中发现涉嫌犯罪的，应当及时将有关材料或者其复印件移交司法机关处理；

(4)事故调查中需要进行技术鉴定的，应当委托具有国家规定资质的单位进行技术鉴定，必要时，可以直接组织专家进行技术鉴定。

另外，事故调查组应当设置技术组、责任追究组、管理组、应急处置评估组等专项工作组，以突出其专业性。

三、事故调查程序

在事故调查过程中，调查取证是一个重要环节，其主要内容见表8-8。

表8-8　调查取证主要内容

序号	程序	主要内容
1	现场处理	(1)应救援受伤害者，采取措施制止事故蔓延扩大； (2)认真保护事故现场，凡是与事故有关的物体、痕迹、状态，不得破坏； (3)为抢救受伤害者需要移动现场某些物体时，必须做好现场标志
2	物证搜索	(1)现场物证包括：破损部件、碎片、残留物、致害物的位置等； (2)在现场搜集到的所有物件均应贴上标签，注明地点、时间、管理者； (3)所有物件应保持原样，不准冲洗擦拭； (4)对健康有危害的物品，应采取不损坏原始证据的安全防护措施
3	事实材料的搜集	(1)与事故鉴别、记录有关的材料： ①发生事故的单位、地点、时间； ②受害人和肇事者的姓名、性别、年龄、文化程度、职业、技术等级等； ③受害人和肇事者的技术状况，接受安全教育情况； ④出事当天，受害人和肇事者什么时间开始工作、工作内容、工作量、作业程序等； ⑤受害人和肇事者过去的事故记录。 (2)事故发生的有关事实： ①事故发生前设备、设施等的性能和质量状况； ②使用的材料，必要时进行物理性能或化学性能实验与分析； ③设计文件、技术方案、规程、操作法、规章制度、施工方案等； ④关于工作环境方面的状况：照明、湿度、温度、通风、声响、色彩度、道路、工作面状况及工作环境中的有毒、有害物质取样分析记录； ⑤个人防护措施状况，应注意它的有效性、质量、使用范围； ⑥出事前受害人或肇事者的健康状况； ⑦其他可能与事故致因有关的细节或因素
4	证人材料搜集	要尽快找被调查者搜集材料，对证人的口述材料，应认真考证其真实程度
5	现场摄影	(1)显示残骸和受害者原始存息地的所有照片； (2)可能被清除或被践踏的痕迹； (3)事故现场全貌； (4)利用摄影或录像，以提供较完善的信息内容
6	事故图	(1)事故位置图； (2)现场照片； (3)受害者位置图； (4)示意图(安装)； (5)流程图； (6)设备图； (7)有关机具； (8)个体防护装备

四、事故调查报告

事故调查组应当自事故发生之日起60日内提交事故调查报告；特殊情况下，经负责事故调查的人民政府批准，提交事故调查报告的期限可以适当延长，但延长的期限最长不超过60日。

事故调查报告应当包括下列内容：

(1)事故发生单位概况；

(2)事故发生经过和事故救援情况；

(3)事故造成的人员伤亡和直接经济损失；

(4)事故发生的原因和事故性质；

(5)事故责任的认定以及对事故责任者的处理建议；

(6)事故防范和整改措施。

事故调查报告应当附具有关证据材料。事故调查组成员应当在事故调查报告上签名。事故调查报告报送负责事故调查的人民政府后，事故调查工作即告结束。

五、事故处理的原则

事故处理必须坚持"四不放过"的原则：事故原因不查清不放过、责任人员未处理不放过、整改措施未落实不放过、有关人员未受到教育不放过。

事故调查处理期间，事故发生单位及其有关人员有下列行为之一的，分别对事故发生单位及其主要负责人、直接负责的主管人员和其他直接责任人员处以罚款、行政处分或者追究刑事责任：

(1)不立即组织事故救援的；

(2)在事故调查期间擅离职守的；

(3)迟报、谎报或者瞒报事故的；

(4)伪造或者故意破坏事故现场的；

(5)转移、隐匿资金、财产或者销毁有关证据、资料的；

(6)拒绝接受调查或者拒绝提供有关情况和资料的；

(7)在事故调查中作伪证或者指使他人作伪证的；

(8)事故发生后逃匿的。

六、事故防范措施

(一)事故防范措施的制定

事故防范措施是由事故调查组根据事故的原因，提出的有针对性的、具体的防止同类事故重复发生的办法。事故防范措施既要考虑技术的、经济的可行性，又要注重其有效性、可靠性；既要考虑防止事故发生的措施，又要考虑防止事故扩大的措施；既要注重设计、制造等技术性措施，更要注意管理、教育、培训等其他措施。

防范措施不能一劳永逸，要随生产和科学技术的发展而进行科学研究，特别是对尚未认识的危险因素的科学。

(二)事故防范措施的落实

(1)事故发生单位要举一反三，吸取事故教训，制定并落实整改措施，对整改措施进行安全评估和审计,就落实情况进行监督检查,防范类似事故重复发生。防范和整改措施的落实情况应当接受工会和职工的监督。

(2)事故调查的牵头单位要对企业吸取事故教训及整改措施落实情况进行评估验收。

(3)安监部门和有关部门应当将事故发生单位列为重点监管企业,对其事故整改情况以及后评估情况进行督查。

七、事故结案、归档与统计

(一)事故结案、归档

事故发生单位原则上在60天内提交事故结案材料,结案材料主要有正式内部事故调查报告和地方政府事故调查报告等。

(二)事故的统计填报

事故发生单位安全管理部门负责本单位各类事故的汇总、统计、分析和上报工作,事故调查、问责和整改落实情况等有关资料要归档保存。各级安监部门及有关部门要按规定逐级上报。

知识点3:事故分析

一、事故经济损失计算

生产安全事故经济损失是指企业职工在劳动生产过程中发生伤亡事故所引起的一切经济损失,包括直接经济损失和间接经济损失。按照《企业职工伤亡事故经济损失统计标准》(GB 6721—1986)进行计算。

二、事故原因分析与确定

(一)引起事故原因的因素

在整理和阅读调查材料的基础上,从物的不安全状态、人的不安全行为和管理上的缺陷等方面对事故原因进行分析。

1. 物的不安全状态

物的不安全状态是指能导致事故发生的物质条件。

(1)物的不安全状态的分类:

①防护、保险、信号等装置缺乏或有缺陷。无防护;防护不当。

②设备、设施、工具、附件有缺陷。设计不当,结构不合安全要求;强度不够;设备在非正常状态下运行;维修、调整不良。

③个人防护用品用具——防护服、手套、护目镜及面罩、呼吸器官具、听力护具、安全带、安全帽、安全鞋等缺少或有缺陷。无个人防护用品、用具;所用的防护用品、用具不符合安全要求。

④生产(施工)场地环境不良。照明光线不良;通风不良;作业场所狭窄;作业场地杂乱;交通线路的配置不安全;操作工序设计或配置不安全;地面滑;储存方法不安全;环境温度、湿度不当。

(2)不安全状态的判定:要严格参照物体或物质的不安全特性,而不要参照人的特性,也不要将人身体的缺陷定位不安全状态。

2. 人的不安全行为

人的不安全行为是指违反安全规则或安全原则,使事故有可能或有机会发生的行动。

(1)不安全行为的分类:

①操作失误,忽视安全、忽视警告;

②造成安全装置失效;

③使用不安全设备;

④手代替工具操作;

⑤物体存放不当;

⑥冒险进入危险场所;

⑦攀坐不安全位置;

⑧在起吊物下作业、停留;

⑨在机器运转时进行检查、维修、保养等工作;

⑩有分散注意力行为;

⑪没有正确使用个人防护用品、用具;

⑫不安全装束;

⑬对易燃易爆等危险物品处理错误。

(2)不安全行为的判定:“违反安全规则或安全原则”包括违反法律法规、规程规范、条例、标准、规定,也包括违反大多数人都知道并遵守的不成文的原则,即安全常识。

3. 管理上的缺陷

(1)在产品开发或项目设计时,未贯彻安全设施“同时设计、同时施工、同时投产运行”的“三同时”原则,忽略了相关安全标准、规程、措施的贯彻落实,在项目设计上、工艺规程上、设备制作安装上留有缺陷或使用的材料有问题,造成了物的不安全因素。

(2)安全管理不科学,同时计划、同时布置、同时检查、同时总结、同时评比的“五同时”制度不落实;安全管理组织不健全,监督检查不到位;责任制不落实或不明确。

(3)安全工作流于形式,出了事故抓一抓,上级检查抓一抓,平时无人负责和过问。

(4)思想工作欠缺,宣传教育很少,职工安全意识淡薄,安技素质低下,思想上不重视,行动上缺乏自律,劳动纪律松弛,不遵守安全规程。

(5)忽略防护措施的落实,机器设备无防护保险装置,安全信号、仪器仪表失灵,通风照明不符合要求,安全工具不齐备,工况条件很差,存在的隐患没有及时消除。

(6)分配工人工作缺乏适当程序,进厂随便,上班自由,上岗不教育,转岗不培训,擅自调班调工种,分工不合理,用人不恰当。

(7)安全教育和技术培训不足或不切合实际,新工人进厂的三级安全教育、老工人转岗的岗位知识教育、特殊工种考试合格持证上岗制度不落实。

(8)安全规程、条例,劳动保护法规、制度实施不力,或没有制订规章制度,无法可依,或规章制度不健全、不落实,有法不依。

(9)对事故报告不及时,或瞒报、虚报,或调查处理不当,法制观念不强,执法不严,敷衍了事,对事故处理未实行“四不放过”原则。

（二）事故原因确定

（1）事故的直接原因确定。属于下列情况者为事故的直接原因：

①机械、物质或环境的不安全状态；

②人不安全行为。

（2）事故的间接确定。事故的间接原因即管理缺陷。间接原因是直接原因得以产生和存在的原因，因此，一般认为其是导致事故发生的根本原因。

三、事故责任分析与确定

（一）事故责任人的确定

根据事故调查所确认的事实，通过对直接原因和间接原因的分析，确定事故中的直接责任者和领导责任者。在直接责任者和领导责任者中，根据其在事故发生过程中的作用（主管、管业务、执行等），确定主要责任者。

（1）直接责任者：行为与事故发生有直接因果关系的人。

（2）主要责任者：在直接责任者和领导责任者中对事故发生负有主要责任的人。确定事故主要责任者的原则是事故的主要原因是谁造成的，谁就是事故的主要责任者。

（3）领导责任者：对事故发生负有领导责任的人。

（二）事故责任分析的步骤

（1）按确认事故调查的事实分析事故责任。

（2）按照有关组织管理（劳动组织、规程标准、规章制度、教育培训、操作方法）事故责任分析应当注意的问题及生产技术因素（如规划设计、施工、安装、维护检修等），追究最初造成不安全状态的责任。

（3）按照有关技术规定的性质、明确程度、技术难度，追究属于明显违反技术规定的责任。

（4）根据事故后果（性质轻重、损失大小）和责任者应负的责任以及认识态度（抢救和防止事故扩大的态度、对调查事故的态度和表现）提出处理意见。

【相关技能】

学会填写事故上报表

事故上报表见表8－9。

表8－9　事故上报表

单位名称		地址	
性质		人数	
产能			
事故发生日期		事故发生时间	
事故发生地点			
事故性质		涉及物料	
事故现场情况			

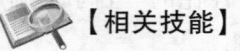

续表

事故简要经过					
已造成或可能造成伤亡人数		下落不明人数		涉险人数	
直接经济损失初步估计					
已采取措施					
其他情况					

练习题

一、选择题

1. A 省一化工企业发生事故，事故导致 29 人死亡，并造成了有毒气体泄漏，事故发生后 A 省人民政府、国家安全生产监督管理总局、环境保护部、国务院安委会有关人员相继赶到现场。依据《国家安全生产事故灾难应急预案》，该事故现场应急救援指挥部应由（　　）负责组织成立。

A. 国务院安委会　　B. 国家安全生产监督管理总局

C. 省人民政府　　D. 环境保护部

2. 应急处置与救援，是应对突发事件工作的核心环节，应当坚持（　　）的原则开展工作。

A. 先抢险、后避险，先救人、再救物，先救灾、再恢复

B. 先避险、后抢险，先救物、再救人，先救灾、再恢复

C. 先避险、后抢险，先救人、再救物，先救灾、再恢复

D. 先避险、后抢险，先救人、再救物，先恢复、再救灾

3. 负责组织制定并实施生产经营单位生产安全事故应急救援预案的责任人是本单位的（　　）。

A. 主要负责人　　B. 分管安全生产领导

C. 安全管理部门负责人　　D. 全体人员

4. 由应急组织的代表或关键岗位人员参加，按照应急预案及其标准工作程序讨论紧急情况时应采取的行动的演练活动是（　　）。

A. 应急演练　　B. 桌面演练

C. 功能演练

5. 某化工企业发生一起火灾事故，当日造成 2 人死亡、2 人重伤，直接经济损失 990 万元。其中重伤中 1 人经治疗后康复出院，另 1 人在事发后的第 29 天死亡，该事故应认定为（　　）。

A. 一般事故　　B. 较大事故

C. 重大事故　　D. 特大事故

6. 事故调查处理应当按照科学严谨、依法依规、实事求是、注重实效的原则，及时、准确地查清（　　），查明事故性质和责任。

A. 事故原因　　B. 事故类型

C. 事故影响　　D. 事故损失

7. 盛装液化气体的容器泄漏着火后，如果发现漏口非常大，根本无法堵漏，应采取（　　）的措施。

A. 冷却着火容器及其周围容器和可燃物品，控制着火范围，直到燃气燃尽

B. 想方设法堵漏，否则其余措施都无用

C. 用点火棒将泄漏处点燃，使其保持稳定燃烧

8.《中华人民共和国安全生产法》规定，生产经营单位发生生产安全事故时，单位的（　　）应当立即组织抢救，并不得在事故调查处理期间擅离职守。

A. 现场负责人　　　　B. 主要负责人

C. 技术人员　　　　D. 安全管理人员

9. 生产经营单位应当制定本单位的应急预案演练计划，根据本单位的事故预防重点，每（　　）年至少组织一次综合应急预案演练或者专项应急预案演练。

A. 3　　　　B. 2

C. 1　　　　D. 0.5

二、判断题

1. 生产经营单位要预防和正确应对生产安全事故或灾害，最有效的措施就是针对各危险源、危险目标制定应急措施。

2. 生产经营单位应当在有较大危险因素的生产经营场所和有关的设备设施上，设置明显的警示性标志。

3. 危险物品的生产、经营、储存单位无论规模大小，都应当建立应急救援组织。（　）

4. 发生事故后，安全生产监督管理部门和负有安全生产监督管理职责的有关部门必须逐级上报，不允许发生越级上报的情况。（　）

5. 遇爆炸物品火灾事故时，应迅速判断和查明再次发生爆炸的可能性和危险性，要紧紧抓住爆炸后和再次爆炸之前的有利时机，采取一切可能的措施，全力制止再次爆炸的发生。（　）

6. 气体储罐阀门处泄漏着火时，在任何情况下，都必须先关闭阀门，再扑灭火势。（　）

7. 危险化学品经营企业不得向未经许可从事危险化学品生产、经营活动的企业采购危险化学品。（　）

8. 根据《安全生产法》的规定，发现危及从业人员生命安全情况时，工会有权采取紧急措施组织从业人员撤离危险场所。（　）

9. 某生产经营单位发生一起较大事故，应由事故单位所在地设区的市人民政府组织调查。（　）

10. 生产经营单位的安全生产管理人员应当根据本单位的生产经营特点，对安全生产状况进行经常性检查；对检查中发现的安全问题，应当立即处理；不能处理的，应当及时报告上级领导。（　）

三、简答题

1. 简述应急预案编制的程序。

2. 简述事故处理的原则。

3. 简述火灾爆炸事故应急处置原则。

4. 简述泄漏事故应急处理的原则。

5. 事故调查报告的内容有哪些？

事 故 案 例 集

项目一

根据下列案例,试分析事故发生的原因并制定预防事故的措施。

2015 年 2 月 4 日,某炼油化工有限责任公司(以下简称炼化公司)承包商某工程建设有限公司在炼化公司储运单元进行蒸汽凝液回收项目施工作业时,污水井发生闪爆,造成 1 名承包商人员死亡。

2014 年 9 月 2 日,炼化公司委托其维保单位进行蒸汽凝液回收项目施工。2015 年 2 月 4 日 13:30,施工人员陈××(电焊工)、陈××(普工)、胡××(普工)、陈××(监护人)4 人,在储运单元 9 号路与 18 号路交叉路口南侧工艺管廊下方进行储运蒸汽凝液回收项目施工作业。14:00 左右,在预制安装完蒸汽凝液回收管线后,施工人员电焊工陈××擅自将作业地点转移至 1201 罐区东侧的工艺管廊下方蒸汽伴热阀组附近,在固定地面管托时,违规动火引起旁边的含油污水井闪爆,混凝土井盖板被闪爆的气浪掀开,造成电焊工陈××被混凝土盖板压伤,被及时送往医院,经抢救无效于 15:20 死亡。

(一)事故原因分析

(1)直接原因。作业人员电焊工陈××未经批准,擅自改变用火地点,违章超范围在 1201 罐区东侧污水井附近进行焊接作业,引起污水井内油气闪爆,水泥盖板被掀开,将作业人员压伤,导致死亡。

(2)间接原因。现场监护人职责不落实。现场监护人没有及时制止现场违章超范围动火;炼化公司没有派人对动火现场进行全过程监护,从而导致超范围动火发生。

隐患排查不彻底,作业风险识别不到位。罐区脱水采用自流回水形式存在缺陷,没有采取有效防护措施;污水井井口可燃气体存在逸散可能,变更作业地点后作业人员没有识别出油气闪爆风险。检维修作业管理、动火作业管理不到位。没有落实好对承包商直接作业环节的过程检查、监督;没有及时发现施工过程中动火地点变更,并实施有效管理;没有对用火作业票证上的措施执行的有效性进行监督检查。

(二)事故预防措施

(1)要严格执行集团公司关于承包商管理的规定要求,特别是《关于进一步强化承包商安全管理工作的通知》(中国石化安〔2014〕691 号),对承包商在生产区内的所有作业活动,全部实施安全作业许可证制度和全过程“安全双监护”。

(2)加大厂区含油污水排放系统的隐患排查治理力度,做到全覆盖、不留死角。加强污水管网、污水井、污水处理设施的检测,加大检测频次,对可能存在油气浓度超标的设施要采取警戒、封闭隔离等措施,禁止附近区域明火作业,确保隐患处于受控状态;隐患消除前,要进一步细化储罐切水作业管理,减少切水油品介质携带量,禁止大量油品排入污水管网;全面排查遮盖污水井的封堵情况,确保封堵严实、不泄漏;禁止高温凝结水等高温污水直接排入污水管道。

(3)强化检维修作业管理、用火作业管理。加强对承包商直接作业环节的监督检查,要求承包商严格执行项目变更管理程序;加强用火作业管理,在作业前,必须对参与该项目的所有施工作业人员安全交底,明确关键事项并告知其主要风险,在作业过程中,对用火作业票证上的措施执行的有效性进行监督检查，严防作业人员私自变更作业地点和用火内容。

项目二

1. 7 月 28 日 16 时左右，某公司甲酸生产装置因故障全系统停车进行检修，合成反应器甲醇喷管坏，需进器内进行维修。7 月 29 日上午 8 时左右，打开合成反应器下部两个人孔进行通风，并从上部人孔加水进行冲洗。17 时左右，应公司安全处要求打开最上部人孔进行通风。17 时 15 分左右，安全处有关人员用可燃气体及氧气测定仪测定可燃气体不合格。此后，在 17 时 15 分至 19 时 45 分左右的一段时间内，每隔 15 分钟测定一次，19 时 45 分左右经测定，氧气含量为 21%；可燃气体爆炸极限百分比为 12% ~18%。安全人员认为合格，随后签发“进罐入塔证”，并注明要佩戴长管呼吸器。20 时左右，检修公司 2 名架子工进入器内进行扎架子作业，该公司 2 名操作工及检修公司 1 名临时工在器外进行监护。由于不方便，2 名架子工未戴长管呼吸器。大约 13 分钟后，塔内传出求救声，监护人员及现场 6 名检修人员情急之下未戴呼吸器进塔救人，先后中毒，最后共有 7 人勉强爬出。最后该公司经理及合成工段工段长戴上呼吸器将塔内 4 人救出，立即进行现场急救并及时送往医院进行抢救，此时大约 20 时 40 分左右。检修公司 1 名架子工和 1 名临时工经抢救无效后死亡，其余人员脱离危险。

根据上述材料，请分析事故原因以及应采取的预防措施。

（一）事故原因分析

（1）设备未进行有效隔绝。操作人员只是关闭阀门而未加盲板，由于阀门不严，致使一氧化碳进入反应器。

（2）置换、处理措施不当。该反应器未进行彻底置换，未打开所有人孔进行通风或进行强制通风，用水冲洗只能将甲醇、甲酸甲酯等洗掉，而不能将一氧化碳洗去。

（3）分析方法不全面。进罐入塔应分析有毒有害物质浓度及氧气含量，而安全处有关人员只分析了氧气含量，未分析有害气体浓度，动火标准不能作为进罐入塔的依据。

（4）操作人员违章作业。作业人员不按要求佩戴防护器具，救护人员不戴防护器具进塔救人，导致事故扩大，监护人员监督不力等均属违章行为。

（二）事故预防措施

为吸取事故教训，杜绝类似事故的发生，应采取以下防范措施：

（1）完善安全操作规程、安全检修规程、各种设备及管线的紧急抢修安全措施、化学事故应急救援预案。对突发情况能按照预先制定的应急预案在具备安全防护措施的前提下进行处理。

（2）加强员工安全技术知识、安全意识、现场急救常识、消防器材、防护器材的使用等方面知识的教育，使员工掌握个人安全防护用具的使用。

2. 某石油化工厂 204 车间聚合工段在 4 月 16 日车间早调会上，提出 G355B 泵（正己烷泵）需检修。4 月 18 日，机械员王某开出检修票，并安排检修人员检修 G355B 泵。车间检修员张某联系值班长刘某进行设备交出，值班长刘某到现场打开 G355B 泵的进出口倒淋，发现无物料泄出，拆去压力表也无物料泄出，只有少量烟雾。值班长刘某将设备交出，机修组组织检修。此时正值交接班时，值班长刘某向三班值班长交班后下班，检修人员于 16:40 左右到现场检修，三班值班长段某、班长周某在现场监护，检修工华某、张某、侯某拆开 G355B 泵出口法兰时无物料泄出，此时恰至巡检时间，他们随即离去。随后检修人员张某、侯某开始拆卸 G355B 泵的入口法兰，当张某拆松 G355B 泵的入口法兰两个螺栓时，管线里余存的 TEA（三乙胺）—正已烷溶液喷出遇空气着火，将处在 G355B 泵东侧的侯某双腿及臀部烧伤，送至医院。经医院诊断为：烧伤面积 20%，属Ⅱ度烧伤。根据上述材料，请分析事故原因以及应采取的预防措施。

（一）事故原因分析

(1)工艺对设备倒空不彻底。当班值班长在对该泵倒空过程中拆开压力表后没有物料泄漏，即认为管线是空的，没有意识到三乙胺（TEA）沉降结晶堵塞管线和倒淋，致使系统内的 TEA—正已烷没有彻底倒空干净。这是这起事故发生的重要原因。

(2)危害因素识别不清，倒空方案存在缺陷。由于 G355 泵较长时间没有使用，TEA 沉降结晶使该泵内的 TEA 浓度增大，当 TEA 泄出时，高浓度的 TEA 见空气着火。但车间对这一危害识别不清，没有制定安全的倒空方案，说明车间在管理上存在较大的漏洞。这是造成事故的主要原因。

(3)检修人员缺少个人防护意识。机械员王某对 TEA—正已烷的危害性没有足够的认识，没有要求作业人员佩戴特殊的个人防护用品。

（二）事故预防措施

(1)每次停车后，要用氮气将泵内及管线内的 TEA 倒到系统内，不能使 TEA 在泵及管线内浓度增加而结晶。

(2)针对 G355 泵检修的特殊性，制定完善倒空 G355 泵的方案。

(3)作业人员必须穿戴防护服、防护鞋、防护头盔，做好自我保护。

该事故为危险化学品中毒窒息事故。

项目三

1. 2013 年 10 月某日下午，某化工公司设备科组织 5 名机修工更换合成车间二楼中和反应 B 釜搅拌轴。5 人先将反应釜盖打开，夏某从反应釜人孔处架设的竹梯上进入釜底部捆绑搅拌轴，宋某站在反应釜操作平台上扶住竹梯，约 10 秒钟，夏某感觉釜内气味大，眼睛睁不开，赶紧爬出釜口。这时，宋某戴上一只曾经使用过的防毒面具，进入釜内。大约 30 秒后，夏某发现宋某倒在釜内，立即呼救，现场袁某赶紧进入釜内对宋某进行施救；当夏某从公司仓库取来新的防毒面具时，已发现袁某也倒在釜内。维修负责人王某戴上新的防毒面具进入釜内，将袁某用救生绳捆住，釜外的其他工友合力将袁某拉出釜外；此时，王某爬上竹梯准备出釜，当爬到竹梯中部时摔倒下去。公司负责人刘某闻讯后，赶紧跑到维修现场，安排他人进入釜内依次将宋某、王某救出。3 人经送医院抢救后，宋某死亡，另 2 人受伤。说明事故的直接原因和间接原因，并总结事故教训。

（一）事故原因分析

1. 直接原因

宋某违反受限空间作业安全规范，自身安全意识淡薄，不听他人劝阻佩戴已使用的防毒面具，冒险进入危险场所；袁某、王某违反受限空间作业安全规范，冒险进入危险场所盲目施救。维修前，未对中和反应 B 釜进行清洗或置换，未对釜内气体进行采样分析。

2. 间接原因

公司未制定反应釜维修方案，未落实事故防范、应急救援措施；进釜作业前未办理《受限空间安全作业证》，作业时现场未设专人监护；进釜作业人员未拴带救生绳，维修现场未配备防毒面具等应急用品。

(二)事故责任的认定和处理建议

(1)宋某、袁某违反受限空间作业安全规范,冒险进入危险场所作业或施救,对事故的发生负有直接责任。因宋某死亡、免究其责;建议公司依据企业内部管理规定对袁某给予处理。

(2)王某违反受限空间作业安全规范,冒险进入危险场所施救;未严格执行设备维修安全管理制度办理《受限空间安全作业证》,并未设专人监护,对此事故的发生负有重要责任。建议由有关部门实施行政处罚。

(3)某公司未教育和督促作业人员严格遵守安全生产规章制度和操作规程,劳动防护用品管理混乱,未有效建立采购、报废等管理制度,对此事故的发生负有主要责任,建议由有关部门实施行政处罚。

(三)事故防范和整改措施

某公司要加强安全生产管理工作,教育职工严格遵守安全管理制度和操作规程,尤其是危险作业时要及时安排专人监护,杜绝违章作业,确保各项措施落实到位;要建立健全劳动防护用品各项管理制度,规范管理,及时有效配备,杜绝类似安全事故的再次发生。

2. 某化工厂有一批货物需要临时储存在仓库中,该仓库同时储有黄磷和一些木箱,因存放地点狭小,需要挪动仓库中的一些铁架,摆放到另外一个地方。领导指派电焊工将一铁架割开,在切割过程中,火星溅到木箱上引起木箱着火。厂消防队的消防员立刻用水枪灭火,为了防止相邻的黄磷发生爆炸,厂领导要求同时对密封的黄磷桶进行喷淋降温。请指出以上案例中存在的错误做法和正确做法,并说明原因。

(1)切割属于动火作业,在危险化学品仓库动火,需要办理动火许可证并且应该做好现场的清理,将易燃易爆品清理干净并采取相应的防护措施等方可作业。以上案例中,未采取任何防护措施,也未对现场进行清理就进行作业,因此导致事故发生。

(2)木箱属于易燃品不能与黄磷同时储存。从案例中可知仓库本来空间狭小不应该再存放其他物品,因为存储的物品之间要求应该留有一定的距离。正确的做法是发生火灾后,同时对黄磷桶进行喷淋降温。

项目四

分析下列事故发生的原因,并提出事故防范措施

1. 2010 年 9 月 12 日 11 时 10 分左右,某公司化工厂纤维素醚生产装置一车间南厂房在脱绒作业开始约 1 小时后,脱绒釜罐体下部封头焊缝处突然开裂(开裂长度 120cm,宽度 1cm),造成物料(含有易燃溶剂异丙醇、甲苯、环氧丙烷等)泄漏,车间人员闻到刺鼻异味后立即撤离并通过电话向生产厂长报告了事故情况,由于泄漏过程中产生静电,引起车间爆燃。南厂房爆燃物击碎北厂房窗户,落入北厂房东侧可燃物(纤维素醚及其包装物)上引发火灾,北厂房员工迅速撤离并组织救援,10 分钟后火势无法控制,救援人员全部撤离北厂房,北厂房东侧发生火灾爆炸,2 小时后消防车赶到火灾被扑灭。事故造成 2 人重伤,2 人轻伤。

(一)事故原因分析

1. 直接原因

纤维素醚生产装置无正规设计,脱绒釜罐体选用不锈钢材质,在长期高温环境、酸性条件和氯离子的作用下发生晶间腐蚀,造成罐体下部封头焊缝强度降低,发生焊缝开裂,物料喷出,产生静电,引起爆燃。

2. 间接原因

企业未对脱绒釜罐体的检验检测做出明确规定，罐体外包有保温材料，检验检测方法不当，未能及时发现脱绒釜晶间腐蚀现象，也未能从工艺技术角度分析出不锈钢材质的脱绒釜发生晶间腐蚀的可能性；生产装置设计图纸不符合国家规定，图纸载明的设计单位为淄博泰科工程设计有限公司，但无设计公司单位公章，无设计人员签字，未载明脱绒釜材质要求，存在设计缺陷；脱绒釜操作工在脱绒过程中升气阀门开度不足，存在超过工艺规程允许范围（0.05MPa 以下）的现象，致使釜内压力上升，加速了脱绒釜下部封头焊缝的开裂。安全现状评价报告中对脱绒工序危险有害分析不到位，未提及脱绒釜存在晶间腐蚀的危险因素。

（二）事故预防措施

（1）进一步完善建设项目安全许可工作，严格按照"三同时"要求，落实各项规范要求，设计、施工、试生产等各个阶段应严格按规范执行。

（2）严格按照规范、标准要求开展日常设备的监督检验工作，及时发现设备腐蚀等隐患。

（3）严格按照技术规范进行操作，严禁超过工艺规程允许范围运行。

（4）进一步规范评价单位的评价工作，提高安全评价报告质量，切实为企业提供安全保障。

2. 某年 9 月 11 日 16 时，某化学工业公司化肥厂空分车间 682 氧气装瓶站休息室，因违章吸烟致 3 人被烧死，重伤 1 人，轻伤 2 人。11 日 16 时许，因该厂空分车间的氧气不合格，不能装瓶，682 氧气装瓶站的 6 名工人将室内的压缩机空气吹洗出口阀打开放空后，便集中在休息室内学习。18 时 50 分，1 名工人在点香烟时，火柴在富氧中剧烈燃烧，该工人随即将火柴扔在地上用脚踩，火焰即由裤脚向上蔓延，另 1 名工人见状急忙协助其进行扑救，不料自己身上也着起火来，顷刻之间室内烟火弥漫，有 2 名工人破窗逃出。班长、点烟的工人和 1 名工人夺门而出，协助灭火的那名工人因惊慌失措未将门拉开而烧死在休息室内，班长和点烟的工人因烧伤过重，经抢救无效而死亡，1 名工人因惊恐过度精神失常，其他 2 人轻伤。

（一）事故原因分析

（1）原设计中氧气装瓶站压缩机岗位没有室外放空管线，而是利用室内压缩机一段入口的空气吹洗的出口阀做放空阀，只能将氧气排在室内，事故当时氧气放空达 3 小时，室内氧气浓度高。

（2）操作人员违反该厂有关安全的规定，在非吸烟点的空分车间 682 氧气装瓶站休息室内吸烟，加之职工缺乏安全防火知识，对富氧燃烧认识不足，以致扩大了灾情。

（3）氧气装瓶站休息室的门不符合有关建筑设计防火规范的规定，门向内开，致在紧急情况下，不便撤离。

（二）事故预防措施

（1）增设室外氧气放空管，将室内压缩机一段入口原放空处加盲板。

（2）组织检查厂内所有危险岗位的门窗，将方向不符者均改成疏散方向。

（3）严格执行各项规章制度，禁止在非吸烟区吸烟，并加强对职工的安全教育，使广大职工了解本厂、本岗位易燃易爆、助燃、有毒有害物质的特性及防护措施。

项目五

根据下列案例，试分析事故发生的原因并制定预防事故的措施。

1.2016 年 9 月 10 日，某广告有限公司工人来到某小区一网点二楼南面房间开始安装制作好的门头字，当天安装完毕。2016 年 9 月 11 日上午 9 时许，安装人员张某和李某开始安装门头字 LED 灯变压器。李某插上电钻电源，爬上南面窗户，站在窗台上，接过张某递给的电钻，工具准备完毕后，李某登上架子开始作业，在攀爬过程中，李某右手不慎触到红色带电电线裸露部分，同时左手碰在门头铁架子形成了回路造成触电。本次事故造成 1 人死亡，直接经济损失约 50 万元人民币。

(一)事故原因分析

1. 直接原因

(1)李某在未取得电工特种作业操作证的情况下，违章从事 LED 灯的变压器安装；(2)使用电钻时未按规定穿戴好相应的劳动防护用品；(3)在未检查红色电线是否带电和线头是否存在裂缝的情况下，违章徒手接触电线。

2. 间接原因

(1)广告公司安全生产主体责任落实不到位，未按照规定对从业人员进行安全生产教育培训和考核、安排工人持证上岗作业，致使从业人员安全意识淡薄，违章作业；

(2)现场安全管理缺失，未及时制止和纠正现场作业人员违章作业行为；

(3)广告公司法人代表武某安全生产职责履行不到位，违章指挥李某无证从事电工作业。

(二)事故预防措施

(1)广告公司要深刻反思和吸取事故教训，严格履行安全生产主体责任，加大现场安全管理和隐患排查力度，杜绝违章作业；

(2)广告公司要严格落实“四不放过”的要求，要以本起事故作为案例，加强从业人员安全教育培训，增强安全教育培训的针对性和实效性，提高从业人员安全意识，及时消除生产安全事故隐患。

(3)广告公司法人代表武某，要严格落实安全生产职责，认真查找公司在安全生产责任制、规章制度、督查落实、现场管理等方面存在的问题，举一反三，确保不再发生类似生产安全事故。

2.1994 年 4 月 6 日下午 3 时许，某厂 671 变电站运行值班员接班后，312 油开关大修负责人提出申请要结束检修工作，而值班长临时提出要试合一下 312 油开关上方的 3121 隔离刀闸，检查该刀闸贴合情况。于是，值班长在没有拆开 312 油开关与 3121 隔离刀闸之间的接地保护线的情况下，擅自摘下了 3121 隔离刀闸操作把柄上的“已接地”警告牌和挂锁，进行合闸操作。突然轰的一声巨响，强烈的弧光迎面扑向蹲在 312 油开关前的大修负责人和实习值班员，2 人被弧光严重灼伤。

(一)事故原因分析

1. 直接原因

造成这起事故的原因是临时增加工作内容并擅自操作，违反基本操作规程。

2. 间接原因

烧伤人的电弧光不是 3121 隔离刀闸的电弧光，而是两根接地线烧坏时产生的电弧光。两根接地线是裸露铜丝绞合线,操作员用卡钳卡住连接在设备上时,致使一股线接触不良,另一股绞合线还断了几根铜丝。所以,当违章操作时,强大的电流造成短路,不但烧坏了3121隔离刀闸,而且其中一股接地线接触不良处震动脱落发生强烈电弧光,另一股绞合线铜丝断开处发生强烈电弧光,两股接地线瞬间弧光特别强烈,严重烧伤近处的2人。

(二)事故预防措施

(1)交接班时以及交接班前后一刻钟内一般不要进行重要操作。

(2)将警示牌"已接地"换成更明确的表述:"已接地,严禁合闸"。严格遵守规章制度,绝对禁止带地线合。

(3)接地保护线的作用就在于,当发生触电事故时起到接地短路作用,从而保障人不受到伤害。所以,接地线质量要好,容量要够,连接要牢靠。

项目六

1. 管道有压拆法兰,法兰迸出击死人事故

某厂进行消防管道改造,在事故发生前5天已进行了气密加压试验,压力为0.5MPa,但试验后未对管道进行泄压。4月12日,一名作业人员拆卸法兰,当拧松最后一个螺丝时,气体冲开法兰,迸出的法兰将一作业人员胸部击伤,导致死亡。

请分析原因及暴露问题。

(1)严重违章,管道未泄压直接拆卸法兰;(2)违章试验,管道气密试验压力达0.5MPa,远超过规定值。

【知识点】(1)不准在有压力的管道上进行任何检修工作;(2)按照规范进行管道气密试验,严禁超压试验。

【制度规定】(1)《安规》(热机)第359条规定:"不准在有压力的管道上进行任何检修工作"(2)《自动喷水灭火系统施工及验收规范》(GB 50261—2005)6.3.1规定"气压严密性试验压力应为0 .28MPa"。

2. 化工厂压力容器爆炸重大事故

某化工氯氢分厂1号氯冷凝器列管腐蚀穿孔,造成含铵盐水泄漏到液氯系统,生成大量易爆的三氯化氮。4月16日凌晨发生排污罐爆炸,1时23分全厂停车,2时15分左右,排完盐水后4h的1号盐水泵在静止状态下发生爆炸,泵体粉碎性炸坏。

17时57分,在抢险过程中,突然听到连续两声爆响,液氯储罐内的三氯化氮突然发生爆炸。爆炸使5号、6号液氯储罐罐体破裂解体并炸出1个长9m、宽4m、深2m的坑,以坑为中心,在200m半径内的地面上和建筑物上有大量散落的爆炸碎片。爆炸造成9人死亡,3人受伤,该事故使江北区、渝中区、沙坪坝区、渝北区的15万名群众疏散,直接经济损失277万元。

请对事故原因进行分析。

(一)事故原因分析

事故爆炸直接因素关系链为:设备腐蚀穿孔呻盐水泄漏进入液氯系统——氯气与盐水中的铵反应生成三氯化氮——三氯化氮富集达到爆炸浓度(内因)——启动事故氯处理装置振动引爆三氯化氮(外因)。

1. 直接原因

(1)设备腐蚀穿孔导致盐水泄漏,是造成三氯化氮形成和富集的原因。腐蚀穿孔的原因

主要有①氯气、液氯、氯化钙冷却盐水对氯气冷凝器存在普遍的腐蚀作用。②列管内氯气中的水分对碳钢的腐蚀。③列管外盐水中由于离子电位差异对管材发生电化学腐蚀和点腐蚀。④列管与管板焊接处的应力腐蚀。⑤使用时间较长，并未进行耐压试验，使腐蚀现象未能在明显腐蚀和腐蚀穿孔前及时发现。

(2)三氯化氮富集达到爆炸浓度和启动事故氯处理装置造成振动，引起三氯化氮爆炸。

2. 间接原因

(1)压力容器设备管理混乱，设备技术档案资料不齐全，长时间无维修、保养、检查记录，致使设备腐蚀现象未能在明显腐蚀和腐蚀穿孔前及时发现。(2)安全生产责任制落实不到位。(3)安全隐患整改督促检查不力。

(二)事故预防措施

(1)提高认识，加强领导，高度重视危化行业的安全生产。(2)严格安全准入，深化专项整治，切实提高危化行业的整体安全水平。(3)加大安全投入，加快技术进步，提高氯碱行业本质安全水平。(4)完善应急预案，建立安全生产应急救援体系。

此次事故虽没有造成重大经济损失，但性质恶劣，影响较大。

项目七

2013 年 7 月，某化工厂粒碱工段在对 D103 碱罐清理过程中，岗位工 Q 和 L 在入罐作业中窒息昏迷，后经多方抢救，2 人脱离危险。经调查，D103 碱罐高 1.4m，直径 2m，该碱罐正常时需将氮气通入罐内使用，测量该罐液位的仪表正常运行。岗位工作业时没能将氮气阀门关闭，事故发生后，分析 D103 罐内含氧仅为 1%，罐内基本全是氮气，从而证明 Q 和 L 在入罐作业中窒息昏迷为罐内缺氧所致。这是一起因入罐作业违反操作规程导致 2 人窒息昏迷事故。

根据上述材料，请分析事故原因以及应采取的预防措施。

(一)事故原因分析

造成事故的原因主要有以下几条：

(1)车间领导和作业人员均没按照入罐作业安全操作规程去做。《化工企业厂区设备内作业安全规程》明确规定：入罐作业必须办理作业安全票，作业前必须对系统进行隔离、清洗、置换、分析、通风，并要求氧含量达到 18% ~21%，而车间领导和作业人员均没有按照安全规程执行这些必要的程序，就进入罐内作业，属违章指挥，违章作业，是造成这起事故的主要原因。

(2)作业人员在入罐作业中，安全意识淡薄，自我保护能力差，主观蛮干是造成事故的直接原因。

(3)车间领导在布置此项检修工作的同时没能认真地布置安全工作，严重地违背了安全生产“五同时”原则，是典型的“重生产、轻安全”思想的表现，车间领导负有不可推卸的责任。

(4)这种违规入罐作业操作已不止出现一次(不分析，不办证，不检查，无措施)，只是因为种种原因而侥幸未酿成严重后果，没引起足够重视，也未制定相应的有力防护措施，此次事故发生实属必然。

(二)事故预防措施

(1)在入罐作业中，必须严格执行作业安全规程，严格分析、办证、监护，严格落实安全措施。

(2)根据事故处理“四不放过”原则,对车间主任及相关人员进行全厂通报批评并予以处罚,达到吸取教训、提高安全意识的目的,杜绝类似事故的发生。

(3)牢记“安全责任重于泰山”,努力提高领导干部的安全素质,把“三个代表”思想真正学习好、贯彻好,坚决树立“安全生产,预防为主”的安全管理理念。

(4)加强全厂的安全知识和安全技能的培训,加强安全教育,提高广大干部职工的安全意识、安全技能及严格执行操作规程的自觉性,脚踏实地,真抓实干,把安全规章制度真正执行好,确保一方平安。

项目八

2015 年 4 月 21 日 5 时 2 分,某公司环氧乙烷生产装置岗位人员听到现场有异常放空声,立即对该塔进行紧急处理,采取切断进料、切断加热蒸汽等措施,并现场进行检查确认,发现环氧乙烷精制塔塔顶安全阀起跳。5 时 37 分,塔釜再沸器上封头附近有白烟冒出。6 时,再沸器上封头附近白烟变大。6 时 1 分,再沸器上封头附近起火。现场人员立即通知车间领导,车间立即启动现场应急预案,组织人员进行灭火,并于 6 时 3 分报火警。6 时 4 分,精制塔发生爆炸。事故造成现场 1 名技术人员轻度受伤,环氧乙烷精制塔中部炸裂解体,上部坠落,装置附近部分建构筑物受损。

4 月 23 日,国务院安委会办公室决定对本起事故的查处实行挂牌督办,并要求该省人民政府按照“四不放过”的原则提级调查。调查过程中发现:环氧乙烷精制塔设计压力0.6MPa,正常操作压力 0.25MPa,安全阀起跳压力 0.59MPa。DCS 显示,事故前该塔的压力一直维持在0.20 ~0.25MPa 约 10h,系统在此期间一直保持氮气充压;操作人员就此异常现象并未向技术干部汇报;再沸器上封头法兰处泄漏后,没有按照要求及时打开消防喷淋系统;事故发生后也未向厂调度和厂领导报告;环氧乙烷精制塔压力联锁与压力控制变送器、现场压力表共用一个引压管,

请结合以上场景,分析事故发生的直接原因和间接原因,并对该起事故进行责任分析。

(一)原因分析

1. 直接原因

由于环氧乙烷精制系统中醛类发生自聚,导致 T403 塔仪表引压管堵塞,压力指示失真,再加上操作人员判断失误、处置不当,使环氧乙烷精馏塔系统超温、超压,进而引起泄漏火灾和塔内化学爆炸。

2. 间接原因

(1)岗位人员责任不落实,导致误判断、误操作、异常工况处置不当。一是岗位操作人员没有认真落实岗位职责,在塔压发生波动的情况下,仅安排外操对回流罐就地压力表进行检查,没有进一步核实塔顶、塔底等处的就地压力表,导致对塔压判断失误,长时间操作不当;二是现场人员异常工况处置不当,紧急停工后,没有采取有效措施撤出塔内环氧乙烷,致使塔内高浓度环氧乙烷下沉;三是再沸器上封头法兰处泄漏后,没有按照要求及时打开消防喷淋系统。

(2)隐患排查不认真、风险分析不到位,未能及时发现和消除压力测量仪表设计缺陷。环氧乙烷精馏塔的压力联锁与压力控制变送器、现场压力表共用一个引压管,当引压管总管出现

堵塞时,所有压力测量同时受到影响,仪表指示失真,致使压力控制功能和安全联锁功能同时失效。

(3)未严格执行工艺操作纪律,对异常工况未及时上报,也未将突发情况及时向厂调度和厂领导报告。

(4)人员操作技能培训和应急培训不到位。工艺操作人员异常工况处置及现场应急处置相关知识缺失,在压力指示失真的情况下,不能正确判断塔顶温度对应的真实塔压,当班人员未严格执行请示报告制度,导致应急处置滞后和失当。

(二)责任认定

这是一起因隐患排查不彻底、现场检查不认真、操作指挥失误、应急处置失当等导致的生产安全责任事故。

参 考 文 献

[1] 李景惠. 化工安全技术基础. 北京:化学工业出版社,1995.

[2] Kietz T. 石油化工企业事故案例剖析. 王力,等,译. 北京:中国石化出版社,2004.

[3] 周忠元,陈桂琴. 化工安全技术与管理. 2 版. 北京:化学工业出版社,2002.

[4] 中国石油化工集团公司安全环保局. 石油化工安全技术(中级本). 北京:中国石化出版社,2004.

[5] 张荣. 危险化学品安全技术. 北京:化学工业出版社,2008.

[6] 路安华,等. 企业安全教育培训题库. 北京:化学工业出版社,2005.

[7] 朱兆华,等. 典型事故技术评析. 北京:化学工业出版社,2007.

[8] 刘景良. 化工安全技术与环境保护. 北京:化学工业出版社,2012.

[9] 董文庚,等. 化工安全工程. 北京:煤炭工业出版社,2007.

[10] 吕显智,等. 固定消防设施. 昆明:云南人民出版社,2006.

[11] 余明高,等. 防火防爆. 徐州:中国矿业大学出版社,2007.

[12] 韩郁翀,等. 泡沫灭火剂的发展与应用现状. 火灾科学,2011(4):235 – 240.

[13] 李建华,等. 灭火战术. 北京:中国人民公安大学出版社,2014.

[14] 魏伴云,等. 火灾与爆炸灾害安全工程学. 武汉:中国地质大学出版社,2004.

[15]《企业落实安全生产主体责任培训教材》编委会. 危险化学品企业落实安全生产主体责任大全:通用卷. 北京:气象出版社,2013.

[16] 王翠芝,魏彬. 化工企业危险化学品台账建立与管理. 石油化工安全环保技术,2014(6):30.

[17] 蒋军成. 化工安全. 北京:机械工业出版社,2008.

[18] 杨永杰,康彦芳. 化工工艺安全技术. 北京:化学工业出版社,2008.

[19] 催政斌,石跃武. 用电安全技术. 北京:化学工业出版社,2009.

[20] 张斌,陆春荣. 机械电气安全技术. 北京:中国电力出版社,2009.

[21] 夏敏静. 电气安全知识. 北京:中国电力出版社,2009.

[22] 张康达,洪起超. 压力容器手册. 北京:中国劳动社会保障出版社,2000.

[23] 吴粤燊. 压力容器安全. 北京:中国劳动社会保障出版社,2007.

[24] 王纪兵. 压力容器检验检测. 2 版. 北京:化学工业出版社,2016.

[25] 陈长宏,吴恭平. 压力容器安全与管理. 2 版. 北京:化学工业出版社,2016.

[26] 张礼敬,张明. 压力容器安全. 北京:机械工业出版社,2012.

[27] 王玉晓. 石油与化工火灾扑救及应急救援. 北京:中国人民公安大学出版社,2016.

[28] 苗金明. 事故应急救援与处置. 北京:清华大学出版社,2012.

[29] 南京市质量技术监督局. 特种设备应急处置技术指南. 北京:化学工业出版社,2017.

[30] 罗永强、杨国宏. 石油化工事故灭火救援技术. 北京:化学工业出版社,2017.

[31] 方文林. 危险化学品应急处置. 北京:中国石化出版社,2016.

[32] 冯豪. 化工园区安全生产事故致因机理与应急救援能力可靠性分析. 武汉:武汉工程大学,2016.

[33] 杨丹丹,马立强. 化工安全事故的常见原因分析及预防措施. 石化技术,2017(3):232 – 234.

[34] 王剑明. 化学事故应急处置与救援实时支持模式探讨. 职业卫生与应急救援,2012(4):61 – 65.

参考答案

项目一

一、单选题

题号	1	2	3	4	5	6	7	8	9	10
答案	A	D	A	C	A	A	B	C	C	B
题号	11	12	13							
答案	D	C	B							

二、多选题

题号	1	2	3	4	5
答案	ABCD	ABCD	ABD	ABC	ABCD
题号	6	7	8	9	10
答案	ABC	AC	ABCD	ABCD	ABCD

三、判断题

题号	1	2	3	4	5	6	7	8	9	10
答案	√	√	√	√	√	√	√	√	×	×
题号	11	12	13	14	15	16	17			
答案	√	√	√	√	√	√	×			

四、简答题

1.(1)物料绝大多数物料具有潜在危险性;(2)生产工艺过程复杂、工艺条件苛刻;(3)生产装置大型化、生产过程连续性强;(4)生产过程自动化程度高。

2.安全生产责任制是各级政府及其有关部门、各生产经营单位及其内部岗位在工作过程中对安全生产层层负责的制度,它是整个安全生产工作的基本制度,也是安全生产工作制度的核心与灵魂。其内涵可从以下三个方面加以理解:(1)安全生产责任制是确保安全生产工作真正落实的一项基本制度;(2)安全生产责任制是确保安全生产工作有效到位的一种运行机制;(3)安全生产责任制是确保安全生产工作正常运行的一个保证体系。

3.(1)领导和承诺;(2)方针和战略目标;(3)组织机构、资源和文件;(4)评价和风险管理;(5)规划;(6)实施和监测;(7)审核和评审

4.石油化工生产过程危险和有害因素共分为四类,分别是人的因素、物的因素、环境因素、管理因素,详见表1-2生产过程危险和有害因素分类与代码表。

5.(1)易燃、易爆、有毒物质的储罐区(储罐);(2)易燃、易爆、有毒物质的库区(库);(3)具有火灾、爆炸、中毒危险的生产场所;(4)企业危险建(构)筑物;(5)压力管道,包括工业管道、公用管道、长输管道;(6)锅炉,包括蒸汽锅炉和热水锅炉;(7)压力容器。

项目二

一、单选题

题号	1	2	3	4	5	6	7	8	9	10
答案	D	D	A	A	C	B	A	C	C	C
题号	11	12	13	14	15	16	17	18	19	20
答案	C	B	A	D	C	B	A	C	D	D
题号	21	22	23	24	25	26	27	28	29	30
答案	A	B	A	A	D	C	A	B	D	B
题号	31	32	33	34	35	36	37	38	39	40
答案	B	C	D	B	D	C	C	D	C	B

二、多选题

题号	1	2	3	4	5	6	7	8	9	10
答案	AB	ABC	ABC	BD	ABCD	ABC	ABCD	ABC	BD	ABCD

三、判断题

题号	1	2	3	4	5	6	7	8	9	10
答案	√	√	√	×	√	√	√	×	√	√
题号	11	12	13	14	15	16	17	18	19	20
答案	×	×	×	√	√	×	×	×	√	√
题号	21	22	23	24	25	26	27	28	29	30
答案	√	×	×	×	√	√	√	√	√	×
题号	31	32	33	34	35	36	37	38	39	40
答案	√	×	√	×	×	√	√	×	×	√

四、简答题

1. 根据 GB/T 13861—2009《生产过程危险和有害因素分类与代码》的规定，将生产过程中的危险、有害因素分为四类：人的因素、物的因素、环境因素、管理因素。

2. 常用的方法有类比法、安全检查表、预先危险性分析（PHA）、故障类型和影响分析（FMEA）、故障类型和影响危险性分析（FMECA）、事件树（ETA）、事故树（FTA）、作业条件危险性评价等方法。

3. 职业性有害因素按其来源可分为：

（1）生产工艺过程中产生的有害因素，包括化学性有害因素、物理性有害因素和生物性有害因素。

（2）劳动过程中的有害因素，如不合理的劳动组织和作息制度、神经性职业紧张、劳动强度过大或生产定额不当等。

（3）工作环境中的有害因素，如自然环境因素、厂房建筑或布局不符合职业卫生标准、作业环境空气污染等。

4. 毒物进入人体的途径包括呼吸道、皮肤和消化道。根据具体的作业环境选择正确的个人防护用品可以有效地预防毒物进入人体。

5. 过滤式呼吸防护用品适用于有毒气体含量不超过1%或者空气中含氧量高于18%时。在使用环境未知，未弄清环境中的毒物性质、浓度和空气中氧含量时，禁止使用过滤式呼吸防护用品，必须选用隔绝式防护用品。

6. 综合防毒措施包括：

（1）防毒技术措施：以无毒代替有毒、生产设备的密闭化、管道化和机械化、通风排毒和净化回收（①局部排风；②局部送风；③全面通风换气）、隔离操作和仪表控制（自动化）。

（2）防毒卫生保健措施：个人卫生；保健食品；定期健康检查；中毒急救。

项目三

一、单选题

题号	1	2	3	4	5	6	7	8	9	10
答案	D	B	C	D	B	B	B	B	C	B
题号	11	12	13	14	15	16	17	18	19	20
答案	B	B	B	D	A	A	A	A	C	A
题号	21	22	23	24	25	26	27	28	29	30
答案	C	D	C	B	C	B	C	C	C	D
题号	31	32	33	34	35	36	37	38	39	40
答案	C	A	A	B	A	B	D	A	C	A

二、多选题

题号	1	2	3	4	5
答案	ACD	AD	CBA	ABD	ABCD
题号	6	7	8	9	10
答案	ABCD	AD	ABC	ABC	ABC
题号	11	12	13	14	15
答案	ABC	ABC	ABC	ABC	ABC

三、判断题

题号	1	2	3	4	5	6	7	8	9	10
答案	√	×	×	√	×	×	√	×	√	×
题号	11	12	13	14	15	16	17	18	19	20
答案	√	×	×	√	√	×	×	√	×	×
题号	21	22	23	24	25	26	27	28	29	30
答案	×	√	×	√	√	×	×	×	×	√
题号	31	32	33	34	35	36	37	38	39	40
答案	√	×	√	×	×	×	√	√	×	×

四、简答题

1. 指生产、运输、使用、储存危险化学品或者处置废弃危险化学品，且危险化学品的数量等于或者超过临界量的单元（包括场所和设施）。

2. 化学品安全技术说明书（material safety data sheet，简称MSDS），是一份关于危险化学品燃爆、毒性和环境危害以及安全使用、应急处置、主要理化参数、法律法规等方面信息的综合性文件。

3. 作为最基础的技术文件，它的主要用途是传递安全信息，其内容从制作之日算起，每5年更新一次，要不断补充信息资料，若发现新的危害性，在有关信息发布后的半年内，生产企业必须对技术说明书的内容进行修订。生产企业应随化学品一同向用户提供安全技术说明书，让用户明了化学品的有关危害，使用时能主动防护，减少职业危害和预防化学事故。

4. 部分易燃固体、自燃物品除遇空气、水、酸易燃外，而且还具有一定的毒害性，其燃烧产物也大多是剧毒的，吸入即可引起中毒。所以，在扑救易燃固体、自燃物品和遇湿易燃物品火灾时，应特别注意防毒、防腐蚀，要佩戴一定的防护用品确保人身安全。

5. (1)进行急救时，不论患者还是救援人员都需要进行适当的防护。特别是把患者从严重污染的场所救出时，救援人员必须加以预防，避免成为新的受害者。

(2)应将受伤人员小心地从危险的环境转移到安全的地点。

(3)应至少2~3人为一组集体行动，以便互相监护照应，所用的救援器材必须是防爆的。

(4)急救处理程序化，可采取如下步骤：先除去伤病员污染衣物，然后冲洗，共性处理，个性处理，转送医院。

(5)处理污染物。要注意对伤员污染衣物的处理，防止发生继发性损害。

项目四

一、单选题

题号	1	2	3	4	5	6	7	8	9	10
答案	A	D	B	C	A	C	D	A	A	B
题号	11	12	13	14	15	16	17	18	19	20
答案	C	A	C	D	B	B	C	D	B	B
题号	21	22	23	24	25	26	27	28	29	30
答案	D	A	C	B	B	B	B	A	B	C
题号	31	32	33	34	35	36	37	38	39	40
答案	C	C	A	D	A	B	A	B	A	B

二、多选题

题号	1	2	3	4	5
答案	ABC	ABCD	ABCD	ABD	ABCD
题号	6	7	8	9	10
答案	BC	ACD	ABCD	CD	ABC

三、判断题

题号	1	2	3	4	5	6	7	8	9	10
答案	√	√	√	√	×	√	√	√	√	√

四、简答题

1. 爆炸极限随着原始温度、原始压力、介质的加入、容器的尺寸和材质、着火源等因素而变化。

(1)原始温度:原始温度越高,爆炸极限越大,即爆炸下限降低,上限升高。

(2)原始压力:压力增高,爆炸极限扩大,其上限提高较下限更为显著,原始压力降低,爆炸范围缩小,降到一定数值时,上下限互相合为一点,压力再降低则不易爆炸。

(3)介质的加入:爆炸混合物加入惰性气体,爆炸范围将缩小,当惰性气体达到一定浓度时,可使混合物不能爆炸。

(4)容器尺寸和材质:容器尺寸减小,爆炸范围缩小。

(5)着火源:着火源的能量、热表面面积及着火源与混合物接触时间对爆炸极限均有影响。

2.(1)用难燃或不燃物质代替可燃物质;

(2)根据物质的危险特性采取措施;

(3)密封和通风措施;

(4)惰性介质保护。

3.(1)原料、中间体及产品具有易燃易爆性;

(2)工艺装置泄漏易形成爆炸性混合物;

(3)温度、压力等参数控制不当易引发爆炸和火灾;

(4)违章操作等人为因素引发火灾爆炸等事故。

4.(1)准确控制反应温度;

(2)严格控制操作压力;

(3)精心控制投料的速度、配比和顺序;

(4)有效控制物料纯度和副反应。

5.(1)隔离法:将着火的地方或物体与其周围的可燃物隔离或移开,燃烧就会因为缺少可燃物而停止。

(2)窒息法:阻止空气流入燃烧区或用不燃烧的物质冲淡空气,使燃烧物得不到足够的氧气而熄灭。

(3)冷却法:将灭火剂直接喷射到燃烧物上,以降低燃烧物的温度。当燃烧物的温度降低到该物的燃点以下时,燃烧就停止了。

(4)抑制法:这种方法是让灭火剂参与到燃烧反应中去,使链式反应中断,达到灭火的目的。

项目五

一、单选题

题号	1	2	3	4	5	6	7	8	9	10
答案	C	A	B	A	A	B	A	C	A	B
题号	11	12	13	14	15	16	17	18	19	20
答案	C	A	B	B	D	D	C	A	A	B
题号	21	22	23	24	25	26	27	28	29	30
答案	B	C	D	A	A	B	A	D	C	B
题号	31	32	33	34	35					
答案	C	C	C	B	B					

二、多选题

题号	1	2	3	4	5
答案	AD	CD	CDE	ABD	BD
题号	6	7	8	9	10
答案	ADE	AE	ABDE	ABCDE	BCE

三、判断题

题号	1	2	3	4	5	6	7	8	9	10	11
答案	√	√	×	×	√	×	×	×	√	×	√
题号	12	13	14	15	16	17	18	19	20	21	22
答案	√	×	×	√	√	√	×	√	√	×	×
题号	23	24	25	26	27	28	29	30	31		
答案	√	×	√	×	×	×	×	√	×		

四、简答题

1. 电气事故是指由电流、电磁场、雷电、静电和某些电路故障等直接或间接造成建筑设施毁坏、电气设备毁坏、人或动物伤亡以及引起火灾和爆炸等后果的事件。电气事故主要包括触电事故、静电事故、雷电事故、电磁场伤害事故、电气系统故障、电气火灾与爆炸事故。

电气事故特点:危害大、电气事故危险直观识别难、电气事故涉及领域广。

2. 静电是指相对静止的电荷。静电是由于两种不同的物体(物质)互相摩擦,或者物体与物体间紧密接触后又分离而产生的。此外,由于物体受热、受压、撕裂、剥离、拉伸、撞击、电解,以及物体受到其他带电体的感应等,也可能产生静电。一般说来,不管物体的种类和性质(固体、液体和气体)如何,均能产生静电。

静电消除:接地、增湿、加抗静电剂、采用静电消除器、采用人体的防静电措施等。

3. 流过身体的电流大小、电流流经身体的途径、电流通过人体的持续时间、电流频率高低。

4. (1)隔离带电体;(2)采用安全电压;(3)保护接地;(4)保护接零;(5)采用漏电保护器;(6)正确使用防护用具。

5. (1)静电电压高。石油化工生产中产生的静电能量不大,但其电压很高,其放电火花的能量大大超过某些物质的最小点火能,易引起着火爆炸。

(2)静电泄漏慢。由于积累静电的材料电阻率都很高,其上静电泄漏很慢。这样使得带电体保留危险状态的时间也很长,危险程度相应增加。

(3)绝缘的静电导体所带的电荷平时无法导走,一有放电机会,全部自由电荷将一次经放电点放掉,因此带有相同数量静电荷和表观电压的绝缘的导体要比非导体危险大。

(4)远端放电。若厂房中一条管道或部件产生静电,其周围与地绝缘的金属设备就会在感应下将静电扩散到远处,并可在预想不到的地方放电,或使人受到电击,它的放电是发生在与地绝缘的导体上,自有电荷可一次全部放掉,因此危害性很大。

(5)尖端放电。静电电荷密度随表面曲率增大而升高,因此在导体尖端部分电荷密度最大,电场最强,能够产生尖端放电。尖端放电可导致火灾、爆炸事故的发生,还可使产品质量受损。

(6)静电屏蔽。静电场可以用导体的金属元件加以屏蔽。如可以用接地的金属网、容器等将带静电的物体屏蔽起来，不使外界遭受静电危害。静电屏蔽在安全生产上被广泛利用。

6. 电性质破坏、热性质破坏、机械性质破坏、静电感应、电磁感应、雷电波入侵、防雷装置上的高电压对建筑物的反击作用、雷电对人的危害。

项目六

一、单选题

题号	1	2	3	4	5	6	7	8	9	10
答案	A	B	A	C	B	B	C	C	C	B
题号	11	12	13	14						
答案	B	A	C	C						

二、多选题

题号	1	2	3	4	5	6
答案	BD	BCD	ABD	ABC	CD	ACD
题号	7	8	9	10	11	12
答案	ACE	ACE	AC	ABD	ACD	AD

三、判断题

题号	1	2	3	4	5	6	7	8	9	10
答案	×	×	√	√	√	√	×	√	×	√
题号	11	12	13	14	15	16				
答案	×	√	×	×	×	√				

四、简答题

1. 温度、压力、液位。

2.（1）严格遵守各项规章制度，按照安全及工艺操作规程精心操作，确保生产安全和产品质量；

（2）发现压力容器有异常现象危及安全时应采取紧急措施并及时上报；

（3）应拒绝执行对压力容器安全运行不利的违章指挥；

（4）努力学习业务知识，不断提高操作技能。

3. 化学介质的毒性、化学介质对金属和非金属材料的腐蚀性、火灾危害性、物理性爆炸和化学性爆炸、噪声等危险因素，引发人员伤亡、财物损毁、环境污染、能源浪费等风险事件。

4. 压力容器使用期间日常维护保养工作的重点是防腐、防漏、防振以及对仪表、仪器、管线、阀门、安全装置等的日常维护。

（1）消除跑、冒、滴、漏现象。

（2）保持防腐层和保温层完好。

（3）维护保养好安全装置，保持安全装置灵敏可靠，定期检查、试验和校正安全装置和计量仪表，发现不准确或不灵敏时，应及时检修和更换。

（4）消除或减小振动。

5. 弹簧式安全阀是利用压缩弹簧的弹力来平衡作用在阀瓣上的内力，并通过调节弹簧的压缩量来调节安全阀的开启压力。这种安全阀结构紧凑,灵敏度高,安装位置不受严格限制,对振动的敏感性差,调节步骤比较简单。但是,由于弹簧会因长期受高温的影响,其弹力会逐渐减少,故一般的弹簧式安全阀不宜用在温度太高的场所。

6. (1)压力容器的安全管理规章制度和安全操作规程、运行记录是否齐全、真实,查阅压力容器台账(或者账册)与实际是否相符;

(2)压力容器图样、使用登记证、产品质量证明书、使用说明书、监督检验证、历年检验报告以及维修、改造资料等建档资料是否齐全并且符合要求;

(3)压力容器作业人员是否持证上岗;

(4)上次检验、检查报告中所提出的问题是否解决。

7. (1)对工艺参数(条件)检查:压力、温度、液位、流量及介质化学成分等的检查,检查是否在原定范围内,是否有跑、冒、滴、漏现象。

(2)设备状况检查:本体及受压元件有无裂纹、变形及其他异常情况。

(3)安全附件的检查:所有安全附件是否完好,工作正常。

(4)是否进行了定期排污。

8. 检验日期、检验单位代号、下次检验日期。

9. 锅炉给水,不管是地面或地下水,都含有各种杂质。这些杂质分为三类:

(1)固体杂质,如悬浮固体、胶溶固体、溶解于水的盐类和有机物等;

(2)气体杂质,如氧气和二氧化碳;

(3)液态杂质,如油类、酸类、工业废液等。这些含有杂质的水如不经过处理就进入锅炉,就会威胁锅炉的安全运行。例如,溶解在水中的钙、镁的碳酸盐、碳酸氢盐、硫酸盐,在加热的过程中能在锅炉的受热面上沉积下来结成坚硬的水垢,水垢会给锅炉运行带来很多害处。由于水垢的导热系数很小,是金属的几十分之一到百分之一,使受热面传热不良。水垢不但浪费燃料,而且使锅炉壁温升高,强度显著下降,这样,在内压力的作用下,管子就会发生变形或者鼓包,甚至会引起爆管。另外一些溶解的盐类,在锅炉里会分解出氢氧根,氢氧根的浓度过高,会致锅炉某些部位发生苛性脆化而危害锅炉安全。溶解在水中的氧气和二氧化碳会导致金属的腐蚀,从而缩短锅炉的寿命。

项目七

一、单选题

题号	1	2	3	4	5	6	7	8	9	10
答案	B	D	D	C	A	B	C	C	A	C
题号	11	12	13	14	15	16	17	18	19	20
答案	D	C	A	B	D	C	A	D	D	B
题号	21	22	23	24	25	26	27	28	29	30
答案	A	A	D	C	D	D	A	C	B	C
题号	31	32	33	34	35	36	37	38	39	
答案	D	B	B	C	A	A	C	D	C	

二、多选题

题号	1	2	3	4	5
答案	ABC	ABCD	ABCD	DE	ACD
题号	6	7	8	9	10
答案	ABC	ABD	BCDE	BC	ABC

三、判断题

题号	1	2	3	4	5	6	7	8	9	10
答案	×	√	×	×	√	×	√	√	×	×
题号	11	12	13	14	15	16	17	18	19	20
答案	√	×	√	√	×	√	√	√	√	√

四、简答题

1. 石油化工生产装置检修与其他行业的检修相比，具有频繁、复杂、危险性大等特点。

2. 石油化工装置停车检修前的准备工作是保证装置停好、修好、开好的主要前提条件，必须做到集中领导、统筹规划、统一安排，并做好“五定”（定检修方案、定检修人、定安全措施、定检修质量、定检修进度）、“八落实”（组织、思想、任务、物资包括材料与备品备件、劳动力、工器具、施工方案、安全措施落实）工作。

3. 在安装或检修中，设备管线内进入焊渣等杂物，如不吹除，开工后就可能堵塞管道阀门，污染催化剂等，故必须按系统进行吹扫，同时也可以检验系统，看流程是否畅通。

气密是吹扫以后的试漏步骤，按不同的系统分段进行。在一定的压力下检查各阀门、焊口、孔、法兰等是否泄漏，是安装质量的总检查。

置换是在吹扫、气密后进行，目的是用惰性气体氮气等置换系统内存在的空气或可燃气体，防止开车升温后发生爆炸等事故。

4. (1)必须申请，并得到批准；(2)有效安全隔绝；(3)必须切断动力电，并使用安全灯具；(4)清洗、置换、通风；(5)按时间要求进行安全分析，空间内温度符合要求；(6)佩戴规定的防护用具防护用具；(7)必须有人在容器外监护，并坚守岗位；(8)必须有应急抢救后备措施。

5. 按国标 GB 3608—2008 规定，凡是坠落高度基准面 2m 以上（含 2m），有可能坠落的高处进行的作业均可称为高处作业。其级别的划分为：一级高处作业——2 ~ 5m；二级高处作业——5 ~ 15m；三级高处作业——15 ~ 30m；特级高处作业——30m 以上。

(1)在高处作业时，必须戴好安全帽，按规定使用安全带（绳、网）；(2)脚手架必须按规定搭设，跳板要牢固，作业前必须确认机具、设施和用品完好，否则不准登高；(3)禁止随意攀登石棉瓦等屋（棚）顶；(4)禁止在 6 级及以上大风、大雨、打雷、浓雾时进行登高作业；(5)严禁患有禁忌证人员登高作业；(6)登高扫、抹、擦、吊、架设、堆物时，作业面下方必须设置防护；(7)临近有排放有毒、有害气体以及粉尘的放空管线或烟囱，作业点的有毒物浓度应在允许浓度范围内，并采取有效的防护措施。

6. 略。

项目八

一、单选题

题号	1	2	3	4	5	6	7	8	9
答案	C	C	A	B	A	A	A	B	A

二、判断题

题号	1	2	3	4	5	6	7	8	9	10
答案	√	√	×	×	√	×	√	×	√	√

三、简答题

1. (1)成立工作组;(2)资料收集;(3)危险源与风险分析;(4)应急能力评估;(5)应急预案编制;(6)应急预案的评审与发布。

2. (1)实事求是、尊重科学的原则;(2)"四不放过"的原则;(3)公正、公开的原则;(4)分级管辖的原则。

3. (1)迅速关闭火灾部位的上下游阀门,切断进入火灾事故地点的一切物料。

(2)先控制,后消灭。

(3)扑救人员应占领上风或侧风阵地进行灭火,并有针对性地采取自我防护措施。

(4)正确选择最适当的灭火剂和灭火方法。

(5)需要紧急撤退时,应按照统一的撤退信号和撤退方法及时撤退。

(6)应迅速查明燃烧范围、燃烧物及其周围物品的特性。

(7)火灾扑灭后,仍然要派人监护现场,消灭余火。

4. 一旦发生泄漏事故,要迅速采取有效措施消除或减少泄漏的危害。应急处置的首要任务:迅速撤离泄漏污染区人员至安全区并进行隔离,严格限制出入,切断火源。尽可能切断泄漏源。

5. (1) 事故发生单位概况。(2) 事故发生经过和事故救援情况。(3) 事故造成的人员伤亡和直接经济损失。(4) 事故发生的原因和事故性质。(5) 事故责任的认定以及对事故责任者的处理建议。(6) 事故防范和整改措施。事故调查报告应当附具有关证据材料;事故调查组成员应当在事故调查报告上签名。